大数据管理与应用系列教材

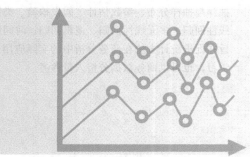

# 商务统计分析

## 第 2 版

林 军　钱艳俊 ◎ 编著

U0240505

机械工业出版社

本书全面介绍了统计概念和统计方法在商务实践中的应用，涵盖了在进行统计报告评估和商务决策时所必需的数据处理、数据可视化和推断分析方法，并通过案例给出了应用统计软件进行分析的详细过程。全书共13章，分别为：数据与统计分析、数据的图表描述、数据的数字描述、抽样与抽样分布、参数估计、假设检验、类别数据分析、方差分析、一元线性回归、多元线性回归、逻辑回归、时间序列预测、非参数检验。本书旨在促进统计方法在商务分析中的实际应用，适合管理与经济类专业学生学习，也可供商务数据分析人员参考。

**图书在版编目（CIP）数据**

商务统计分析/林军，钱艳俊编著. —2 版. —北京：机械工业出版社，2023. 11（2025. 1 重印）
大数据管理与应用系列教材
ISBN 978-7-111-74195-4

Ⅰ.①商… Ⅱ.①林… ②钱… Ⅲ.①商务–统计分析–教材 Ⅳ.①O212.1

中国国家版本馆 CIP 数据核字（2023）第 210174 号

机械工业出版社（北京市百万庄大街 22 号　邮政编码 100037）
策划编辑：刘　畅　　　　　　责任编辑：刘　畅
责任校对：张慧敏　牟丽英　　封面设计：王　旭
责任印制：常天培
北京机工印刷厂有限公司印刷
2025 年 1 月第 2 版第 3 次印刷
184mm×260mm · 19.75 印张 · 485 千字
标准书号：ISBN 978-7-111-74195-4
定价：63.00 元

电话服务　　　　　　　　　　网络服务
客服电话：010-88361066　　　机　工　官　网：www.cmpbook.com
　　　　　010-88379833　　　机　工　官　博：weibo.com/cmp1952
　　　　　010-68326294　　　金　书　网：www.golden-book.com
**封底无防伪标均为盗版**　机工教育服务网：www.cmpedu.com

# PREFACE

# 前　言

统计学作为研究数据的一门科学，为我们提供了一套获取数据、分析数据并从数据中得到结论的方法。随着大数据时代的到来，统计学在各学科领域和各行各业中得到了越来越广泛的应用，已成为当代最活跃的学科之一。本书主要为管理与经济类专业的学生以及商务数据分析人员编写，具有以下特点：

（1）在给出统计方法原理的基础上，重点阐述其应用，以培养读者运用统计分析方法解决管理与经济问题的能力。

（2）除第 1 章以外，每章配有一个案例，案例选题围绕绿色发展、生活健康、休闲消费等领域，旨在体现我国在增进民生福祉方面的成就。案例内容包括案例背景、数据及其说明、数据分析和结论等。案例分析力求做到科学、严谨，读者通过案例学习可以快速掌握统计方法在现实中的应用。

（3）将理论知识与 SPSS、Excel 和 R 等软件结合。首先，在讲解原理的时候，结合例题分析，对软件输出结果做了详细解读。其次，章后给出了与本章相关的 SPSS、Excel 和 R 软件的详细操作步骤，便于查阅。此外，案例中也给出了具体的统计软件操作步骤。

（4）配有相关教学和学习资源库，包括教学用 PPT、教材例题、练习题和案例的数据文件、R 操作步骤程序包、思考与练习参考答案、考试样卷及其答案。

（5）本书例题和案例的设计与选用以体现中国特色社会主义经济的优势和"经世济民""诚信服务"的管理理念为原则，辅助课程思政教学的开展。

（6）对回归方法的讲解比其他同类书籍更加细致。例如，对如何利用回归方法进行因果分析进行了较为详细的讲解，并用单独一章介绍了逻辑回归方法。

本书可作为高等院校管理与经济类本科专业开设统计分析和统计实践课程的教材，可作为MBA、MPA、MEM 等经管类专业学位硕士研究生的教材或参考书，也可作为商务数据分析人士的入门书籍。在使用中，教师对有些章节可根据教学需要酌情选讲，比如跳过第 7 章的内容并不会影响其他章节的学习。

本书在编写过程中得到了多位教学和科研助理的大力支持，其中要特别感谢卢小军、李娅楠、景飞、殷珊、辛文、张雪岚、秦姣姣、文牧晨、史丽丽、马舒毅、王肖鹏、杨雨、杨晨、周振涛、花佳雯、胡航、侯天雨、陈佩玲和王宏等，在他们的努力下，本书才能顺利完稿。西安交通大学崔文田教授、房超研究员、张峤副教授、王海平博士，东南大学丁溢副教授，西安建筑科技大学胡海华副教授，长安大学许晓晴博士、李德鸿博士，西北大学田人合博士参与了本书书稿的校对。由于编者水平有限，书中难免存在错误和不足之处，恳请广大读者批评指正。

本书有丰富的配套资源，使用本书的任课教师可登录机械工业出版社教育服务网（www.cmpedu.com）下载相关教学资料。

林军　钱艳俊

# CONTENTS

▽

# 目　录

**考试样卷**

考试样卷

# 第1章

## 数据与统计分析

本章第 1 节介绍数据的相关概念、分类以及应用；第 2 节对数据的来源进行介绍；第 3 节讨论统计学、描述统计和推断统计的定义和相关应用；第 4 节对本书中用到的统计软件——SPSS、Excel 和 R 进行简单介绍。

## 1.1　数据

在日常生活和工作中，我们经常接触各种**数据**（data），如银行利率、GDP（国内生产总值）、CPI（居民消费价格指数）、股票交易价格、某产品销售量和市场占有率等。

> **定义 1.1**
>
> **数据**是对现象进行计量的结果。

为特定研究而收集的所有数据被称为该研究的**数据集**。例如，表 1-1 是我国部分地区 2018 年人口分布情况的数据集。

表 1-1　我国部分地区 2018 年人口分布情况　　　　　（单位：万人）

| 地　区 | 年末常住人口 | 城　镇　人　口 | 乡　村　人　口 |
|---|---|---|---|
| 北京市 | 2192 | 1909 | 283 |
| 天津市 | 1383 | 1161 | 222 |
| 河北省 | 7426 | 4257 | 3169 |
| 辽宁省 | 4291 | 3015 | 1276 |
| 上海市 | 2475 | 2206 | 269 |
| 江苏省 | 8446 | 6013 | 2433 |
| 浙江省 | 6273 | 4392 | 1881 |
| 福建省 | 4104 | 2749 | 1355 |
| 山东省 | 10 077 | 6193 | 3884 |
| 广东省 | 12 348 | 8867 | 3481 |
| 海南省 | 982 | 581 | 401 |

注：数据来自国家统计局。

### 1.1.1 个体、变量和观测值

在研究中，对每个**个体**的每一**变量**进行测量，从而得到数据。

> **定义 1.2**
>
> **个体**是指收集数据的对象。

在表 1-1 的数据集中，每个地区是一个个体，一共有 11 个地区，所以数据集中有 11 个个体。

> **定义 1.3**
>
> **变量**是个体的特征或属性。

在表 1-1 的数据集中，有年末常住人口、城镇人口和乡村人口 3 个变量。

> **定义 1.4**
>
> **观测值**是数据集中某个个体的测量值集合。

在表 1-1 中，第一个个体（北京市）的观测值是 2192、1909 和 283。

### 1.1.2 定性数据和定量数据

根据测量值的特征，可以将变量分为类别变量和数值变量两大类。在此基础上，可以将数据划分为类别型和数值型。

**1. 类别变量**

**类别变量**（categorical variable）是取值为事物属性或类别以及区间值的变量，也称**定性变量**（qualitative variable）。

类别变量的观测值称为**类别数据**（categorical data）或**定性数据**（qualitative data）。类别数据根据取值是否有序，通常分为名义数据和顺序数据两种。**名义**（nominal）**数据**，其类别或属性之间无程度和顺序的差别，如性别、地区等。**顺序**（ordinal）**数据**，其类别或属性之间有程度和顺序的差别，可以按取值排序，如测试等级、受教育水平等。

> **定义 1.5**
>
> **定性数据**是用于表示类别的数据。

**2. 数值变量**

**数值变量**（metric variable）是取值为数值的变量，也称**定量变量**（quantitative variable）。数值变量根据其取值是否连续，可以分为离散变量和连续变量。**离散变量**（discrete variable）是只能取有限个数值的变量，而且其取值可以一一列举，如"人数""产品数量"等。**连续变量**（continuous variable）是可以在一个或多个区间中取任何值的变量，其取值是连续的，且不能一一列举，如"温度""零件尺寸误差"等。

数值变量的观测结果称为**数值数据**（metric data）或**定量数据**（quantitative data）。

> **定义 1.6**
>
> **定量数据**是用于表示大小或多少的数据。

在实际生活中，人们对数据的应用也是非常灵活的，根据数据本身的特征以及使用的方便性，定量数据可以进一步划分为定距数据和定比数据。

**（1）定距数据**　有些数据之间可以按某一固定度量单位表示数值之间的间隔。例如，温度分为"10℃""20℃"等，一项产品的打分为"1 分""2 分"等，这样的数据叫作**定距数据**（interval data）。

> **定义 1.7**
>
> **定距数据**是数值之间间隔相同的数据，由间隔尺度进行计量。

定距数据可以进行加减运算，且能够进行排序。但定距数据不能进行乘除运算，比如温度为 20℃并不意味着其大小为 10℃的 2 倍。注意，定距数据中的 0 并不代表什么也没有，即定距数据没有绝对零点。例如，0℃并非代表没有温度。

**（2）定比数据**　如果数据具有定距数据的性质，并且数值之比也是有意义的，这样的数据就叫作**定比数据**（ratio data）。

> **定义 1.8**
>
> **定比数据**是数值之间具有比例属性的数据，由比例尺度进行计量。

定比数据具有定距数据的所有性质，并且两个数之比也是有意义的。价格、距离、速度、重量等都是定比数据。定比数据可以进行加减乘除。与定距数据不同，定比数据有绝对零点。例如，两物品之间的距离是 0cm，也就是二者之间紧挨着、没有距离的意思。

## 1.1.3　截面数据和时间序列数据

按照被描述现象与时间的关系，可以将数据划分为**截面数据**（cross-sectional data）和**时间序列数据**（time series data）。

> **定义 1.9**
>
> **截面数据**是在相同或近似相同的时间点上收集的不同个体的数据，用于描述现象在某一时刻的情况。

例如，表 1-1 中的数据是截面数据，因为它描述了 11 个省（市）的三个与人口相关的变量在同一时间点（2018 年年末）的情况。

> **定义 1.10**
>
> **时间序列数据**是在不同时间点上收集的同一个体的数据，用于描述现象随时间的变化情况。

例如，表1-2的数据是时间序列数据，因为它描述了中央财政债务余额随时间的变化。

表1-2　中央财政债务余额情况　　　　　　　　　　　　（单位：亿元）

| 年　　度 | 中央财政债务余额 | 国内债务 | 国外债务 |
|---|---|---|---|
| 2018 | 149 607.42 | 148 208.62 | 1398.80 |
| 2017 | 134 770.15 | 133 447.43 | 1322.72 |
| 2016 | 120 066.75 | 118 811.24 | 1255.51 |
| 2015 | 106 599.59 | 105 467.48 | 1132.11 |
| 2014 | 95 655.45 | 94 676.31 | 979.14 |

注：数据来自国家统计局。

**例 1.1　数据类型**

**问题：** 新型抗生素是人类临床医疗中使用最广泛的一类药物。随着科技的进步，我国新型抗生素领域的应用水平也有了显著提高，目前已经成为世界重要的抗生素药物市场。但是，在新型抗生素领域，我国医药企业和科研院所与国外跨国公司和主要科研机构相比仍有较大差距，所以《全球新型抗生素专利技术及市场研究》以新型抗生素药物专利分析和市场状况为主要切入点，收集了以下4个变量的值：

（1）全球新型抗生素领域的专利申请数。

（2）全球新型抗生素领域专利申请的区域分布。

（3）全球新型抗生素领域专利的申请机构。

（4）全球新型抗生素研发的成功率。

请确定这4个变量是定性变量还是定量变量。

**解答：** 4个变量中，专利申请数、成功率可以用数值测度，因此是定量变量；区域分布和申请机构只能被归类为类别而不能用数值测度，所以这两个变量是定性变量。

区分数据的类型是有必要的，因为对不同类型的数据，需要采用不同的统计方法来处理和分析。通常，当数据是数值型时，有更多的统计方法可供选择。

## 1.2　**数据来源**

所有统计数据的初始来源都是调查或实验。但是，从使用者的角度看，数据来源主要有两种：一是自己直接调查或实验获得的一手数据，属于直接来源；二是别人通过调查或实验的方式收集的，使用者只是找到它们并加以使用的二手数据，属于间接来源。

## 1.2.1　直接来源

调查（survey）是通过对每个受访者至少提问一次，并记录他们的回答而得到数据。如果针对总体中的所有个体进行调查，这种调查就被称为**普查**（census）。普查数据具有信息全面、完整的特点，对普查数据的全面分析和深入挖掘是统计分析的重要内容。但是，当总体较大时，普查是一项很大的工程。由于普查涉及的范围广，接受调查的个体多，耗时、费力，调查的成本非常高，因此不可能经常进行。这时可以抽取一个样本，通过对样本的调查获得数据，这种调查被称为**抽样调查**。

比如，美的公司想了解全部节能灯的平均使用寿命，可以从中抽出一个由 200 只节能灯组成的样本，通过对样本的调查获得数据。这里公司生产的所有节能灯是美的公司关心的**总体**（population），它是包含所研究的全部个体（数据）的集合。所抽取的 200 只节能灯就是一个**样本**（sample），它是从总体中抽取的一部分个体的集合。构成样本的个体的数目称为**样本量**（sample size），抽取 200 只节能灯组成的样本，样本量就是 200。抽样调查中，所选择样本的代表性，即样本能够代表总体的程度，是影响抽样调查结果准确与否的一个重要因素。

> **定义 1.11**
>
> **总体**是研究所关心的全体个体的集合。

> **定义 1.12**
>
> **样本**是总体的一个子集。

实验（experiment）是在控制条件下进行的。因此，从设计好的实验中得到的数据通常比二手数据或调查得到的数据包含更多的有用信息。在统计中，我们处理实验时，通常先确定所感兴趣的特殊变量，再控制一个或多个其他变量，以便获知其他变量对该特殊变量的影响。例如，在研究照明度提高是否有助于工人生产的实验中，对照组不改变工人工作时的照明度，实验组改变工人工作时的照明度，然后收集每组每个人的生产数据。对所得数据的统计分析有助于了解不同照明度对工人生产效率的影响。

---

**例 1.2　数据来源**

**问题**：随着互联网的发展和居民消费水平的提高，网购已然成为购物的一种常见方式。大学生是网购消费者中最主要、最活跃的群体，他们对网购有什么感受呢？为了得到这个问题的答案，有人对中国人民大学学生的网购情况，采用问卷调查的形式进行了抽样调查。调查共发出问卷 300 份，回收有效问卷 289 份，涉及大一至大四不同专业的学生。

1. 数据收集方法是什么？

2. 这一研究的总体是什么？

3. 样本是否具有代表性？

**解答：**

1. 数据收集是通过调查完成的，因此数据收集方法是调查，共有 289 人有效完成了调查。

2. 研究团队关心的是大学生群体对网购的感受，因此，这一研究的总体是大学生。

3. 289 名中国人民大学的被调查者是目标总体的一个子集，构成了一个样本。但是由于样本数据的局限性，该样本只能代表中国人民大学学生的网购情况，不能代表大学生总体。

### 1.2.2　间接来源

如果与研究内容相关的数据已经存在，我们只是对这些数据重新加工、整理，使之成为统计分析可以使用的数据，则把这种数据称为二手数据。

二手数据可以取自系统内部，也可以取自系统外部。系统外部的数据主要从公开出版或公开报道的信息中获取。这类信息主要来自研究机构、国家和地方的统计部门、其他管理部门、各种交易所及各类企事业单位，广泛分布在报刊、图书、广播、电视传媒和互联网中。企事业单位或个人也可以通过租借或购买的方式从专业的数据收集保存机构获得二手数据，如国内的万得数据库、国泰安数据库等。

利用二手数据对使用者来说，既经济又方便，但对于一个特定的研究问题，二手数据的主要缺陷是针对性不够，使用时应注意统计数据的含义、数据收集的时间、计算口径、计算方法和数据的可信度等，避免误用或滥用。同时，在引用二手数据时，一定要注明数据的来源，以尊重他人的劳动成果。

## 1.3　统计分析

如果有数据但不进行分析，则数据能够给我们提供的信息十分有限。那么，如何分析数据？用什么方法分析？这些就是统计学要解决的问题。

在管理领域，人们总会面对各种各样的数据。我们需要分析这些数据，从中得出结论来帮助管理者做决策。**统计学**（statistics）就是一门关于如何处理数据的学科。

> **定义 1.13**
>
> **统计学**是一门分析数据的科学，涉及数据的收集、整理、分析及对数字信息的解释。

数据的收集就是获得所需要的数据。数据的整理是对所获得的数据进行加工和处理，以符合进一步分析的要求。数据的分析是利用统计方法对符合研究要求的数据进行分析，数据分析方法大体上可分为**描述统计**（descriptive statistics）和**推断统计**（inference statistics）。数字信息的解释则是对从数据中得到的信息加以分析并得到结论。

### 1.3.1 描述统计

绝大多数报纸、杂志、公司报告和其他出版物上的统计信息，都以读者易于理解的方式汇总和披露，通常这种统计方法称为**描述统计**。

> **定义 1.14**
>
> **描述统计**是将数据以表格、图形或数值形式汇总的统计方法。

### 1.3.2 推断统计

**推断统计**是在对样本数据进行描述的基础上，对统计总体的未知特征做出推断。

> **定义 1.15**
>
> **推断统计**是利用样本数据信息对总体特征做出以概率形式表述的推断，包括参数估计和假设检验两大类。

在选择使用推断统计还是描述统计时，我们要根据研究关注的是样本（比如 500 名消费者的偏好），还是样本的总体（全部消费者的偏好）来决定。前者只需要使用描述统计，后者则需要使用推断统计。

---

**例 1.3　统计分析**

**问题：**康师傅集团在一次调查消费者口味偏好的活动中，邀请了 500 名消费者进行口味测试。500 名消费者按照其口味在五种被隐去名字的茶饮品牌中选择其最偏好的一种。

1. 描述总体。
2. 描述所关注的变量。
3. 描述样本。
4. 描述所需进行的推断。

**解答：**

1. 由于康师傅集团关注的是所有茶饮消费者的口味偏好，因此总体是所有茶饮消费者。
2. 康师傅集团测量的是消费者对五种茶饮品牌的喜好情况，所以消费者对茶饮品牌的偏好是要研究的变量。
3. 样本是从所有茶饮消费者中挑选出的 500 名消费者。
4. 要根据 500 名消费者推断所有消费者对茶饮品牌的偏好。可以使用样本中偏好各个茶饮品牌的消费者的比例来估计总体中偏爱各个茶饮品牌的消费者的比例。

---

## 1.4 统计软件

统计工作常涉及成千上万数据的处理和分析，仅依靠人工是不现实的，因此统计工作离不开计算机和统计软件。其中，SPSS 是国内目前应用最为广泛的统计软件；Excel 虽不是专业统计软件，但其依靠 Office 庞大的用户群并凭借其操作简单的优势，在统计软件中占有一席之地；R 则是专业统计人员最常用的统计软件之一。

为此，本节介绍了 SPSS（27.0 中文版）、Excel（2019 版）和 R（4.0.2 版）三种常用的统计软件及其各自的安装步骤。另外，本书在后续每个章节都会给出这三种软件的具体操作步骤，并结合相关案例，对各章统计知识在实际工作中如何应用进行介绍，以帮助读者快速掌握应用统计软件解决实际问题的能力。

### 1.4.1　SPSS

SPSS（Statistical Product and Service Solution），统计产品与服务解决方案，是世界上应用最广泛的专业统计和数据模型软件之一，引入我国的时间较早，并且已有汉化版本。它的主要特点是易学易用，使用者不需要掌握编程技能就可以熟练操作。它采用窗口的方式来展示数据分析方法，使用对话框展示功能选项，并提供数据管理、统计分析、图表分析、输出管理等基本功能，还有专门的绘图系统，可依据数据绘制各种统计图形。

### 1.4.2　Excel

Excel 是微软公司推出的电子表格软件，具有强大的表格管理和统计图表制作功能。Excel虽然不是专业的统计软件，但它提供了一些常用的统计函数及数据分析工具，其中包含一些基本的统计方法，可以帮助非专业人士做简单的数据分析。

### 1.4.3　R

与其他统计软件相比，R 具有更新速度快、使用灵活的特点。R 包含很多最新统计方法的实现方案，并且具有强大的绘图功能。大多数统计分析都可以使用 R 中的包（package）来实现。同时，R 的一大特色是具有编程功能，这让使用者可以根据自身需要开发一些新的统计模型。R 的强大功能和使用上的灵活性，使其在实际工作和科学研究中被广泛使用。

### 📋 SPSS、Excel 和 R 的操作步骤

**SPSS 的安装**

下载适合系统版本的安装包，单击"安装"，接受用户协议，按照窗口提示进行操作，最后选择软件安装目录，单击"安装"。

**Excel 的"数据分析"工具的安装**

打开 Excel，在 Excel 工作表界面单击"文件"，单击"选项"，选择"加载项"；单击"转到"之后选中"分析工具库"，最后单击"确定"。

**R 的安装**

打开网站 http://www.r-project.org/，选择"download R"，在"China"下选择任一链接，进入后根据自己的系统选择相应的版本，单击"install R for the first time"后进行下载，下载完成后打开软件并选择"中文（简体）"，单击确定，根据安装向导窗口的提示选择安装位置、组件等，提示安装完成之后单击"结束"按钮。

## 术语表

数据（data）：对现象进行计量的结果。

个体（element）：收集数据的对象。

变量（variable）：个体的特征或属性。

观测值（observation）：数据集中某个个体的测量值集合。

类别变量（categorical variable）：取值为事物属性或类别以及区间值的变量。

定性数据（qualitative data）：用于表示类别的数据。根据取值是否有序通常分为名义数据和顺序数据。

名义数据（nominal data）：其类别或属性之间无程度和顺序的差别。

顺序数据（ordinal data）：其类别或属性之间有程度和顺序的差别，可以按取值排序。

数值变量（metric variable）：取值为数值的变量。根据其取值是否连续分为离散变量和连续变量。

离散变量（discrete variable）：只能取有限个数值的变量，而且其取值可以一一列举。

连续变量（continuous variable）：可以在一个或多个区间中取任何值的变量，其取值是连续的，且不能一一列举。

定量数据（quantitative data）：用于表示大小或多少的数据。

定距数据（interval data）：数值之间间隔相同的数据，由间隔尺度进行计量。

定比数据（ratio data）：数值之间具有比例属性的数据，由比例尺度进行计量。

截面数据（cross-sectional data）：在相同或近似相同的时间点上收集的不同个体的数据，用于描述现象在某一时刻的变化情况。

时间序列数据（time series data）：在不同时间点上收集的同一个体的数据，用于描述现象随时间的变化情况。

总体（population）：研究所关心的全体个体的集合。

样本（sample）：总体的一个子集。

样本量（sample size）：构成样本的个体的数目。

统计学（statistics）：一门分析数据的科学，涉及数据的收集、整理、分析及对数字信息的解释。

描述统计（descriptive statistics）：将数据以表格、图形或数值形式汇总的统计方法。

推断统计（inference statistics）：利用样本数据信息对总体特征做出以概率形式表述的推断，包括参数估计和假设检验两大类。

### 思 考 与 练 习

**思考题**

1. 请举出统计应用的几个例子。

2. 试举出日常生活或工作中的统计数据，并说明其所属类型。

3. 联系实际，简要说明数据的来源。

4. 简要解释描述统计和推断统计，并举出几个例子。

5. 指出下列变量的类型：

（1）身高。

（2）性别。

（3）产品等级。

（4）每月网购次数。

（5）员工的学历（专科、本科、硕士、博士及以上、其他）。

**练习题**

6. 一家研究机构从西安高校应届本科毕业生中随机抽取 2000 人作为样本进行调查，发现其中 20% 的本科毕业生月收入在 12 000 元以上。

（1）这一研究的总体是什么？

（2）月收入属于类别变量还是数值变量？

（3）这一研究涉及的是截面数据还是时间序列数据？

7. 一家大型食品零售商收到许多客户关于 A 品牌糕点礼盒分量不足的抱怨。因此，该零售商在新进的 10 000 盒 A 品牌糕点礼盒中抽取了 100 盒进行重量检查，标准的糕点礼盒重量应为 2.253kg。

（1）描述总体是什么？

（2）描述研究变量是什么？

（3）描述样本是什么？

（4）描述推断是什么？

8. 一家客运公司想对长途汽车的年平均客运收入进行估算，为此从公司名下的所有长途汽车中随机抽取 100 辆进行研究，这 100 辆长途汽车的年平均客运收入为 22.73 万元/辆。

（1）研究的总体是什么？

（2）研究关心的变量是什么？

（3）该调查使用的是描述统计方法还是推断统计方法？

## 参考文献

［1］安德森，斯威尼，威廉斯，等. 商务与经济统计：原书第 13 版［M］. 张建华，王健，聂巧平，等译. 北京：机械工业出版社，2017.

［2］莱文，赛贝特，斯蒂芬. 商务统计学：第 7 版［M］. 岳海燕，胡宾海，译. 北京：中国人民大学出版社，2017.

［3］麦克拉夫，本森，辛西奇. 商务与经济统计学：第 12 版［M］. 易丹辉，李扬，译. 北京：中国人民大学出版社，2015.

［4］贾俊平. 统计学［M］. 7 版. 北京：中国人民大学出版社，2018.

第 2 章数据-excel

第 2 章数据-spss

第**2**章

# 数据的图表描述

管理者通常会面对大量数据，而数据本身是分散、杂乱的，只有对数据进行有效组织和归纳才能得到所需信息，才能有助于制定决策。如第 1 章所述，数据可以分为定性数据和定量数据。本章第 1 节和第 2 节将分别介绍如何利用直观的图表对定性数据、定量数据进行汇总并更好地展示；第 3 节和第 4 节分别介绍如何利用表格和图形来揭示两个变量之间的关系；第 5 节讨论如何创建有效的可视化图形。

## 2.1 单个定性变量的数据描述

第 1 章对定性数据和定量数据进行了区分。其中，定性数据是非数值型的，因此只能对其进行分组（类）处理。

### 2.1.1 频数分布

在对定性数据进行分组后，可以通过**频数分布**（frequency distribution）来对其进行整理和信息提取。频数分布表中落在某一特定组别中的观测值的个数称为**频数**（frequency）。频数分布包含了很多有用的信息，可用表格或图形来直观反映不同类型数据的分布情况。

> **定义 2.1**
>
> **频数分布**是指按照某个标准将数据分为不重叠的若干组，并列出各组频数的一种统计方式。

> **定义 2.2**
>
> **频数**是指落在某一特定组别中的观测值个数。

表 2-1 是 50 名顾客购买不同品牌手机的样本数据，可以看出该组数据均为非数值型。我们以该组数据为例，来说明如何对一组定性数据进行整理，并得到频数分布表。

表 2-1 50名顾客购买不同品牌手机的样本数据

| 华为 | OPPO | 小米 | OPPO | 苹果 | 苹果 | OPPO | 华为 | 苹果 | OPPO |
|---|---|---|---|---|---|---|---|---|---|
| 小米 | OPPO | 华为 | OPPO | 华为 | 华为 | 苹果 | 华为 | 华为 | 苹果 |
| OPPO | 华为 | 三星 | 苹果 | 苹果 | 华为 | 华为 | 苹果 | 小米 | 小米 |
| 华为 | OPPO | OPPO | 华为 | OPPO | 小米 | 苹果 | 苹果 | 三星 | 小米 |
| 苹果 | 小米 | 小米 | 华为 | 华为 | 苹果 | 苹果 | OPPO | 小米 | OPPO |

首先观察表 2-1 的原始数据，手机品牌总共有五种，分别为：华为、OPPO、小米、苹果和三星。其次，分别统计每种手机品牌出现的次数，得到该组数据的频数分布。其中，华为出现 14 次，OPPO 出现 12 次，小米出现 9 次，苹果出现 13 次，三星出现 2 次。汇总统计得到 50 名顾客购买手机品牌的频数分布，见表 2-2。

表 2-2 50名顾客购买手机品牌的频数分布

| 手 机 品 牌 | 频 数 |
|---|---|
| 华为 | 14 |
| OPPO | 12 |
| 小米 | 9 |
| 苹果 | 13 |
| 三星 | 2 |
| 总计 | 50 |

将表 2-1 中的原始数据分类汇总为表 2-2 所示的频数分布表，能够得到更多的信息。我们可以直观地看出，在 50 名顾客中，华为受欢迎程度最高，其次是苹果，OPPO 位列第三，小米第四，而三星则远远低于其他四个品牌。

在实际应用中，每一组数据在总体中所占的比例或百分比往往比其频数更能直观地体现出该组数据与总观测值的关系。因此，定性数据分组后的频数可以转化为相对频数，以显示各组数据占总观测值的比重。对于一个有 $n$ 个观测值的数据集，每组的**相对频数**（relative frequency）为频数与总观测值个数的比值。**百分数频数**（percentage frequency）为相对频数的百分比形式。

**定义 2.3**

　　**相对频数**（也称频率）是指频数与总观测值个数（$n$）的比值，即相对频数=频数/$n$。

**定义 2.4**

　　**百分数频数**是相对频数的百分比形式，即百分数频数=相对频数×100%。

表 2-3 给出了上述购买数据中手机品牌的相对频数分布和百分数频数分布。

表 2-3 手机品牌的相对频数分布和百分数频数分布

| 手 机 品 牌 | 相 对 频 数 | 百分数频数 |
|---|---|---|
| 华为 | 0.28 | 28% |
| OPPO | 0.24 | 24% |
| 小米 | 0.18 | 18% |
| 苹果 | 0.26 | 26% |
| 三星 | 0.04 | 4% |
| 总计 | 1 | 100% |

## 2.1.2 条形图

**条形图**（bar chart）是对已汇总定性数据的频数分布进行直观描述的一种图形表示方法。图 2-1 是购买手机品牌的条形图。在条形图中，用宽度相同的条形的高度来表示各类别数据的频数（或者说，条形高度与类别频数成正比）。绘制条形图时，各类别可以放在纵轴，也可以放在横轴。类别放在横轴的条形图也可称为**柱状图**（column chart）。

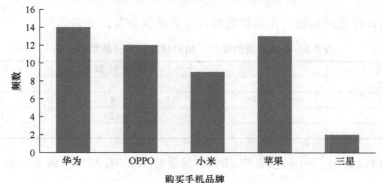

图 2-1 购买手机品牌的条形图

## 2.1.3 饼图

**饼图**（pie chart）是用圆内扇形的角度来表示各组数据所占比例的图形。绘制饼图时，每个扇形的中心角度，按各组数据相对频数乘以 360° 分别确定。例如，小米手机的相对频数是 0.18，那么其扇形的中心角度就应为 360°×0.18 = 64.8°。其余类推，从而得到购买手机品牌的饼图，如图 2-2 所示。

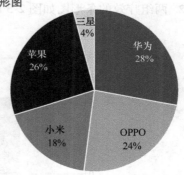

图 2-2 购买手机品牌的饼图

---

**例 2.1 定性数据的图表描述**

**问题**：糖尿病是常见的内分泌代谢病，近 40 年来由于我国居民生活方式变化及人口老龄化问题，该病已从少见病变成一种多发病。其中 2 型糖尿病最为常见。张家口市第一医院药剂科研究组研究了降糖宁胶囊联合利拉鲁肽对 2 型糖尿病的治疗效果。

研究选取 2017 年 1 月—2019 年 1 月张家口市第一医院收治的 86 例 2 型糖尿病患者，随机分为对照组和治疗组，每组各 43 例。对照组皮下注射利拉鲁肽注射液，治疗组在皮下注射利拉鲁肽注射液的基础上口服降糖宁胶囊。两组均连续治疗 12 周。观察两组的临床疗效，比较两组治疗前后的疗效。数据包含了定性变量：药物（是否服用降糖宁胶囊）和疗效（说明治疗是否有效）。记录的疗效有 3 种类型：显著疗效、有效、无效。表 2-4 是两组疗效比较。

1. 绘制总体疗效的频数、相对频数和百分数频数分布表，并对其进行解释。
2. 绘制各组疗效的条形图和饼图。

表 2-4 两组疗效比较

| 药　物 | 疗　效 | | | | |
|---|---|---|---|---|---|
| | 总计（例） | 显著疗效（例） | 有效（例） | 无效（例） | 总有效率（%） |
| 无 | 43 | 19 | 16 | 8 | 81.40 |
| 有 | 43 | 24 | 17 | 2 | 95.35 |

**解答：**

1. 关于总体疗效的频数、相对频数和百分数频数分布，见表 2-5。

表 2-5 总体疗效的频数、相对频数和百分数频数分布

| 疗　效 | 频　数 | 相对频数 | 百分数频数 |
|---|---|---|---|
| 显著疗效 | 43 | 0.50 | 50.00% |
| 有效 | 33 | 0.38 | 38.37% |
| 无效 | 10 | 0.12 | 11.63% |
| 总计 | 86 | 1 | 100% |

从表 2-5 可以看出，86 名患者中 50% 有显著疗效，38.37% 有效果，剩下的 11.63% 没有效果。

2. 两组疗效的条形图如图 2-3 所示，饼图如图 2-4 所示。

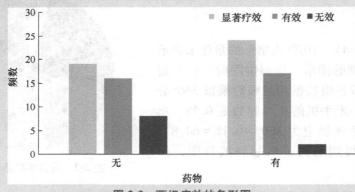

图 2-3　两组疗效的条形图

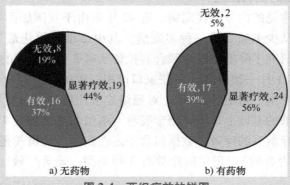

图 2-4　两组疗效的饼图

图 2-3 和图 2-4 清楚地说明与只进行利拉鲁肽皮下注射相比，同时服用降糖宁胶囊的患者中有显著疗效的比例较高，而没有疗效的比例较低。

饼图和条形图功能类似，大多数情形中，如果旨在比较各定性变量观测值所占百分比的相对区别，我们多使用饼图（见图 2-4）；若是更关注每组观测值大小的比较，则会优先选择条形图（见图 2-3）。

## 2.2　单个定量变量的数据描述

### 2.2.1　频数分布

定量数据的**频数分布**与定性数据的频数分布（定义 2.1）一样，同样表示在几个互不重叠的组别中，落在每一组中的数据个数的汇总。然而，相较于定性数据，对定量数据的分组工作更为复杂，并且需要更加小心。关于定量数据分组，我们提出以下几个要点：①将变量值的一个区间作为一组；②适合变量值较多的情况；③必须遵循"不重不漏"的原则；④可采用等距分组，也可采用不等距分组。

对定量数据分组，四个必要的步骤是：

**（1）确定组数**　数据分组是通过对数据范围进行规定而形成的，组数的确定应以能够显示数据的分布特征和规律为依据。一般情况下，我们将数据分成 5~15 组。如果数据项较少，可以分成 5 组或 6 组。如果数据项较多，通常需要分成较多的组。

**（2）确定各组的组距**　组距（class width）是一个组的上限与下限之差，可根据全部数据的最大值和最小值及组数来确定，即**组距 ≈（最大值−最小值）/组数**。可以看出，组数与组距的确定有关，较大的组数意味着较小的组距，较小的组数则意味着较大的组距。

**（3）确定各组的组限**　下组限是一个组的下界，上组限是一个组的上界。

**（4）统计各组的频数并整理成频数分布表**　为符合"不重不漏"的要求，在统计各组频数时，习惯规定"上组限不在内"，即当相邻两组的上下组限重叠时，变量值恰好等于某一组上组限的数据一般不算在该组内，而算在下一组内。也就是说，一个组的变量 $x$ 满足 $a \leqslant x < b$（$a$ 为下组限，$b$ 为上组限）。当然，存在一个特例，即对于最大组来说，取值为其上组限的变量也算在该组内。

下面以某个班级考试成绩的数据样本（见表 2-6）为例，说明如何绘制定量数据的频数分布表。

表 2-6　考试成绩的数据样本

| | | | | |
|---|---|---|---|---|
| 63 | 56 | 17 | 79 | 54 |
| 72 | 94 | 44 | 59 | 88 |
| 62 | 75 | 77 | 70 | 90 |
| 75 | 51 | 65 | 52 | 76 |
| 61 | 99 | 49 | 54 | 80 |
| 81 | 73 | 86 | 79 | 97 |
| 67 | 89 | 84 | 60 | 33 |
| 69 | 87 | 71 | 78 | 74 |
| 62 | 28 | 87 | 61 | 76 |
| 82 | 98 | 69 | 66 | 69 |

首先，样本中的数据项相对较少（$n=50$），于是确定将其分为5组；其次，用最大观测值99减去最小观测值17，除以组数5，得到近似组距为20；再次，分别确定每组的组限；最后，统计各组的频数，得到考试成绩的频数分布表（见表2-7）。可以看出，遵循"上组限不在内"的惯例，60不分在40~60组，而分在60~80组。

我们可以通过与定性数据类似的变换（见2.1.1）得到定量数据的相对频数分布和百分数频数分布，见表2-8。

表 2-7 考试成绩的频数分布

| 考 试 分 数 | 频 数 |
| --- | --- |
| 0~20 | 1 |
| 20~40 | 2 |
| 40~60 | 8 |
| 60~80 | 25 |
| 80~100 | 14 |
| 总计 | 50 |

表 2-8 考试成绩的相对频数和百分数频数分布

| 考 试 分 数 | 相 对 频 数 | 百分数频数 |
| --- | --- | --- |
| 0~20 | 0.02 | 2% |
| 20~40 | 0.04 | 4% |
| 40~60 | 0.16 | 16% |
| 60~80 | 0.50 | 50% |
| 80~100 | 0.28 | 28% |
| 总计 | 1 | 100% |

## 2.2.2 直方图

**直方图**（histogram）是一种常见的定量数据图形描述方法，用矩形的宽度和高度（即面积）来表示频数分布。图2-5中的横轴是对考试成绩的区间划分，从0开始，以20为间隔等距离划分，直到100结束。纵轴是50个观测值落在每个分组中的频数。

直方图与条形图不同。首先，条形图是用条形的高度（纵置时）表示各类别频数，其宽度没有意义，是固定的；而直方图的高度和宽度均有意义。其次，条形图的条形是分开排列的，而直方图的矩形是连续排列的。

直方图不仅是归纳定量数据的一种有效的图形描述方法，更重要的是，直

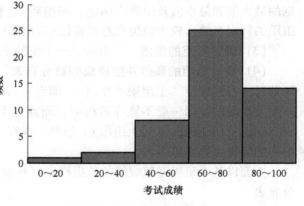

图 2-5 考试成绩的直方图

方图还提供了数据的分布形态信息。图2-5所示直方图的尾部向左延伸，因此，我们可以说该直方图左偏。图2-6中展示了不同分布形态的直方图。图2-6a中的图形类似于图2-5，尾部向左延伸，直方图左偏；图2-6b左右尾部的形状相同，是一个对称的直方图；图2-6c图形的尾部向右延伸，因此称该直方图右偏。

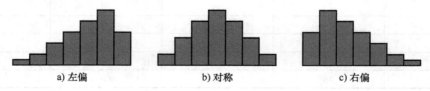

图 2-6 不同分布形态的直方图

### 2.2.3 累积频数分布

如果管理者感兴趣的不是各组的频数分布，而是某个水平下的频数（如上述"考试成绩"示例中，老师重点统计班级中考试成绩小于 60 的人数），此时便需要统计定量数据（或顺序数据）的**累积频数**（cumulative frequency）。

**定义 2.5**

**累积频数**是将各类有序组别的频数逐渐累加起来得到的频数。

在频数分布的基础上，将各组的频数逐级累加，可得到定量数据的另一种汇总方法——**累积频数分布**（cumulative frequency distribution）。频数分布表示每一组的数据个数，累积频数分布表示小于或等于每一组上组限的数据的个数。

**累积相对频数分布**或**累积百分数频数分布**是将各有序组别的比例或百分数累加起来，表示数据值小于或等于每组上限的数据项的比例或百分数。

如上例中考试成绩的累积频数、累积相对频数和累积百分数频数见表 2-9。

表 2-9 考试成绩的累积频数、累积相对频数和累积百分数频数

| 考 试 分 数 | 累 积 频 数 | 累积相对频数 | 累积百分数频数 |
|---|---|---|---|
| 小于 20 | 1 | 0.02 | 2% |
| 小于 40 | 3 | 0.06 | 6% |
| 小于 60 | 11 | 0.22 | 22% |
| 小于 80 | 36 | 0.72 | 72% |
| 小于等于 100 | 50 | 1 | 100% |

### 2.2.4 茎叶图

我们从直方图中可以很容易看出数据频数分布的总体状况，但是包含在实际观测值中的一些信息却被隐藏了。**茎叶图**（stem-and-leaf plot）是反映原始数据分布的图形，既能给出数据的分布状况，又能给出每一个原始数据值，保留了原始数据的信息。

茎叶图以每个数据的高位数字作"茎"，低位数字作"叶"，并且将各个数据的茎按大小次序写在左侧，将叶按大小次序写在其茎的右侧。以"17"为例，十位数"1"放在左侧作"茎"，个位数"7"放在右侧作"叶"。以此类推，可以将表 2-6 中班级成绩数据样本绘制成茎叶图，如图 2-7 所示。

由图 2-5 和图 2-7 可以看到，茎叶图与按照 0~20、20~40、40~60、60~80、80~100 分组的直方图非常相似，同样可以看出各组的频数分布。但是茎叶图能够提供每组内的实际数据值，如 10~20 范围内的数据值为 17；同时茎叶图可以随时添加数据，方便记录与表示。然而，由于展示的信息较多，因此茎叶图不太适用于大批量数据的处理。

```
1 | 7
2 | 8
3 | 3
4 | 4 9
5 | 1 2 4 4 6 9
6 | 0 1 1 2 2 3 5 6 7 9 9 9
7 | 0 1 2 3 4 5 5 6 6 7 8 9 9
8 | 0 1 2 4 6 7 8 9
9 | 0 4 7 8 9
```

图 2-7 考试成绩的茎叶图

**例 2.2  定量数据的图表描述**

**问题：** 寻找积极有效的培训方案对全面提高车间员工的操作技能水平、加快员工生产速度是非常重要的。为探讨某培训方案对员工生产效率的影响，将某车间 20 名员工平均分为 A、B 两组，其中 A 组员工未接受培训，B 组员工接受培训。记录两组员工完成同一项任务的时间（见表 2-10）。

1. 将这些数据绘制成频数直方图，并进行解释。
2. 绘制茎叶图，给 A 组对应的每一个"叶子"涂上阴影，并进行解释。

表 2-10  两组员工完成同一项任务时间数据

| 编　号 | 完工时间（天） | 分　组 | 编　号 | 完工时间（天） | 分　组 |
| --- | --- | --- | --- | --- | --- |
| 1 | 4.6 | A | 11 | 4.0 | A |
| 2 | 4.5 | A | 12 | 3.5 | B |
| 3 | 3.5 | B | 13 | 4.6 | A |
| 4 | 4.7 | A | 14 | 3.8 | B |
| 5 | 3.6 | B | 15 | 3.5 | B |
| 6 | 4.0 | B | 16 | 3.4 | B |
| 7 | 5.1 | A | 17 | 4.7 | A |
| 8 | 3.3 | B | 18 | 4.5 | A |
| 9 | 3.2 | B | 19 | 3.5 | B |
| 10 | 5.5 | A | 20 | 3.5 | B |

**解答：**

1. 员工完成任务时间的频数直方图如图 2-8 所示。

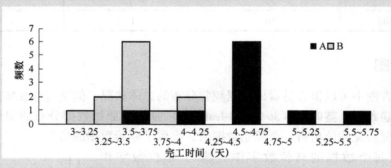

图 2-8  员工完成任务时间的频数直方图

我们将 20 个数据划分为 11 个区间，分组区间为 3~3.25，3.25~3.5，…，5.5~5.75。直方图 2-8 清楚地表明，B 组观测值聚集分布在左端（大约为 3~4.25 天），没有观测值位于右端（多于 4.25 天）。A 组观测值聚集分布在右端（多于 4.5 天），很少有观测值位于分布的左端（3~4.5 天）。

2. 员工完成任务时间的茎叶图如图 2-9 所示。

图 2-9 中的"茎"（图形左侧）由测量值的整数位组成，"叶"（图形右侧）由测量值的十分位组成。例如，茎叶图中最后一行代表数据 5.1 和 5.5。图中给 A 组对应的叶涂上阴影，B 组对应的叶未涂阴影。可以看出，经过培训的员工（B 组）完成任务时间大

多短于未经过培训的员工（A组）。

| | | | | | | | | | | | |
|---|---|---|---|---|---|---|---|---|---|---|---|
| 3 | 2 | 3 | 4 | 5 | 5 | 5 | 5 | 5 | 6 | 8 | |
| 4 | 0 | 0 | 5 | 5 | 6 | 6 | 7 | 7 | | | |
| 5 | 1 | 5 | | | | | | | | | |

图 2-9　员工完成任务时间的茎叶图

通常，当数据量较少时，茎叶图可以比直方图提供更多的详细信息。例如，图 2-9 清晰地表明了经过培训的员工往往用较短的时间完成任务，并且精确地显示了每个员工的完成时间。而直方图更适用于大批量数据，此时整个数据的分布形态比识别出个体数据更加重要。

## 2.3　两个变量数据的表格描述

在决策过程中，管理者经常需要知道两个变量数据之间的关系，本节就介绍如何用表格的方法来汇总两个变量数据，以揭示变量间的关系。

### 2.3.1　交叉分组表

**交叉分组表**（cross table），也称**列联表**（contingency table）是一种用于分类观测值的表格描述方法，是观测数据按多个变量分类列出的频数表。交叉分组表提供了两个变量之间关系的基本画面，可以帮助我们发现它们之间的相互作用情况。交叉分组表中的变量可以是定性变量，也可以是定量变量。

我们选取大众点评平台上的 250 家餐厅组成一个样本，收集其星级评定和人均消费水平。星级评定是一个定性变量，有三个类别：四星以下、四星-五星、五星；人均消费水平是一个定量变量，数值变化范围为 5～105 元。利用该组数据编制的交叉分组表见表 2-11。

表 2-11　餐厅的星级评定和人均消费水平交叉分组表　　　　　（单位：元）

| 星 级 评 定 | 人均消费水平 | | | | |
|---|---|---|---|---|---|
| | 5～30 | 30～55 | 55～80 | 80～105 | 总计 |
| 四星以下 | 25 | 23 | 5 | 1 | 54 |
| 四星-五星 | 22 | 52 | 40 | 10 | 124 |
| 五星 | 2 | 15 | 30 | 25 | 72 |
| 总计 | 49 | 90 | 75 | 36 | 250 |

用表 2-11 右侧栏的各总计数除以餐厅样本总数 250，可以得到星级评定变量的相对频数和百分数频数分布（见表 2-12）。

表 2-12　星级评定变量的相对频数和百分数频数分布

| 星 级 评 定 | 相 对 频 数 | 百分数频数 |
|---|---|---|
| 四星以下 | 0.216 | 21.6% |
| 四星-五星 | 0.496 | 49.6% |
| 五星 | 0.288 | 28.8% |
| 总计 | 1 | 100% |

用表 2-11 最后一行的各总计数除以餐厅样本总数 250，可以得到人均消费水平变量的相对频数和百分数频数分布（见表 2-13）。

表 2-13　人均消费水平变量的相对频数和百分数频数分布

| 人均消费水平（元） | 相对频数 | 百分数频数 |
|---|---|---|
| 5~30 | 0.196 | 19.6% |
| 30~55 | 0.36 | 36% |
| 55~80 | 0.3 | 30% |
| 80~105 | 0.144 | 14.4% |
| 总计 | 1 | 100% |

将表 2-12 和表 2-13 中的百分数频数归纳到表 2-11 中，可得到表 2-14。

表 2-14　餐厅的星级评定和人均消费水平的交叉分组表（百分数频数）　（单位：元）

| 星级评定 | 人均消费水平 | | | | |
|---|---|---|---|---|---|
| | 5~30 | 30~55 | 55~80 | 80~105 | 总计 |
| 四星以下 | 25 | 23 | 5 | 1 | 54（21.6%） |
| 四星-五星 | 22 | 52 | 40 | 10 | 124（49.6%） |
| 五星 | 2 | 15 | 30 | 25 | 72（28.8%） |
| 总计 | 49（19.6%） | 90（36%） | 75（30%） | 36（14.4%） | 250（100%） |

从交叉分组表中，我们可以看到每一个单独变量的频数分布和百分数频数分布，以及各个变量间的关系。通过观察表 2-14 可以看出，较高的人均消费水平往往对应较高的星级评价，而较低的消费水平对应较低的星级评价。

### 2.3.2　辛普森悖论

我们对两个或两个以上交叉分组表中的数据进行合并生成一个总的交叉分组表后，有时会出现未合并的交叉分组表与合并后的综合交叉分组表结论截然相反的情形。在交叉分组比较中占优势的一方，在综合交叉分组表中有时反而是失势的一方。1951 年，E. H. 辛普森在他发表的论文中阐述此现象后，该现象正式被描述并解释，后来就以他的名字命名此悖论，即**辛普森悖论**（Simpon's paradox）。

为更好地说明辛普森悖论，我们引入一个分析两个不同等级的医院对不同程度疾病患者的治愈率的示例。假设患者疾病可以表征为一般或严重，患者可选择前往三甲医院或普通医院中的任何一家进行治疗，治疗结果为治愈或失败。表 2-15 和表 2-16 分别为三甲医院和普通医院治疗两类患者数据的交叉分组表。

表 2-15　三甲医院治疗两类患者数据的交叉分组表

| | 三甲医院 | | 总计 |
|---|---|---|---|
| | 一般疾病 | 严重疾病 | |
| 治愈人数 | 18（90%） | 32（40%） | 50 |
| 未治愈人数 | 2（10%） | 48（60%） | 50 |
| 总计 | 20（100%） | 80（100%） | 100 |

**表 2-16　普通医院治疗两类患者数据的交叉分组表**

| | 普通医院 | | 总　　计 |
|---|---|---|---|
| | 一般疾病 | 严重疾病 | |
| 治愈人数 | 64（80%） | 4（20%） | 68 |
| 未治愈人数 | 16（20%） | 16（80%） | 32 |
| 总计 | 80（100%） | 20（100%） | 100 |

从未综合的交叉分组表可以看出，三甲医院在一般疾病和严重疾病的治疗上均比普通医院要好（90%>80%，40%>20%）。然而通过将两个交叉分组表合并得到表 2-17 后，我们却得出了相反的结论，即普通医院的治愈率高于三甲医院（68%>50%），这便出现了辛普森悖论。

**表 2-17　两种医院治疗数据综合交叉分组表**

| | 医　　院 | | 总　　计 |
|---|---|---|---|
| | 三甲医院 | 普通医院 | |
| 治愈人数 | 50（50%） | 68（68%） | 118 |
| 未治愈人数 | 50（50%） | 32（32%） | 82 |
| 总计 | 100（100%） | 100（100%） | 200 |

在这个例子中，一方面，一般疾病和严重疾病的治愈率相差很大，一般疾病治愈率往往超过 80%，而严重疾病治愈率不到 50%；另一方面，两类疾病患者选择医院的偏好相差也很大，严重疾病患者通常会去三甲医院就诊，而一般疾病患者大多会选择普通医院。我们评价疾病治愈率时，医院的等级并非是唯一的决定因素，疾病的严重程度也是影响疾病治愈率的重要因素。因此，简单地将分组资料相加汇总，不一定能反映真实的情况。

辛普森悖论提示我们，根据未综合和综合交叉分组表得出的结论或解释有可能截然相反。在得出结论之前，管理者应该审查交叉分组表是综合形式还是未综合形式，当交叉分组表包含综合数据时，管理者需要了解是否存在影响结论的其他潜在因素。

## 2.4　两个变量数据的图形描述

本节探讨如何使用图形的方式来描述两个变量数据之间的关系。图形方式往往能够更有效地识别数据间的关系模式。合理使用图形来展示数据间的关系能够为管理者提供强大的洞察力，从而有效支撑管理决策。

### 2.4.1　散点图

**散点图**（scatter diagram）是用二维坐标展示两个变量之间关系的图形描述方法。用横轴代表变量 $x$，纵轴代表变量 $y$，每组数据（$x_i$，$y_i$）在坐标系中用一个点表示。$n$ 组数据在坐标系中形成的 $n$ 个点称为散点，由坐标及其散点形成的二维数据图称为散点图。

我们收集了北京市 2004 年—2018 年间旅游人数与餐饮业收入的数据，为了说明两者的关系，根据表 2-18 的数据绘制了散点图 2-10。横轴表示旅游人数（$x$），纵轴表示餐饮业收入（$y$）。比如 2004 年 $x = 119.50$，$y = 15.42$，散点图中按坐标（$x$，$y$）标记该点。

表 2-18　2004 年—2018 年北京市旅游人数与餐饮业收入数据

| 年　份 | 旅游人数（百万人次） | 餐饮业收入（十亿元） |
| --- | --- | --- |
| 2004 | 119.50 | 15.42 |
| 2005 | 125.00 | 26.79 |
| 2006 | 132.00 | 36.24 |
| 2007 | 142.80 | 42.79 |
| 2008 | 141.81 | 50.49 |
| 2009 | 162.57 | 59.03 |
| 2010 | 179.00 | 66.66 |
| 2011 | 208.84 | 76.59 |
| 2012 | 226.33 | 82.44 |
| 2013 | 247.38 | 78.31 |
| 2014 | 257.22 | 72.51 |
| 2015 | 268.59 | 85.82 |
| 2016 | 281.15 | 91.82 |
| 2017 | 293.54 | 102.88 |
| 2018 | 310.00 | 110.18 |

由散点图 2-10 可以看出，旅游人数与餐饮业收入存在相关关系。较多的旅游人数与较高的餐饮业收入相关联。但由于并不是所有的点都在一条直线上，所以这种关系是不绝对的。

图 2-11 给出了 3 种常见的散点图关系类型。图 2-11a 显示了两个变量之间的正相关关系，$y$ 随着 $x$ 的增加趋于增加；图 2-11b 显示了变量间没有明显的相关关系；图 2-11c 显示了两个变量之间的负相关关系，即 $y$ 随着 $x$ 的增加趋于减少。

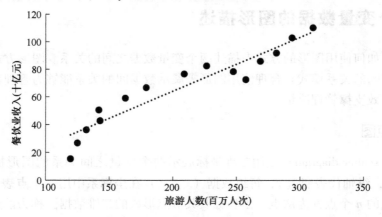

图 2-10　2004 年—2018 年北京市旅游人数与餐饮业收入的散点图与趋势线

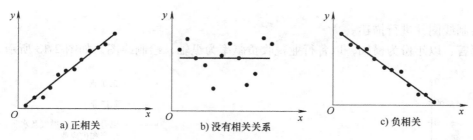

图 2-11 散点图显示出的关系类型

## 2.4.2 线图

线图（line chart）是一种将变量按时间为序排列的图形描述方法。绘图时，以时间为横轴，以变量值为纵轴。时间序列数据通常以线图的形式来表示。以上例北京市 2004 年—2018 年间旅游人数数据为例，可以得到图 2-12 的线图（由于空间所限，年份用后两位表示）。

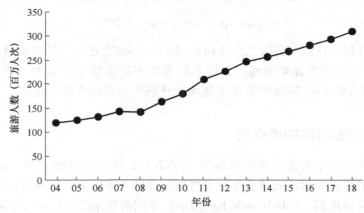

图 2-12 2004 年—2018 年北京市旅游人数的时间序列图

**例 2.3 利用线图描述时间序列数据**

**问题**：依据世界通用的产业结构划分方式，结合自身的发展条件和状况，我国将采矿业，制造业，电力、热力、燃气及水生产和供应业，建筑业划分为第二产业。河南省第二产业是其税收的重要来源。比较和分析河南省第二产业内各行业的税收贡献，对于认识该省税收收入来源结构具有重要的现实意义。表 2-19 列出了 2011 年—2016 年河南省第二产业内各行业的税收贡献率。

表 2-19 2011 年—2016 年河南省第二产业内各行业的税收贡献率

| 年　份 | 税收贡献率 | | | |
|---|---|---|---|---|
| | 采矿业 | 制造业 | 电力、热力、燃气及水生产和供应业 | 建筑业 |
| 2011 | 23.45% | 57.64% | 6.07% | 12.84% |
| 2012 | 19.64% | 58.96% | 7.33% | 14.07% |
| 2013 | 17.04% | 56.48% | 9.2% | 17.28% |
| 2014 | 13.64% | 57.3% | 9.22% | 19.84% |
| 2015 | 9.36% | 57.02% | 11.34% | 22.28% |
| 2016 | 8.18% | 57.47% | 9.98% | 24.37% |

绘制线图并进行描述。

**解答：** 以年份为横轴，以各行业税收贡献率为纵轴，绘制线图，如图2-13所示。

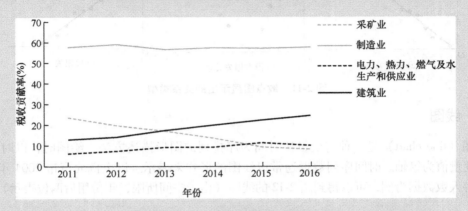

图2-13　各行业税收贡献率的线图

由图2-13可知，在河南省第二产业内各行业中，制造业年均税收贡献率最大。从趋势来看，采矿业的贡献率逐年递减；制造业的贡献率基本稳定；电力、热力、燃气及水生产和供应业的贡献率除2016年外逐年递增；建筑业的贡献率逐年递增。

### 2.4.3　复合条形图与结构条形图

复合条形图和结构条形图均是在条形图（见2.1.2节）的基础上进行的拓展，可以用于展示和对比多个数据变量。通过将多个变量展示在同一张图上，管理者可以更好地了解变量间的关系。**复合条形图**（side-by-side bar chart）是同时展示已汇总的多个条形图的一种图形描述方法。以2.3.1节提到的250家大众点评平台入驻餐厅的星级评定和人均消费水平数据为基础，可以得到图2-14的复合条形图。

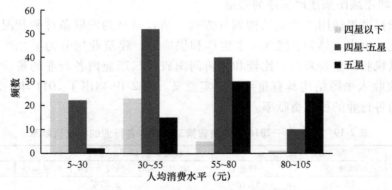

图2-14　餐厅的星级评定和人均消费水平的复合条形图

**结构条形图**（stacked bar）也是一种用于展示多个变量关系的条形图，其每一个长条被分解为不同段，每段表示该组数据的相对频数或百分数频数。我们同样以2.3.1节中提到的250家大众点评平台入驻餐厅的星级评定和人均消费水平数据为例来说明结构条形图。将

表 2-14 中各列的每个数据除以该列的总计数，可以把人均消费水平的频数转换为相对频数或百分数频数，得到各人均消费水平下星级评定变量的百分数频数，见表 2-20。

表 2-20　各人均消费水平下星级评定变量的百分数频数

| 星 级 评 定 | 人均消费水平（元） | | | |
|---|---|---|---|---|
| | 5~30 | 30~55 | 55~80 | 80~105 |
| 四星以下 | 51.02% | 25.55% | 6.67% | 2.78% |
| 四星-五星 | 44.90% | 57.78% | 53.33% | 27.78% |
| 五星 | 4.08% | 16.67% | 40% | 69.44% |
| 总计 | 100% | 100% | 100% | 100% |

利用表 2-20 中的数据绘制结构条形图，如图 2-15 所示。通过对比图 2-14 和图 2-15，我们可以看出，结构条形图比复合条形图更能清晰地显示各人均消费水平下不同星级评定的占比，从而更明确地展示两变量间的关系。例如，从图 2-15 中我们可以清楚地看到，当人均消费水平从低到高增加时，五星级评定的占比也在增加。

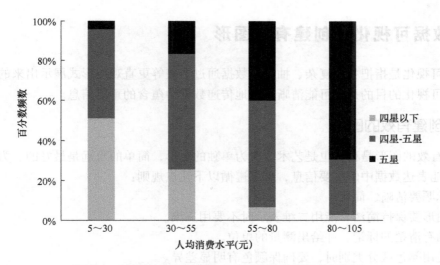

图 2-15　餐厅的星级评定和人均消费水平的结构条形图

## 2.4.4　环形图

**环形图**（doughnut chart）是由两个或两个以上大小不一的饼图叠在一起，挖去中间部分所构成的图形。类似于结构条形图，环形图同样可以用来描述数据总体结构并对不同数据系列进行直观对比。环形图中，每个样本用一个环来表示，样本中每组数据的相对频数（或百分数频数）用环中的一段来表示。利用表 2-20 中的数据绘制环形图，得到图 2-16。

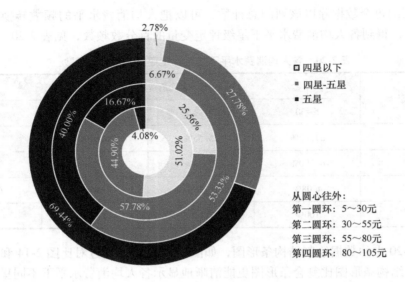

四星以下
四星-五星
五星

从圆心往外：
第一圆环：5～30元
第二圆环：30～55元
第三圆环：55～80元
第四圆环：80～105元

图 2-16 餐厅的星级评定和人均消费水平数据的环形图

## 2.5 数据可视化：创建有效图形

**数据可视化**是指把相对复杂、抽象的数据通过图表等更直观的形式展示出来的一系列手段。数据可视化的目的是尽可能清晰有效地传递数据中蕴含的重要信息。

### 2.5.1 创建有效的图形

创建有效的图形是科学也是艺术。作为单独的图形，简单的永远是最好的。为了使图形更加有效地表达数据中的重要信息，可以遵循以下几点规则：

1）标题要清晰、简明。

2）图形要保持简洁，能用二维表示时不要用三维。

3）轴有清楚的标记，并给出测量的单位。

4）使用颜色区分类别时，要确保颜色有明显差异。

5）用图例来标明多种颜色或线型时，要将图例靠近所表示的数据。

6）所设计的图形应有助于洞察问题的实质，避免歪曲事实。

### 2.5.2 选择图形的类型

本章介绍了很多图形显示方法，包括条形图、饼图、直方图、茎叶图、散点图、线图、复合条形图与结构条形图、环形图，管理者可以根据自身目的恰当地使用以上图形来描述数据。

（1）用于**显示数据分布**的图形描述方法

1）条形图用于展示定性数据、定量数据的频数分布。

2）饼图用于展示定性数据、定量数据的相对频数分布或百分数频数分布。

3）直方图用于展示定量数据在各区间组上的频数分布。

4）茎叶图用于展示定量数据的等级顺序和分布形态。

（2）用于**进行比较**的图形描述方法

1）复合条形图用于比较和展示两个变量的频数，以便更好地了解变量间的关系。

2）结构条形图、环形图用于比较和展示两个变量的相对频数或百分数频数，以便更好地了解变量间的关系。

（3）用于**显示两变量数据相关关系**的图形描述方法

1）散点图用于展示两个数据变量的相关关系。

2）线图用于展示数据变量随时间的变化关系。

### 2.5.3　数据可视化工具

业界已经开发出很多数据可视化工具，其中一些具有很好的交互性，不需要编程并且易于使用。这里对两款常用的可视化图表生成工具和三款具有强大可视数据分析功能的主流商业智能工具进行简单介绍。

**Echarts**（https://echarts.apache.org）是一款由百度开发的不需要编程的可视化图表生成工具。其特点是可以在网页端个性化定制可视化图表，图表种类全面多样，并且完全开源免费。这款软件还可以和百度地图结合使用，也能够应对较大的数据量和三维绘图任务。

**HighCharts**（https://www.hcharts.cn）是一款由国外开发的成熟的可视化图表生成工具。其特点是具有详细的使用教程和案例库，因此学习和开发都省时省力，产品稳定性较强。这款软件用于非商业使用时是免费的。

**Tableau**（https://www.tableau.com）是一款用于可视分析数据的商业智能工具。这款软件的独特之处在于它允许数据混合和实时协作，因而被企业、学术研究人员和政府机构广泛使用。此外，它可以在不编程的情况下进行数据分析，也可以集成 R 语言或 Python 对数据进行分析。它的缺点是比较昂贵，但学生用户可以在认证信息后免费下载和试用一年；其他用户也可以下载 Tableau Public 免费使用，但是需要将自己的数据公开到 Tableau 的服务器上。

**Power BI**（https://powerbi.microsoft.com/zh-cn）是微软推出的一款用于可视分析数据的商业智能工具。它可以连接数百个数据源，进行数据的收集、整理和分析，生成个性化的数据仪表板，并可以在 Web 和移动设备上与他人共享。这款软件的优势在于当建立好数据模型后，可以自动刷新数据，生成新的图表，实现数据处理的全自动化。同时该软件操作简单，不需要编程。个人用户可以免费使用 Power BI Desktop。

**FineBI**（https://www.finebi.com）主要面向企业客户，也是一款不需要编程的商业智能工具，可以通过直接拖拽生成丰富图表。相比于其他商业智能工具，FineBI 的特点是它更加契合企业分工协作进行数据分析的工作流程。FineBI 的另一特点是操作界面简单，普通用户更容易上手。对于个人用户来说，FineBI 可以免费下载使用。

### 2.5.4　数据仪表板

**数据仪表板**（data dashboard）是一种使用广泛的数据可视化工具。就像在一辆汽车中，汽车仪表板会实时展示车速、燃油油量、发动机温度和机油温度，是确保安全驾驶的关键。对制定决策的管理者来说，数据仪表板扮演着相似的角色。

数据仪表板是一个直观显示的集合，它用易于理解的方法汇总和展示公司或机构的信息，以便开展数据分析。就像车速、燃油油量等是监控汽车的重要信息一样，每一种行业都有需要监控和评估公司业绩状况的关键绩效指标（KPI），如库存存货、日销售额、准时交货的比例和每季度销售收入等。数据仪表板可以及时提供 KPI 的汇总信息，为管理者制定正确决策提供重要的帮助。

前面讨论的数据可视化准则适用于数据仪表板的单个图，也适用于整个仪表板。除了这些准则，数据仪表板应最大限度地减少屏幕滚动的次数，图与图之间应使用边框以提高可读性。

为了说明数据仪表板在决策过程中的作用，我们以某超市 2019 年 4 月份的销售数据（见表 2-21）为例，做一个销售分析的数据仪表板。

表 2-21　某超市 2019 年 4 月份的销售数据

| 类别 | 品牌 | 日期 | 单价（元） | 销售量（件） | 销售额（元） | 利润（元） | 当前库存（件） | 促销 |
|---|---|---|---|---|---|---|---|---|
| 饮料 | 维他 | 2019-4-1 | 6.0 | 121 | 726.00 | 275.88 | 1100 | 无 |
| … | | | | | | | | |
| 饮料 | 维他 | 2019-4-30 | 6.0 | 112 | 672.00 | 255.36 | 654 | 无 |
| 饮料 | 康师傅 | 2019-4-1 | 5.0 | 331 | 1655.00 | 645.45 | 2100 | 无 |
| | | | … | | | | | |
| 饮料 | 康师傅 | 2019-4-30 | 5.0 | 356 | 1780.00 | 694.20 | 1343 | 无 |
| 饮料 | 可口可乐 | 2019-4-1 | 3.0 | 178 | 534.00 | 192.24 | 1500 | 无 |
| | | | … | | | | | |
| 饮料 | 可口可乐 | 2019-4-30 | 3.0 | 167 | 501.00 | 180.36 | 1355 | 无 |
| 饮料 | 农夫山泉 | 2019-4-1 | 1.8 | 456 | 820.80 | 328.32 | 3300 | 有 |
| | | | … | | | | | |
| 饮料 | 农夫山泉 | 2019-4-30 | 2.0 | 478 | 956.00 | 382.40 | 2366 | 无 |
| 零食 | 奥利奥 | 2019-4-1 | 9.8 | 58 | 568.40 | 238.73 | 350 | 无 |
| | | | … | | | | | |
| 零食 | 奥利奥 | 2019-4-30 | 9.8 | 38 | 372.40 | 156.41 | 234 | 无 |
| 零食 | 桃李面包 | 2019-4-1 | 8.0 | 216 | 1728.00 | 604.80 | 1500 | 无 |
| | | | … | | | | | |
| 零食 | 桃李面包 | 2019-4-30 | 8.0 | 202 | 1616.00 | 565.60 | 1374 | 无 |
| 零食 | 乐事 | 2019-4-1 | 12.5 | 56 | 700.00 | 287.00 | 400 | 无 |
| | | | … | | | | | |
| 零食 | 乐事 | 2019-4-30 | 12.5 | 46 | 575.00 | 235.75 | 318 | 无 |
| 文具 | 晨光 | 2019-4-1 | 25.0 | 104 | 2600.00 | 1456.00 | 700 | 无 |
| | | | … | | | | | |
| 文具 | 晨光 | 2019-4-30 | 25.0 | 52 | 1300.00 | 728.00 | 549 | 无 |
| 文具 | 爱好 | 2019-4-1 | 4.0 | 223 | 892.00 | 517.36 | 1300 | 无 |
| | | | … | | | | | |
| 文具 | 爱好 | 2019-4-30 | 4.0 | 236 | 944.00 | 547.52 | 875 | 无 |

首先，我们要明确数据仪表板需要展示的内容。超市的数据仪表板应能帮助管理者明确如何选择更优的库存管理方法、加快库存周转率、促进产品销售，从而使企业获得更多的利润。因此，针对这些问题我们确定了以下关键指标：

1）总销售额、总利润。

2）各品类利润的比较。

3）各品牌利润、销售量的比较。

4）各品牌有无促销活动的销售量比较。

5）各品牌当前的库存量。

然后，依据以上关键指标绘制该超市 2019 年 4 月份的销售数据仪表板，如图 2-17 所示。图的左上角展示了销售额和利润；右上角的饼图显示了各类产品的利润占比；中间的条形图显示了各品牌利润和销售量的比较；左下角的复合条形图对比了各品牌有促销活动和无促销活动时的销售量；右下角的条形图显示了每个品牌当前的库存量。这些图可以为确定最佳进货量、明确促销活动的效果等提供重要的参考。

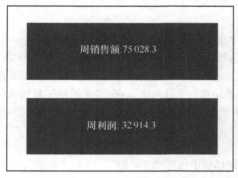
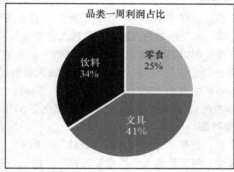
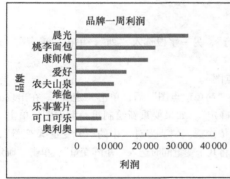
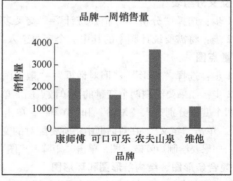
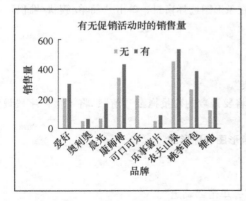
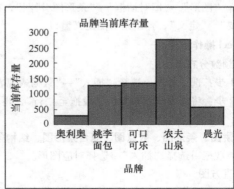

**图 2-17　某超市 2019 年 4 月份的销售数据仪表板**

## SPSS、Excel 和 R 的操作步骤

**SPSS 操作步骤**

- **频数分布表**

第1步：选择"分析"→"描述统计"→"频率"。

第2步：将需要统计频率的变量拖入框中，勾选"显示频率表"，单击"确定"。

- **饼图、条形图**

第1步：选择"分析"→"描述统计"→"频率"。

第2步：将要生成频数分布表的变量选入"变量"。

第3步：选择"图表"→"条形图/饼图"，单击"确定"。

- **直方图**

第1步：选择"图形"→"旧对话框"→"直方图"。

第2步：将要绘制直方图的变量选入"变量"，单击"确定"。

第3步：（如果需要对直方图进行修改）双击直方图，再双击直方图中的任意条，在"分箱"→"X轴"下单击"定制"，并在"区间数"中输入希望划分的组数，单击"应用"。再双击X轴的刻度，在弹出的对话框中单击"刻度"，在"范围"下修改"最小值""最大值"，在"主增量"后输入区间的宽度（即组距），单击"应用"。如果想要在直方图中增加正态曲线，单击"显示分布曲线"图表即可。

- **茎叶图**

第1步：选择"分析"→"描述统计"→"探索"。

第2步：将变量选入"因变量列表"→"图"，在对话框中选择"茎叶图"，单击"确定"。

- **交叉分组表**

第1步：选择"分析"→"描述统计"→"交叉表"。

第2步：将需要统计频率的其中一个字段选入"行"，另一字段选入"列"，单击"确定"。

- **散点图**

第1步：选择"图形"→"旧对话框"→"散点图/点图"。

第2步：如果要绘制两个变量的简单散点图。单击"简单散点图"后，单击"定义"。在出现的对话框中将两个变量分别选入"X轴"和"Y轴"，单击"确定"。如果要重新绘制重叠散点图，单击"重叠散点图"，单击"定义"。在对话框中将所要配对的变量依次选入"Y-X对"中的"Y变量-X变量"，单击"确定"。如果要绘制矩阵散点图，单击"矩阵散点图"，将几个变量同时选入"矩阵变量"，单击"确定"。

- **复合条形图、结构条形图和环形图**

选择"图形"→"旧对话框"→"条形图/饼图"，在条形图选择窗口，单击"简单/簇状/堆积"→"个案组摘要"→"定义"，弹出条形图定义窗口。

**Excel 操作步骤**

- **频数分布表**

第1步：选中数据→选择"插入"→"数据透视表"。

第2步：将需要统计频数的字段拖至"行"，再将要计数的变量拖至"值"，将"值"字段设置为"计数"，单击"确定"。

- **饼图、条形图、散点图、复合条形图、结构条形图和环形图**

选中数据→选择"插入"→选择对应图形。

- **直方图**

第1步：选择"数据"→"数据分析"→"直方图"，单击"确定"。

第2步：在"输入区域"中输入原始数据所在的区域，在"接收区域"中输入上限值所在的区域，

在"输出区域"中输入结果输出的位置，选择"图表输出"，单击"确定"。
- 茎叶图

第 1 步：下载并安装 PHStat4 加载项，双击 PHstat4 文件，选择"启用宏"。

第 2 步：选择"PHStat4"→"茎叶图"，在弹出框的"variabale Cell range"中输入数据所在的竖列，或者框选所需分析的那列数据（包括第一个单元格的变量名），选择"first cell contain label"。注意数据必须是竖列排列。
- 交叉分组表

第 1 步：选中数据→选择"插入"→"数据透视图和数据透视表"。

第 2 步：选定"数据透视表"，在右侧工具栏中将需要统计频数的其中一个字段拖至"行"，将另一字段拖至"列"，再将要计数的变量拖至"值"，将"值"字段设置为"计数"，单击"确定"。

**R 操作步骤**

```
install. packages("readxl")
library(readxl)
数据表名 = read_excel("…/文件名.xlsx", sheet = "sheet1")
```
- 频数分布表

```
table（数据表名 $ 变量）
```
- 饼图

```
install. packages("plotrix")
library(plotrix)
count = table(数据表名 $ 变量)
name = names(count)
percent = prop. table(count) * 100
labs = paste(name, " ", percent, "%", sep = " ")
pie(count, labels = labs)
```
- 条形图

```
count = table(数据表名 $ 变量)
name = names(count)
barplot(count, xlab = "变量", ylab = "频数")
```
- 复合条形图

```
count = table(数据表名 $ 变量 1, 数据表名 $ 变量 2)
barplot(count, xlab = "变量 2", ylab = "频数", legend = rownames(count), beside = TRUE)
```
- 结构条形图

```
count = table(数据表名 $ 变量 1, 数据表名 $ 变量 2)
barplot(count, xlab = "变量 2", ylab = "频数", legend = rownames(count), beside = FALSE)
```
- 直方图

```
hist(数据表名 $ 变量, xlab = "变量", ylab = "频率")
```
- 茎叶图

```
stem(数据表名 $ 变量)
```
- 交叉分组表

```
table(数据表名 $ 变量 1, 数据表名 $ 变量 2)
```
- 散点图

```
plot(数据表名 $ 变量 1, 数据表名 $ 变量 2, xlab = "变量 1", ylab = "变量 2")
```

## 案例分析：手机属性偏好分析

### 1. 案例背景

手机的普及率越来越高，2021年全球智能手机用户规模排名前三的中国、印度和美国的智能手机普及率分别达到了66%、35.4%和82.2%，为了在巨大的智能手机市场中占有一席之地，各手机厂商不断研发新的功能来增加市场竞争力。为了突出一款手机的特色，手机厂商往往希望选择手机的某个属性进行重点投资，而这一决策又取决于消费群体的购买偏好。本案例利用消费者对手机各个属性的评分数据，对不同性别、不同年龄消费群体的手机属性偏好状况进行精确的量化分析，以便厂商能够选择更加科学合理的市场策略来研发新手机。

### 2. 数据及其说明

本案例的数据来源于对西安某街口消费者的调查。首先，我们选取手机厂商经常考虑的七个属性作为消费者手机属性偏好程度的指标。这七个属性是价格、配置、是否双卡双待、外观设计、拍照效果、屏幕大小和广告力度。其次，我们选取华为、苹果、OPPO、小米、三星和其他品牌作为手机品牌偏好程度的指标。对每个属性，调查对象根据其偏好程度用100分制打分（对属性而言，分值越大代表消费者越看重该属性；对手机品牌来说，分值越大代表消费者越倾向购买该品牌手机）。基于我们的调查结果并经过适当的数据清理，最后共获得来自48个调查对象的672个有效观测值。此次调查的变量说明见表2-22。

表2-22 变量说明

| 手机属性偏好程度<br>（0~100分，分值越大代表消费者越看重该属性） | 手机品牌偏好程度<br>（0~100分，分值越大代表消费者越倾向购买该品牌手机） | 消费者个人属性 |
|---|---|---|
| 价格 | 华为 | 性别 |
| 配置 | 苹果 | 年龄 |
| 是否双卡双待 | 小米 | 偏好的手机品牌 |
| 外观设计 | OPPO | |
| 拍照效果 | 三星 | |
| 屏幕大小 | 其他 | |
| 广告力度 | | |

从表2-22可以看出，手机属性偏好程度和手机品牌偏好程度都是使用数值表示的定量数据；而消费者个人属性中的性别和偏好的手机品牌是定性数据，年龄是定量数据。

### 3. 数据分析

使用本章学习过的知识，对消费者偏好的手机品牌进行初步分析。

1）我们考察消费者个人属性的分布情况来判断我们的样本是否合理。通过分析发现，本次调查样本的男女比例分别为48%和52%，偏差在可接受范围之内。我们选择用茎叶图来描述调查样本的年龄分布（见图2-18）。

```
1 | 8899
2 | 1111333445566666789999
3 | 1222223355666789
4 | 015555
5 | 1
```

图2-18 消费者年龄分布的茎叶图

**对"年龄"变量绘制茎叶图的操作步骤**

**SPSS**

第 1 步：选择"分析"→"描述统计"→"探索"。

第 2 步：将"年龄"选入"因变量列表"→"图"，在对话框中选择"茎叶图"，单击"确定"。

**Excel**

第 1 步：下载 PHStat4 安装包，双击 PHstat4 文件，选择"启用宏"。

第 2 步：选择"PHStat4"→"Descriptive Statistics"→"Setm-and-Leaf Display"，在弹出框的"variabale Cell range"中框选"年龄"这一列的所有数据（包括该列的第一个单元格），选择"first cell contain label"，选择"Set Stem unit as：10"，单击"确定"。

**R**

```
install. packages("readxl")
library(readxl)
phone = read_excel("…/文件名 . xlsx")
stem(phone $ 年龄)
```

从图 2-18 中可以看出，接受调查的消费者年龄集中在 20~40 岁。根据现实可知，手机的敏感消费群体也主要集中在 20~40 岁，所以调查样本能较好地代表手机厂商关心的目标消费者。

2）用条形图更直观地显示消费者偏好的手机品牌（见图 2-19）。

**对"偏好的手机品牌"变量绘制条形图的操作步骤**

**SPSS**

第 1 步：选择"分析"→"描述统计"→"频率"。

第 2 步：将要生成频数分布表的变量"偏好的手机品牌"选入"变量"。

第 3 步：选择"图表"→"条形图"，单击"确定"。

**Excel**

第 1 步：选中数据→选择"插入"→"数据透视图和数据透视表"。

第 2 步：将数据透视的"偏好的手机品牌"拖至"行"和"值"字段内，单击"值字段设置"，将"值汇总方式"设置为"计数"，将"值显示方式"设置为"无计算"，单击"确定"。

**R**

```
count = table(phone $ 偏好的手机品牌)
barplot(count, xlab = "偏好的手机品牌", ylab = "频数")
```

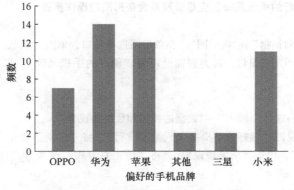

图 2-19 消费者偏好的手机品牌条形图

从条形图 2-19 可以看到，最受消费者喜爱的手机排名依次为华为、苹果、小米、OPPO、三星和其他。

3）对不同性别消费者的品牌偏好进行比较。用交叉分组表考察消费者性别和最偏好的手机品牌（评分最高的品牌）之间的关系，见表 2-23。

---

**对"性别"和"偏好的手机品牌"变量绘制交叉分组表的操作步骤**

**SPSS**

第 1 步：选择"分析"→"描述统计"→"交叉表"。

第 2 步：将变量"性别"选入"行"，将"偏好的手机品牌"选入"列"，单击"确定"。

**Excel**

第 1 步：选中数据→选择"插入"→"数据透视表"。

第 2 步：将数据透视的"偏好的手机品牌"拖至"行"，将"性别"拖至"列"，再将以上两个字段中任意一个拖至"值"，在"值字段设置"中将"值汇总方式"设置为"计数""值显示方式"设置为"无计算"，单击"确定"。

**R**

table（phone＄性别，phone＄偏好的手机品牌）

---

表 2-23　不同性别消费者对不同手机品牌偏好的交叉分组表

| 偏好的手机品牌 | 男 | 女 | 总　计 |
|---|---|---|---|
| OPPO | 2 | 5 | 7 |
| 华为 | 8 | 6 | 14 |
| 苹果 | 5 | 7 | 12 |
| 其他 | 1 | 1 | 2 |
| 三星 | 2 | 0 | 2 |
| 小米 | 5 | 6 | 11 |
| 总计 | 23 | 25 | 48 |

为了更直观地展示性别与偏好的手机品牌的关系，我们根据表 2-23 的数据绘制了复合条形图，如图 2-20 所示。

---

**对"性别"和"偏好的手机品牌"变量绘制复合条形图的操作步骤**

**SPSS**

选择"图形"→"旧对话框"→"条形图"，在条形图选择窗口，单击"簇状"，选择"个案组摘要"，单击"定义"弹出条形图定义窗口，将类别轴设定为"偏好的手机品牌"、聚类定义依据设定为"性别"，单击"确定"。

**Excel**

第 1 步：选中数据→选择"插入"→"数据透视图和数据透视表"。

第 2 步：将数据透视的"偏好的手机品牌"拖至"行"，将"性别"拖至"列"，再将以上两个字段中任意一个拖至"值"，单击"值字段设置"，将"值汇总方式"设置为"计数""值显示方式"设置为"无计算"，单击"确定"。

---

**R**

count = table(phone $ 性别, phone $ 偏好的手机品牌)
barplot(count, xlab = "偏好的手机品牌", ylab = "频数", legend = rownames(count), beside = TRUE)

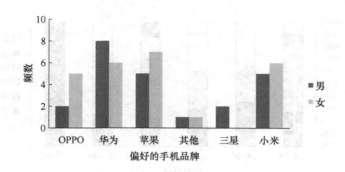

图 2-20 不同性别消费者偏好的手机品牌复合条形图

从图 2-20 可以看出，最受女性消费者喜爱的手机品牌依次为苹果、华为和小米、OPPO、其他、三星；最受男性消费者喜爱的手机品牌依次为华为、苹果和小米、OPPO 和三星、其他。比较来看，男女消费者都倾向购买华为和苹果，不太倾向购买其他品牌。不同的是，对于 OPPO 手机，女性消费者比男性消费者更偏好。

4）绘制结构条形图（见图 2-21）考察不同年龄消费者偏好的手机品牌。

**对"年龄"和"偏好的手机品牌"变量绘制结构条形图的操作步骤**

**SPSS**

第 1 步：对"年龄"字段的数据进行分组。选择"转换"→"重新编码为不同变量"，将"年龄"字段拖入框内，设定输出变量为"年龄分组"，单击"旧值与新值"，将原有数据对应至新的数据分组，单击"确定"，此时表格中多了"年龄分组"字段。

第 2 步："分析"→"描述统计"→"交叉表"，将"偏好的手机品牌"选入"行"，将"年龄分组"选入"列"，在"单元格"设定列百分比，单击"确定"，得到交叉分组表。

第 3 步：双击交叉分组表，选择"创建图形"→"条形图"，此时生成的条形图默认为簇状条形图，双击图形进行编辑，在"属性"的"变量"中，将偏好的手机品牌下的"X 轴聚类"更改为"堆积"，单击"确定"。

**Excel**

第 1 步：选中数据→选择"插入"→"数据透视图和数据透视表"。

第 2 步：将数据透视的"年龄"拖至"行"，将"偏好的手机品牌"拖至"列"，再将以上两个字段任意一个拖至"值"，单击"值字段设置"，将"值汇总方式"设置为"计数""值显示方式"设置为"行汇总的百分比"，单击"确定"。

第 3 步：选中生成的数据透视表的年龄列中任意一个单元格，右键选择"创建组"，输入起始、终止和步长，单击"确定"，选中生成的数据放入图中，将图表类型改为"百分比堆积柱状图"。

**R**

phone $ 年龄分组 = cut(phone $ 年龄, c(18, 24, 30, 36, 42, 48, 54), right = F)

```
count = table( phone $ 偏好的手机品牌, phone $ 年龄分组)
data = prop.table( count, 2)
barplot( data, xlab = "年龄分组", ylab = "百分数频数", legend = rownames( count), beside = FALSE)
```

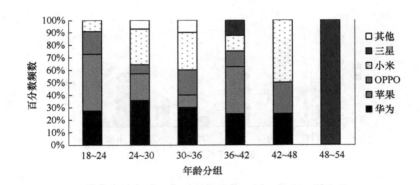

图 2-21　不同年龄消费者偏好的手机品牌结构条形图

从图 2-21 中可以看出，在 18～24 岁和 36～42 岁年龄阶段中苹果最受欢迎，其次是华为；在 24～36 岁年龄阶段中华为和小米比较受欢迎；42～48 岁年龄阶段的消费者更倾向于购买小米手机；48～54 岁年龄阶段的消费者则倾向于购买三星手机。

5）分析消费者对各个手机属性评分和对手机品牌评分之间的关系，以消费者对手机配置偏好和对华为手机偏好为例，绘制散点图，如图 2-22 所示（我们不直接采用评分数值，而是将每个数值标准化，即用每个分数除以该消费者的总评分）。

**对"标准化手机配置偏好"和"标准化华为手机偏好"变量绘制散点图的操作步骤**
**SPSS**
第 1 步：选择"图形"→"旧对话框"→"散点图/点图"。
第 2 步：如果要绘制两个变量的简单散点图，点击"简单散点图"，单击"定义"。在出现的对话框中将"标准化手机配置偏好"和"标准化华为手机偏好"两个变量分别选入"X 轴"和"Y 轴"，单击"确定"。
**Excel**
选中"标准化手机配置偏好"和"标准化华为手机偏好"数据，再选择"插入"→选择"散点图"。
**R**
plot（phone $ 标准化手机配置偏好, phone $ 标准化华为手机偏好, xlab = "标准化手机配置偏好", ylab = "标准化华为手机偏好"）

从图 2-22 中可以看到一个上升趋势：当消费者对手机配置要求更高时，更倾向于选择华为手机。对其他变量也可以绘制类似的散点图，篇幅所限，不再一一展示。

**4. 结论**

本案例以消费者手机属性偏好的市场调查数据为例，系统演示了数据的图表描述方法。从上述分析结果可知，根据不同性别、年龄的消费者对手机品牌偏好的差异，手机厂商可以有效地区分市场，针对某些细分市场选择合理的市场策略来研发新手机。例如，华为可以通过研发属性配置较高的手机来满足其消费者的需求。另外，手机厂商还可以根据相关结论来预测自己在相同目标群体中的竞争对手。比如华为在 18~30 岁的消费群体中主要的竞争对手是苹果，而在 30~36 岁的消费群体中主要的竞争对手是小米。

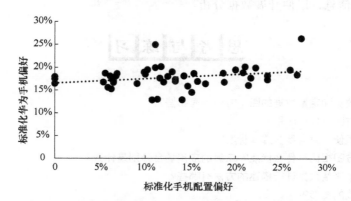

图 2-22　消费者对手机配置偏好和华为手机偏好的散点图

## 术语表

**频数**（frequency）：落在某一特定组别中的观测值个数。

**频数分布**（frequency distribution）：将数据分为不重叠的若干组，并显示各组频数的一种分组统计方式。

**相对频数**（relative frequency）：频数与总观测个数（$n$）的比值，相对频数=频数/$n$；其百分比形式称为**百分数频数**（percentage frequency）。

**条形图**（bar chart）：对已汇总定性数据的频数分布进行直观描述的一种图形表示方法。

**饼图**（pie chart）：用圆内扇形的角度来表示各组数据所占比例的图形描述方法。

**组距**（class width）：一个组的上限与下限之差，可根据全部数据的最大值和最小值及所分的组数来确定，即组距≈（最大值－最小值）/组数。

**直方图**（histogram）：用矩形的宽度和高度（即面积）来表示频数分布的定量数据的图形描述方法。

**累积频数**（cumulative frequency）：将各类有序组别的频数逐渐累加起来得到的频数。

**茎叶图**（stem-and-leaf plot）：用于展示未分组的原始数据的分布，由"茎"和"叶"两部分构成，其图形是由数字组成的，以该组数据的高位数字作树茎，低位数字作树叶。

**交叉分组表**（cross table）：也称**列联表**（contingency table）是观测数据根据多个变量分类列出频数表的表格描述方法。

**辛普森悖论**（Simpon's paradox）：从两个或两个以上单独的交叉分组表得到的结论可能与数据综合成一个单一交叉分组表得出的结论截然相反。

**散点图**（scatter diagram）：用二维坐标展示两个变量之间关系的图形描述方法。

**线图**（line chart）：一种将变量按时间为序排列的图形描述方法。

**复合条形图**（side-by-side bar chart）：对已汇总的多个条形图同时显示的一种图形描述方法。

**结构条形图**（stacked bar）：一种用于显示多个变量关系的条形图，其每一个长条被分解为不同段，每段显示该组数据的相对频数或百分数频数。

环形图（doughnut chart）：由两个或两个以上大小不一的饼图叠在一起，挖去中间部分所构成的图形描述方法。

数据仪表板（data dashboard）：一个直观显示的集合，它用易于理解的方法汇总和展示公司或机构的信息，以便开展数据分析。

## 思 考 与 练 习

### 思考题

1. 常用的定性数据和定量数据的图示方法各有哪些？
2. 条形图和直方图有什么区别？
3. 饼图和条形图使用时有哪些选择标准？
4. 茎叶图和直方图相比有什么优点？二者的应用场合分别是什么？
5. 常用的对两个变量数据进行描述的方法有哪些？
6. 如何创建有效的图形？

### 练习题

7. 为推广新的网站，知乎非常关注其网页导航操作的简便程度，为此随机选择了 200 名普通网络用户，要求他们利用新网页进行一项网络搜索。每个人需要对网络导航操作的简便程度进行评价，具体分为较差、较好、良好和非常好四个等级。调查结果见表 2-24。

**表 2-24  200 名网络用户对知乎的评价统计**

| 等　　级 | 人　　数 |
|---|---|
| 非常好 | 102 |
| 良好 | 58 |
| 较好 | 30 |
| 较差 | 10 |

请选择恰当的图形来展示表 2-24 中的信息。

8. 表 2-25 是大众汽车集团某月出售的 180 辆汽车的销售利润。

**表 2-25  每辆车的销售利润**　　　　　　　　（单位：美元）

| | | | | | | | | |
|---|---|---|---|---|---|---|---|---|
| 1387 | 2148 | 2201 | 963 | 820 | 2230 | 3043 | 2584 | 2370 |
| 1754 | 2207 | 996 | 1298 | 1266 | 2341 | 1059 | 2666 | 2637 |
| 1817 | 2252 | 2813 | 1410 | 1741 | 3292 | 1674 | 2991 | 1426 |
| 1040 | 1428 | 323 | 1553 | 1772 | 1108 | 1807 | 934 | 2944 |
| 1273 | 1889 | 352 | 1648 | 1932 | 1295 | 2056 | 2063 | 2147 |
| 1529 | 1166 | 482 | 2071 | 2350 | 1344 | 2236 | 2083 | 1973 |
| 3082 | 1320 | 1144 | 2116 | 2422 | 1906 | 2928 | 2856 | 2502 |
| 1951 | 2265 | 1485 | 1500 | 2446 | 1952 | 1269 | 2989 | 783 |

（续）

| | | | | | | | | |
|---|---|---|---|---|---|---|---|---|
| 2692 | 1323 | 1509 | 1549 | 369 | 2070 | 1717 | 910 | 1538 |
| 1206 | 1761 | 1638 | 2348 | 978 | 2454 | 1797 | 1536 | 2339 |
| 1342 | 1919 | 1961 | 2498 | 1238 | 1606 | 1955 | 1957 | 2700 |
| 443 | 2357 | 2127 | 294 | 1818 | 1680 | 2199 | 2240 | 2222 |
| 754 | 2866 | 2430 | 1115 | 1824 | 1827 | 2482 | 2695 | 2597 |
| 1621 | 732 | 1704 | 1124 | 1907 | 1915 | 2701 | 1325 | 2742 |
| 870 | 1464 | 1876 | 1532 | 1938 | 2084 | 3210 | 2250 | 1837 |
| 1174 | 1626 | 2010 | 1688 | 1940 | 2639 | 377 | 2279 | 2842 |
| 1412 | 1761 | 2165 | 1822 | 2197 | 842 | 1220 | 2626 | 2434 |
| 1809 | 1915 | 2231 | 1897 | 2646 | 1963 | 1401 | 1501 | 1640 |
| 2415 | 2119 | 2389 | 2445 | 1461 | 2059 | 2175 | 1752 | 1821 |
| 1546 | 1766 | 335 | 2886 | 1731 | 2338 | 1118 | 2058 | 2487 |

（1）根据表 2-25 绘制频数分布表。

（2）根据表 2-25 绘制直方图。

（3）基于直方图，你能得出哪些信息？

9. 表 2-26 是某运动员最近 13 次的训练得分统计，请绘制茎叶图，并说明运动员的发挥稳定程度。

表 2-26　某运动员最近 13 次的训练得分统计

| 12 | 25 | 31 | 49 | 44 | 24 | 37 |
|---|---|---|---|---|---|---|
| 31 | 36 | 36 | 15 | 50 | 39 | |

10. 基金可分为成长型和价值型两类，风险水平可分为低、中和高三类。表 2-27 统计了 316 只基金的风险水平。

表 2-27　316 只基金的风险水平

| 基金风险水平 | 成长型基金 | 价值型基金 |
|---|---|---|
| 低 | 143 | 69 |
| 中 | 74 | 17 |
| 高 | 10 | 3 |

（1）根据表 2-27 绘制基金类型和风险水平的交叉分组表。

（2）根据表 2-27 分别绘制基于总和百分比的交叉分组表、基于行和百分比的交叉分组表，以及基于列和百分比的交叉分组表，并进行描述性分析。

（3）选择合适的图表将表 2-27 中的基金样本数据可视化，并进行描述性分析。

11. 表 2-28 是 30 个球队的收入和估值数据，为了迅速使球队收入和估值的关系可视化，绘制一张散点图，并说明两者之间的关系。

表 2-28 30 个球队的收入和估值数据 　　　　　（单位：百万美元）

| 收　　入 | 估　　值 | 收　　入 | 估　　值 | 收　　入 | 估　　值 |
|---|---|---|---|---|---|
| 119 | 425 | 191 | 775 | 144 | 590 |
| 169 | 875 | 121 | 475 | 139 | 560 |
| 190 | 780 | 128 | 575 | 117 | 469 |
| 115 | 410 | 295 | 1350 | 137 | 565 |
| 195 | 1000 | 126 | 453 | 140 | 587 |
| 145 | 515 | 188 | 770 | 115 | 550 |
| 162 | 765 | 109 | 405 | 167 | 660 |
| 124 | 495 | 116 | 430 | 149 | 520 |
| 139 | 450 | 116 | 420 | 131 | 525 |
| 160 | 750 | 287 | 1400 | 122 | 485 |

## 参考文献

[1] 安德森，斯威尼，威廉斯，等. 商务与经济统计：原书第 13 版 [M]. 张建华，王健，聂巧平，等译. 北京：机械工业出版社，2017.

[2] 林德，马歇尔，梅森. 商务与经济统计方法：原书第 15 版 [M]. 聂巧平，叶光，译. 北京：机械工业出版社，2015.

[3] 麦克拉夫，本森，辛西奇. 商务与经济统计学：第 12 版 [M]. 易丹辉，李扬，译. 北京：中国人民大学出版社，2015.

[4] 贾俊平. 统计学 [M]. 7 版. 北京：中国人民大学出版社，2018.

[5] 贾俊平. 统计学：基于 SPSS [M]. 2 版. 北京：中国人民大学出版社，2016.

[6] 贾俊平. 统计学：基于 Excel [M]. 北京：中国人民大学出版社，2017.

[7] 贾俊平. 统计学：基于 R [M]. 3 版. 北京：中国人民大学出版社，2019.

[8] 王汉生. 应用商务统计分析 [M]. 北京：北京大学出版社，2008.

[9] 郑国忠，郑连云. 商务统计学 [M]. 北京：清华大学出版社，2019.

CHAPTER 3

# 第3章

## 数据的数字描述

我们在第 2 章中学习了数据的图表描述方法，目的是将原始数据进行汇总，并整理成可视化图表形式，从而发现存在于数据集中的内在规律。在本章中我们将进一步描述数值变量的集中趋势、离散程度和分布形状，同时还对两个变量之间可能存在的相关关系进行度量。

本章介绍的内容在生活中有着广泛的应用。例如，购买电子产品时我们会阅读测评并关注其综合得分，这就是产品在各项性能上的加权平均数，反映了产品的集中趋势；在与制造厂商签订合同前，我们除了关心良品率外，还关心反映其离散程度的良品率的方差；较大的离散程度往往意味着厂商在质量管理方面存在缺陷；在模拟考试中取得更高分数的同学有更大可能在中考中取得高分，这意味着模拟考试分数与中考分数间存在着某种联系。

## 3.1 集中趋势的度量

很多数据集都表现出在某个特殊点附近聚集的趋势，根据特殊点选取的不同，有**平均数**、**中位数**、**众数**三种度量数据**集中趋势**（central tendency）的统计量。

---

**定义 3.1**

**集中趋势**是指一个变量的所有观测值在某个特殊点附近聚集的倾向。

---

### 3.1.1 平均数

**平均数**（mean）是最常见的数据统计量，它提供了对数据中心位置的度量，是一组数据的"平衡点"。平均数又可分为算数平均数、加权平均数和几何平均数。

---

**定义 3.2**

**算术平均数**（arithmetic mean）是用变量所有观测值的和除以观测值的个数得到的值。

---

如果用 $x_1$，$x_2$，$\cdots$，$x_n$ 来表示变量 $x$ 的 $n$ 个观测值集合，那么算术平均数的计算公式为

$$\bar{x} = \frac{\sum_{i=1}^{n} x_i}{n} = \frac{x_1 + x_2 + \cdots + x_n}{n} \tag{3-1}$$

一个变量的算术平均数具有这样的性质：变量中各个观测值与算术平均数的离差之和 $\sum_{i=1}^{n}(x_i - \bar{x})$ 等于 0，各个观测值与算术平均数的离差平方和 $\sum_{i=1}^{n}(x_i - \bar{x})^2$ 最小。

用算术平均数反映数据集的集中趋势时也存在一些缺陷。首先，一旦出现与其他观测值差异很大的极端值时，算术平均数的取值就会受到很大影响；其次，算术平均数主要用于测度数值型数据，而不能用于测度名义数据和顺序数据。因此，应避免使用算术平均数作为集中趋势度量的唯一统计量。

**例 3.1　计算算术平均数**

**问题**：某市 16 家国有企业 2018 年的利润数据见表 3-1。试计算这些国有企业利润的平均数。

表 3-1　某市 16 家国有企业 2018 年的利润数据　　　　　（单位：万元）

| 270 | 145 | 379 | 270 | 110 | 450 | 1020 | 50 |
|-----|-----|-----|-----|-----|-----|------|-----|
| 110 | 260 | 300 | 280 | 350 | 270 | 240 | 210 |

**解答**：这 16 家国有企业 2018 年利润的平均数为

$$\bar{x} = \frac{\sum_{i=1}^{16} x_i}{16} = \frac{x_1 + x_2 + \cdots + x_{16}}{16} = \frac{4714}{16} = 294.63 \, (万元)$$

在计算算术平均数时，我们赋予了每一个观测值 $x_i$ 相同的重要性，也就是说我们可以将算术平均数的计算公式写成如下形式

$$\bar{x} = \frac{\sum_{i=1}^{n} x_i}{n} = \frac{x_1 + x_2 + \cdots + x_n}{n} = \frac{1}{n} x_1 + \frac{1}{n} x_2 + \cdots + \frac{1}{n} x_n$$

可以看出每一个观测值的权重都是 $1/n$。但有时候，我们在计算平均数时需要针对每一个观测值的特征，赋予不同的权重。用这种方式计算得到的平均数叫作**加权平均数**（weighted mean）。

**定义 3.3**

**加权平均数**是各组数值乘以相应的权重后求和，再除以总的权重。

加权平均数的计算公式为

$$\bar{x} = \frac{\sum\limits_{i=1}^{n} w_i x_i}{\sum\limits_{i=1}^{n} w_i} \tag{3-2}$$

式中，$w_i$ 是观测值 $x_i$ 的权重。

　　值得注意的是，在使用加权平均数进行计算时，分析人员需要事先确定反映每个观测值重要性的权重。

**例 3.2　计算加权平均数**

　　**问题**：某学习小组共 5 名学生，他们的高数课成绩按照期中考试占 30%、期末考试占 50%、平时作业占 10%、汇报作业占 10% 计算。表 3-2 给出了 5 名学生各项目的得分，试计算他们各自的最终成绩。

表 3-2　某学习小组学生高数课各项目的得分

| 学　　生 | 期中考试 | 期末考试 | 平时作业 | 汇报作业 |
| --- | --- | --- | --- | --- |
| A | 94 | 90 | 90 | 88 |
| B | 90 | 85 | 100 | 90 |
| C | 88 | 88 | 100 | 92 |
| D | 88 | 82 | 90 | 85 |
| E | 80 | 74 | 80 | 60 |

　　**解答**：以学生 A 为例，其最终成绩为

$$\bar{x} = \frac{94 \times 0.3 + 90 \times 0.5 + 90 \times 0.1 + 88 \times 0.1}{0.3 + 0.5 + 0.1 + 0.1} = 91$$

同理，可以计算得到 5 名学生的最终成绩，见表 3-3。

表 3-3　某学习小组学生高数课最终成绩

| 学　　生 | A | B | C | D | E |
| --- | --- | --- | --- | --- | --- |
| 总分 | 91 | 88.5 | 89.6 | 84.9 | 75 |

　　用求和方法求出的平均数通常称为算术平均数，与之相对的是用乘法求出的几何平均数。

　　**几何平均数**（geometric mean）适用于比率数据，主要用于计算平均增长率，在金融和银行领域具有广泛的应用。

**定义 3.4**

　　**几何平均数**是 $n$ 个变量值乘积的 $n$ 次方根。

　　如果用 $x_1$，$x_2$，$\cdots$，$x_n$ 来表示 $n$ 个观测值，那么几何平均数 $\bar{x}_g$ 表示为

$$\bar{x}_g = \sqrt[n]{x_1 x_2 \cdots x_n} \tag{3-3}$$

**例 3.3 计算几何平均数**

**问题：**一位投资者持有一种股票，从 2014 年—2019 年的收益率分别为 1.1%、2.5%、0.4%、3.6%、5.8%、0.2%，试计算该投资者在这 6 年内的平均收益率。

**解答：**

$$\bar{x}_g = \sqrt[6]{x_1 x_2 \cdots x_6} = \sqrt[6]{1.011 \times 1.025 \times 1.004 \times 1.036 \times 1.058 \times 1.002} = 1.0225$$

年平均收益率为 $1.0225 - 1 = 0.0225$，即 2.25%。

而用算数平均数计算得到年平均收益率为 2.27%，在一定程度上夸大了年平均收益率。

## 3.1.2 分位数

将一组数据排序后，可以找出在某个位置上的数据，这个位置上的数据就是对应的分位数。分位数包括中位数、四分位数、十分位数、百分位数等。

**中位数**（median，记作 $M_e$）将全部数据等分为两部分，一半数据比中位数小，而另一半则比中位数大。因此，当数据集中存在极端值时，使用中位数进行度量比平均数更合适。

中位数具有这样的性质：各观测值与中位数的离差绝对值之和 $\sum\limits_{i=1}^{n} |x_i - M_e|$ 最小。

**定义 3.5**

**中位数**是将一组数据排序后处于中间位置上的数据值。

计算中位数时，首先要对数据进行排序，然后再确定中位数所在的位置，该位置上对应的数值就是中位数。中位数的位置确定公式为

$$M_e \text{ 位置} = \frac{n+1}{2} \tag{3-4}$$

式中，$M_e$ 为中位数，$n$ 为数据个数。

设一组数据排序后为 $x_1$，$x_2$，$\cdots$，$x_n$，则

$$M_e = \begin{cases} x_{\frac{n+1}{2}}, & \text{当 } n \text{ 为奇数时} \\ \dfrac{1}{2}\left( x_{\frac{n}{2}} + x_{\frac{n}{2}+1} \right), & \text{当 } n \text{ 为偶数时} \end{cases}$$

也就是说，当观测值的个数为奇数时，中位数就是排序后位于中间的那个数值；当观测值的个数为偶数时，则取排序后中间两个数值的平均数。

**例 3.4 计算中位数**

**问题：**求表 3-1 中 16 家国有企业 2018 年利润数据的中位数。

**解答：**将原始数据升序排列后，得到表 3-4。

表 3-4　16 家国有企业 2018 年利润升序表　　　　　　　　　　（单位：万元）

| 50 | 110 | 110 | 145 | 210 | 240 | 260 | 270 |
|---|---|---|---|---|---|---|---|
| 270 | 270 | 280 | 300 | 350 | 379 | 450 | 1020 |

中位数的位置为 $\dfrac{16+1}{2}=8.5$，中位数为

$$M_e=\frac{1}{2}(x_8+x_9)=270$$

将一组数据从小到大排序后划分为四个部分，其中，排在前 25% 位置的值叫第一四分位数，记作 $Q_1$；排在 50% 位置的值叫第二四分位数，也就是中位数，记作 $Q_2$；排在前 75% 位置的值叫第三四分位数，记作 $Q_3$。这三个值统一叫作**四分位数**（quartiles）。与中位数类似，四分位数不受极端值的影响。

**定义 3.6**

　　**四分位数**是将一组数据排序并平均划分为四部分后，处于三个分割点位置的数值。

计算四分位数时，首先要对数据进行排序，然后再确定四分位数所在的位置，该位置上对应的数值就是四分位数。把第一四分位数看作是第一个数和中位数的中位数，第三四分位数看作是中位数和最后一个数的中位数，四分位数的位置确定公式，见式（3-5）。如果位置是整数，四分位数就是该位置对应的数值；如果是在 0.5 的位置上，则取该位置两侧数值的平均数；如果是在 0.25 或 0.75 的位置上，则等于该位置两侧中较小观测值加上 0.25 或 0.75 倍的两侧观测值差值。

$$四分位数的位置：\begin{cases} Q_1\ 的位置 = \dfrac{n+3}{4} \\[2mm] Q_2(M_e)\ 的位置 = \dfrac{n+1}{2} \\[2mm] Q_3\ 的位置 = \dfrac{3n+1}{4} \end{cases} \tag{3-5}$$

**例 3.5　计算四分位数**

**问题**：使用表 3-1 的数据计算 16 家国有企业 2018 年利润数据的四分位数。

**解答**：原始数据升序排列后得到表 3-4。

$Q_1$ 的位置 $\dfrac{16+3}{4}=4.75$，$Q_2$ 的位置是 $\dfrac{16+1}{2}=8.5$，$Q_3$ 的位置 $\dfrac{3\times16+1}{4}=12.25$。

$$Q_1=145+0.75(210-145)=193.75$$
$$Q_2=270+0.5(270-270)=270$$
$$Q_3=300+0.25(350-300)=312.5$$

### 3.1.3　众数

　　**众数**（mode）主要用于测度名义数据的集中趋势，也可用于测度顺序数据和数值数据的集中趋势，记作 $M_o$。一般来说，众数适用于数据量较多的情况，且不受极端值的影响。

---

**定义 3.7**

**众数**是一组数据中出现次数最多的观测值。

---

一组数据分布的最高峰点（频率最高）所对应的数值即为众数。当然，如果数据的分布没有明显的集中趋势或最高峰点，那么众数也可能不存在；如果有多个最高峰点，则存在多个众数。例如，原始数据为 10，5，9，12，6，8 时，无众数；原始数据为 6，5，9，8，5，5 时，只有一个众数 5；原始数据为 25，28，28，36，42，42 时，有两个众数，分别为 28 和 42。

**例 3.6　计算众数**

**问题**：根据表 3-5 的数据，计算众数。

表 3-5　某城市居民关注广告类型的频率分布

| 广告类型 | 人数（人） | 比　例 | 频率（%） |
|---|---|---|---|
| 商品广告 | 112 | 0.560 | 56.0 |
| 服务广告 | 51 | 0.255 | 25.5 |
| 金融广告 | 9 | 0.045 | 4.5 |
| 房地产广告 | 16 | 0.080 | 8.0 |
| 招生招聘广告 | 10 | 0.050 | 5.0 |
| 其他广告 | 2 | 0.010 | 1.0 |
| 合计 | 200 | 1 | 100 |

**解答**：这里的变量为"广告类型"，是个名义变量，不同类型的广告就是变量值。我们看到，在所调查的 200 人当中，关注商品广告的人数最多，为 112 人，占被调查总人数的 56%，因此众数为"商品广告"这一类别。

### 3.1.4　平均数、中位数和众数的比较

平均数、中位数和众数是变量集中趋势的三个重要统计量。平均数是全部数据的平均值，中位数是处于一组数据中间位置上的值，众数是一组数据分布最高峰处的观测值，它们具有不同的特点和应用场合。

平均数主要用于度量数值型数据的集中趋势。其特殊情况有：计算数值型数据的平均增长率时适合采用几何平均数，需要赋予数据不同权重时适合采用加权平均数。平均数的优点在于计算时利用了数据的全部信息，数学性质优良，是实际中应用最广泛的集中趋势测度值。当一组数据呈对称分布或接近对称分布时，平均数、中位数、众数相等或接近相等，此时应选择平均数作为集中趋势的代表值。但平均数的主要缺点是易受极端值的影响，对于呈偏态分布的数据而言，平均数的代表性较差。因此，当数据呈偏态分布时，可以考虑以中位数或众数作为集中趋势的代表值。

中位数主要适合作为顺序数据的集中趋势测度值，不受数据极端值的影响，有些情况下

比平均数更具代表性。例如，当一组数据分布偏斜明显时，使用中位数是一个较好的选择。

众数主要适合作为名义数据的集中趋势测度值，不受极端值的影响。但众数的主要缺点是具有不唯一性，一组数据可能有一个众数，也可能有两个或多个众数，甚至可能没有众数。众数只有在数据较多的时候才有意义，当数据较少时不适合使用众数。然而，当一组数据分布较偏斜且有明显峰值时，使用众数也是一个较好的选择。

各种数据类型适用的集中趋势测度值可总结为表 3-6。

表 3-6 不同数据类型适用的集中趋势测度值

| 数 据 类 型 | 名 义 数 据 | 顺 序 数 据 | 定 距 数 据 | 定 比 数 据 |
| --- | --- | --- | --- | --- |
| 适用的测度值 | ※众数 | ※中位数 | ※平均数 | ※平均数 |
| | — | 众数 | 众数 | 几何平均数 |
| | — | — | 中位数 | 中位数 |
| | — | — | — | 众数 |

注：※代表该数据类型中常用的测度值。

## 3.2 离散程度的度量

平均数、中位数等集中趋势的度量帮助我们描绘了数据的中心位置，但是并不能告诉我们数据是怎样围绕中心分布的。因此，我们引入离散程度来反映变量各个观测值远离其中心值的程度。**离散程度**（dispersion）也称为**离中趋势**，它是数据分布的另一个重要特征。

**定义 3.8**

**离散程度**是指一个变量的各个观测值偏离中心的程度。

离散程度从另一个侧面说明了集中趋势测度值的代表程度：数据的离散程度越大，集中趋势的测度值对该组数据的代表性就越差；数据的离散程度越小，集中趋势的测度值对该组数据的代表性就越好。描述离散程度的测度值主要有极差、四分位差、平均差、方差和标准差，还有测度相对离散程度的离散系数等。

刻画数据的离散程度对分析数据十分重要。比如甲乙两个工厂都生产某种玩具，两个工厂的日均产量都是 2 万件，并且良品率相同，但是这并不意味着可以将订单交给甲乙中任一工厂，因为还需要分析两个工厂产量的离散程度，较大的离散程度往往意味着工厂生产不稳定，不能按时交付的风险更大。

### 3.2.1 极差和四分位差

一组数据的最大值与最小值之差称为**极差**（range），也称为**全距**。

**定义 3.9**

**极差**是一组数据中最大值与最小值之差。

其计算公式为

47

$$极差(R) = 最大值 - 最小值 \tag{3-6}$$

极差是描述数据离散程度的最简单的测度值，因为易于计算和理解而被广泛应用在统计过程中。然而，由于极差只是利用了一组数据两端的信息，未考虑数据内部的分布情况，易受极端值影响，因而不能准确描述出数据的分散程度。

**四分位差**（interquartile range）也称为**内距**或**四分间距**，它是第三四分位数与第一四分位数之差，记为 IQR。其计算公式为

$$IQR = Q_3 - Q_1 \tag{3-7}$$

> **定义 3.10**
>
> **四分位差**是一组数据的第三四分位数与第一四分位数之差。

四分位差反映了中间 50% 数据的离散程度，其数值越小，说明中间数据越集中；反之则说明中间数据越离散。同时，四分位差也不易受极端值的影响。由于中位数处于数据的中间位置，因此四分位差的大小在一定程度上也说明了中位数对一组数据的代表性。

### 3.2.2　平均差

**平均差**（mean deviation）也被称为**平均绝对离差**，记为 MD。

> **定义 3.11**
>
> **平均差**是各变量观测值与其算术平均数的离差绝对值的平均数。

计算平均差的公式为

$$MD = \frac{\sum\limits_{i=1}^{n} \left| x_i - \bar{x} \right|}{n} \tag{3-8}$$

平均差很好地克服了极差的缺陷，使用总体或样本的全部数据，以平均数为中心，反映了每个数据与平均数的平均差异程度，能全面、准确地反映一组数据的离散情况。平均差越大，说明数据越离散；平均差越小，说明数据越集中。

> **例 3.7　计算平均差**
>
> **问题**：根据表 3-1 的数据，计算 16 家国有企业 2018 年利润数据的平均差。
>
> **解答**：由例题 3.1 可知，16 家国有企业 2018 年利润数据的平均数为 294.63 万元。
>
> $$MD = \frac{\sum\limits_{i=1}^{16} \left| x_i - \bar{x} \right|}{16} = \frac{\sum\limits_{i=1}^{16} \left| x_i - 294.63 \right|}{16} = 128.23(万元)$$

### 3.2.3　方差和标准差

**方差**（variance）和**标准差**（standard deviation）是描述数据离散程度最常用的测度值，反映了变量所有观测值与平均值的平均差异。

方差和标准差的求解过程与平均差类似，都是以离差（观测值与平均值之差）为基础进行计算的，但是使用的不再是离差的绝对值，而是离差的平方。

> **定义 3.12**
>
> **方差**是各变量观测值与其算术平均数的离差平方和的平均数。
>
> **标准差**是方差的算术平方根。

样本方差（常用 $s^2$ 表示）的计算公式为

$$s^2 = \frac{\sum_{i=1}^{n}(x_i - \bar{x})^2}{n-1} \tag{3-9}$$

注意，样本方差的分母是样本容量 $n$ 减 1 的值，也称为**自由度**（degree of freedom）。

> **定义 3.13**
>
> **自由度**为一组数据中可以自由取值的数据个数。

当样本容量为 $n$ 时，若样本均值（平均数）$\bar{x}$ 确定，则只有 $n-1$ 个数据可以自由取值，其中必有一个数据不能自由取值。

例如，样本有 3 个观测值，均值为 $\bar{x}=7$。在这样的情况下，$x_1$、$x_2$ 和 $x_3$ 中有两个数据可以自由取值，另一个则不能自由取值。比如 $x_1=1$，$x_2=2$，则 $x_3$ 必然取 18，而不能取其他值。

当求解样本方差时，首先需要计算各观测值与平均数的离差平方和，因此必须先求样本平均数 $\bar{x}$。$\bar{x}$ 确定后，我们用样本中剩下的 $n-1$ 个独立观测值估计样本方差。因此使用自由度作为分母的样本方差，才是在抽样估计中总体方差的无偏估计量。

**例 3.8　计算方差**

**问题：** 表 3-7 是调查人员从某市随机抽取 20 个加油站统计得到的汽油价格数据。试计算该样本的方差。

表 3-7　加油站汽油价格样本　　　　（单位：元/L）

| | | | | |
|---|---|---|---|---|
| 3.59 | 3.59 | 4.79 | 3.56 | 3.55 |
| 3.57 | 3.59 | 3.55 | 4.15 | 3.66 |
| 3.71 | 3.65 | 3.60 | 3.75 | 3.56 |
| 3.63 | 3.73 | 3.61 | 3.57 | 3.99 |

**解答：** 首先计算样本均值

$$\bar{x} = \frac{\sum_{i=1}^{20} x_i}{20} = 3.72(\text{元/L})$$

计算样本方差　　$s^2 = \dfrac{\sum_{i=1}^{20}(x_i - 3.72)^2}{20-1} = 0.09(\text{元/L})^2$

如果数据来自总体，那么我们求得的是总体方差（常用 $\sigma^2$ 表示）。

$$\sigma^2 = \frac{\sum_{i=1}^{N}(x-\mu)^2}{N} \tag{3-10}$$

我们定义方差的正平方根为**标准差**。这是因为，在我们计算方差时，需要对离差进行平方，这就使得方差的单位是原始数据单位的平方。例如，上例中我们得到的方差单位是 $(元/L)^2$，如果我们将方差开方，得到的标准差的单位是元/L。这样就使得标准差的单位与原始数据的单位一致，从而更容易与平均数等与原始数据有相同单位的统计量进行比较。样本标准差和总体标准差的计算公式为

$$s = \sqrt{s^2} \tag{3-11}$$

$$\sigma = \sqrt{\sigma^2} \tag{3-12}$$

**例 3.9 计算标准差**

**问题：** 使用表 3-1 中数据计算标准差。

**解答：** 首先计算总体方差，开方后得到平均利润的标准差。

$$\sigma^2 = \frac{\sum_{i=1}^{16}(x_i - 294.63)^2}{16} = 45\ 268.98(万元^2)$$

$$\sigma = \sqrt{45\ 268.98} = 212.77\ (万元)$$

### 3.2.4 离散系数

方差和标准差反映的是数据离散程度的绝对值，其数值的大小不仅受原变量值自身水平高低的影响，还受原变量值计量单位的影响。因此对于平均水平不同或计量单位不同的不同组别变量，不能用标准差直接比较其离散程度。为消除变量水平高低和计量单位不同对离散程度测度值的影响，需要计算**离散系数**（coefficient of variation，CV）。

**定义 3.14**

**离散系数**是一组数据的标准差与其平均数之比。

**离散系数**也称为**变异系数**，其计算公式为

$$\mathrm{CV} = \left(\frac{s}{\bar{x}}\right) \times 100\% \tag{3-13}$$

**例 3.10 离散系数的应用**

**问题：** 某管理局抽查了所属的 8 家企业，其产品销售数据见表 3-8。试比较产品销售额与销售利润的离散程度。

表 3-8　某管理局所属 8 家企业的产品销售数据　　　　（单位：万元）

| 企 业 编 号 | 产品销售额 $x_1$ | 销售利润 $x_2$ |
|:---:|:---:|:---:|
| 1 | 170 | 8.1 |
| 2 | 220 | 12.5 |
| 3 | 390 | 18.0 |
| 4 | 430 | 22.0 |
| 5 | 480 | 26.5 |
| 6 | 650 | 40.0 |
| 7 | 950 | 64.0 |
| 8 | 1000 | 69.0 |

**解答：**产品销售额的平均值为

$$\bar{x}_1 = \frac{\sum_{i=1}^{8} x_{1i}}{8} = 536.25(万元)$$

产品销售额的标准差为

$$s_1 = \sqrt{s_1^2} = \sqrt{\frac{\sum_{i=1}^{8}(x_{1i} - 536.25)^2}{8 - 1}} = 309.19(万元)$$

从而，产品销售额的离散系数为

$$CV_1 = \left(\frac{s_1}{\bar{x}_1}\right) = \frac{309.19}{536.25} = 0.58$$

同样可得，销售利润的平均值为 32.51 万元，标准差为 23.09 万元，销售利润的离散系数为

$$CV_2 = \left(\frac{s_2}{\bar{x}_2}\right) = \frac{23.09}{32.51} = 0.71$$

计算结果表明产品销售额的离散程度小于销售利润的离散程度。

　　离散系数测度了数据的相对离散程度，主要用于对不同组别数据离散程度的比较。

　　本节所介绍的反应数据离散程度的各个测度值，适用于不同类型的数据。实际应用时，需要根据所掌握的数据类型和分析目的，确定选用哪一种测度值来反映数据的离散程度。

## 3.3　分布形状和相对位置的度量

　　在前文的讲述中，我们介绍了几种对数据集中趋势和离散程度进行度量的方法，但是要想对一个数据集的分布特征进行全面描述，还需要对数据分布的形状进行研究。

数据的分布形状是一个变量的所有观测值从最低值到最高值分布的模式。使用直方图可以对分布形状进行直观的图形描述，也有很多统计量可以对其进行量化的度量。此外，分析数据的相对位置也有助于对数据的分布特征进行描述。

### 3.3.1 分布形状：偏度与峰度

**1. 偏度**

**偏度**（skewness）用于测度数据分布的偏斜程度，反映了所有数据围绕均值分布的不对称程度。一般来说，数据分布的偏度有三种情况：对称分布、左偏分布和右偏分布。我们可以使用频数曲线来直观地观察不同偏度的数据分布类型，如图 3-1 所示。

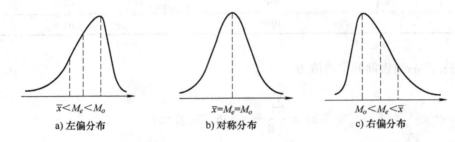

| a) 左偏分布 | b) 对称分布 | c) 右偏分布 |
| --- | --- | --- |
| $\bar{x} < M_e < M_o$ | $\bar{x} = M_e = M_o$ | $M_o < M_e < \bar{x}$ |

图 3-1　不同偏度的数据分布类型

> **定义 3.15**
>
> **偏度**是指非对称分布的偏斜状态。

图 3-1a 的数据为左偏分布。此时存在几个很小且明显远离其他数值的值，拉动平均数向极小值的一侧移动，使得大部分数据都大于均值，在均值的右侧分布。这种情况下均值小于中位数，中位数小于众数，并在左侧形成了一个长长的尾部。这种左侧延伸长度大于右侧延伸长度的数据分布就是左偏分布。

图 3-1b 的数据为对称分布。此时大于均值和小于均值的观测值在均值两侧的分布形状完全对称，互为"镜像"，同时均值与中位数、众数都相等。

图 3-1c 的数据为右偏分布。此时存在几个很大且明显远离其他数值的值，拉动平均数向极大值的一侧移动，使得大部分数据都小于均值，在均值的左侧分布。这种情况下均值大于中位数，中位数大于众数，并在右侧形成了一个长长的尾部。这种右侧延伸长度大于左侧延伸长度的数据分布就是右偏分布。

需要注意的是，分布的偏斜方向指的是数值拖尾的位置，而不是峰的位置。

为了对数据分布的偏斜程度进行量化，我们常使用的统计量是**偏度系数**（coefficient of skewness），记作 SK。偏度系数的公式较为复杂，可以直接使用统计学软件计算，这里不再阐述。

若 SK>0，则数据分布存在右偏现象；若 SK=0，则数据呈对称分布；若 SK<0，则数据分布存在左偏现象。并且，当偏度系数的绝对值大于 1 时，称为高度偏度分布；当偏度系数的绝对值在 ［0.5，1］ 时，称为中等偏度分布。

**2. 峰度**

**峰度**（kurtosis）用于测度数据分布的平峰程度或尖峰程度，它也反映了所有数据在均值附近的集中程度。它的原理是将数据分布的顶尖部分与离散程度相同的正态分布的顶部进行比较，如果比正态分布的顶部更尖锐，则称为尖峰分布；反之，如果比正态分布的顶部更平缓，则称为扁平分布。

> **定义 3.16**
>
> **峰度**是对数据分布平峰或尖峰程度的测度。

与偏度一样，我们可以使用频率曲线直观地展示数据分布的峰度，如图 3-2 所示。

图中虚线代表离散程度相同的正态分布。可以看出，与标准正态分布相比，尖峰分布的观测值更多地集中在均值附近，对应地，分布曲线的尾部就会更加平坦，有更多的观测值；而扁平分布集中在均值附近的观测值更少，对应地，分布曲线尾部的观测值也更少。这是因为我们之前假设两条分布曲线的离散程度相同，尖峰分布在均值附近比正态分布更集中，因此尾部值出现的概率比正态分布更大，以弥补失去的离散程度；扁平分布在均值附近比正态分布分散，因此尾部值出现概率比正态分布要小，以减少离散程度。

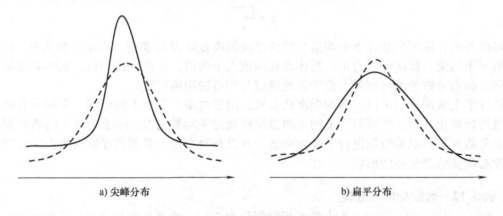

a) 尖峰分布　　　　　　　　　　　b) 扁平分布

图 3-2　不同峰度的数据分布类型

判断数据分布的峰度情况对于后续的数据分析工作非常重要，例如在金融市场中很多数据都存在着"尖峰厚尾"的分布规律，此时如果把它当作正态分布数据进行决策，就会严重低估极端值存在的可能性，造成严重的后果。

一般使用峰度系数（$K$）作为度量峰度的统计量，峰度系数的公式较为复杂，可以通过统计学软件计算。当 $K>0$ 时，为尖峰分布，数据分布更集中；当 $K<0$ 时，为扁平分布，数据分布更分散。

**例 3.11　使用统计软件计算偏度和峰度系数**

**问题**：表 3-9 给出了某型号 SUV 汽车每升汽油行驶里程数据，使用统计学软件判断这些数据的偏度和峰度。

| 表 3-9 某型号 SUV 汽车每升 | | | | | | | | | | |
|---|---|---|---|---|---|---|---|---|---|---|
| 汽油行驶里程数据 （单位：km） | | | | | | | | | | |
| 38 | 26 | 30 | 26 | 25 | 27 | 24 | 22 | 27 | 32 | 39 |
| 26 | 24 | 24 | 23 | 24 | 25 | 31 | 26 | 37 | 22 | 33 |

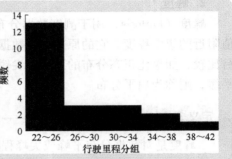

图 3-3 某型号 SUV 汽车每升汽油
行驶里程直方图

**解答：** 从图 3-3 中可以明显看出数据集呈现右偏分布。使用统计学软件求解数据集的偏度系数为1.07，峰度系数为 0.10。可见该数据集为比较明显的右偏分布，略微尖峰分布。

### 3.3.2 标准分数

除了分布形态，我们还需要对数据集中某些数据的相对位置进行描述。通常使用标准分数作为度量相对位置的统计量，并可以用它来判断数据集中是否含有离群点。标准分数（$z_i$）的计算公式如下：

$$z_i = \frac{x_i - \bar{x}}{s} \tag{3-14}$$

可以看出，标准分数等于观测值与均值之间的离差除以标准差。标准分数为 0，意味着观测值等于均值；标准分数为正，意味着观测值大于均值；标准分数为负，意味着观测值小于均值。标准分数的绝对值越大意味着观测值与均值的距离越远。

统计学上常用式（3-14）作为标准化公式，用于对多个具有不同量纲、不同分布范围的变量进行标准化处理，将所有变量的观测数据转化为平均数为 0、标准差为 1 的新数据。因为标准分数只是对原始数据进行了线性变换，并没有改变每个观测值在数据集中的位置，所以也没有改变数据分布的形状。

#### 例 3.12 数据标准化处理

**问题：** 某学生 10 天内每天上学所用时间见表 3-10，将这些数据进行标准化处理。

表 3-10 某学生 10 天内每天上学所用时间 （单位：min）

| 39 | 29 | 43 | 52 | 39 | 44 | 40 | 31 | 44 | 35 |
|---|---|---|---|---|---|---|---|---|---|

**解答：** 首先计算得到这组数据的平均值为 39.6，标准差为 6.77。然后分别计算每个观测值的标准分数，最终结果见表 3-11。

表 3-11 数据标准化处理结果

| 原 始 数 据 | 标准化后数据 | 原 始 数 据 | 标准化后数据 |
|---|---|---|---|
| 39 | −0.09 | 44 | 0.65 |
| 29 | −1.57 | 40 | 0.06 |
| 43 | 0.50 | 31 | −1.27 |
| 52 | 1.83 | 44 | 0.65 |
| 39 | −0.09 | 35 | −0.68 |

### 3.3.3 切比雪夫定理

正如我们在 3.2.3 中提到的，标准差反映了一组数据的离散程度，标准差越小，意味着观测值在均值周围分布越紧密，标准差越大，意味着观测值在均值周围分布越松散。对这一规律，**切比雪夫定理**（Chebyshev's theorem）可以更精确地描述。

---

**定义 3.17**

**切比雪夫定理**：对于任意分布形态的数据，至少有 $\left(1-\dfrac{1}{z^2}\right)$ 的数据落在均值 $\pm z$ 个标准差之内。

---

根据定理可知：至少 75% 的观测值与平均值的距离在 2 个标准差内；至少 89% 的观测值与平均值的距离在 3 个标准差内；至少 94% 的观测值与平均值的距离在 4 个标准差内等。

---

**例 3.13 切比雪夫定理的应用**

**问题**：对 1154 个成年人进行调查显示，每人每天平均睡眠 6.9h，标准差为 1.2h，那么睡眠时间在 5.1~8.7h 的人数比例是多少。

**解答**：题目所给范围与均值的距离为 1.5 个标准差，因此根据切比雪夫定理

$$1-\frac{1}{z^2}=1-\frac{1}{2.25}=0.556=55.6\%$$

因此，至少有 55.6% 的数据在 5.1~8.7 之间。

---

### 3.3.4 经验法则

需要注意的是，切比雪夫定理适用于任意分布的数据。但是对于已知平均值和标准差的正态分布数据，我们可以用**经验法则**（empirical rule）更精确地描述其观测值在均值周围分布的规律。

---

**定义 3.18**

**经验法则**：对于一个具有已知平均值和标准差的正态分布数据集：

1）大约 68% 的观测值与均值的距离在 1 个标准差以内。
2）大约 95% 的观测值与均值的距离在 2 个标准差以内。
3）几乎全部（99.7%）的观测值与均值的距离在 3 个标准差以内。

---

### 3.3.5 异常值

有时候数据集中会出现一个或多个数值异常大或异常小的观测值，我们称这样的极端值为**异常值**（outliers）。对异常值的处理是统计分析中非常重要的一步。对于错误记录的异常

值，可以进行更正使其不影响下一步的分析；对于检查后不属于数据集的异常值，可以根据情况把它剔除；对于那些由于极端情况出现而确实存在的异常值，则应该保留在数据集中。总之，要根据实际情况选择处理异常值的方式。

> **定义 3.19**
>
> **异常值**是数据集中数值异常大或异常小的极端值。

要处理异常值，首先需要对异常值进行鉴别。前文提到的标准分数是一种鉴别异常值的有效方法。根据经验法则，对于正态分布的数据，几乎所有观测值与均值的距离都在 3 个标准差以内。正态分布是我们分析问题中最常见的数据分布形式，因此，一般来说，我们认为标准分数的绝对值大于 3 就意味着观测值为异常值。找出异常值后，要对其进行检查，以找到合适的处理方式。

**例 3.14　检测异常值**

**问题：**某校商学院 12 名同学毕业起始月薪数据见表 3-12，请检查这些数据中是否存在异常值。

表 3-12　某校商学院 12 名同学毕业起始月薪数据　　（单位：元）

| 3850 | 3950 | 4050 | 3880 | 3755 | 3710 |
| --- | --- | --- | --- | --- | --- |
| 3890 | 4130 | 3940 | 4225 | 3920 | 3880 |

**解答：**首先求得每个观测值的标准分数见表 3-13，可以看出所有观测值的标准分数的绝对值都小于 3，因此该数据集不存在异常值。

表 3-13　标准化后的某校商学院 12 名同学毕业起始月薪

| −0.56 | 0.13 | 0.81 | −0.35 | −1.21 | −1.52 |
| --- | --- | --- | --- | --- | --- |
| −0.29 | 1.36 | 0.06 | 2.01 | −0.08 | −0.35 |

## 3.4　箱线图及其比较

前面讨论了数据的集中趋势、离散趋势和分布形状的度量，实际上，我们也可以通过箱线图快速汇总数据，从而确定数据集的分布特征。

### 3.4.1　箱线图

箱线图（box-plot）是在五数概括法的基础上，使用类似箱体的图像描述数据。五数概括法即用以下五个数概括一组数据：最小值、第一四分位数、第二四分位数（中位数）、第三四分位数和最大值。**箱线图**可以用于显示数据分布形态，也可以用来检测数据集中的异常值。

我们使用例 3.1 中 16 家国有企业年平均利润的数据对箱线图的要素进行讲解，如图 3-4 所示。箱线图的主体是一个箱体，箱体的上下边界分别是数据集的第三四分位数和第一四分位数，箱体中间有一条直线代表数据集的中位数，还有一个"×"点代表数据集的平均数。因此整个箱体包含了数据集位于中间 50% 的所有观测值。对于例 3.1 中的数据，$Q_1 = 193.75$，$Q_3 = 312.5$。

箱线图也提供了一种检测异常值的方法。分别以第三四分位数加 1.5 个四分位差、第一

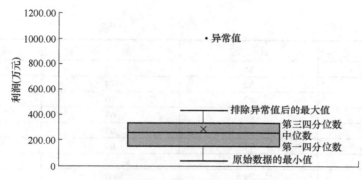

图 3-4 某市 16 家国有企业年平均利润的箱线图

四分位数减 1.5 个四分位差的位置为异常值截断点。对于年平均利润数据，四分位差为

$$\text{IQR} = Q_3 - Q_1 = 312.5 - 193.75 = 118.75$$

因此图 3-4 中，两个异常值截断点分别为

$$Q_3 + 1.5 \times \text{IQR} = 312.5 + 1.5 \times 118.75 = 490.625$$

$$Q_1 - 1.5 \times \text{IQR} = 193.75 - 1.5 \times 118.75 = 15.625$$

该数据集中，处于两个截断点以外的数据都被认定为异常值。在箱线图中，异常值用"·"表示。在例 3.1 年平均利润数据中，观测值 1020 大于上端的截断点，因此被认定为异常值。

箱线图中，从箱体两端向外各画一条线段，延伸到除异常值以外的原始数据的最大值和最小值处，表示该数据集中正常值的分布区间。在年平均利润中，因为上端出现异常值，所以上端直线的边界为排除异常值后的最大值，等于 450。因为下端不存在异常值，所以下端直线的边界为观测值中的最小值，即 50。

## 3.4.2 箱线图的比较分析

箱线图的优势在于其直观、简洁地展示了数据集的分布形状。在对称分布的箱线图中，中位数线将箱体分成了均等的两半；左偏分布的箱线图中，中位数线下侧的箱体面积大于上侧的箱体面积；右偏分布的箱线图中，中位数线上侧的箱体面积大于下侧箱体的面积。

同时，箱线图也可以用于多组数据的直观比较，见例 3.15。

**例 3.15 箱线图的比较分析**

**问题**：某班 15 名学生的数学、语文、英语、物理 4 科的期末成绩数据见表 3-14。班主任准备对学生们的 4 科成绩进行比较分析，试根据箱线图分析数据分布的特征。

表 3-14 四科成绩分布

| 语 文 | 数 学 | 英 语 | 物 理 |
|---|---|---|---|
| 88 | 99 | 92 | 88 |
| 88 | 92 | 90 | 74 |
| 85 | 91 | 90 | 72 |
| 83 | 90 | 88 | 68 |
| 80 | 88 | 82 | 61 |
| 78 | 86 | 80 | 60 |

（续）

| 语　文 | 数　学 | 英　语 | 物　理 |
|---|---|---|---|
| 78 | 85 | 80 | 60 |
| 75 | 82 | 78 | 60 |
| 70 | 82 | 70 | 58 |
| 70 | 80 | 65 | 55 |
| 66 | 77 | 66 | 51 |
| 65 | 77 | 60 | 50 |
| 62 | 75 | 60 | 48 |
| 60 | 74 | 60 | 48 |
| 58 | 71 | 58 | 45 |

**解答：** 根据表3-14做箱线图，如图3-5所示。其中，横轴表示科目，纵轴表示分数。

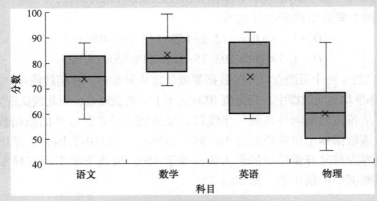

图3-5　各学科成绩箱线图

根据箱线图分析得到以下结论：
1. 数学的整体成绩最高，物理的整体成绩最低。
2. 数学成绩分布比较集中，英语成绩分布比较分散。
3. 物理成绩存在一个相对较大的极值。

## 3.5　两个数值变量之间关系的度量

前面已经介绍了能够总结单变量数据特征的统计量，但是在很多情况下，我们还需要描绘两个数值变量之间的关系。例如，我们想要知道两只股票价格变动之间的相关关系，从而得到最优的投资组合；我们还想知道土地价格与房产价格之间的相关关系，从而对房产价格进行预估。本节将介绍能够度量两个数值变量间关系的统计量：协方差和相关系数。

### 3.5.1　协方差

正如第2章介绍的，我们可以使用散点图直观地展示两个数值变量之间的关系。图3-6给出了四种类型的散点图，可以看出两个数值变量之间存在四种关系：**线性正相关**（见

图 3-6a）、**线性负相关**（图 3-6b）、**线性无关**（图 3-6c）和**完全线性相关**（图 3-6d）。

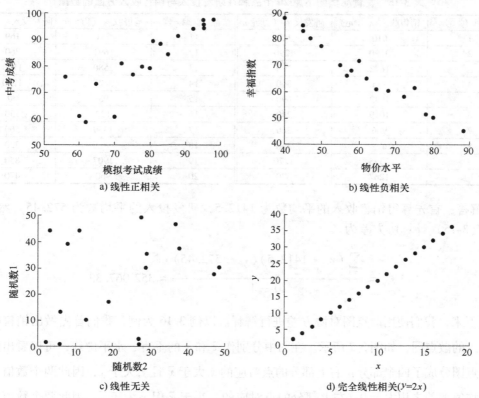

a) 线性正相关　　　　　　　　　　　　　　b) 线性负相关

c) 线性无关　　　　　　　　　　　　　d) 完全线性相关(y=2x)

**图 3-6　四种类型的散点图**

从图 3-6 中可以看到，在线性正相关中，随着 $x$ 值的增加 $y$ 值也在增加；在线性负相关中，随着 $x$ 值的增加 $y$ 值反而减小；在线性无关中，各个点均匀散落在各处；在完全线性相关中，$y$ 与 $x$ 同比例增大或减小。

散点图只能定性地反映两个数值变量之间的关系，而协方差则可以精确度量两个数值变量之间的线性关系强弱。假设一个容量为 $n$ 的样本，其观测值为 $(x_1, y_1)$，$(x_2, y_2)$，…，$(x_n, y_n)$，那么定义样本的**协方差**（covariance，用 $s_{xy}$ 表示）为

$$s_{xy} = \frac{\sum_{i=1}^{n}(x_i - \bar{x})(y_i - \bar{y})}{n - 1} \tag{3-15}$$

同理，总体数据的协方差（用 $\sigma_{xy}$ 表示）计算公式为

$$\sigma_{xy} = \frac{\sum_{i=1}^{N}(x_i - \mu_1)(y_i - \mu_2)}{N} \tag{3-16}$$

**例 3.16　计算协方差**

**问题**：表 3-15 展示了某食品集团下属 20 个品牌在研发投入和销售收入方面的数据。分析研发投入与销售收入的关系。

表 3-15 某食品集团下属 20 个品牌在研发投入与销售收入方面的数据

| 品 牌 编 号 | 销售收入（万元） | 研发投入（万元） | 品 牌 编 号 | 销售收入（万元） | 研发投入（万元） |
|---|---|---|---|---|---|
| 1 | 610 | 120 | 11 | 531 | 169 |
| 2 | 3190 | 1290 | 12 | 1691 | 760 |
| 3 | 1673 | 700 | 13 | 2580 | 1140 |
| 4 | 753 | 360 | 14 | 3627 | 1200 |
| 5 | 1942 | 690 | 15 | 93 | 30 |
| 6 | 1019 | 240 | 16 | 192 | 150 |
| 7 | 906 | 200 | 17 | 1339 | 560 |
| 8 | 673 | 360 | 18 | 902 | 320 |
| 9 | 2395 | 1270 | 19 | 1907 | 850 |
| 10 | 1267 | 570 | 20 | 960 | 470 |

**解答：** 首先算得销售收入的平均数为 1412.5，研发投入的平均数为 572.45。然后代入式（3-15）计算协方差为

$$s_{xy} = \frac{\sum_{i=1}^{20}(x_i - 1412.5)(y_i - 572.45)}{20 - 1} = 352\,067.33$$

接下来，我们使用散点图对协方差进行解释。以例 3.16 为例，我们首先做出销售收入与研发投入的散点图，如图 3-7 所示。在图中分别作 $\bar{x}$ 和 $\bar{y}$ 的垂直、水平虚线，可以看出两条虚线将散点图分成了四个部分：右上部分的点对应的 $x_i$ 大于 $\bar{x}$ 且 $y_i$ 大于 $\bar{y}$，因此两个数值变量观测值与均值离差之积大于 0；左上部分的点对应的 $x_i$ 小于 $\bar{x}$ 但 $y_i$ 大于 $\bar{y}$，因此两个数值变量观测值与均值离差之积小于 0；依次类推，左下部分离差之积大于 0，右下部分离差之积小于 0。

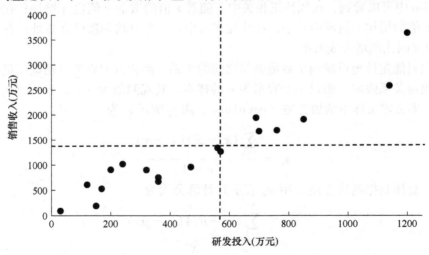

图 3-7 销售收入与研发投入散点图

图 3-7 中大部分点分布在右上部分和左下部分，即两个数值变量同方向偏离均值，也就是说协方差的分子求和项中大部分都大于 0，最终得到的协方差也一定大于 0，因此协方差为正值，表示 $x$ 与 $y$ 存在线性正相关关系。类似地，具有线性负相关关系的两个数值变量中大部分

的点分布在左上部分和右下部分，即两个数值变量不同方向偏离均值，此时分子求和项中大部分都小于 0，最终得到的协方差就一定小于 0，因此协方差为负值，$x$ 与 $y$ 存在线性负相关关系。若散点图中所有的点均匀分布在四个部分，则最终得到的协方差就接近 0，意味着 $x$ 与 $y$ 不存在线性关系。

　　使用协方差来度量两个数值变量之间线性关系的强弱存在一个重大缺陷：从上文的讨论中，我们似乎可以得到协方差绝对值越大，两个数值变量之间线性关系越强的结论。但是，实际上我们无法根据协方差大小来确定变量之间关系的强弱。例如，研究公司固定资产投资与利润的关系，我们会发现，固定资产投资计量单位为元时比计量单位为万元时得到的协方差大很多，但是显然两个数值变量之间的相关关系不可能随着计量单位的变化而变化。为此，我们将引入相关系数对两个数值变量间的相关关系进行度量。

## 3.5.2　相关系数

　　**相关系数**（coefficient of correlation）可以对两个数值变量之间线性关系的相对强度进行度量。样本相关系数（$r_{xy}$）和总体相关系数（$\rho_{xy}$）分别用以下公式定义

$$r_{xy} = \frac{s_{xy}}{s_x s_y} \tag{3-17}$$

$$\rho_{xy} = \frac{\sigma_{xy}}{\sigma_x \sigma_y} \tag{3-18}$$

　　**例 3.17　计算相关系数**
　　**问题**：计算例 3.16 中研发投入与销售收入的相关系数。
　　**解答**：两个数值变量的标准差分别为 962.43 和 404.82。因此相关系数为

$$\frac{352\,067.33}{962.43 \times 404.82} = 0.90$$

数据显示研发投入与销售收入之间存在较强的正相关性。

　　相关系数的取值在 $-1 \sim +1$ 之间，当相关系数大于 0 时，意味着两个数值变量之间存在线性正相关关系；当相关系数小于 0 时，意味着两个数值变量存在线性负相关关系；当相关系数接近 0 时，意味着两个数值变量不存在线性关系。相关系数的绝对值越大，两个数值变量的线性相关关系就越强。特殊地，当相关系数的值为 $+1$ 时，两个数值变量完全正相关；当相关系数的值为 $-1$ 时，两个数值变量完全负相关。完全相关是指两个数值变量在散点图上对应的点都在一条直线上。

　　需要注意两点：首先，相关系数度量的是两个数值变量之间的线性关系，而不是因果关系。两个数值变量之间相关系数绝对值较大，只代表两个数值变量间存在强相关关系，并不意味着一个变量的变化会引起另一个变量的变化，也并不代表两个数值变量间存在因果关系，仅仅意味着有这种可能性。例如，一位父亲每年记录儿子的身高和庭院小树的高度，发现二者有明显的线性正相关关系，但这并不意味着小树的生长促使了儿子的生长，二者显然不存在因果关系。再比如，我们从图 3-6 中得到学生模拟考试成绩与中考成绩存在正相关关系，但显然并不意味着学校放松批卷而增加模拟考试平均分就可以提高学生的中考成绩。其

次，相关系数强调两个数值变量之间的线性关系，相关系数接近 0 并不意味着两个数值变量不相关，它们之间可能存在非线性相关关系。例如，如果变量 $y$ 一开始随着 $x$ 的增大而增大，但是当 $x$ 超过某个值时，反而随着 $x$ 的增大而减小，这样得到的两个数值变量之间的相关系数可能接近 0，但是显然这两个数值变量具有一定的相关关系。

## 3.6 数据可视化：增加数字度量

在第 2 章，我们介绍了用于汇总数据集信息的数据图表描述工具。使用图表描述数据的目的是为了尽可能有效、简洁和清晰地传递数据的重要信息。其中，数据仪表板是一种使用最广泛的数据可视化工具。正如 2.5.3 节所述，数据仪表板以一种易于阅读、理解和解释的方式汇总和展示公司或机构的 KPI 信息。接下来，我们将通过引入本章介绍的数值度量，进一步提高数据仪表板的有效性。

为了说明在数据仪表板中数字度量的使用，我们以 2.5.3 节中某超市 2019 年 4 月份销售数据为背景，使用本章所介绍的数值度量来扩充图 2-17 的数据仪表板。

首先增加对每一品类和品牌利润的汇总统计量显示，从而提高对不同品牌的监控力度，及时发现品牌的市场接受程度。其次，用品牌的库存箱线图代替原图中右下部分的条形图，以指导品牌的进货安排。扩充后的数据仪表板如图 3-8 所示。需要注意的是，我们使用各个品牌没有进行促销活动时的数据计算汇总统计量，从而排除促销对利润的影响。以饮料品类为例，可以看到，饮料品类的平均利润为 374.47 元。其中，康师傅品牌的平均利润最高，为 671.15 元；可口可乐的平均利润最低，为 237.78 元。从波动情况来看，农夫山泉的波动最低，标准差为 26.17 元；而康师傅的波动最高，标准差为 65.82 元。因此，康师傅应该是饮料品类中需要重点监控的品牌。

通过箱线图，管理者可以清晰地看到库存数据的分布情况。例如，农夫山泉和康师傅的库存波动较大，需要加强库存管理水平以降低波动；维他和可口可乐的库存波动较小，反映出库存管理水平较高。管理者也可以结合目前的库存情况，及时进行补货或促销。

可以看出，在增加本章介绍的数值度量后，数据仪表板更加接近一个半自动化的数据管理系统。一方面，它可以对超市的运行情况进行实时监控并自动更新，以动态图表的方式将信息直观地传递给管理者；另一方面，它增加了与管理者的互动，对品类和品牌的预警机制使管理者可以对超市运行情况进行更细致的监控，并使他们可以更清晰地分析存在的问题，从而做出最优决策。

通过后面所学的内容或增加数据采集的范围，我们还可以对数据仪表板进行改进。例如，考虑季节趋势从而对商品销量进行准确预测；将商品的体积大小、利润率纳入考虑范围从而对货架进行合理规划等。

最后再次强调数据可视化的重要意义。首先，数据可视化是数据分析与决策领域的一大趋势，目前已广泛应用在智慧安防、智慧城市、智慧工业园区、智慧交通等诸多行业。随着数据集的不断扩大和日益复杂，密密麻麻的表格让数据分析人员无从下手。数据可视化正是通过图形和色彩将关键的数据特征直观地传达出来，使人一目了然。它的重要意义在于将数据分析人员（也包括企业高管）从庞杂的数据集中解放出来，更多地去挖掘数据背后的规律，最终驱动业务发展，实现企业盈利。其次，数据可视化的过程，实际上也是对数据进行初步分析和验证的过程，要从解决问题和传递信息的角度出发，不能仅为了图表炫目而使得信息表达不清晰。

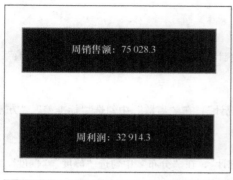

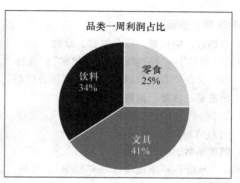

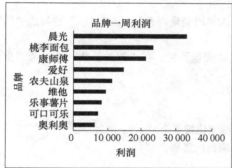

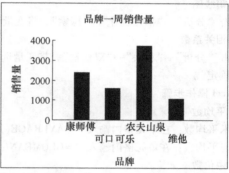

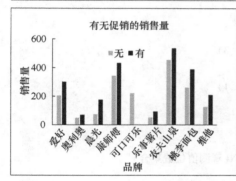

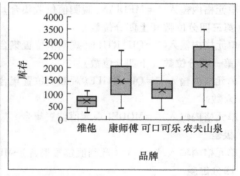

| 品牌/品类 | 个数 | 平均数 | 中位数 | 标准差 |
|---|---|---|---|---|
| 饮料 | 98 | 374.47 | 337.6 | 174.85 |
| 维他 | 25 | 286.19 | 278.16 | 49.90 |
| 康师傅 | 22 | 671.15 | 661.05 | 65.82 |
| 可口可乐 | 30 | 237.78 | 208.98 | 60.72 |
| 农夫山泉 | 21 | 364.04 | 352.8 | 26.17 |
| 零食 | 75 | 381.18 | 251.125 | 248.51 |
| 奥利奥 | 26 | 197.88 | 185.22 | 39.94 |
| 桃李面包 | 23 | 729.83 | 711.2 | 232.45 |
| 乐事薯片 | 26 | 256.05 | 248.56 | 56.84 |
| 文具 | 55 | 737.73 | 603.2 | 344.35 |
| 晨光 | 27 | 1012.67 | 1008 | 295.28 |
| 爱好 | 28 | 472.62 | 459.36 | 68.64 |

**图 3-8　扩充后的某超市 2019 年 4 月份销售数据仪表板**

## 📋 SPSS、Excel 和 R 的操作步骤

**SPSS 操作步骤**

- **平均数、中位数、四分位数、众数**

单击"分析"→"描述统计"→"频率"，选择"统计"，在"集中趋势"中勾选"平均值""中位数""众数"，在"百分位值"中勾选"四分位数"。

- **标准差、方差、离散系数**

单击"分析"→"描述统计"→"频率"，选择"统计"，在"离散"中勾选"标准差""方差"，根据式（3-13）计算出离散系数。

- **偏度系数、峰度系数**

单击"分析"→"描述统计"→"频率"，选择"统计"，在"分布"中勾选"峰度""偏度"。

- **箱线图**

单击"分析"→"描述统计"→"探索"，将变量选入"因变量列表"，在"显示"栏勾选"图"。

- **相关系数**

单击"分析"→"相关"→"双变量"，将变量选入"变量"栏。在"相关系数"中勾选"皮尔逊"，单击"确定"。

**Excel 操作步骤**

- **平均数**

算术平均数：在单元格内输入"=AVERAGE(观测值位置集合)"。

几何平均数：在单元格内输入"=GEOMEAN(观测值位置集合)"。

- **中位数**

在单元格内输入"=MEDIAN(观测值位置集合)"。

- **第三四分位数**（上四分位数）

在单元格内输入"=QUARTILE(观测值位置集合,3)"。

- **第一四分位数**（下四分位数）

在单元格内输入"=QUARTILE(观测值位置集合,1)"。

- **众数**

在单元格内输入"=MODE(观测值位置集合)"。

- **极差**

在单元格内输入"=MAX(观测值位置集合)-MIN(观测值位置集合)"。

- **四分位差**

在单元格内输入"=QUARTILE(观测值位置集合,3)-QUARTILE(观测值位置集合,1)"。

- **平均差**

在单元格内输入"=AVEDEV(观测值位置集合)"。

- **方差**

样本方差：在单元格内输入"=VAR(观测值位置集合)"。

总体方差：在单元格内输入"=VARP(观测值位置集合)"。

- **标准差**

样本标准差：在单元格内输入"=STDEV(观测值位置集合)"。

总体标准差：在单元格内输入"=STDEVP(观测值位置集合)"。

- **离散系数**

在单元格内输入"=STDEV(观测值位置集合)/AVERAGE(观测值位置集合)"。

- **偏度系数**

在单元格内输入"＝SKEW(观测值位置集合)"。

- **峰度系数**

在单元格内输入"＝KURT(观测值位置集合)"。

- **箱线图**

选中观测值位置集合,单击"插入"→"图表"→"箱形图"。

- **协方差**

样本协方差:在单元格内输入"＝COVAR(观测值 1 位置集合,观测值 2 位置集合)"。

总体协方差:在单元格内输入"COVARIANCE. P(观测值 1 位置集合,观测值 2 位置集合)"。

- **相关系数**

在单元格内输入"＝CORREL(观测值 1 位置集合,观测值 2 位置集合)"。

**R 操作步骤**

- **平均数**

mean(表名称 $ 观测值名称)

- **中位数**

median(表名称 $ 观测值名称)

- **四分位数**

quantile(表名称 $ 观测值名称,probs＝c(0.25,0.75),type＝6)

- **最小值、第一四分位数、中位数、平均数、第三四分位数、最大值**

summary(表名称 $ 观测值名称)

- **方差**

var(表名称 $ 观测值名称)

- **标准差**

sd(表名称 $ 观测值名称)

- **离散系数**

sd(表名称 $ 观测值名称)/mean(表名称 $ 观测值名称)

- **峰度系数**

library(agricolae)

skewness(表名称 $ 观测值名称)

- **偏度系数**

library(agricolae)

kurtosis(表名称 $ 观测值名称)

- **箱线图**

boxplot(表名称 $ 观测值名称)

- **协方差**

cov(表名称 $ 观测值 1 名称,表名称 $ 观测值 2 名称)

- **相关系数**

cor(表名称 $ 观测值 1 名称,表名称 $ 观测值 2 名称)

# 案例分析:西安市二手房市场调查

### 1. 案例背景

改善居住条件是人民日益增长的美好生活需要的重要组成部分,也是关系到社会和谐稳定、经济有序发展的重大问题。我国人均居住面积在 1978 年改革开放之初仅为 $3.6m^2$，如今已超 $30m^2$，居民居住质量得到了极大的提高。同时，现在住房的增多导致二手房在商品住宅交易中的比重不断提升。以西安市为例，2018 年西安市二手房成交数量占比已提升至 26%。因而，二手房市场的整体形势以及影响二手房房价的因素等受到消费者、投资者和政府部门的广泛关注。

本案例以西安市的二手房市场为背景，研究以下两个问题：

1）分析西安市二手房市场的整体形势。

2）研究影响二手房房价的因素。

**2. 数据及其说明**

本案例收集了某段时间内在西安房产市场中成交的 700 套二手房数据，主要包括以下变量：

1）**房产总价**：房产出售的价格。

2）**房产单价**：房产单位面积售价。

3）**室**：房产布局的衡量指标。

4）**厅**：房产布局的衡量指标。

5）**面积**：房产的实际使用面积。

6）**楼层**：决定了房产的便利程度。

表 3-16 展示了案例中使用的部分数据。

表 3-16 部分数据展示

| 序号 | 总价（万元） | 单价（元/m²） | 室（个） | 厅（个） | 面积/m² | 楼层（层） |
|---|---|---|---|---|---|---|
| 1 | 95 | 13 571 | 2 | 2 | 70 | 35 |
| 2 | 90 | 9783 | 3 | 2 | 92 | 34 |
| 3 | 94 | 11 059 | 2 | 2 | 85 | 34 |
| 4 | 92 | 9485 | 3 | 1 | 97 | 34 |
| 5 | 97 | 11 176 | 2 | 2 | 86 | 34 |
| 6 | 109 | 13 353 | 2 | 2 | 81 | 34 |
| 7 | 80 | 8889 | 2 | 2 | 90 | 34 |
| 8 | 92 | 9875 | 2 | 2 | 93 | 34 |
| 9 | 90 | 13 616 | 2 | 1 | 66 | 34 |
| 10 | 85 | 12 859 | 2 | 1 | 66 | 34 |
| ⋮ | ⋮ | ⋮ | ⋮ | ⋮ | ⋮ | ⋮ |
| 696 | 80 | 8247 | 3 | 2 | 97 | 32 |
| 697 | 128 | 17 067 | 2 | 2 | 75 | 32 |
| 698 | 113 | 12 091 | 2 | 2 | 93 | 32 |
| 699 | 135 | 15 357 | 2 | 2 | 87 | 32 |
| 700 | 110 | 14 564 | 2 | 1 | 75 | 32 |

**3. 数据分析**

使用本章学习过的知识，对西安市二手房市场进行初步分析。

1）对数据中总价变量和单价变量进行分析，从而得到西安市二手房市场的整体形势。

我们首先求解总价和单价的相关统计量（见表 3-17），从而对两个变量的数据分布情况进行分析。

**SPSS 操作步骤**

单击"分析"→"描述统计"→"频率",选择"统计",依次勾选"四分位数""平均值""中位数""众数""标准差""方差""偏度""峰度"。

**Excel 操作步骤**

以"总价"变量为例,假设其数据涵盖 B2:B701。

依次选中空白单元格,

- 输入"=AVERAGE(B2:B701)"得到平均数。
- 输入"=MEDIAN(B2:B701)"得到中位数。
- 输入"=QUARTILE(B2:B701,quart)"得到四分位数。当 quart 取 0 时,得到最小值;取 1 时,得到第一四分位数;取 2 时,得到中位数;取 3 时,得到第三四分位数;取 4 时,得到最大值。
- 输入"=MODE(B2:B701)"得到众数。
- 输入"=VAR(B2:B701)"得到样本方差。
- 输入"=STDEV(B2:B701)"得到样本标准差。
- 输入"=SKEW(B2:B701)"得到样本的偏度系数。
- 输入"=KURT(B2:B701)"得到样本的峰度系数。

**R 操作步骤**

以"总价"变量为例,

- 输入 library(readxl),table=read_excel("…/案例-3.xlsx")导入数据。
- 输入"mean(table $ 总价)"得到平均数。
- 输入"median(table $ 总价)"得到中位数。
- 输入"quantile(table $ 总价,probs=c(0.25,0.75),type=6)"得到四分位数。
- 也可以输入"summary(table $ 总价)"直接得到最小值、第一四分位数、中位数、平均数、第三四分位数、最大值。
- 输入"var(table $ 总价)"得到样本方差。
- 输入"sd(table $ 总价)"得到样本标准差。
- 输入"skewness(table $ 总价)"得到样本的偏度系数。
- 输入"kurtosis(table $ 总价)"得到样本的峰度系数。

表 3-17 总价和单价的统计量

| | 均值 | 中位数 | 标准差 | 偏度 | 峰度 |
|---|---|---|---|---|---|
| 总价 | 1 334 717. 143 | 1 140 000 | 777 104. 294 | 3. 794 | 18. 284 |
| 单价 | 14 029. 373 | 13 391 | 4212. 528 | 1. 388 | 3. 227 |

进一步做两个变量的箱线图。基于箱线图,对变量的分布进行描述。

**SPSS 操作步骤**

单击"分析"→"描述统计"→"探索",将"总价"和"单价"两个变量选入"因变量列表",在"输出"栏勾选"图",则输出两变量的箱线图。

**Excel 操作步骤**

以"总价"变量为例,选中"总价"所在列,单击"插入",单击"图表"栏右下角的符号。选中"所有图表"→"箱形图"→"确定",输出"总价"变量的箱线图。

**R 操作步骤**

以"总价"变量为例，输入"boxplot（table $ 总价）"，输出"总价"变量的箱线图。

绘制出的箱线图如图3-9所示。

从表3-17中可以看到，两个变量的偏度系数都比较大，同时从箱线图3-9中可以看出两个变量都存在很多极大值。这些都说明数据存在右偏现象，说明一些极其昂贵的房产拉大了平均数，因此更适合用中位数来衡量这两组数据。

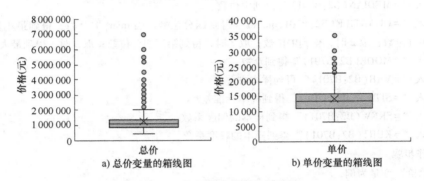

图3-9　总价和单价变量的箱线图

一方面，总价的中位数为114万元，单价的中位数为13 391元/m²。结合2018年西安市城镇居民人均可支配收入数据38 729元来看，居民的购房压力仍然比较大。因此，政府有必要出台对房价的调控措施。另一方面，单价的标准差约为4212元，总价的标准差接近78万元，这些都说明了西安市二手房市场的价格波动比较大，房产之间价格差距比较悬殊。

2）对于数据中可能影响二手房房价的变量，如"厅""室""面积""楼层"，分析它们与二手房单价的相关关系，从而初步得到影响二手房单价的潜在因素。用相关系数度量不同变量与二手房单价的相关关系，结果见表3-18。

**SPSS 操作步骤**

以住宅"面积"为例，

第1步：单击"图形"→"散点图"→"定义"。将"单价"选入"Y轴"，将"面积"选入"X轴"。单击"确定"则输出两变量的散点图，便于直观地观察两变量的相关关系。

第2步：单击"分析"→"相关"→"双变量"，将"单价"和"面积"选入"变量"栏。勾选"pearson"，单击"确定"输出两变量的相关系数。

以此类推，可以得到"单价"与其他变量的相关关系。

**Excel 操作步骤**

以住宅"面积"为例，假设"面积"数据涵盖F2：F701。

第1步：选中"面积""单价"两列，单击"插入"→"散点图"则输出两变量的散点图，便于直观观察两变量的相关关系。

第2步：依次选中空白单元格，输入"= COVAR（C2：C701，F2：F701）"得到协方差。输入"=CORREL（C2：C701，F2：F701）"得到相关系数。

以此类推，可以得到"单价"与其他变量的相关关系。

**R 操作步骤**

以住宅"面积"为例，

第 1 步：输入"plot(table＄面积,table＄单价)"，输出两变量的散点图。

第 2 步：输入"cov(table＄面积,table＄单价)"得到协方差。输入"cor(table＄面积,table＄单价)"得到相关系数。

以此类推，可以得到"单价"与其他变量的相关关系。

表 3-18 不同变量与二手房单价的相关系数

| 变 量 | 相 关 系 数 |
|-------|-----------|
| 面积 | 0.317 |
| 厅 | 0.031 |
| 室 | 0.191 |
| 楼层 | 0.048 |

从表 3-18 可以看出，房屋面积与二手房单价紧密相关，相关系数为 0.317；其次是房屋中室的个数，相关系数为 0.191。厅的个数和房屋楼层与二手房单价的相关性较小，只有 0.031 和 0.048。

**4. 结论**

通过对本案例的分析，我们可以得到如下两个结论：

1）西安市二手房市场整体上价格较高，居民的负担比较重。

2）二手房的价格与房屋面积和室的数量关系比较密切。

但是需要说明的是，对房价的研究是一个非常复杂的过程，涉及非常多的变量，我们这里得到的结论仅仅是一个初步研究的结果。随着后续学习的深入，我们还能从中得到更多信息。

## 术语表

**算术平均数**（mean）：变量所有观测值的和除以观测值的个数得到的值。

**加权平均数**（weighted mean）：各组数值乘以相应的权数，再除以总的权重。

**几何平均数**（geometric mean）：$n$ 个变量值乘积的 $n$ 次方根。

**中位数**（median）：将一组数据排序后处于中间位置上的数据值。

**四分位数**（quartiles）：将一组数据排序并平均划分为四部分后，处于三个分割点位置的数值。

**众数**（mode）：一组数据中出现次数最多的观测值。

**极差**（range）：一组数据中最大值与最小值之差。

**四分位差**（interquartile range）：一组数据的第三四分位数与第一四分位数之差。

**平均差**（mean deviation）：各变量观测值与其平均数离差绝对值的平均数。

**方差**（variance）：各变量观测值与其算术平均数的离差平方和的平均数。

**标准差**（standard deviation）：方差的算术平方根。

**离散系数**（coefficient of variation，CV）：一组数据的标准差与其变量观测值平均数之比。

**偏度**（skewness）：非对称分布的偏斜状态。

**峰度**（kurtosis）：对数据分布平峰或尖峰程度的测度。

**切比雪夫定理**（Chebyshev's theorem）：对于任意分布形态的数据，至少有$\left(1-\dfrac{1}{z^2}\right)$的数据落在均值 $\pm z$ 个标准差之内。

**经验法则**（empirical rule）：对于一个已知平均值和标准差的正态分布的数据集，大约 68% 的观测值与均值的距离在 1 个标准差以内；大约 95% 的观测值与均值的距离在 2 个标准差以内；几乎全部（99.7%）的观测值与均值的距离在 3 个标准差以内。

**异常值**（outliers）：数据集中数值异常大或异常小的极端值。

**箱线图**（box-plot）：在五数概括法的基础上，使用类似箱体的图像描述数据。

**协方差**（covariance）：度量两个数值变量相关关系强弱的统计量，样本协方差（$s_{xy}$）和总体协方差（$\sigma_{xy}$）的计算公式分别为 $s_{xy}=\dfrac{\sum\limits_{i=1}^{n}(x_i-\bar{x})(y_i-\bar{y})}{n-1}$ 和 $\sigma_{xy}=\dfrac{\sum\limits_{i=1}^{N}(x_i-\mu_1)(y_i-\mu_2)}{N}$。

**相关系数**（correlation of coefficient）：度量两个数值变量相关关系强弱的统计量，样本相关系数（$r_{xy}$）和总体相关系数（$\rho_{xy}$）的计算公式分别为 $r_{xy}=\dfrac{s_{xy}}{s_x s_y}$ 和 $\rho_{xy}=\dfrac{\sigma_{xy}}{\sigma_x \sigma_y}$。

# 思 考 与 练 习

**思考题**

1. 一组数据的分布特征可以从哪些方面、用哪些统计量进行测度？
2. 对比率数据的平均为什么采用几何平均数？
3. 简述平均数、中位数、众数的关系以及它们各自的特点和应用场合。
4. 简述极差、四分位差、平均差、方差和标准差的特点和应用场合。
5. 为什么要计算离散系数？离散系数用于哪些场合？
6. 测度一组数据分布形状的统计量有哪些？
7. 标准分数有哪些用途？
8. 相关系数相比于协方差有哪些优点？
9. 相关系数和协方差能否证明两个变量存在因果关系？

**练习题**

10. 2023 年某企业精加工车间 20 名工人加工 A 零件的日产量资料见表 3-19。计算 20 名工人日产量的平均数、中位数和众数。

表 3-19　某企业精加工车间工人日产量

| 按日产量分组（件） | 工人人数（人） |
|---|---|
| 28 | 2 |
| 29 | 4 |
| 30 | 7 |
| 31 | 5 |
| 32 | 2 |
| 合计 | 20 |

11. 某投资银行的年利率按复利计算，2011 年—2022 年各年利率的分组情况见表 3-20。计算 2011 年—2022 年的平均年利率。

表 3-20　2011 年—2022 年某投资银行的年利率分组数据

| 按年利率分组 | 年份个数 |
|---|---|
| 6% | 2 |
| 8% | 4 |
| 9% | 3 |
| 12% | 2 |
| 15% | 1 |
| 合计 | 12 |

12. 某生产流水线有前后衔接的五道加工工序，完成各加工工序后产品的合格率分别为 95%、92%、90%、85%、80%。请问该条生产流水线各加工工序的平均合格率是多少？

13. 某冰箱零售店的 10 名销售人员 8 月份销售的冰箱数量（单位：台）排序如下：

4，7，9，10，10，10，12，13，15，15

（1）计算冰箱销售量的平均数、中位数和众数。

（2）计算冰箱销售量的四分位数。

（3）计算冰箱销售量的极差和四分位差。

（4）计算冰箱销售量的标准差。

14. 随机抽取某地区 10 名成年人和 10 名幼儿，对其身高进行测量统计，得到结果见表 3-21。

表 3-21　某地区成人和幼儿的身高抽样数据　　　　　（单位：cm）

| 成年 | 168 | 169 | 173 | 175 | 182 | 180 | 176 | 188 | 173 | 178 |
|---|---|---|---|---|---|---|---|---|---|---|
| 幼儿 | 66 | 69 | 65 | 63 | 71 | 70 | 69 | 67 | 70 | 68 |

（1）哪些统计量适合用来比较成年人和幼儿的身高差异，为什么？

（2）成年人的身高差异大还是幼儿的身高差异大？为什么？

15. 某育种中心有甲、乙、丙三种水稻，经 10 家测试机构测试得到三种水稻的亩产量统计结果见表 3-22。

表 3-22　某育种中心三种水稻亩产量数据　　　　　（单位：斤/亩）⊖

| 甲 稻 种 | 乙 稻 种 | 丙 稻 种 |
|---|---|---|
| 960 | 1100 | 960 |
| 960 | 990 | 940 |
| 960 | 980 | 950 |
| 990 | 1000 | 920 |
| 960 | 1050 | 930 |
| 950 | 980 | 950 |
| 960 | 990 | 930 |
| 980 | 1000 | 910 |
| 960 | 1150 | 980 |
| 980 | 1160 | 940 |

---

⊖　1 斤 = 500g，1 亩 = 666.6m² 。

（1）你准备采用什么方法来评价三种水稻的优劣？

（2）如果你是育种中心的专家，你会推出哪种水稻？说明理由。

16. 调查发现某地区男生的平均身高为 170cm，标准差为 10cm；女生的平均身高为 160cm，标准差为 10cm。请回答以下问题：

（1）该地区男生的身高差异大还是女生的身高差异大？为什么？

（2）以米为单位（1cm=0.01m），计算该地区男生身高的平均数和标准差。

（3）粗略地估算一下，男生中有百分之几的人身高在 160~180cm 之间？

（4）粗略地估算一下，女生中有百分之几的人身高在 140~180cm 之间？

17. 一家公司在招收新员工时需要进行两次能力测试，A 项测试的平均分数为 80 分，标准差为 15 分；B 项测试的平均分数为 400 分，标准差为 50 分。一位应试者在 A 项测试中得了 95 分，在 B 项测试中得了 425 分。与平均分数相比，该应试者哪一项测试更为理想？

18. 一条生产流水线平均每天的产量为 3800 件，标准差为 50 件。如果某天的产量低于或高于平均产量，并落在 2 个标准差的范围之外，就认为该生产线失去了控制。表 3-23 是一周各天的日产量，请问该生产线哪几天失去了控制？

表 3-23　某流水线日产量数据

| 时　　间 | 周一 | 周二 | 周三 | 周四 | 周五 | 周六 | 周日 |
|---|---|---|---|---|---|---|---|
| 产量（件） | 3950 | 3770 | 3790 | 3820 | 3710 | 3690 | 3800 |

19. 一公交车载有 20 名乘客自起始站驶出，有 10 个车站可以让乘客下车，如果到达一个车站没有乘客下车就不停车，求停车次数的期望值。（设中途无人上车，每个乘客在各个车站下车是等可能的，并设各乘客是否下车相互独立。）

20. 表 3-24 是两个变量的 7 次观测值。

表 3-24　两个变量的 7 次观测值

| $X$ | 7 | 12 | 15 | 22 | 26 | 28 | 30 |
|---|---|---|---|---|---|---|---|
| $Y$ | 6 | 10 | 7 | 18 | 15 | 13 | 16 |

（1）绘制这些数据的散点图，并说明 $X$ 和 $Y$ 之间存在何种关系。

（2）计算该样本的协方差和相关系数。

21. 某班中 8 位同学的身高体重统计数据见表 3-25。

表 3-25　某班 8 位同学的身高体重数据

| 身高/cm | 165 | 180 | 170 | 175 | 185 | 160 | 170 | 175 |
|---|---|---|---|---|---|---|---|---|
| 体重/kg | 60 | 70 | 62 | 65 | 68 | 55 | 60 | 66 |

（1）绘制这些数据的散点图，并说明身高和体重之间存在何种关系。

（2）计算样本的协方差和相关系数，说明身高和体重的相关程度。

22. 为调查高考成绩和大学学习成绩的关系，随机抽取了 10 名大二学生，统计其高考成绩和大一平均成绩，得到结果见表 3-26。

表 3-26　10 名大二学生的高考成绩及其大一平均成绩

| 高考成绩 | 675 | 660 | 681 | 670 | 688 | 666 | 672 | 668 | 672 | 667 |
|---|---|---|---|---|---|---|---|---|---|---|
| 大一平均成绩 | 89 | 88 | 87 | 85 | 92 | 85 | 86 | 85 | 88 | 84 |

根据以上数据判断高考成绩和大学学习成绩的关系，并说明理由。

## 参考文献

［1］安德森，斯威尼，威廉斯，等. 商务与经济统计：原书第 13 版［M］. 张建华，王健，聂巧平，等译. 北京：机械工业出版社，2017.

［2］林德，马歇尔，沃森. 商务与经济统计方法：原书第 15 版［M］. 聂巧平，叶光，译. 北京：机械工业出版社，2015.

［3］贾俊平. 统计学［M］. 7 版. 北京：中国人民大学出版社，2018.

［4］贾俊平. 统计学：基于 SPSS［M］. 2 版. 北京：中国人民大学出版社，2016.

［5］贾俊平. 统计学：基于 Excel［M］. 北京：中国人民大学出版社，2017.

［6］贾俊平. 统计学：基于 R［M］. 3 版. 北京：中国人民大学出版社，2019.

CHAPTER 4

# 第4章

## 抽样与抽样分布

从本章开始，本书将介绍统计推断。在统计研究中，我们往往希望获取总体的某些特征，如均值、方差等。但在实际操作中，对总体内全部个体进行调查研究是很难实现的：总体往往数量巨大，收集、测量总体数据需要消耗大量人力和物力；与此同时，某些试验具有破坏性，无法对总体进行全部试验，如测量手机屏幕的抗压能力，只能选取小部分手机作为样本进行检验。因此，在大多数情况中，从总体中抽取一部分作为样本推断总体特征，比直接研究总体更为切实可行。

正确进行抽样、使抽样样本对总体具有一定的代表性，是统计推断中的一个重要环节，本章将介绍几种常用的抽样方法。简单随机抽样是抽样中最为基础的一种抽样方法。而对于复杂的总体，简单随机抽样可能导致抽取的样本不具有足够的代表性，或者导致样本过于分散、收集数据的成本过大，因此需要利用其他几种抽样方法。本章还将介绍几种常用的分布以及抽样分布的概念。通过抽样分布，我们可以分析样本的估计值与总体参数值的接近程度，以衡量用样本推断总体的可靠性。

## 4.1 基本概念

本书第 1 章给出了总体、样本和样本量的定义：总体是研究所关心的全体个体的集合，样本是总体的一个子集，样本量是构成样本个体的数目。有关总体和样本还有一些常用的基本概念。

### 4.1.1 抽样总体和抽样框

> **定义 4.1**
>
> **抽样总体**（sampled population）是被抽取样本的总体。

> **定义 4.2**
>
> **抽样框**（sampled frame）是用于抽取样本的总体中所有个体的名单。

抽样框是抽样总体的名册列表或排序编号，是抽样总体的具体表现。假设需要检测某个地区的人均收入水平，总体是该地区的所有群众，抽样总体是该地区所有有收入记录的群众，抽样框是所有有收入记录的群众的列表。

### 4.1.2　总体参数与样本统计量

统计推断是用**样本统计量**（sample statistic）估计**总体参数**（population parameter）的过程。总体参数是对总体的某一变量的概括性描述，如均值、方差等，在统计推断中需要通过计算相应的样本特征来估计。

> **定义 4.3**
>
> **总体参数**是描述总体特征的指标。

> **定义 4.4**
>
> **样本统计量**是由样本数据构造的不含未知参数的函数，用以描述样本特征。

样本统计量是随机变量，随样本数据的变化而变化。常见的样本统计量有样本均值、样本方差等。不同的统计推断问题需要构造不同的样本统计量。

## 4.2　抽样

抽样调查的目的是通过从总体中抽取的样本对总体的有关参数做出正确的判断。为了做出有效的推断，要求所抽取的样本对总体具有一定的代表性。统计学中最常用的抽样方法是**简单随机抽样**（simple random sampling）。

> **定义 4.5**
>
> **简单随机抽样**是指在总体 $N$ 个个体中抽取 $n$ 个个体作为样本，使得总体中的每个个体被抽取到样本中的概率是相同的。

简单随机抽样可分为重复抽样和不重复抽样。重复抽样指的是，每次从抽样总体中随机抽取样本进行检测之后再放回抽样总体，继续参加下次抽样。不重复抽样指的是，从抽样总体中随机抽取的样本进行检测后不再放回抽样总体。

### 4.2.1　有限总体

在现实生活中，总体通常是有限的。比如研究某公司员工的薪酬水平时，该公司的人数是可以统计调查的；研究某航空公司航班的晚点率时，航空公司的航班数也是有限的。

> **定义 4.6**
>
> **有限总体**（finite population）是指个体数量有限的总体。

对有限总体的数据调查，既可以选择全面调查也可以选择抽样调查。选择抽样调查时通常选择概率抽样，基于概率抽样的样本可以对总体进行有效推断。最常见的概率抽样就是简单随机抽样。

当总体数量非常多时，构建简单随机抽样所需的抽样框可能要耗费很长时间并支付高昂的成本。

### 4.2.2 无限总体

**定义 4.7**

**无限总体**（infinite population）是指个体数量无限的总体。

无限总体的容量是无限大的或者是由一个正在运行的过程产生的，如工厂不断生产的零件、商场不断增加的单日营业额。由于抽样总体中的个体数量无限，无法构建一个包含全部个体的抽样框，同样无法保证每个个体被抽取的概率是相同的，因而简单随机抽样方法不再适用。在这种情况下，需要抽取一个容量为 $n$ 的随机样本进行研究。无限总体中的随机样本需要满足样本中每个个体来自同一总体、每个个体的抽取相互独立这两个条件。例如，商场在对顾客进行抽样调查时，将进入商场的夫妻二人一同选入样本就会导致样本选择偏差，无法满足每个个体的抽取相互独立的条件。

## 4.3 正态分布及与其相关的几种分布

正态分布不仅是统计学中最常见的连续分布，也是经典统计推断的基础（参见 4.4.1 节的中心极限定理）。此外，本节也将介绍几种在统计学中常用的由正态分布导出的重要分布，如 $\chi^2$ 分布、$t$ 分布、$F$ 分布等。

### 4.3.1 正态分布

**正态概率分布**（normal probability distribution）（见图 4-1）简称正态分布，是统计学中最常见的一种描述连续变量的概率分布。正态分布在统计学中具有重要意义，因为许多现实情况都可以近似地用正态分布来描述，比如企业产品销量、项目的投资收益率、学生考试成绩等，都近似服从正态分布。除此之外，其他一些离散分布也可以通过正态分布进行近似计算。

**定义 4.8**

**正态概率分布**：如果随机变量 $X$ 的概率密度函数为 $f(x)=\dfrac{1}{\sqrt{2\pi\sigma^2}}e^{-\frac{1}{2\sigma^2}(x-\mu)^2}$，$-\infty<x<+\infty$，则称 $X$ 服从均值为 $\mu$、方差为 $\sigma^2$ 的正态分布，记作 $X\sim N(\mu,\ \sigma^2)$。

正态分布具有如下特征：

1）正态曲线呈钟形，尾端向两侧无穷延伸，无限接近 $x$ 轴，但与 $x$ 轴永不相交。

2）正态曲线以 $x=\mu$ 为对称轴，且在 $x=\mu$ 时取得峰值。均值 $\mu$ 决定曲线位置（见图 4-2）。正态分布的中位数、众数、均值相同。

3）正态分布的离散程度（正态曲线的形状）取决于标准差 $\sigma$。当 $\sigma$ 越大时，正态分布越离散，正态曲线越扁平；当 $\sigma$ 越小时，正态分布越聚中，正态曲线越陡峭（见图 4-3）。

正态随机变量在特定区间取值的概率 $P$ 由该区间正态分布曲线下的面积给出（见图 4-4）。正态分布的形态由均值 $\mu$ 和标准差 $\sigma$ 决定，因此正态分布是一个分布族，均值和标准差不同会形成无穷条正态分布曲线。为了方便给出正态分布概率，我们将介绍一种特殊的正态分布——标准正态分布，利用它可以确定所有的正态分布概率。

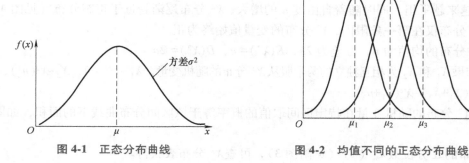

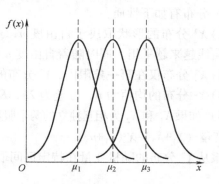

图 4-1　正态分布曲线　　　　　　图 4-2　均值不同的正态分布曲线

对于任意服从正态分布的随机变量 $X$，$X \sim N(\mu,\ \sigma^2)$，将其标准化后得到新随机变量 $Z$

$$Z = \frac{X-\mu}{\sigma} \tag{4-1}$$

$Z$ 服从均值为 0、标准差为 1 的标准正态分布，记为 $Z \sim N(0,\ 1)$。其中，$X$ 表示观测值或测量值，$\mu$ 表示均值，$\sigma$ 为标准差。$Z$ 值以标准差为单位，衡量观测值与均值的偏离程度。

由于标准正态分布关于 $\mu = 0$ 对称，所以存在以下性质

$$P(Z \leqslant -z) = P(Z \geqslant z) \tag{4-2}$$

$z$ 所对应的概率值（见附图 1），可查标准正态分布表获得。

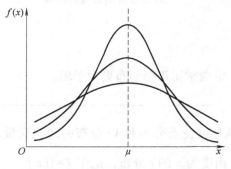
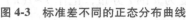

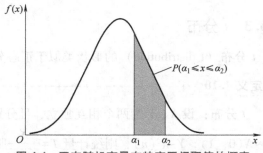

图 4-3　标准差不同的正态分布曲线　　　图 4-4　正态随机变量在特定区间取值的概率

## 4.3.2　$\chi^2$ 分布

$\chi^2$ 分布（chi-square distribution）在统计推断中具有重要意义。

> **定义 4.9**
>
> $\chi^2$ **分布**：设 $X_1$，$X_2$，$\cdots$，$X_n$ 是来自服从标准正态分布的总体 $N(0，1)$ 的相互独立样本，则统计量 $Y = \sum\limits_{i=1}^{n} X_i^2$ 服从自由度为 $n$ 的 $\chi^2$ 分布，记为 $Y \sim \chi^2(n)$。

$\chi^2$ 分布有如下性质：

1) $\chi^2$ 分布的形状取决于自由度 $n$，通常为不对称的右偏分布。随着自由度 $n$ 的增大，分布曲线越来越平坦。同时随着自由度 $n$ 的增大，$\chi^2$ 分布逐渐趋近于正态分布（见图 4-5）。

2) $\chi^2$ 分布仅在第一象限内，$\chi^2$ 分布的变量值始终为正。

3) $\chi^2$ 分布的均值为 $n$，方差为 $2n$，$E(\chi^2) = n$，$D(\chi^2) = 2n$。

4) 如果 $X_1$ 和 $X_2$ 为相互独立的两个服从 $\chi^2$ 分布的随机变量，$X_1 \sim \chi^2(n_1)$，$X_2 \sim \chi^2(n_2)$，则有随机变量 $(X_1 + X_2) \sim \chi^2(n_1 + n_2)$。

服从 $\chi^2$ 分布的随机变量在特定区间取值的概率等于该区间分布曲线下的面积，如图 4-6 所示。

$\chi^2$ 分布的 $\alpha$ 分位数 $\chi_\alpha^2$ $(n)$（见附图 3），可查 $\chi^2$ 分布表获得。

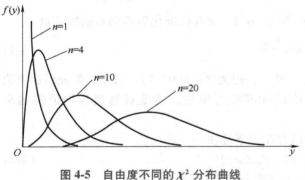

图 4-5　自由度不同的 $\chi^2$ 分布曲线

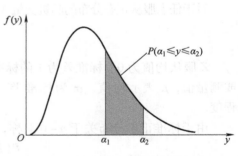

图 4-6　服从 $\chi^2$ 分布的随机变量
在特定区间取值的概率

### 4.3.3　$t$ 分布

$t$ **分布**（t-distribution）的形状类似于正态分布，但通常比正态分布更为平坦。

> **定义 4.10**
>
> $t$ **分布**：设 $X$、$Y$ 为两个相互独立，且分别服从标准正态分布和 $\chi^2$ 分布的随机变量，$X \sim N(0，1)$，$Y \sim \chi^2(n)$，则统计量 $T = \dfrac{X}{\sqrt{Y/n}}$ 服从自由度为 $n$ 的 $t$ 分布，记作 $T \sim t(n)$。

$t$ 分布具有如下特征：

1) $t$ 分布曲线与标准正态分布曲线类似，以 $t=0$ 为对称轴（见图 4-7）。

2) $t$ 分布曲线的形状取决于自由度 $n$，自由度 $n$ 越小，曲线越扁平。当自由度 $n$ 大到一定程度时，$t$ 分布曲线接近于标准正态分布。

服从 $t$ 分布的随机变量在特定区间取值的概率等于该区间分布曲线下的面积，如图 4-8 所示。

### 4.3.4　$F$ 分布

**$F$ 分布**（F-distribution）是一种非对称分布，有两个自由度，且位置不可互换。$F$ 分布在方差分析、回归方程的显著性检验中都有重要作用。

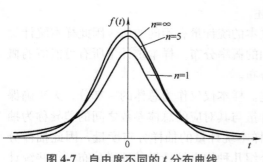

图 4-7　自由度不同的 $t$ 分布曲线

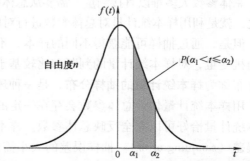

图 4-8　服从 $t$ 分布的随机变量在特定区间取值的概率

> **定义 4.11**
>
> **$F$ 分布**：设 $U$、$V$ 为两个相互独立且服从 $\chi^2$ 分布的随机变量，$U \sim \chi^2(n_1)$，$V \sim \chi^2(n_2)$，定义新随机变量 $W = \dfrac{U/n_1}{V/n_2}$，则随机变量 $W$ 服从自由度为 $(n_1, n_2)$ 的 $F$ 分布，记为 $W \sim F(n_1, n_2)$。

$F$ 分布具有如下特征：

1）$F$ 分布为非对称右偏图形，曲线尾端向右侧无穷延伸，无限接近 $w$ 轴，但永不相交。

2）$F$ 分布曲线的形状取决于两个自由度 $n_1$，$n_2$（见图 4-9）。

服从 $F$ 分布的随机变量在特定区间取值的概率等于该区间分布曲线下的面积，如图 4-10 所示。

$t$ 分布的 $\alpha$ 分位数 $t_\alpha(n)$（见附图 2），可查 $t$ 分布表获得。

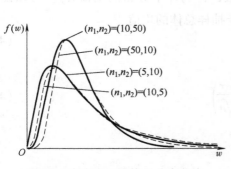

图 4-9　自由度不同的 $F$ 分布曲线

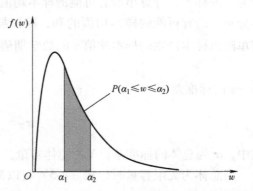

图 4-10　服从 $F$ 分布的随机变量在特定区间取值的概率

$F$ 分布的 $\alpha$ 分位数 $F_\alpha(n_1, n_2)$（见附图 4）可查 $F$ 分布表获得，且

$$F_\alpha(n_1, n_2) = \frac{1}{F_{1-\alpha}(n_2, n_1)} \tag{4-3}$$

## 4.4  样本统计量的抽样分布

总体参数大多难以直接测量，需要从总体中抽取的样本获得数据信息来推断总体特征，换言之，就是利用样本统计量对总体参数进行对应描述。

但是，通过抽样可能获得不同的样本，不同样本的统计量有不同的值，因此样本统计量是随机变量，对样本统计量的判断和比较基于它们的概率分布。样本统计量所有可能值的概率分布称为**样本统计量的抽样分布**，是一种理论分布。

用样本统计量估计总体参数会存在一定的误差。样本仅仅作为总体的一部分，无法确保样本统计量恰好可以完全反映总体参数。样本统计量与其对应的总体参数之间的差异称为**抽样误差**（sampling error）。抽样误差的大小需通过样本统计量的抽样分布度量，因此抽样分布是统计推断重要的理论基础。接下来，我们将介绍几种样本统计量的抽样分布，这些统计量的抽样分布在统计推断中有着重要作用。在后续章节中我们也会介绍如何根据样本结果对总体做出一个准确的描述。

在抽取样本观测总体的过程中，除了抽样误差，还有非抽样误差。**非抽样误差**（non-sampling error）指的是除了抽样误差以外所有误差的总和。扩大样本容量可以减小抽样误差但是不能减小非抽样误差。非抽样误差通常是由于数据获取和处理不当，以及样本中包含不合适的观测对象而引起的。非抽样误差可以通过缜密的设计和规划进行人为控制。

### 4.4.1  样本均值的抽样分布

均值在总体参数中是最为重要的一个数值，通过样本均值推断总体均值在统计推断中有着重要意义。样本均值推断总体均值的误差需要通过样本均值的抽样分布来计算。样本均值的抽样分布是指给定样本容量的所有可能样本均值的概率分布。

样本均值抽样分布的构造方法为：对于容量为 $N$ 的总体，进行简单随机抽样，抽取容量为 $n$ 的样本，计算出所有可能的样本均值，由这些样本均值形成的分布就是样本均值的抽样分布。所有可能的样本均值的和，除以样本个数，得到样本分布的均值 $\mu_{\bar{x}}$。可以证明，简单随机样本产生的样本均值 $\bar{x}$ 的数学期望 $\mu_{\bar{x}}$ 等于抽样总体的均值

$$\mu_{\bar{x}} = \mu \tag{4-4}$$

$\bar{x}$ 的标准差为

$$\sigma_{\bar{x}} = \sqrt{\frac{N-n}{N-1}} \left( \frac{\sigma}{\sqrt{n}} \right) \tag{4-5}$$

式中，$\sigma$ 为总体的标准差，$N$ 为总体容量。

当总体为无限容量时，式（4-5）可以简化为

$$\sigma_{\bar{x}} = \frac{\sigma}{\sqrt{n}} \tag{4-6}$$

很多现实情况中，抽取所有可能样本进行计算是不可行的，因此上述样本均值的抽样分布只是一种理论分布。样本均值的抽样分布与样本容量和总体分布有关。

如果抽样总体服从正态分布且总体标准差 $\sigma$ 已知，从总体中抽取的随机样本均值服从期望值为 $\mu$、标准差为 $\dfrac{\sigma}{\sqrt{n}}$ 的正态分布。

如果抽样总体并非正态分布，样本均值的概率分布可以通过**中心极限定理**（central limit theorem）进行判断。当样本量很大时，无论总体服从何种分布，样本均值的概率分布近似于正态分布（见图 4-11）。

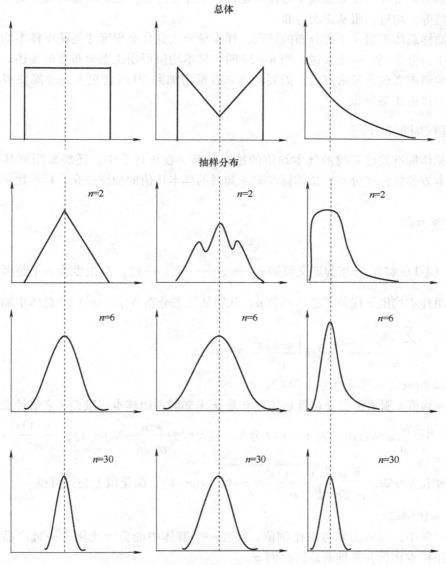

图 4-11　不同分布总体的中心极限定理结果

**定义 4.12**

**中心极限定理**：从一个服从任意分布且均值为 $\mu$、标准差为 $\sigma$ 的总体中选取容量为 $n$ 的随机样本。当样本容量 $n$ 足够大时，样本的均值 $\bar{x}$ 近似服从均值 $\mu_{\bar{x}}=\mu$、方差 $\sigma_{\bar{x}}^2=\sigma^2/n$ 的正态分布。样本量越大，样本均值 $\bar{x}$ 的分布越接近正态分布。

根据中心极限定理可知，对于某个抽样总体，抽样均值分布的标准差 $\sigma_{\bar{x}}$ 随着样本容量 $n$ 的增大而减小。换句话说，样本量越大，样本统计量在估计参数时就越精确。正态分布可以模拟很多实际情况，比如依据中心极限定理，工业生产中产品的质量均值、商场某产品的购买量均值等，均近似服从正态分布。

对于抽样总体不服从正态分布的情况，样本量要大到什么程度才能使得样本均值的抽样分布接近正态分布呢？一般来说，当 $n\geqslant 30$ 时，样本均值可用正态分布近似描述；但当总体分布严重偏斜或者包含异常点时，需要将样本容量增加到 50 或者更大，才能使得样本均值的抽样分布接近正态分布。

### 4.4.2 其他抽样分布

除了总体标准差已知时的样本均值的抽样分布，在统计学中，还经常用到其他抽样分布，如样本方差的抽样分布、总体标准差未知时的样本均值的抽样分布、样本比例值的抽样分布等。

**1. 样本方差**

由式（4-1）和 $\chi^2$ 分布的定义可知 $\dfrac{\sum\limits_{i=1}^{n}(x_i-\bar{x})^2}{\sigma^2}\sim\chi^2(n-1)$，自由度为 $n-1$ 是因为在此公式中我们用样本均值 $\bar{x}$ 代替了总体均值 $\mu$。从服从正态分布 $N(\mu,\sigma^2)$ 的总体中抽取的样本的方差为 $s^2=\dfrac{\sum\limits_{i=1}^{n}(x_i-\bar{x})^2}{n-1}$，因而 $\dfrac{(n-1)s^2}{\sigma^2}\sim\chi^2(n-1)$。

**2. 样本均值**（总体标准差未知）

当样本均值 $\bar{x}$ 服从正态分布且总体标准差 $\sigma$ 未知时，用样本标准差 $s$ 来估计总体标准差 $\sigma$。可以证明 $\dfrac{\bar{x}-\mu}{s/\sqrt{n}}$ 服从自由度为 $n-1$ 的 $t$ 分布。这是因为 $\dfrac{\bar{x}-\mu}{\sigma/\sqrt{n}}\sim N(0,1)$，$\dfrac{(n-1)s^2}{\sigma^2}\sim\chi^2(n-1)$。由 $t$ 分布的定义可知，$\dfrac{\bar{x}-\mu}{\sigma/\sqrt{n}}\Big/\sqrt{\dfrac{(n-1)s^2}{\sigma^2}\Big/(n-1)}\sim t(n-1)$。简化以上公式可得 $\dfrac{\bar{x}-\mu}{s/\sqrt{n}}\sim t(n-1)$。

**3. 样本比例值**

在统计学中，通常需要考虑比例值，如在一个群体中的男女比例、一批产品的次品率等。我们用样本比例 $p$ 来推断总体比例 $\pi$。

$$p=\frac{X}{n} \tag{4-7}$$

式中，$X$ 为样本中具有目标特征的个体数量，$n$ 为样本容量。从总体中抽取多个样本所得到的比率值 $p$ 是一个随机变量。统计表明，当 $n\pi$ 和 $n(1-\pi)$ 都等于或大于 5 时，样本的比率值 $p$ 近似服从期望值为 $\pi$、方差为 $\sigma_p^2 = \dfrac{\pi(1-\pi)}{n}$ 的正态分布，记为 $p \sim N\left(\pi, \dfrac{\pi(1-\pi)}{n}\right)$。在大多数情况下，样本容量满足上述条件，因此我们可以用正态分布来描述样本比例值的抽样分布。

**4. 两个样本的均值之差**

两个样本的均值之差通常用来推断两个独立总体均值的大小关系。假设存在两个独立总体 $X_1$ 和 $X_2$，其均值和方差分别为 $\mu_1$、$\mu_2$ 和 $\sigma_1^2$、$\sigma_2^2$，从这两个总体中分别抽取样本量为 $n_1$ 和 $n_2$ 的两个随机样本。在 4.4.1 节中，我们知道当总体服从正态分布或者当样本容量 $n \geqslant 30$ 时，样本均值近似服从正态分布。因此，当上述条件成立时，两个样本均值之差 $\bar{x}_1 - \bar{x}_2$ 近似服从正态分布，期望值和方差分别如下：

$$\mu_{\bar{x}_1 - \bar{x}_2} = \mu_1 - \mu_2 \tag{4-8}$$

$$\sigma_{\bar{x}_1 - \bar{x}_2}^2 = \frac{\sigma_1^2}{n_1} + \frac{\sigma_2^2}{n_2} \tag{4-9}$$

在两个样本均为大样本的情况下，两个样本的比例之差近似服从正态分布，将样本比例值的期望和方差代入式（4-8）和式（4-9）中可以得到两个样本的比例之差的期望和方差。

**5. 两个样本的方差比**

两个样本的方差比通常用来推断两个独立总体方差的大小关系。假设存在两个服从正态分布、相互独立的总体 $X_1 \sim N(\mu_1,\ \sigma_1^2)$ 和 $X_2 \sim N(\mu_2,\ \sigma_2^2)$，从中分别抽取样本量为 $n_1$ 和 $n_2$ 的两个随机样本，两个样本的方差分别为 $s_1^2$ 和 $s_2^2$。根据样本方差的抽样分布可知，$\dfrac{(n_1-1)s_1^2}{\sigma_1^2}$ 和 $\dfrac{(n_2-1)s_2^2}{\sigma_2^2}$ 分别服从自由度为 $(n_1-1)$ 和 $(n_2-1)$ 的 $\chi^2$ 分布。因此，我们可以得到样本方差比和总体方差比的比例值服从第一自由度为 $(n_1-1)$、第二自由度为 $(n_2-1)$ 的 $F$ 分布，记为 $\dfrac{s_1^2/s_2^2}{\sigma_1^2/\sigma_2^2} \sim F(n_1-1,\ n_2-1)$。

## 4.5  其他抽样方法

### 4.5.1  分层随机抽样

当抽样总体中的个体特征存在聚类现象，并且类别之间差异明显时，简单随机抽样会导致抽样样本结构与抽样总体结构不一致，引起较大的抽样误差。在这种情况下，使用**分层随机抽样**（stratified sampling）更为合适。

在分层随机抽样中，总体被分为若干个组，每个组称为层，从每层中随机抽取样本。分层随机抽样方法要求按照一定的规则或者标准对总体进行分组。每个组内样本需要具有相同或相近的特征，同时要求组间差异明显。

> **例4.1 分层随机抽样**
>
> **问题：** 某地区卫生局需要调查当地群众的身体状况，应如何进行抽样？
>
> **解答：** 由于不同年龄人群身体状况相差较大，因此可以将该地区的群众按照年龄分为老年人、中年人、青年人、少年及以下，从4组中分别进行随机抽样组成样本。

### 4.5.2 整群抽样

如果抽样总体中个体过于分散，且不存在聚类现象，则可以采用整群抽样（cluster sampling）的方法减小工作量，其缺陷是所得参数估计的精度不如简单随机抽样。

使用整群抽样方法抽取样本时，需要将总体分为若干个群，然后从这些群中随机选取部分群，再对群内的全部个体样本进行测量和计算。整群抽样要求群内个体差异大，群间差异小。

> **例4.2 整群抽样**
>
> **问题：** 市教育局抽查市内中小学生身体素质，应如何进行抽样？
>
> **解答：** 由于学校之间差异并不是很大，且从全市中小学生中直接抽取样本的工程浩大、复杂、难以组织，因此选取整群抽样的方法，抽取几所学校并对这些学校的学生进行统一身体素质测试。

### 4.5.3 系统抽样

**系统抽样**（systematic sampling），又称等距抽样，是一种当简单随机抽样操作存在一定困难时可以用来代替简单随机抽样的抽样方法。例如，在某工业流水线上定期抽取产品进行质检就是系统抽样的一个案例。系统抽样是先将总体排队，然后随机抽取第一个样本个体，之后按照固定间距和一定顺序抽取接下来的个体。系统抽样的间距是总体容量 $N$ 与样本容量 $n$ 之间的比值。系统抽样的主要优点是操作简便但是在抽取样本的过程中，只有第一个样本是随机抽取的，如果第一个样本选取有误将影响整个分析的可靠性。

> **例4.3 系统抽样**
>
> **问题：** 某高校一专业为了解毕业生论文质量，从该专业300名学生中抽取20人进行论文审核，如何使用系统抽样的方法进行样本抽取？
>
> **解答：** 将300名学生按照学号排序，在前15位中随机抽取学号为 $r$ 的学生作为第一个样本个体，再在该学号的基础上抽取学号为 $r+15$，$r+30$，$\cdots$，$r+285$ 的学生作为剩余19个样本个体。

### 4.5.4 多阶段抽样

**多阶段抽样**（multistage sampling）是指将抽样过程分多个阶段，逐阶段抽取样本的抽样方法。多阶段抽样中每个阶段使用的抽样方法往往不同，需要将各种抽样方法结合使用。

多阶段抽样的具体操作步骤为：首先将一个很大的总体划分为若干个子总体，称为一阶单位；再把一阶单位划分为若干个更小的单位，称为二阶单位；以此类推。然后，分别按各阶特征选取抽样方法逐阶段抽样。

当总体的数目大、分布广时，多阶段抽样可以简化抽样框的编制，便于最终样本的抽取。

**例 4.4　多阶段抽样**

**问题：** 如何对我国农户进行调查？

**解答：** 可以定义全国的县为初级单位，乡镇为二级单位，自然村为三级单位，户为四级单位。在全国抽取若干样本县，在样本县中再抽取若干样本乡镇，在样本乡镇中抽取若干样本自然村，在样本自然村中抽取样本户。以上即完成了一个四阶段抽样。

## SPSS、Excel 和 R 的操作步骤

**SPSS 操作步骤**

- **将原始数据的 xlsx 文件导入 SPSS**

单击"文件"→"打开"→"数据"，选择原始数据的文件，单击"打开"，可以看到数据表在 SPSS 窗口显示。

- **数据抽样**

第 1 步：单击"分析"→"复杂抽样"→"选择样本"打开抽样向导，选择"设计样本"，单击"下一步"，命名并保存抽样计划文件（.csplan）。

第 2 步：选择抽样方式。如果是分层抽样则选择分层依据，如果是整群抽样则选择聚类依据，单击"下一步"。

第 3 步：选择抽样方法（放回抽样/不放回抽样），单击"下一步"。

第 4 步：选择样本大小。如果是分层抽样，就需要进行具体定义。选中"各层的不等值"，单击"定义"，输入分层依据，在计数栏输入对应各层的样本大小。

第 5 步：单击"下一步"，完成抽样数据的存储。

**Excel 操作步骤**

第 1 步：单击"数据"→"数据分析"→"抽样"→"确定"。

第 2 步：在"输入区域"中输入原始数据所在的区域，在"抽样方法"中选择"随机"或"周期"，输入需要的"样本数"或"间隔"在"输出区域"中输入结果输出的位置，单击"确定"。

第 3 步：完成数据存储。

（由于 Excel 不支持不重复抽样，因此使用 Excel 自带的数据分析功能抽样并不是十分便利，可以选择其他产生随机数的方法进行抽样。）

**R 操作步骤**

```
#导入总体数据
install. packages("readxl")
library(readxl)
example = read_excel("…/文件名.xlsx")
install. packages("sampling")
```

```
library(sampling)
#用sample函数进行简单随机抽样，第一个参数是数据，第二个是抽样数量，第三个表示无放回
抽样。
sub_train = sample(example, size = "样本容量", replace = F)
#用strata函数进行分层抽样，第一个参数是数据，第二个参数是进行分层所依据的变量名称，第三
个是抽样数量，第四个表示无放回抽样)
sub_train = strata(example, stratanames = "变量名", size = "样本容量", method = "srswor")
#用cluster函数进行整群抽样，第一个参数是数据，第二个参数是用来划分群的变量名称，第三个
是抽样数量，第四个表示无放回抽样)
sub_train = cluster(example, clustername = "变量名", size = "样本容量", method = "srswor")
```

## 案例分析：城市房地产数据抽样

### 1. 案例背景

在中国城市化进程中，房地产行业起到至关重要的作用。房地产收入作为各个城市收入中占比较大的一部分，受到经济学家和相关政府人员关注。本案例将举例说明如何从国内城市中抽样进行研究，旨在给出抽样示范。

### 2. 数据及其说明

本案例数据来源于国家统计局，包含国内 224 个城市及各城市 2017 年住宅商品房销售额（单元：百万元），部分城市因为数据缺失并未包含在内，见表 4-1。

表 4-1　国内 224 个城市及各城市 2017 年住宅商品房销售额

| 序　号 | 城　市 | 2017 年住宅商品房销售额（百万元） |
|---|---|---|
| 1 | 湖北：武汉 | 353 429.00 |
| 2 | 上海 | 333 609.00 |
| 3 | 浙江：杭州 | 322 575.49 |
| 4 | 四川：成都 | 255 623.91 |
| 5 | 广东：深圳 | 253 304.23 |
| 6 | 广东：佛山 | 236 209.87 |
| 7 | 河南：郑州 | 227 669.00 |
| 8 | 天津 | 203 292.54 |
| 9 | 浙江：宁波 | 181 578.35 |
| ⋮ | ⋮ | ⋮ |
| 216 | 吉林：辽源 | 954.85 |
| 217 | 吉林：松原 | 921.70 |
| 218 | 吉林：白城 | 844.06 |
| 219 | 内蒙古：乌兰察布 | 774.61 |
| 220 | 甘肃：金昌 | 711.93 |
| 221 | 吉林：四平 | 691.92 |
| 222 | 黑龙江：伊春 | 386.24 |
| 223 | 黑龙江：七台河 | 346.09 |
| 224 | 黑龙江：鹤岗 | 329.54 |

### 3. 数据分析

在本案例中，需要从 224 个城市中抽取 36 个城市进行分析。城市之间存在差异，发展状况不同的城市的住宅商品房销售状况也有差异，不能一概而论。因此，我们根据国家 2018 年对我国城市的级别划分，按照一线城市、二线城市、三线城市、四线城市对上述总体进行分层抽样。在 224 个城市中，一线城市有 13 个、二线城市有 20 个、三线城市有 53 个、四线城市有 138 个。对总体抽取 36 个样本，对应抽取一线城市 2 个、二线城市 3 个、三线城市 9 个、四线城市 22 个。我们依次使用 SPSS、Excel 和 R 进行抽样处理，抽样结果见表 4-2。

表 4-2 抽样结果

| 城 市 | 2017 年住宅商品房销售额（百万元） | 城 市 | 2017 年住宅商品房销售额（百万元） |
| --- | --- | --- | --- |
| 广东：东莞 | 101 695.6 | 陕西：榆林 | 3905.07 |
| 天津 | 203 292.5 | 河北：衡水 | 20 189.61 |
| 河北：石家庄 | 82 164.35 | 广西：河池 | 4121.81 |
| 广西：南宁 | 100 696 | 安徽：淮南 | 15 640.67 |
| 吉林：长春 | 64 826.1 | 河南：安阳 | 26 086.82 |
| 吉林：吉林 | 12 179.27 | 四川：内江 | 13 001.7 |
| 河北：邯郸 | 26 602.36 | 甘肃：陇南 | 2004.6 |
| 湖北：宜昌 | 19 658 | 吉林：松原 | 921.7 |
| 山东：泰安 | 16 754.92 | 江西：萍乡 | 6037.48 |
| 广东：清远 | 51 747.48 | 四川：宜宾 | 21 755.56 |
| 江西：上饶 | 20 506.69 | 安徽：亳州 | 27 098.13 |
| 河北：保定 | 30 605.55 | 陕西：商洛 | 1906.92 |
| 山东：临沂 | 49 254.55 | 陕西：铜川 | 1273.02 |
| 广东：揭阳 | 11 306.54 | 辽宁：本溪 | 2750.38 |
| 广西：贺州 | 4281 | 河南：焦作 | 12 316.22 |
| 广西：梧州 | 6741 | 安徽：滁州 | 47 547.73 |
| 山东：聊城 | 23 605.07 | 湖南：张家界 | 2848.23 |
| 内蒙古：赤峰 | 10 395.87 | 安徽：阜阳 | 44 178.93 |

**SPSS 操作步骤**

第 1 步：单击"文件"→"打开"→"数据"，选择原始数据的文件，单击"打开"，可以看到数据表在 SPSS 窗口显示。

第 2 步：单击"分析"→"复杂抽样"→"选择样本"打开抽样向导，选择"设计样本"，单击"下一步"，命名并保存抽样计划文件（.csplan）。

第 3 步：选择城市等级作为分层依据，单击"下一步"。

第 4 步：选择抽样方法为不放回抽样，单击"下一步"。

第 5 步：选中"各层的不等值"，单击"定义"，在城市等级分别输入 1、2、3、4，在计数栏输入分别抽样的样本大小，即 2、3、9、22。

第 6 步：单击"下一步"，完成抽样数据的存储。

**Excel 操作步骤**

由于 Excel 没有分层抽样功能，因而处理数据前需要先按照分层变量对数据进行分类，然后对各层分别进行抽样操作。在本例中，分别对城市等级为1、2、3、4的数据进行抽样操作：

第1步：单击"数据"→"数据分析"→"抽样"→"确定"。

第2步：在"输入区域"中输入需要抽取的数据所在的区域，在"抽样方法"中选择"随机"，在"样本数"中输入样本数（城市等级为1、2、3、4，分别对应样本数为2、3、9、22），在"输出区域"中输入结果输出的位置，单击"确定"。

第3步：检查重复数据。单击"开始"→"条件格式"→"突出显示单元格规则"→"重复值"。如果存在重复项则重复第2步抽取新样本个体，以替换重复项。

第4步：完成数据存储。

（由于 Excel 不支持不重复抽样，因此使用 Excel 自带的数据分析功能抽样并不是十分便利，可以选择其他产生随机数的方法进行抽样。）

**R 操作步骤**

```
#导入总体数据
install. packages("readxl")
library(readxl)
example = read_excel(".../案例-4. xlsx")
install. packages("sampling")
library(sampling)
#安装 sampling 包后，用 strata 函数，第一个参数是数据，第二个是抽样依据的变量，第三个是每一类抽取的数目，第四个是无放回抽样。
sub_train = strata(table, stratanames = ("城市等级"), size = c(2,3,9,22), method = "srswor")
```

**4. 结论**

本案例以我国城市住宅商品房销售额研究中的城市抽样为例，演示了如何从总体中进行抽样，为后续章节通过抽样样本推断总体打下基础。

# 术语表

**抽样总体**（sampled population）：被抽取样本的总体。

**抽样框**（sampled frame）：用于抽取样本的总体中所有个体的名单。

**总体参数**（population parameter）：描述总体特征的指标。

**样本统计量**（sample statistic）：由样本数据构造的不含未知参数的函数，用以描述样本特征。

**简单随机抽样**：在总体 $N$ 个个体中抽取 $n$ 个个体作为样本，使得总体中的每个个体被抽取到样本中的概率是相同的。

**有限总体**（finite population）：个体数量有限的总体。

**无限总体**（infinite population）：个体数量无限的总体。

**正态概率分布**（normal probability distribution）：如果随机变量 $X$ 的概率密度函数为 $f(x) = \dfrac{1}{\sqrt{2\pi\sigma^2}} \cdot$

$e^{-\frac{1}{2\sigma^2}(x-\mu)^2}$，$-\infty < x < +\infty$，则称 $X$ 服从均值为 $\mu$、方差为 $\sigma^2$ 的正态分布，记作 $X \sim N(\mu, \sigma^2)$。

$\chi^2$ **分布**（chi-square distribution）：设 $X_1$，$X_2$，$\cdots$，$X_n$ 是来自服从标准正态分布的总体 $N(0，1)$ 的相互独立样本，则统计量 $Y = \sum\limits_{i=1}^{n} X_i^2$ 服从自由度为 $n$ 的 $\chi^2$ 分布，记为 $Y \sim \chi^2(n)$。

$t$ **分布**（t-distribution）：设 $X$、$Y$ 为两个相互独立，且分别服从标准正态分布和 $\chi^2$ 分布的随机变量，$X \sim N(0，1)$，$Y \sim \chi^2(n)$，则统计量 $T = \dfrac{X}{\sqrt{Y/n}}$ 服从自由度为 $n$ 的 $t$ 分布，记作 $T \sim t(n)$。

$F$ **分布**（F-distribution）：设 $U$、$V$ 为两个相互独立且服从 $\chi^2$ 分布的随机变量，$U \sim \chi^2(n_1)$，$V \sim \chi^2(n_2)$，定义新随机变量 $W = \dfrac{U/n_1}{V/n_2}$，则有随机变量 $W$ 服从自由度为 $(n_1，n_2)$ 的 $F$ 分布，记为 $W \sim F(n_1，n_2)$。

**中心极限定理**（central limit theorem）：从一个服从任意分布且均值为 $\mu$、标准差为 $\sigma$ 的总体中选取容量为 $n$ 的随机样本。当样本容量 $n$ 足够大时，样本的均值 $\bar{x}$ 将近似服从均值 $\mu_{\bar{x}} = \mu$、方差 $\sigma_{\bar{x}}^2 = \sigma^2/n$ 的正态分布。样本量越大，样本的均值 $\bar{x}$ 的分布越接近正态分布。

## 思 考 与 练 习

**思考题**

1. 为什么选择抽取样本推断总体？

2. 抽样误差和非抽样误差有什么区别？分别有什么方法可以改进？

3. 讨论分层抽样、整群抽样、系统抽样各自的特点和区别，并分别举出几个适用例子。

**练习题**

4. 存在一个均值为 100、标准差为 10 的总体。从中抽取容量 $n=50$ 的样本，利用样本均值 $\bar{x}$ 估计总体均值。

（1）$\bar{x}$ 的抽样分布是什么？

（2）$\bar{x}$ 的数学期望是多少？

（3）$\bar{x}$ 的方差是多少？

5. 存在以下几种情况，试讨论哪些是从有限总体抽样，哪些是从无限总体抽样，以及应该如何抽样。

（1）从某地区已购买人寿保险的顾客中抽取样本。

（2）从某外卖平台正在接收的订单中抽取样本。

（3）从某商场已销售的玩具中抽取样本。

（4）从某生产玩具的流水线上抽查玩具的质量。

6. 存在一个正态总体 $\mu=1000$，$\sigma=200$，从中抽取容量为 $n=16$ 的样本，求以下关于样本均值 $\bar{x}$ 的概率：$P(\bar{x} \leqslant 1100)$，$P(\bar{x} > 850)$。

7. 总体比率为 $P=0.4$，对于以下两种样本容量 $n$，分别计算样本比率 $p$ 落在总体比率 $P$ 附近 $\pm 0.04$ 以内的概率，并分析容量大小对结果的影响。

（1）$n=100$。

（2）$n=400$。

8. 求 $t_{0.05}(10)$，$\chi_{0.95}^2(15)$，$F_{0.05}(10,15)$ 的值。

9. 根据国家统计局数据，2018 年年底，我国企业就业人员周平均工作时间为 46h。假设由这些企业就业人员组成的总体工作时长的标准差为 10h。从总体中随机抽取 100 名企业就业人员组成的随机样本进行调查研究，那么该样本的周工作时间的均值服从什么分布？均值为多少？样本均值落在总体均值附近±2h的概率是多少？

10. 某大学学生午餐在食堂就餐的概率为 65%，抽取 40 名学生构成的随机样本中，至少有 70% 在食堂吃午餐的概率是多少？

11. 两所著名高校的学生入学成绩呈正态分布，第一所学校的学生入学平均成绩为 635 分，标准差为 15 分；第二所学校的学生入学平均成绩为 640 分，标准差为 20 分。每个学校随机抽取 36 名学生，第一所学校入学平均分比第二所学校平均分高的概率是多少？

## 参考文献

［1］安德森，斯威尼，威廉斯，等. 商务与经济统计：原书第 13 版 ［M］. 张建华，王健，聂巧平，等译. 北京：机械工业出版社，2017.

［2］林德，马歇尔，沃森. 商务与经济统计方法：原书第 15 版 ［M］. 聂巧平，叶光，译. 北京：机械工业出版社，2015.

［3］凯勒. 统计学在经济和管理中的应用：第 10 版 ［M］. 夏利宇，译. 北京：中国人民大学出版社，2019.

［4］麦克拉夫，本森，辛西奇. 商务与经济统计学：第 12 版 ［M］. 易丹辉，李扬，译. 北京：中国人民大学出版社，2015.

［5］贾俊平. 统计学 ［M］. 7 版. 北京：中国人民大学出版社，2018.

［6］贾俊平. 统计学：基于 SPSS ［M］. 2 版. 北京：中国人民大学出版社，2016.

［7］贾俊平. 统计学：基于 R ［M］. 3 版. 北京：中国人民大学出版社，2019.

［8］王汉生. 数据思维：从数据分析到商业价值 ［M］. 北京：中国人民大学出版社，2017.

第 5 章数据-excel　　　　　第 5 章数据-spss

CHAPTER 5

# 第5章

# 参数估计

参数估计是指通过样本统计量来推断所研究的总体参数，是统计推断的重要内容之一。本章将阐述参数估计的基本原理，介绍如何进行一个总体参数的估计与两个总体参数的估计，最后介绍参数估计中的样本量确定。

## 5.1　参数估计的基本原理

### 5.1.1　点估计与区间估计

参数估计的方法有**点估计**（point estimate）和**区间估计**（interval estimate）两种。

**1. 点估计**

> **定义 5.1**
>
> **点估计**是直接将样本统计量的某个取值作为总体参数的估计值。

例如，用样本均值 $\bar{x}$ 估计总体均值 $\mu$、用样本中的比例估计总体的比例、用样本方差 $s^2$ 估计总体方差 $\sigma^2$，都是点估计。

由于样本是总体的一个子集，我们不可能期望一个具体样本得到的点估计值等于总体参数。因此除了点估计值之外，我们常常还需要知道点估计值和参数之间可能的偏离程度，借助样本信息构造总体参数的一个区间可以有效弥补点估计的不足，这种方法就是区间估计。

**2. 区间估计**

> **定义 5.2**
>
> **区间估计**（或置信区间）是在点估计的基础上，估计总体参数的区间范围，该区间通常由样本统计量加减估计误差得到。

以总体均值的区间估计为例，若总体服从正态分布，样本均值的数学期望等于总体均值，即 $E(\bar{x})=\mu$，样本均值的标准差为 $\sigma_{\bar{x}}=\sigma/\sqrt{n}$，其中 $n$ 为样本容量。由此可知样本均值 $\bar{x}$ 落在总体均值 $\mu$ 的两侧任意抽样标准差范围内的概率，如图 5-1 所示。但在区间估计中，需要通过样本均值 $\bar{x}$ 估计总体均值 $\mu$，由于 $\bar{x}$ 和 $\mu$ 的距离对称，因而如果某个样本的均值 $\bar{x}$ 落

在 $\mu$ 的 1.96 个标准差范围内，则 $\mu$ 也被包括在以 $\bar{x}$ 为中心、左右 1.96 个标准差的范围内。依据正态分布的性质，有 95% 的样本均值会落在 $\mu$ 的 1.96 个标准差的范围内。也就是说，约有 95% 的样本均值所构造的 1.96 个标准差的区间会包括 $\mu$。

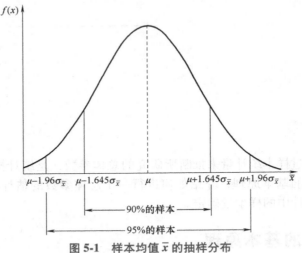

图 5-1 样本均值 $\bar{x}$ 的抽样分布

**定义 5.3**

**置信水平**是将构造置信区间的步骤多次重复后，总体参数真值被包括在置信区间中的次数所占的比例，也称为**置信度或置信系数**。

当置信水平为 $1-\alpha$ 时，样本均值 $\bar{x}_1$、$\bar{x}_2$ 和 $\bar{x}_3$ 的置信区间如图 5-2 所示。在构造置信区间（confidence interval）时，比较常用的**置信水平**（confidence level）有 90%，95%，99%。与常用置信水平相对应的，正态分布曲线下右侧面积为 $\alpha/2$ 的 $Z$ 值（$Z_{\alpha/2}$）见表 5-1。

表 5-1 常用置信水平的 $z$ 值（$z_{\alpha/2}$）

| 置 信 水 平 | $\alpha$ | $\alpha/2$ | $z_{\alpha/2}$ |
|---|---|---|---|
| 90% | 0.1 | 0.05 | 1.645 |
| 95% | 0.05 | 0.025 | 1.96 |
| 99% | 0.01 | 0.005 | 2.58 |

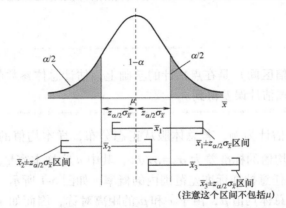

图 5-2 抽取的样本均值分别为 $\bar{x}_1$、$\bar{x}_2$ 和 $\bar{x}_3$ 时的置信区间

### 5.1.2 评价估计量的标准

对于同一参数，用不同的估计方法得到的估计量可能不同，对总体的推断效果也会有差异。下面介绍用来评价估计量的几个常用标准。

**1. 无偏性**

**定义 5.4**

**无偏性**（unbiasedness）是指估计量抽样分布的数学期望等于被估计的总体参数，即当 $E(\hat{\theta}) = \theta$ 时，$\hat{\theta}$ 是 $\theta$ 的无偏估计。（$\theta$ 为待估计的总体参数，$\hat{\theta}$ 为样本估计量）

不论总体服从哪种分布，都有样本均值 $\bar{x}$ 是总体均值 $\mu$ 的无偏估计，样本方差 $s^2$ 是总体方差 $\sigma^2$ 的无偏估计。

**2. 有效性**

**定义 5.5**

**有效性**（efficiency）是指对同一总体参数的两个无偏估计量，有更小标准差的估计量更有效。若 $\hat{\theta}_1$、$\hat{\theta}_2$ 是参数 $\theta$ 的无偏估计，且 $\hat{\theta}_1$ 比 $\hat{\theta}_2$ 的方差小，则无偏估计 $\hat{\theta}_1$ 比 $\hat{\theta}_2$ 更有效。

当参数的无偏估计不唯一时，在无偏估计量中，方差越小越好。其中方差最小的估计量为最优无偏估计量，在所有估计量中最有效。

**3. 一致性**

**定义 5.6**

**一致性**（consistency）是指当样本量趋于无穷大时，点估计的值收敛于总体参数的值。换言之，一个大样本给出的点估计比一个小样本给出的点估计更易于接近总体参数。

以样本均值为例，样本均值的标准差 $\sigma_{\bar{x}} = \sigma / \sqrt{n}$，其中 $n$ 为样本量。可见，样本量越大，样本均值的标准差越小。因此，大样本下得到的均值估计更接近总体均值。

## 5.2 单总体均值与比例的区间估计

在研究单一总体时，经常涉及总体均值 $\mu$、总体比例 $\pi$ 和总体方差 $\sigma^2$ 等参数，本节将介绍如何用样本统计量构造单总体均值和比例的置信区间，并给出在实际应用中的一些建议。例如，一批灯泡的寿命服从正态分布，如何根据随机抽取的一部分灯泡的寿命推断该批灯泡的平均寿命；在进行某项政策的民意调查时，如何通过调查部分受访者对政策满意的比例来推断全部受众对该政策满意的比例。

### 5.2.1　单总体均值的区间估计

总体均值 $\mu$ 的置信区间由两个统计量计算得到：样本均值 $\bar{x}$ 和标准差。标准差可以是总体标准差或样本标准差。因此在对总体均值进行区间估计时，需要考虑总体标准差 $\sigma$ 已知与未知两种情形，这两种情形对应的现实问题和区间估计方法都有显著差异。

**1. 总体标准差 $\sigma$ 已知**

当总体标准差 $\sigma$ 已知时，可以利用总体标准差 $\sigma$ 和样本均值 $\bar{x}$ 计算区间的上下限，以对总体均值进行区间估计。在大多数应用中，$\sigma$ 是未知的，但是在有些情况下，我们可以根据大量历史数据估计总体标准差。比如，在质量控制应用中，若生产过程处于正常运行状态，则可以根据历史数据估计总体标准差。

当总体标准差已知时，如果总体服从正态分布或总体不服从正态分布但样本量足够大，则样本均值的抽样分布服从或近似服从（由中心极限定理可知）均值为 $\mu$、标准差为 $\sigma/\sqrt{n}$ 的正态分布，其中 $n$ 是样本容量。样本均值经过标准化以后的随机变量服从或近似服从标准正态分布

$$z = \frac{\bar{x} - \mu}{\sigma/\sqrt{n}} \sim N(0,1) \tag{5-1}$$

根据式（5-1）和正态分布的性质可以得出总体均值 $\mu$ 在 $1-\alpha$ 置信水平下的区间估计为

$$\bar{x} \pm z_{\alpha/2} \frac{\sigma}{\sqrt{n}} \tag{5-2}$$

式中，$\bar{x} - z_{\alpha/2} \dfrac{\sigma}{\sqrt{n}}$ 为置信下限；$\bar{x} + z_{\alpha/2} \dfrac{\sigma}{\sqrt{n}}$ 为置信上限；$z_{\alpha/2}$ 表示标准正态分布右侧面积为 $\alpha/2$ 时的 $z$ 值；$z_{\alpha/2} \dfrac{\sigma}{\sqrt{n}}$ 是估计总体均值时的估计误差。

以某一款酸奶为例，规定出厂时每百克产品中含活性益生菌 100 亿 CFU（CFU 是菌落形成单位的缩写，表示单位体积中的细菌、霉菌、酵母等微生物的群落总数）。因此 100 亿 CFU 是该酸奶每百克益生菌含量的均值，然而并不是每一杯酸奶的益生菌含量都是每百克 100 亿 CFU，有些酸奶的益生菌含量可能高于标准，有些则没有达到标准。假设该酸奶每百克益生菌含量的标准差为 6 亿 CFU。现在抽取 42 杯酸奶组成一个随机样本，样本的每百克益生菌平均含量为 99.023 亿 CFU，根据这个样本得到的总体均值 95% 的区间估计为 $99.023 \pm 1.96 \times \left(\dfrac{6}{\sqrt{42}}\right) = 99.023 \pm 1.815$。若求置信水平为 99% 的置信区间，则将公式中的 1.96 替换为 2.58。

基于样本得到的总体均值 95% 的置信区间为（97.208，100.838），我们可以看到总体均值 100 被包含在这个置信区间内。然而，基于随机样本得到的置信区间不一定包含总体均值，置信水平越高包含总体均值的可能性越大。

**例 5.1**

　　**问题**：某苗圃想要了解目前园内已种植树苗的高度情况，已知园内树苗高度服从正态分布，标准差为 0.02m，从中随机抽取了 100 株树苗，样本数据显示平均每株树苗高 1.05m，试求该树苗培育园内树苗平均高度在置信度为 95% 时的置信区间。

　　**解答**：已知 $\bar{x}=1.05$，$n=100$，$\sigma=0.02$，$1-\alpha=95\%$。查标准正态分布表有 $z_{\alpha/2}=z_{0.025}=1.96$，应用式（5-2）可得：$\bar{x}\pm z_{\alpha/2}\dfrac{\sigma}{\sqrt{n}}=1.05\pm1.96\times\dfrac{0.02}{\sqrt{100}}=1.05\pm0.004$。

　　因此，该苗圃内树苗平均高度的 95% 置信区间为（1.046，1.054）。

**2. 总体标准差 $\sigma$ 未知**

　　在大多数情况下，总体标准差 $\sigma$ 是未知的。在这种情形下，为了得到总体均值的置信区间，需要用样本标准差 $s$ 来估计总体标准差 $\sigma$。当利用 $s$ 估计 $\sigma$ 时，若总体服从正态分布，样本均值经过标准化以后的随机变量服从自由度为 $n-1$ 的 $t$ 分布，其中 $n$ 为样本容量，即

$$t=\frac{\bar{x}-\mu}{s/\sqrt{n}}\sim t(n-1) \tag{5-3}$$

　　$t$ 分布是由一类相似的概率分布组成的分布族，每个自由度取值下，都有唯一的 $t$ 分布与之对应。$t$ 分布是类似于正态分布的一种对称分布，$t$ 分布要比正态分布平坦和分散，随着自由度的增加，$t$ 分布与标准正态分布之间的差异逐渐减小。图 5-3 给出了自由度为 1 和 10 的 $t$ 分布与标准正态分布关系。

　　根据式（5-3），当总体标准差 $\sigma$ 未知时，总体均值 $\mu$ 在 $1-\alpha$ 置信水平下的区间估计为

$$\bar{x}\pm t_{\alpha/2}\frac{s}{\sqrt{n}} \tag{5-4}$$

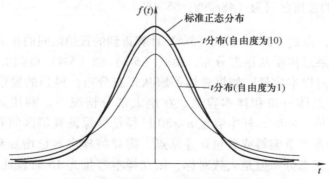

图 5-3　自由度为 1 和 10 的 $t$ 分布与标准正态分布的关系

式中，$t_{\alpha/2}$ 是自由度为 $n-1$ 时，$t$ 分布中右侧面积为 $\alpha/2$ 时的 $t$ 值，该值可通过 $t$ 分布表查得或通过 Excel 计算得到。$s$ 为样本标准差，如第 3 章所述，样本标准差的计算公式为

$$s=\sqrt{\frac{\sum(x_i-\bar{x})^2}{n-1}} \tag{5-5}$$

以之前提到的检验酸奶益生菌含量为例，假设每杯酸奶的益生菌含量服从正态分布，若抽取 8 杯酸奶组成一个随机样本，每百克样本的益生菌平均含量为 99.023 亿 CFU，标准差为 6.4 亿 CFU，根据这个样本得到的总体均值 95% 的区间估计为 $99.023 \pm t_{0.025}(7) \times 6.4/\sqrt{8}$。通过查表，将 $t_{0.025}(7) = 2.365$ 代入式中，得到每百克酸奶益生菌含量均值的置信区间为（93.672，104.374）。

**例 5.2**

**问题**：某县想要统计今年辖区内 225 个村的小麦产量，该县内各村的小麦产量服从 $N(\mu, \sigma^2)$，$\mu$、$\sigma^2$ 均未知，从 225 个村中随机抽取 28 个村的产量数据见表 5-2，求参数 $\mu$ 的置信水平为 95% 的置信区间。

表 5-2　样本中 28 个村的小麦产量　　　　　　　　　　　　　（单位：t）

| | | | |
|---|---|---|---|
| 52 | 59 | 54 | 42 |
| 44 | 50 | 42 | 48 |
| 55 | 54 | 60 | 55 |
| 44 | 62 | 62 | 57 |
| 45 | 46 | 43 | 56 |
| 41 | 56 | 44 | 71 |
| 39 | 48 | 67 | 64 |

**解答**：计算样本均值 $\bar{x} = \dfrac{\sum x_i}{n} = \dfrac{1460}{28} = 52.143$（t）

$$s = \sqrt{\frac{\sum (x_i - \bar{x})^2}{n-1}} = \sqrt{\frac{2009}{28-1}} = 8.627 \text{（t）}$$

$1 - \alpha = 95\%$，$n = 28$，$t_{\alpha/2}(n-1) = t_{0.025}(27) = 2.052$，将上述值代入式（5-4），求得 $\mu$ 的置信水平为 95% 的置信区间为（48.798，55.488）。

在实际应用中，由式（5-2）和式（5-4）计算得到的置信区间的精确度取决于总体的分布和样本容量。如果总体服从正态分布，由式（5-2）和（5-4）得到的置信区间就是精确的，并且适用于任何样本容量；如果总体不服从正态分布，得到的置信区间就是近似的，近似的程度取决于总体分布和样本容量。在绝大部分情况下，利用式（5-2）和（5-4）建立总体均值的置信区间时，样本容量 $n \geq 30$ 已经足够保证置信区间具有较高的近似度。然而，如果总体分布严重偏斜或者包含异常点，需要将样本容量增加到 50 或者更大。如果总体的分布不是正态分布但是大致对称，则在样本容量为 15 时就能得到近似效果较好的置信区间。

## 5.2.2　单总体比例的区间估计

本节将把置信区间的概念延伸到属性数据，研究如何估计总体中具有某一特性的数据量所占比例的置信区间。总体比例用 $\pi$ 表示，样本比例可以用公式 $p = X/n$ 计算，其中 $n$ 为样本容量，$X$ 为样本中具有我们感兴趣属性的个体数量。可见，样本比例 $p$ 取值范围在 0~1 之间。

当满足 $np \geq 5$ 和 $n(1-p) \geq 5$ 时，样本比例 $p$ 的抽样分布近似服从正态分布。$p$ 的数学期望为 $E(p) = \pi$，$p$ 的方差为 $\sigma_p^2 = \dfrac{\pi(1-\pi)}{n}$。样本比例经标准化以后的随机变量服从标准正态分布，即

$$z = \frac{p-\pi}{\sqrt{\pi(1-\pi)/n}} \sim N(0,1) \tag{5-6}$$

在估计总体比例 $\pi$ 在 $1-\alpha$ 置信水平下的置信区间时，$\pi$ 是需要估计的值，用样本比例 $p$ 替代 $\pi$，得到 $\pi$ 的区间估计为

$$p \pm z_{\alpha/2} \sqrt{\frac{p(1-p)}{n}} \tag{5-7}$$

式中，$z_{\alpha/2}$ 表示标准正态分布右侧面积为 $\alpha/2$ 时的 $z$ 值；$z_{\alpha/2}\sqrt{\dfrac{p(1-p)}{n}}$ 是估计误差。

继续以酸奶益生菌含量为例，工厂将每百克益生菌含量 $\leq 95$ 亿 CFU 的产品定义为不合格产品，工厂希望通过抽检，了解产品的不合格率。在本次抽检中抽取了 100 杯酸奶，其中不合格的比例为 7%。根据式（5-7）并取置信水平为 95%，可得 $0.07 \pm 1.96 \times \sqrt{\dfrac{0.07 \times 0.93}{100}} = 0.07 \pm 0.05$。因此，总体酸奶不合格率在 95% 置信水平下的置信区间为（0.02，0.12）。

> **例 5.3**
>
> **问题**：某市对本市内 900 户家庭进行抽样调查，以了解本市家庭对市政工作的满意度。调查显示，有 576 户家庭对市政工作感到满意，试求估计误差，并给出本市家庭对市政工作感到满意的比例的 99% 置信区间。
>
> **解答**：$p = \dfrac{576}{900} = 0.64$，$1-\alpha = 99\%$，$n = 900$，$z_{0.005} = 2.58$
>
> 估计误差 $z_{\alpha/2}\sqrt{\dfrac{p(1-p)}{n}} = 2.58 \times \sqrt{\dfrac{0.64 \times 0.36}{900}} = 0.041$。
>
> 将上述值代入式（5-7），求得对市政工作满意家庭比例的置信水平为 99% 的置信区间为（0.599，0.681）。

## 5.3 两总体均值之差与比例之差的区间估计

上一节介绍了如何对单一总体的均值和比例进行区间估计，然而在现实中有很多问题涉及两个总体，单一总体的区间估计不再适用。例如要对男女两个总体的身高差异进行区间估计，或者对两个公司生产的同一类型产品的次品率差异进行区间估计。为了解决此类问题，本节将进一步探讨如何对两个总体的均值之差（$\mu_1 - \mu_2$）和比例之差（$\pi_1 - \pi_2$）进行区间估计。

### 5.3.1 两总体均值之差的区间估计

设两个总体的均值分别为 $\mu_1$ 和 $\mu_2$，在抽取样本时有两种抽样方式：独立抽样和匹配样本。抽样方式不同，均值之差的区间估计方法也略有差异。下面分别介绍两种不同抽样方式下的两总体均值之差的区间估计方法。

**1. 独立抽样**

独立抽样下的样本叫作**独立简单随机样本**（independent simple random samples）。

　　**独立简单随机样本**是指从两个总体中独立抽出两个简单随机样本，即一个样本中的元素与另一个样本中的元素相互独立的两个随机样本。

　　通过独立抽样，从两个标准差为 $\sigma_1$ 和 $\sigma_2$ 的总体中分别抽取样本量为 $n_1$ 和 $n_2$ 的两个随机样本，均值分别为 $\bar{x}_1$ 和 $\bar{x}_2$。采用独立抽样时，与单总体均值的区间估计类似，两总体均值之差的区间估计需要考虑总体标准差已知与未知两种情形：

　　**（1）总体标准差 $\sigma_1$ 和 $\sigma_2$ 已知**　　如果两个总体都为正态分布或两总体不服从正态分布但满足样本容量 $n_1 \geqslant 30$，$n_2 \geqslant 30$，根据抽样分布的相关内容可知，两个样本均值之差 $\bar{x}_1 - \bar{x}_2$ 的抽样分布服从期望值为 $\mu_1 - \mu_2$、方差为 $\sigma_1^2/n_1 + \sigma_2^2/n_2$ 的正态分布，两个样本均值之差经标准化后服从标准正态分布，即

$$z = \frac{(\bar{x}_1 - \bar{x}_2) - (\mu_1 - \mu_2)}{\sqrt{\dfrac{\sigma_1^2}{n_1} + \dfrac{\sigma_2^2}{n_2}}} \sim N(0,1) \tag{5-8}$$

　　因此，当两总体标准差 $\sigma_1$ 和 $\sigma_2$ 已知时，两总体均值之差 $\mu_1 - \mu_2$ 在 $1-\alpha$ 置信水平下的区间估计为

$$(\bar{x}_1 - \bar{x}_2) \pm z_{\alpha/2} \sqrt{\frac{\sigma_1^2}{n_1} + \frac{\sigma_2^2}{n_2}} \tag{5-9}$$

式中，$z_{\alpha/2}$ 表示标准正态分布右侧面积为 $\alpha/2$ 时的 $z$ 值；$z_{\alpha/2}\sqrt{\dfrac{\sigma_1^2}{n_1} + \dfrac{\sigma_2^2}{n_2}}$ 是估计误差。

　　继续以酸奶产品为例，其公司高层想了解该款酸奶在市场中的竞品情况。通过调查发现，市场中该品牌酸奶（记作甲）的最大竞品是伊利旗下的某酸奶（记作乙）。工作人员通过对两种酸奶进行独立抽样，比较两者中的益生菌含量。已知甲乙两种酸奶的总体标准差分别为 6.4 亿 CFU 和 4.3 亿 CFU。分别抽取 41 杯甲和 39 杯乙，每百克样本中益生菌平均含量分别为 98.64 亿 CFU 和 99.72 亿 CFU。两品牌酸奶益生菌含量均值之差在 95% 置信水平下的区间估计为 $(98.64 - 99.72) \pm 1.96 \times \sqrt{\dfrac{6.4^2}{41} + \dfrac{4.3^2}{39}} = -1.08 \pm 2.379$。因此，两品牌酸奶益生菌含量均值之差在 95% 置信水平下的置信区间为 $(-3.459, 1.299)$。

　　**例 5.4**

　　**问题：**在某市六年级学生的两次数学考试中，市教育局分别统一购买并使用了两个出题机构的试卷，用考试平均成绩的差来衡量两个出题机构数学试卷难度的差异。两次考试中总体标准差已知，分别为 $\sigma_1 = 3.89$，$\sigma_2 = 4.02$。分别从两次数学考试中随机抽取 16 名学生的数学成绩，见表 5-3。假设两个总体都服从正态分布，试求两个总体均值之差 $\mu_1 - \mu_2$ 的置信水平为 95% 的置信区间。

表 5-3  16 名学生的两次数学考试成绩

| 第一次 | 98 | 95 | 94 | 98 | 91 | 93 | 97 | 89 |
| | 93 | 88 | 92 | 83 | 100 | 90 | 88 | 97 |
| 第二次 | 97 | 96 | 90 | 100 | 92 | 92 | 96 | 91 |
| | 92 | 89 | 91 | 86 | 95 | 87 | 86 | 94 |

**解答：** 按实际情况可以认为两个总体相互独立，$n_1 = n_2 = 16$，$\bar{x}_1 = 92.875$，$\bar{x}_2 = 92.125$，$\sigma_1 = 3.89$，$\sigma_2 = 4.02$，$1-\alpha = 95\%$，将上述数据代入式（5-9），求得两次试卷的难度差异在置信水平为 95% 的置信区间是（-1.991，3.491）。

在实际应用中，当两总体标准差 $\sigma_1$ 和 $\sigma_2$ 已知时，随机样本在大部分情况下需要满足 $n_1 \geqslant 30$ 及 $n_2 \geqslant 30$；当某样本的样本容量小于 30 时，其所对应的总体需要满足近似服从正态分布的假设。

**（2）总体标准差 $\sigma_1$ 和 $\sigma_2$ 未知**  在这种情形下，我们用样本标准差 $s_1$ 和 $s_2$ 来估计未知的总体标准差，根据两总体的标准差是否相等又可以进一步划分为两种情况。

1）总体标准差 $\sigma_1$ 和 $\sigma_2$ 未知但相等。如果两个总体都服从正态分布（或 $n_1 \geqslant 30$，$n_2 \geqslant 30$），两个样本均值之差经标准化后服从自由度为 $(n_1+n_2-2)$ 的 $t$ 分布，即

$$t = \frac{(\bar{x}_1 - \bar{x}_2) - (\mu_1 - \mu_2)}{s_p\sqrt{\dfrac{1}{n_1} + \dfrac{1}{n_2}}} \sim t(n_1+n_2-2) \tag{5-10}$$

式中，$s_p$ 是通过两个样本的标准差计算得出的总体标准差的合并估计量，计算公式为

$$s_p = \sqrt{\frac{(n_1-1)s_1^2 + (n_2-1)s_2^2}{n_1+n_2-2}} \tag{5-11}$$

根据式（5-10），两总体均值之差 $\mu_1 - \mu_2$ 在 $1-\alpha$ 置信水平下的区间估计为

$$(\bar{x}_1 - \bar{x}_2) \pm t_{\alpha/2}(n_1+n_2-2)\sqrt{s_p^2\left(\frac{1}{n_1} + \frac{1}{n_2}\right)} \tag{5-12}$$

**例 5.5**

**问题：** 某公司生产的同一产品分别投入了 A、B 两个市场，为了进一步推广产品，需要确定这两个市场是否应该采取相同的营销策略。公司高层认为营销策略是否一致与使用产品的消费者差异相关，主要取决于消费者的收入差异。为了调查两个市场消费者收入的差异，公司分别从两个市场的消费者中抽取 7 个和 9 个消费者，两个市场消费者收入见表 5-4。假设两个市场总体消费者收入都服从正态分布，且方差相等，试求两个市场消费者收入差异的置信水平为 95% 的置信区间。

表 5-4  两个市场消费者收入                    （单位：元）

| A | 6842 | 4893 | 9642 | 5014 | 13 240 | 8763 | 5379 | — | — |
| B | 4687 | 5189 | 7863 | 8015 | 14 269 | 4183 | 8967 | 3786 | 6895 |

**解答：** $1-\alpha = 95\%$，$\bar{x}_1 = 7681.857$，$\bar{x}_2 = 7094.889$，$s_1^2 = 9\ 467\ 946$，$s_2^2 = 10\ 663\ 426$，$n_1 = 7$，$n_2 = 9$，查 $t$ 分布表可得 $t_{0.025}(14) = 2.145$，将上述值代入式（5-11）可得合并估计量 $s_p = 3186.076$，代入式（5-12），求得两个市场消费者收入差异的置信水平为 95% 的置信区间为（-2857.111，4031.048）。

2）总体标准差 $\sigma_1$ 和 $\sigma_2$ 未知且不知道其是否相等。此时，若两个总体都服从正态分布（或 $n_1 \geq 30$，$n_2 \geq 30$），两个样本均值之差经标准化后近似服从自由度为 $v$ 的 $t$ 分布，即

$$t = \frac{(\bar{x}_1 - \bar{x}_2) - (\mu_1 - \mu_2)}{\sqrt{\dfrac{s_1^2}{n_1} + \dfrac{s_2^2}{n_2}}} \sim t(v) \tag{5-13}$$

自由度 $v$ 的计算公式为

$$v = \frac{\left(\dfrac{s_1^2}{n_1} + \dfrac{s_2^2}{n_2}\right)^2}{\dfrac{(s_1^2/n_1)^2}{n_1 - 1} + \dfrac{(s_2^2/n_2)^2}{n_2 - 1}} \tag{5-14}$$

$v$ 值一般并不是整数，为了得到一个更为保守的区间估计，应将 $v$ 值向下取整。两总体均值之差 $\mu_1 - \mu_2$ 在 $1 - \alpha$ 置信水平下的区间估计为

$$(\bar{x}_1 - \bar{x}_2) \pm t_{\alpha/2}(v) \sqrt{\frac{s_1^2}{n_1} + \frac{s_2^2}{n_2}} \tag{5-15}$$

**例 5.6**

**问题：** 有报告显示，手机 App 在日常生活中扮演着不可或缺的角色。每个 App 都有其特定的功能，每个人手机中下载的 App 数量也有差异。为了探究男性和女性手机中下载的 App 数量是否有差异，随机选择两个分别包含 10 名男性和 8 名女性的样本，见表 5-5。假设总体服从正态分布且方差未知，求男性与女性手机 App 下载数量差异的置信水平为 95% 的置信区间。

表 5-5　手机 App 下载数量　　　　　　　　　　　　（单位：个）

| 男 | 29 | 26 | 24 | 34 | 22 | 18 | 27 | 32 | 16 | 33 |
|---|---|---|---|---|---|---|---|---|---|---|
| 女 | 32 | 17 | 35 | 38 | 31 | 29 | 41 | 37 | — | — |

**解答：** $1 - \alpha = 95\%$，$\bar{x}_1 = 26.1$，$\bar{x}_2 = 32.5$，$s_1^2 = 38.1$，$s_2^2 = 54.857$，$n_1 = 10$，$n_2 = 8$，将上述值代入式（5-14），求得自由度 $v = 13.66$，向下取整后，查找自由度为 13 的 $t$ 分布表可得：$t_{0.025}(13) = 2.16$。代入式（5-15）计算得到置信区间为（-13.455，0.655）。

当两总体标准差 $\sigma_1$ 和 $\sigma_2$ 未知时的两种区间估计方法可用于相对较小样本容量的情形。在大部分应用中，如果两个总体的样本容量 $n_1$ 和 $n_2$ 相等或接近相等，总样本容量 $n_1 + n_2$ 至少为 20 时，即使总体不是正态分布，也能得到较好的区间估计效果。如果总体分布高度偏斜或含有异常点，则需要使用较大的样本容量。

**2. 匹配样本**

在前文，我们对来自两个独立样本的均值之差进行了检验，然而，在有些情形下，使用**匹配样本**（matched sample）检验样本均值之差，往往可以得到比独立样本下更小的抽样误差。

> **定义 5.8**
>
> **匹配样本**是指一个样本中的数据与另一个样本中的数据相对应的两个样本。

比如，有两种可以组装同一类型产品的机器，需要比较两种机器组装产品所需时间的差异。若采用独立抽样，需随机分配两批工人分别使用两种机器去组装产品；若采用匹配样本，则指定同一批工人分别用两种机器组装同一种产品，这样得到的两种机器组装产品的数据就是匹配数据。匹配样本有效消除了在独立抽样下由于前后参与组装的工人不一致，由工人个体差异带来的组装产品时间的差异。

使用匹配样本进行区间估计时，如果两个总体观测值的配对差值服从正态分布（或 $n \geq 30$），就需要考虑配对差值的总体标准差 $\sigma_d$ 已知与未知两种情形。当 $\sigma_d$ 已知时，两个总体均值之差 $\mu_d = \mu_1 - \mu_2$ 在 $1-\alpha$ 置信水平下的区间估计为

$$\bar{d} \pm z_{\alpha/2} \frac{\sigma_d}{\sqrt{n}} \tag{5-16}$$

式中，$\bar{d}$ 表示配对差值的均值，即 $\bar{d} = \sum_{i=1}^{n}(x_{1i} - x_{2i})/n$，$x_{1i}$、$x_{2i}$ 分别表示匹配样本中的一组对应数据，$n$ 为样本组数。

若配对差值的总体标准差 $\sigma_d$ 未知时，可用配对差值的样本标准差 $s_d$ 进行替代，匹配样本均值之差经标准化后近似服从自由度为 $n-1$ 的 $t$ 分布，两个总体均值之差 $\mu_d = \mu_1 - \mu_2$ 在 $1-\alpha$ 置信水平下的区间估计为

$$\bar{d} \pm t_{\alpha/2}(n-1) \frac{s_d}{\sqrt{n}} \tag{5-17}$$

**例 5.7**

**问题**：某大学想要了解 2019 年毕业的学生中，研究生和本科生起薪均值的差异。假定研究生与本科生起薪之差服从正态分布，起薪可能由于专业不同而差异很大，为了消除由专业差异引起的均值差异，选取相同专业的随机样本。

1. 已知配对差值的总体标准差为 642，选取相同专业的 35 对随机样本，配对差值的样本均值为 1365，求研究生和本科生起薪均值的差异在置信水平为 95% 时的置信区间。

2. 配对差值的总体标准差未知，选取相同专业的 10 对随机样本，配对差值的样本均值与标准差分别为 1365 和 642。求起薪均值差异在置信水平为 95% 时的置信区间。

**解答**：1. 配对差值的总体标准差已知，$n = 35$，$1-\alpha = 95\%$，$\bar{d} = 1365$，$\sigma_d = 642$，$z_{\alpha/2} = z_{0.025} = 1.96$，将上述值代入式（5-16），求得该大学 2019 年毕业的研究生和本科生起薪均值差异在置信水平为 95% 的置信区间为（1152.31，1577.70）。

2. 配对差值的总体标准差未知，$n = 10$，$1-\alpha = 95\%$，$\bar{d} = 1365$，$s_d = 642$，$t_{0.025}(9) = 2.262$，将上述值代入式（5-17），求得该大学 2019 年毕业的研究生和本科生起薪均值差异的置信水平为 95% 的置信区间为（905.773，1824.227）。

### 5.3.2　两总体比例之差的区间估计

设两个总体比例分别为 $\pi_1$ 和 $\pi_2$，从两总体中各随机抽取一个样本，样本容量分别为 $n_1$ 和 $n_2$，当样本容量 $n_1$ 和 $n_2$ 都足够大，满足 $np \geqslant 5$ 和 $n(1-p) \geqslant 5$ 时，样本比例之差的期望与方差如下：$E(p_1 - p_2) = \pi_1 - \pi_2$，$\sigma^2(p_1 - p_2) = \dfrac{\pi_1(1-\pi_1)}{n_1} + \dfrac{\pi_2(1-\pi_2)}{n_2}$。两个样本比例之差 $p_1 - p_2$ 的抽样分布近似服从正态分布，即

$$p_1 - p_2 \sim N\left( \pi_1 - \pi_2, \frac{\pi_1(1-\pi_1)}{n_1} + \frac{\pi_2(1-\pi_2)}{n_2} \right) \tag{5-18}$$

因为 $\pi_1$ 和 $\pi_2$ 未知，$p_1 - p_2$ 的方差用 $\dfrac{p_1(1-p_1)}{n_1} + \dfrac{p_2(1-p_2)}{n_2}$ 替代，因此有

$$Z = \frac{(p_1 - p_2) - (\pi_1 - \pi_2)}{\sqrt{\dfrac{p_1(1-p_1)}{n_1} + \dfrac{p_2(1-p_2)}{n_2}}} \sim N(0,1) \tag{5-19}$$

因此，$\pi_1 - \pi_2$ 在 $1-\alpha$ 置信水平下的区间估计为

$$(p_1 - p_2) \pm z_{\alpha/2} \sqrt{\frac{p_1(1-p_1)}{n_1} + \frac{p_2(1-p_2)}{n_2}} \tag{5-20}$$

产品不合格率是产品质量的重要指标。前述酸奶公司高层管理者想要了解其产品甲与竞品乙不合格率的差异，分别抽取 100 杯甲酸奶和 200 杯乙酸奶，样本的不合格率分别为 7%、4%，两种产品在 95% 置信水平下不合格率差异的区间估计为 $(0.07 - 0.04) \pm 1.96 \times \sqrt{\dfrac{0.07 \times 0.93}{100} + \dfrac{0.04 \times 0.96}{200}}$。因此，两种产品不合格率差异的 95% 置信区间为 $(-2.69\%, 8.69\%)$。

**例 5.8**

**问题：** 在美国的某一次大选中，某位参选人的参选团队想要比较两个州对该参选人的支持率是否有差异，该团队分别从两个州中抽取了 125、150 名选民，其中支持该参选人的人数分别为 36 人和 50 人，求两个州对该候选人支持比例的差异在置信水平为 95% 时的置信区间。

**解答：** $p_1 = \dfrac{36}{125} = 0.288$，$p_2 = \dfrac{50}{150} = 0.333$，$1-\alpha = 95\%$，$z_{\alpha/2} = z_{0.025} = 1.96$，$n_1 = 125$，$n_2 = 150$。

将上述值代入式（5-20），求得两个州对该候选人支持比例的差异在置信水平为 95% 时的置信区间为 $(-0.155, 0.065)$。

## 5.4　总体方差和方差比的区间估计

前面的章节介绍了单一总体与两总体均值和比例的区间估计，本节介绍单总体方差与两总体方差比的区间估计。

### 5.4.1　单总体方差的区间估计

基于抽样样本，可以利用单一总体方差的区间估计推断出总体中人们关心的变量的波动程度。比如，工厂希望生产一批寿命稳定的灯泡，也就是说希望灯泡寿命的波动程度尽可能小，工厂的质检员可以通过抽检部分灯泡推断出所有灯泡寿命的波动情况，并判断其波动情况是否符合生产要求。

直觉上，可用样本方差 $s^2$ 估计总体方差 $\sigma^2$，然而不同于样本均值和比例，$s^2$ 的抽样分布不服从正态分布或 $t$ 分布，当总体服从正态分布时，$(n-1)s^2/\sigma^2$ 服从自由度为 $n-1$ 的 $\chi^2$ 分布，即

$$\frac{(n-1)s^2}{\sigma^2} \sim \chi^2(n-1) \tag{5-21}$$

给定置信水平 $1-\alpha$，$\dfrac{(n-1)s^2}{\sigma^2}$ 所对应的 $\chi^2$ 双侧分位数如图 5-4 所示。

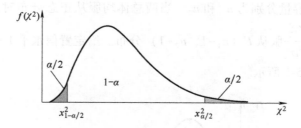

图 5-4　$\chi^2$ 双侧分位数

因此，置信水平 $1-\alpha$ 下，总体方差 $\sigma^2$ 的区间估计为

$$\frac{(n-1)s^2}{\chi_{\alpha/2}^2} \leq \sigma^2 \leq \frac{(n-1)s^2}{\chi_{1-\alpha/2}^2} \tag{5-22}$$

注意，在密度函数不对称时，如 $\chi^2$ 分布和 $F$ 分布，为了计算方便，习惯上还是取对称的分位点 $\chi_{1-\alpha/2}^2$ 和 $\chi_{\alpha/2}^2$ 确定置信区间。

前述酸奶公司希望了解在生产过程中其酸奶益生菌含量的波动情况。假设每杯酸奶的益生菌含量服从正态分布，在某一次检查中，公司随机选取了 12 杯酸奶作为样本，样本的标准差为 0.7 亿 CFU，方差在 95% 置信水平下的区间估计为 $\dfrac{11 \times 0.7^2}{\chi_{0.025}^2} \leq \sigma^2 \leq \dfrac{11 \times 0.7^2}{\chi_{0.975}^2}$。通过查表可得 $\chi_{0.025}^2(11) = 21.92$，$\chi_{0.975}^2(11) = 3.816$，代入可得酸奶益生菌含量方差的置信区间为 $(0.246, 1.412)$。

**例5.9**

**问题：** 投资回报率常常用来衡量投资风险，为了了解某国际知名投行的投资风险状况，随机调查了其经手的26个投资项目的年投资回报率，见表5-6。假设该投行所有项目的年投资回报率服从正态分布，求该投行项目年投资回报率方差的区间估计（置信水平为95%）。

表5-6 项目年投资回报率

| | | | | | | |
|---|---|---|---|---|---|---|
| 20% | 5% | 4.5% | 7.8% | 9.4% | 15.7% | 8.2% |
| 4.1% | 3.9% | 8.3% | 5.1% | 19.7% | 5.2% | 6.8% |
| 7.8% | 5.9% | 9.2% | 13.4% | 14.8% | 1.6% | 9.4% |
| 15.4% | 4.2% | 9.8% | 6.3% | 7.1% | — | — |

**解答：** $n=26$，$1-\alpha=95\%$，$\chi^2_{0.025}(25)=40.646$，$\chi^2_{0.975}(25)=13.120$。经计算 $s=0.049$，将上述值代入式（5-22），总体方差在95%置信水平下的置信区间为（0.0015，0.0046）。

## 5.4.2 两总体方差比的区间估计

在一些统计应用中，我们常会遇到比较两个总体方差的问题。例如，比较两台机器生产同一产品所需时间的方差，比较两个工厂生产的同一产品质量的方差等。

在估计两总体方差比的置信区间时，我们使用从两总体中分别抽取的两个独立随机样本的数据。假设两样本容量分别为 $n_1$ 和 $n_2$，当两总体均服从正态分布时，两个样本方差比和总体方差比的比值 $\dfrac{s_1^2/s_2^2}{\sigma_1^2/\sigma_2^2}$ 服从 $F(n_1-1，n_2-1)$ 分布。给定置信水平 $1-\alpha$，$\dfrac{s_1^2/s_2^2}{\sigma_1^2/\sigma_2^2}$ 所对应的 $F$ 分布的置信区间如图5-5所示。

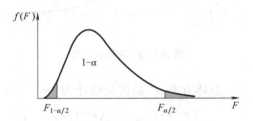

图5-5 方差比对应的 $F$ 分布的置信区间

因此，两总体方差比 $\sigma_1^2/\sigma_2^2$ 在 $1-\alpha$ 的置信水平下的区间估计为

$$\frac{s_1^2/s_2^2}{F_{\frac{\alpha}{2}}(n_1-1,n_2-1)} \leqslant \frac{\sigma_1^2}{\sigma_2^2} \leqslant \frac{s_1^2/s_2^2}{F_{1-\frac{\alpha}{2}}(n_1-1,n_2-1)} \tag{5-23}$$

前述酸奶公司希望了解在生产过程中本品牌酸奶产品中益生菌含量波动情况与另一品牌酸奶产品益生菌含量波动情况的差异。假设两种品牌每杯酸奶的益生菌含量均服从正态分布。该公司随机选取两种酸奶各8杯作为样本，样本的标准差分别为0.7亿CFU、0.5亿CFU，两品牌酸奶益生菌含量的方差比在95%置信水平下的区间估计为 $\dfrac{0.7^2/0.5^2}{F_{0.025}(7，7)} \leqslant \dfrac{\sigma_1^2}{\sigma_2^2} \leqslant$

$\dfrac{0.7^2/0.5^2}{F_{0.975}(7,\ 7)}$。由表可得 $F_{0.025}(7,\ 7)=4.995$，进一步求得 $F_{0.975}(7,\ 7)=\dfrac{1}{F_{0.025}(7,\ 7)}=0.2$，

因此，两品牌酸奶益生菌含量的方差比在95%置信水平下的置信区间为（0.393，9.790）。

**例 5.10**

**问题：** 一项研究拟探究汽车刹车距离的方差在湿润路面上是否比在干燥路面上的大。在调查研究中，检测以同样速度分别在湿润路面和干燥路面上行驶的13辆汽车的刹车距离，见表5-7。假设汽车在湿润和干燥路面上的刹车距离均服从正态分布，求汽车在湿润和干燥路面上刹车距离的方差比在置信水平为95%时的置信区间。

表 5-7　在湿润路面和干燥路面上汽车的刹车距离　　　　　　　　　　（单位：m）

| 湿润路面 | 16.3 | 23.4 | 8.9 | 12.5 | 10.5 | 13.1 | 14.5 |
|---|---|---|---|---|---|---|---|
| | 18.5 | 4.6 | 7.1 | 9.7 | 14.9 | 25.6 | — |
| 干燥路面 | 15 | 21.3 | 8 | 10.6 | 9.6 | 12.4 | 12.9 |
| | 16.7 | 2.3 | 5.8 | 8.6 | 13.8 | 23.8 | — |

**解答：** $s_1=6.089$，$s_2=5.966$，$n_1=n_2=13$，$1-\alpha=95\%$，通过查表可知 $F_{0.025}(12,\ 12)=3.277$，$F_{0.975}(12,\ 12)=0.305$，代入式（5-23），可得汽车在湿润和干燥路面上刹车距离的方差比在95%置信水平下的置信区间为（0.318，3.415）。

## 5.5　样本量的确定

在参数的点估计中，用无偏性、有效性和一致性衡量估计量的优劣。在区间估计中，使用置信水平和置信区间的长度（精度）来衡量置信区间的优劣。给定置信水平时，我们希望得到精度尽可能高的置信区间。样本量越大，误差越小，得到的置信区间精度越高。然而，样本量的增加会增加抽样的成本。因此，如何确定一个适当的样本量，也是参数估计中需要考虑的问题。本节将分别介绍在估计总体均值及比例时，如何确定样本量。

### 5.5.1　估计总体均值时样本量的确定

**1. 估计一个总体均值时样本量的确定**

总体均值的置信区间由样本均值 $\bar{x}$ 和估计误差组成。在重复抽样或无限总体抽样下，估计误差为 $z_{\alpha/2}\dfrac{\sigma}{\sqrt{n}}$。$z_{\alpha/2}$ 的值和样本量 $n$ 共同确定了估计误差。当置信水平确定时，$z_{\alpha/2}$ 的值也就确定了，因此，在给定允许的估计误差 $E$ 时，对于确定的 $z_{\alpha/2}$ 和总体标准差 $\sigma$，可以确定唯一相对应的样本量，其计算公式如下

$$n=\frac{(z_{\alpha/2})^2\sigma^2}{E^2} \tag{5-24}$$

式中，$E$ 是在给定置信水平下使用者可以接受的估计误差。

如果已知 $\sigma$ 的具体值，就可以通过上式直接求得样本量。若 $\sigma$ 的具体值未知，可以用样本的标准差进行替代。

从式（5-24）中可以看出，样本量和置信水平成正比，即在给定其他条件不变时，置信水平越高，所需样本量越大；样本量与总体方差成正比，即总体差异越大，所需样本量越大；样本量与给定的可以接受的估计误差成反比，即可接受的估计误差越小，所需的样本量越大。

注意，根据式（5-24）计算得到的样本量不一定是整数，为了保证区间估计的精度，通常需要将样本量向上取整，如 30.13 取 31，31.89 取 32。有时，由式（5-24）计算得到的样本量较小（比如 $n<30$），这样求得的解是无效的，因为小样本与大样本下的均值区间估计方法有差异，而我们给出的是大样本下的样本量计算公式。因此，如果由公式计算得到一个小样本量，一个简单的策略就是将样本量定为 30。

> **例 5.11**
>
> **问题**：某鱼塘内鱼的重量的标准差大约为 1.8kg，若想估计鱼塘内鱼重量的 95% 置信水平的置信区间，估计误差为 0.3kg，应抽取多少样本？
>
> **解答**：已知 $\sigma = 1.8$，$E = 0.3$，$z_{0.025} = 1.96$，代入式（5-24），得 $n = \dfrac{1.96^2 \times 1.8^2}{0.3^2} = 138.298 \approx 139$。

**2. 估计两个总体均值之差时样本量的确定**

在估计两个总体均值之差时，样本量的确定方法与估计单总体均值所需样本量的方法类似。对于给定的估计误差 $E$ 和置信水平 $1-\alpha$，估计两个总体均值之差时所需样本量的计算公式为

$$n_1 = n_2 = \frac{(z_{\alpha/2})^2(\sigma_1^2 + \sigma_2^2)}{E^2} \tag{5-25}$$

式中，$n_1$ 和 $n_2$ 分别为从两总体中抽取的样本量；$\sigma_1^2$ 和 $\sigma_2^2$ 分别为两总体的方差。

> **例 5.12**
>
> **问题**：有两个集团公司，员工薪酬的标准差分别为 1256 和 1345，若想估计两个集团公司员工薪酬均值之差的 99% 置信水平的置信区间，估计误差为 300，应抽取多少样本？
>
> **解答**：$\sigma_1 = 1256$，$\sigma_2 = 1345$，$z_{0.005} = 2.58$，$E = 300$，代入式（5-25），得 $n_1 = n_2 = \dfrac{2.58^2 \times (1256^2 + 1345^2)}{300^2} = 250.47 \approx 251$。

## 5.5.2 估计总体比例时样本量的确定

**1. 估计一个总体比例时样本量的确定**

与估计总体均值时样本量的确定方法类似，在重复抽样或无限总体抽样下，估计误差为 $z_{\alpha/2}\sqrt{\dfrac{\pi(1-\pi)}{n}}$，$z_{\alpha/2}$ 的值、总体比例 $\pi$ 和样本量 $n$ 共同决定估计误差。给定置信水平和总体比例 $\pi$，可以计算在一定允许估计误差 $E$ 下所需的样本量。计算公式如下

$$n = \frac{(z_{\alpha/2})^2 \pi(1-\pi)}{E^2} \tag{5-26}$$

式中估计误差 $E$ 一般由使用者根据需要事先确定，大多数情况下取值小于 0.1。如果总体比例已知，可以直接通过式（5-26）求得样本量；若总体比例未知，则可以用类似样本的比例进行替代。当无类似样本比例可供参考时，通常取使 $\pi(1-\pi)$ 达到最大的 $\pi$ 值 0.5。

**例 5.13**

**问题：** 某公司要调查其主营产品的市场占有率，根据以往的市场调研，该市场占有率约为 23%，现要求估计误差为 6%，在 95% 的置信水平下，应选取多少个消费者作为调查样本？

**解答：** $\pi = 23\%$，$E = 6\%$，$1-\alpha = 95\%$，$z_{0.025} = 1.96$，代入式（5-26），得 $n = \dfrac{1.96^2 \times 0.23 \times 0.77}{0.06^2} = 188.985 \approx 189$。

**2. 估计两个总体比例之差时样本量的确定**

对于给定的估计误差 $E$ 和置信水平 $1-\alpha$，估计两个总体比例之差时样本量的计算公式为

$$n_1 = n_2 = \frac{(z_{\alpha/2})^2 [\pi_1(1-\pi_1) + \pi_2(1-\pi_2)]}{E^2} \tag{5-27}$$

式中，$n_1$ 和 $n_2$ 分别为从两总体中抽取的样本量；$\pi_1$ 和 $\pi_2$ 分别为两总体的比例。

**例 5.14**

**问题：** 某工厂要调查其生产的两种产品的废品率差异，根据以往的数据，两种产品的废品率分别为 4% 和 7%，现要求估计误差为 1.5%，在 95% 的置信水平下，应选取多少个产品作为调查样本？

**解答：** $\pi_1 = 4\%$，$\pi_2 = 7\%$，$E = 1.5\%$，$1-\alpha = 95\%$，$z_{0.025} = 1.96$，代入式（5-27）中，得 $n_1 = n_2 = \dfrac{1.96^2 \times (0.04 \times 0.96 + 0.07 \times 0.93)}{0.015^2} = 1767.136 \approx 1768$。

### 📊 SPSS、Excel 和 R 的操作步骤

**SPSS 操作步骤**

- **单总体均值的区间估计**（总体标准差 $\sigma$ 已知）

第 1 步：选择"分析"→"描述统计"→"探索"，将需要估计的变量放入因变量列表。

第 2 步：单击"统计"→"描述"，设置置信水平，单击"继续"→"确定"。

- **单总体均值的区间估计**（总体标准差 $\sigma$ 未知）

第 1 步：选择"分析"→"比较平均值"→"单样本 T 检验"，将需要估计的变量放入因变量列表。

第 2 步：单击"选项"，设置置信水平，单击"继续"→"确定"。

- **单总体比例的区间估计**

第 1 步：单击"转换"→"重新编码为不同变量"，将要分析的变量选入数字变量列表，单击"旧值和新值"，定义分组，单击"继续"→"确定"。

第2步：单击菜单"分析"→"描述统计"→"探索"，将重新编码后的变量放入因变量列表。单击"统计"→"描述"，设置置信水平，单击"继续"→"确定"。

- **两总体均值之差的区间估计**（独立样本总体标准差 $\sigma$ 已知）

第1步：选择"转换"→"计算变量"，在"目标变量"中输入任意一个变量名（例如"X"），在"函数组"中选择逆 DF，在"函数和特殊变量"中双击函数"IDF. NORMAL"求得正态分布的临界值 $z_{\alpha/2}$。

第2步：基于式（5-9）计算。

- **两总体均值之差的区间估计**（独立样本总体标准差 $\sigma$ 未知）

第1步：单击菜单"分析"→"比较平均值"→"独立样本 T 检验"。

第2步：在左侧的候选变量列表框里选择检验变量，将其添加至"检验变量"列表框中。选择分组变量，添加至"分组变量"框内。单击"定义组"→"继续"→"确定"。

- **两总体均值之差的区间估计**（匹配样本）

第1步：单击"分析"→"比较平均值"→"成对样本 T 检验"。

第2步：选择成对变量。单击"选项"，设置置信区间，单击"继续"→"确定"。

- **两总体比例之差的区间估计**

第1步：单击"转换"→"重新编码为不同变量"，将要分析的变量选入数字变量列表，单击"旧值和新值"，定义分组，单击"继续"→"确定"。选择"分析"→"描述统计"→"描述"，分别计算两样本的均值、标准差。

第2步：使用总体标准差已知时两总体均值之差的区间估计操作步骤。

- **单总体方差的区间估计**

第1步：选择"转换"→"计算变量"，在"目标变量"中输入任意一个变量名（例如"X"），在"函数组"中选择逆 DF，在"函数和特殊变量"中双击函数"IDF. CHISQ"求得卡方分布的上下临界值 $\chi^2_{\alpha/2}$ 和 $\chi^2_{1-\alpha/2}$。

第2步：基于式（5-22）计算。

- **两总体方差比的区间估计**

第1步：选择"转换"→"计算变量"，在"目标变量"中输入任意一个变量名（例如"X"），在"函数组"中选择逆 DF，在"函数和特殊变量"中双击函数"IDF. F"求得 F 分布的上下临界值 $F_{\alpha/2}(n_1-1, n_2-1)$ 和 $F_{1-\alpha/2}(n_1-1, n_2-1)$。

第2步：基于式（5-23）计算置信区间。

**Excel 操作步骤**

- **单总体均值的区间估计**（总体标准差 $\sigma$ 已知）

在单元格内输入"=CONFIDENCE. NORM($\alpha$ 的值,总体标准差,样本总量)"，得到估计误差。

- **单总体均值的区间估计**（总体标准差 $\sigma$ 未知）

在单元格内输入"=CONFIDENCE. T($\alpha$ 的值,样本标准差,样本总量)"，得到估计误差。

- **单总体比例的区间估计**

第1步：在单元格内输入"=COUNTIF(观测值位置集合,"数据需要满足的条件")/样本总量"，得到样本比例；在单元格输入"=SQRT(样本比例*(1-样本比例))"，得到样本比例的标准差。

第2步：在单元格内输入"=CONFIDENCE. NORM($\alpha$ 的值,样本标准差,样本总量)"，估计误差 $E$。

- **两总体均值之差的区间估计**（独立样本总体标准差 $\sigma$ 已知）

第1步：在单元格内输入"=SQRT(总体1标准差^2/样本1容量+总体2标准差^2/样本2容量)"，计算整体标准差。

第 2 步：在单元格内输入" = NORM. S. INV(1−α/2 的值) * 整体标准差"，计算估计误差 $E$。

- **两总体均值之差的区间估计**（独立样本总体标准差 $\sigma$ 未知但相等）

第 1 步：在单元格内输入" = SQRT(((样本+1 容量−1) * 样本 1 标准差^2+(样本 2 容量−1) * 样本 2 标准差^2)/(总样本容量−2) * (1/样本 1 容量+1/样本 2 容量))"，计算整体标准差。

第 2 步：在单元格内输入" = T. INV(1−α/2 的值,总样本容量−2) * 整体标准差"，计算估计误差 $E$。

- **两总体均值之差的区间估计**（独立样本总体标准差 $\sigma$ 未知且不等）

第 1 步：在单元格内输入" = SQRT(样本 1 标准差^2/样本 1 容量+样本 2 标准差^2/样本 2 容量)"，计算整体标准差。

第 2 步：在单元格内输入" =(样本 1 标准差^2/样本 1 容量+样本 2 标准差^2/样本 2 容量)^2/((样本 1 标准差^2/样本 1 容量)^2/(样本 1 容量−1)+(样本 2 标准差^2/样本 2 容量)^2/(样本 2 容量−1))"，计算自由度。

第 3 步：在单元格内输入" =T. INV(1−2/α 的值,自由度) * 整体标准差"，计算估计误差 $E$。

- **两总体比例之差的区间估计**

第 1 步：在单元格内输入" = SQRT(样本 1 的比例 * (1−样本 1 的比例)/样本 1 容量+样本 2 的比例 * (1−样本 2 的比例)/样本 2 容量)"，计算整体标准差。

第 2 步：在单元格内输入" = NORM. S. INV(1−α/2 的值) * 整体标准差"，计算估计误差 $E$。

- **单总体方差的区间估计**

第 1 步：在单元格内输入" = CHISQ. INV(α/2 的值,总样本容量−1)"" = CHISQ. INV(1−α/2 的值,总样本容量−1)"，计算在给定置信水平下的左尾及右尾临界值。

第 2 步：在单元格内分别输入" =(总样本容量−1) * 样本标准差^2/左尾临界值"" =(总样本容量−1) * 样本标准差^2/右尾临界值"，得到区间的上下限。

- **两总体方差比的区间估计**

第 1 步：在单元格内输入" =F. INV(α/2 的值,样本 1 容量−1,样本 2 容量−1)"" =F. INV(1−α/2 的值,样本 1 容量−1,样本 2 容量−1)"，计算在给定置信水平下的左尾及右尾临界值。

第 2 步：在单元格内分别输入" =(样本 1 标准差^2/样本 1 标准差^2)/左尾临界值"" =(样本 1 标准差^2/样本 1 标准差^2)/右尾临界值"，得到区间的上下限。

**R 操作步骤**

- **单总体均值的区间估计**（总体标准差 $\sigma$ 已知）

UCL=mean+sd * qnorm(1−α/2 的值)/sqrt(样本容量)

LCL=mean−sd * qnorm(1−α/2 的值)/sqrt(样本容量)

- **单总体均值的区间估计**（总体标准差 $\sigma$ 未知）

t. test(表名称 $ 观测值名称,conf. level=1−α) $conf. int

#conf. level 为置信水平，下同

- **单总体比例的区间估计**

#p 为样本比例，n 为样本容量

q=qnorm(1−α/2 的值)

LCL=p−q * sqrt(p * (1−p)/n)

UCL=p+q * sqrt(p * (1−p)/n)

- **两总体均值之差的区间估计**（独立样本总体标准差 $\sigma$ 已知）

t. test(x=表 1 名称 $ 观测值名称,y=表 2 名称 $ 观测值名称,sigma. x=1 总体标准差,sigma. y=2 总体标准差,conf. level=1−α) $ conf. int

- **两总体均值之差的区间估计**（独立样本总体标准差 $\sigma$ 未知但相等）

t. test(x＝表1名称＄观测值名称,y＝表2名称＄观测值名称,var. equal＝TRUE,conf. level＝1−α)＄conf. int

- **两总体均值之差的区间估计**（独立样本总体标准差 $\sigma$ 未知且不等）

t. test(x＝表1名称＄观测值名称,y＝表2名称＄观测值名称,var. equal＝FALSE,conf. level＝1−α)＄conf. int

- **两总体比例之差的区间估计**

#p1，p2分别为样本1和样本2的比例
q＝qnorm(1−α/2的值)
LCL＝p1−p2−q＊sqrt(p1＊(1−p1)/样本1容量+p2＊(1−p2)/样本1容量)
UCL＝p1−p2+q＊sqrt(p1＊(1−p1)/样本2容量+p2＊(1−p2)/样本2容量)

- **单总体方差的区间估计**

LCL＝(样本容量−1)＊var(表名称＄观测值名称)/qchisq(1−α/2的值,样本容量−1)
UCL＝(样本容量−1)＊var(表名称＄观测值名称)/qchisq(α/2的值,样本容量−1)

- **两总体方差比的区间估计**

var1＝var(表1名称＄观测值名称)
var2＝var(表2名称＄观测值名称)
LCL＝var1/var2/qf(1−α/2的值,样本1容量−1,样本2容量−1)
UCL＝var1/var2/qf(α/2的值,样本1容量−1,样本2容量−1)

## 案例分析：社区居民运动健身情况分析

### 1. 案例背景

全民健身是提高人民健康水平的重要途径，是满足人民群众对美好生活向往的重要手段，自2014年全民健身上升为国家战略以来，全民健身、科学健身的氛围愈加浓厚，健身已逐渐成为国民日常生活中的一种健康的生活方式。某社区为了解本社区内居民运动健身的情况，对居民每周运动时长进行调查。

社区工作人员进行随机抽样调查，希望通过样本数据推断整体社区居民的运动时长，并探究运动时长在不同性别下差异的区间；若每周运动时长达到4h可以算作具有良好运动习惯，希望知道该社区居民具有良好运动习惯的比例是多少，并推断这个比例在不同性别下差异的区间。若该社区想要参评该市的运动健身模范社区，评选要求之一是参评社区居民运动时长的差异要尽可能小，试分别推断该社区内居民运动时长方差及不同性别间方差之比的区间（置信水平为95%）。

### 2. 数据及其说明

本案例的数据来源是社区工作人员对本社区内居民的调查。社区工作人员在该社区内随机抽取72位居民，其中36位男性，36位女性，调查其每周运动时长（h），按性别分类整理后的样本数据如表5-8和表5-9所示。

表5-8　男性每周运动时长　（单位：h）

| | | | | | |
|---|---|---|---|---|---|
| 1.2 | 0.9 | 7.7 | 9.2 | 3.7 | 6.2 |
| 3.0 | 3.3 | 1.8 | 5.5 | 2.9 | 11.5 |
| 5.1 | 5.4 | 5.2 | 1.6 | 5.8 | 8.6 |
| 0.8 | 0.7 | 8.1 | 4.8 | 7.7 | 5.7 |
| 2.5 | 6.4 | 4.3 | 2.8 | 8.4 | 6.3 |
| 5.2 | 4.1 | 4.7 | 6.3 | 5.3 | 10.8 |

表5-9　女性每周运动时长　（单位：h）

| | | | | | |
|---|---|---|---|---|---|
| 2.6 | 3.4 | 7.7 | 2.8 | 3.2 | 7.1 |
| 1.9 | 6.5 | 4.6 | 2.2 | 1.9 | 5.5 |
| 1.6 | 4.2 | 5.2 | 4.6 | 10.5 | 2.7 |
| 3.8 | 6.5 | 1.3 | 7.3 | 2.6 | 6.8 |
| 9.5 | 10.5 | 8.2 | 4.8 | 6.5 | 8.3 |
| 7.6 | 11.3 | 2.6 | 5.3 | 4.7 | 5.9 |

**3. 数据分析**

应用本章学习过的知识，对本社区内居民的运动健身情况加以分析。

1）首先，通过样本来推断该社区居民每周运动时长。SPSS 的输出结果见表 5-10。

---

**推断居民每周运动时长置信区间的操作步骤**

**SPSS**

第 1 步：选择 "分析"→"比较平均值"→"单样本 T 检验"，打开对话框，将 "每周运动时长" 放入因变量列表。

第 2 步：单击 "选项"，在弹出的对话框中设置置信水平，完成后单击 "继续"→"确定"。

**Excel**

假设 "每周运动时长" 数据涵盖 A2：A73。

第 1 步：依次选中空白单元格 C1、C2。

输入 "＝AVERAGE(A2：A73)" 得到样本平均数。

输入 "＝STDEV.S(A2：A73)" 得到样本标准差。

第 2 步：选中空白单元格 C3。

输入 "＝CONFIDENCE.T(0.05,C2,72)" 计算估计误差 $E$。

第 3 步：依次选中空白单元格 C4、C5，分别输入 "＝C1+C3" "＝C1-C3" 得到区间上下限。

**R**

```
#导入总体数据
install. packages("readxl")
library(readxl)
data＝read_excel("…/案例-5. xlsx")
α＝0.05
t. test(data $ 每周运动时长,conf. level＝1-α) $ conf. int
```

---

表 5-10　SPSS 输出结果——居民每周运动时长

| 项　　目 | 检验值＝0 | | | | | |
| --- | --- | --- | --- | --- | --- | --- |
| | $t$ | df | Sig.（双侧） | 均值差值 | 差值的 95% 置信区间 | |
| | | | | | 下限 | 上限 |
| 每周运动时长 | 16.234 | 71 | 0.000 | 5.2111 | 4.571 | 5.851 |

可见，该社区居民每周运动时长的置信区间为（4.571，5.851）。

2）进一步，通过样本数据来推断该社区内男性与女性每周运动时长差异的区间。SPSS 输出结果见表 5-11。

---

**推断男性居民与女性居民每周运动时长差异的置信区间的操作步骤**

**SPSS**

第 1 步：单击菜单 "分析"→"比较平均值"→"独立样本 T 检验"，弹出对话框。在弹出的对话框中，在左侧的候选变量列表框里选择检验变量 "每周运动时长"，将其添加至 "检验变量" 列表框中，选择分组变量 "性别"，添加至 "分组变量" 框内。

第 2 步：单击 "定义组"，在 "组 1" "组 2" 文本框中分别输入 "男" "女"，单击 "继续"→"确定"。

---

**Excel**

假设"每周运动时长"男性的数据涵盖 A2:A37，女性的数据涵盖 A38:A73。

第1步：依次选中空白单元格 D1、D2、D3、D4。

输入"=STDEV.S(A2:A37)"得到男性样本标准差。

输入"=STDEV.S(A38:A73)"得到女性样本标准差。

输入"=AVERAGE(A2:A37)"得到男性样本平均数。

输入"=AVERAGE(A38:A37)"得到女性样本平均数。

第2步：选中空白单元格 D5，输入"=(D1^2/36+D2^2/36)^2/((D1^2/36)^2/35+(D2^2/36)^2/35)"，计算自由度。

第3步：选中空白单元格 D6 输入"=T.INV(0.975,D5)*SQRT(D1^2/36+D2^2/36)"，计算估计误差 $E$。

第4步：依次选中空白单元格 D7、D8，分别输入"=D3-D4+D6""=D3-D4-D6"得到区间上下限。

**R**

```
man=subset(data,性别=="男")
woman=subset(data,性别=="女")
#未假设方差齐性
t.test(x=man$每周运动时长,y=woman$每周运动时长,var.equal=FALSE,conf.level=1-α)$conf.int
#假设方差齐性
t.test(x=man$每周运动时长,y=woman$每周运动时长,var.equal=TRUE,conf.level=1-α)$conf.int
```

表 5-11　SPSS 输出结果——男性与女性每周运动时长差异

| 项　　目 | | Levene 方差相等性检验 | | 平均值相等性的 $t$ 检验 | | | | | | |
|---|---|---|---|---|---|---|---|---|---|---|
| | | $F$ | Sig. | $t$ | df | Sig.（双侧） | 均值差值 | 标准误差差值 | 差值的 95% 置信区间 | |
| | | | | | | | | | 下限 | 上限 |
| 每周运动时长 | 已假设方差齐性 | 0.091 | 0.764 | −0.353 | 70 | 0.725 | −0.2278 | 0.6460 | −1.5162 | 1.0607 |
| | 未假设方差齐性 | — | — | −0.353 | 69.995 | 0.725 | −0.2278 | 0.6460 | −1.5162 | 1.0607 |

根据上表，在 95% 置信水平下，男女性每周运动时长差异的置信区间为（−1.516，1.061）。

3）根据样本数据推断社区内居民具有良好运动习惯的比例。

**推断居民具有良好运动习惯比例的置信区间的操作步骤**

**SPSS**

第1步：单击菜单"转换"→"重新编码为不同变量"，打开对话框。将每周运动时长放入数字变量列表，单击"旧值和新值"，单击"范围"，分别输入 0 和 4，在右侧新值输入 0，单击"添加"，单击"范围"，分别输入 4 和 30，在右侧新值输入 1，单击"添加"→"继续"，在"输出变量"中设置名称"是否拥有良好习惯"，单击"变化量"→"确定"。

第2步：单击菜单"分析"→"描述统计"→"探索"，将"是否拥有良好习惯"放入因变量列表。

第3步：单击"统计"→"描述"，设置置信水平，输入 95%，单击"继续"→"确定"。

**Excel**

第 1 步：选择空白单元格 E1，输入 "=COUNTIF(A2:A73," ≥4")/72"，在空白单元格 E2 输入 "=SQRT(E1*(1-E1))"，求样本比例的标准差。

第 2 步：在空白单元格 E3 输入 "=CONFIDENCE.NORM(0.05,E2,72)" 函数，计算估计误差 $E$。

第 3 步：依次选中空白单元格 E4、E5，分别输入 "=E1+E3" "=E1-E3" 得到区间上下限。

**R**

```
n=72
x=47
p=x/n
q=qnorm(0.975)
LCL=p-q*sqrt(p*(1-p)/n)
UCL=p+q*sqrt(p*(1-p)/n)
data.frame(LCL,UCL)
```

样本内具有良好运动习惯的共 47 人，具有良好运动习惯的人的比例为 0.653，根据上述操作步骤可以得到该社区具有良好运动习惯人士所占比例的置信区间为（0.54，0.76）。

4）根据样本数据推断社区内男性居民与女性居民具有良好运动习惯的比例差异的置信区间。

**推断男性居民与女性居民具有良好运动习惯比例差异的置信区间的操作步骤**

**SPSS**

第 1 步：将 "每周运动时长" 的数据根据性别进行分组，即定义两个新的变量 "男性每周运动时长" 和 "女性每周运动时长"，并通过复制粘贴的方式给这两个变量赋值。

第 2 步：单击菜单 "转换"→"重新编码为不同变量"，打开对话框。将 "男性（或女性）每周运动时长" 放入数字变量列表，单击 "旧值和新值"，点击 "范围"，分别输入 0 和 4，在右侧新值输入 0，单击 "添加"，单击 "范围"，分别输入 4 和 30，在右侧新值输入 1，单击 "添加"→"继续"，在 "输出变量" 中设置名称 "男性（或女性）是否拥有良好习惯"，单击 "变化量"→"确定"。

第 3 步：选择 "分析"→"描述统计"→"频率"，将 "男性（或女性）是否拥有良好习惯" 放入变量列表，单击 "确定"，得到两样本中具有良好运动习惯的居民的比例，基于式（5-20）计算置信区间。

**Excel**

第 1 步：选择空白单元格 F1、F2，分别输入 "=COUNTIF(A2:A37," ≥4")/36" "=COUNTIF(A38:A73," ≥4")/36"。选择空白单元格 F3，输入 "=SQRT(F1*(1-F1)/36+F2*(1-F2)/36)"。

第 2 步：选中空白单元格 F4，输入 "=NORM.S.INV(0.975)*F3"，计算估计误差 $E$。

第 3 步：依次选中空白单元格 F5、F6，分别输入 "=F1-F2+F4" "=F1-F2-F4" 得到区间上下限。

**R**

```
p1=24/36
p2=23/36
q=qnorm(0.975)
LCL=p1-p2-q*sqrt(p1*(1-p1)/36+ p2*(1-p2)/36)
UCL=p1-p2+q*sqrt(p1*(1-p1)/36+ p2*(1-p2)/36)
data.frame(LCL,UCL)
```

通过计算得到在95%置信水平下，该比例在性别间差异的置信区间为（−0.192，0.248）。

5）根据样本数据推断社区内居民运动时长方差的置信区间。

---

**推断社区内居民运动时长方差的置信区间的操作步骤**

**SPSS**

第1步：选择"转换"→"计算变量"，在"目标变量"中输入任意一个变量名（如"X"），在"函数组"中选择逆DF，在"函数和特殊变量"中双击Idf.Chisq，输入"IDF.CHISQ(0.975,71)"，单击"确定"求得$\chi^2_{0.025}(71)$，用同样的方法输入"IDF.CHISQ(0.025,71)"求得$\chi^2_{0.975}(71)$。

第2步：基于式（5-22）计算置信区间。

**Excel**

第1步：选择空白单元格G1、G2，分别输入"=CHISQ.INV(0.025,71)""=CHISQ.INV(0.975,71)"，计算在95%置信水平下的左尾及右尾临界值。

第2步：在空白单元格G3、G4中分别输入"=71*C2^2/G1""=71*C2^2/G2"得到区间的上下限。

**R**

LCL=(n−1)*var（data$每周运动时长）/qchisq(0.975,n−1)

UCL=(n−1)*var（data$每周运动时长）/qchisq(0.025,n−1)

---

基于样本数据，计算得到该社区内居民每周运动时长方差的置信区间为（5.476，10.622）。

6）根据样本数据推断社区内男性居民与女性居民运动时长方差之比的置信区间。

---

**推断社区内男性居民与女性居民运动时长方差之比的置信区间的操作步骤**

**SPSS**

第1步：选择"转换"→"计算变量"，在"目标变量"中输入任意一个变量名（如"Y"），在"函数组"中选择逆DF，在"函数和特殊变量"中双击Idf.F，输入"IDF.F(0.975,35,35)"，单击"确定"求得$F_{0.975}(35,35)$，用同样的方法输入"IDF.F(0.025,35,35)"求得$F_{0.025}(35,35)$。

第2步：基于公式（5-23）计算置信区间。

**Excel**

第1步：选择空白单元格H1、H2，分别输入"=F.INV(0.025,35,35)""=F.INV(0.975,35,35)"，计算在95%置信水平下的左尾及右尾临界值。

第2步：在空白单元格H3、H4中分别输入"=(D1^2/D2^2)/H1"，"=(D1^2/D2^2)/H2"得到区间的上下限。

**R**

n2=nrow(woman)

n1=nrow(man)

var1=var(man$每周运动时长)

var2=var(woman$每周运动时长)

LCL=var1/var2/qf(0.975,n1−1,n2−1)

UCL=var1/var2/qf(0.025,n1−1,n2−1)

---

计算得到该社区内男性居民与女性居民每周运动时长方差之比的置信区间为（0.518，1.99）。

**4. 结论**

本案例以调查得到的某社区内居民每周运动时长的数据为例，展示了置信区间估计的计算及软件操作方法。从上述分析结果可知，该社区内所有居民的平均运动时长、运动时长的波动情况，以及整个社区每周运动时长在 4h 以上居民所占的比例，有效了解了该社区居民的运动现状。此外，本案例还进一步分析了本社区内居民的运动时长在不同性别间的差异。在学习第 10 章的多元线性回归后，可以进一步分析哪些居民属性会影响居民的运动情况，如年龄、工作、收入情况等。

## 术语表

**点估计**（point estimate）：直接将样本统计量的某个取值作为总体参数的估计值。

**区间估计**（interval estimate）：在点估计的基础上，估计总体参数的区间范围，该区间通常由样本统计量加减估计误差得到。

**置信水平**（confidence level）：将构造置信区间的步骤多次重复后，总体参数真值被包括在置信区间中的次数所占比例，也称为**置信度**或**置信系数**（confidence coefficient）。

**无偏性**（unbiasedness）：估计量抽样分布的数学期望等于被估计的总体参数。

**有效性**（efficiency）：对同一总体参数的两个无偏估计量，有更小标准差的估计量更有效。

**一致性**（consistency）：当样本量趋于无穷大时，点估计的值收敛于总体参数的值。

**独立简单随机样本**（independent simple random samples）：从两个总体中独立抽出两个简单随机样本，即一个样本中的元素与另一个样本中的元素相互独立的两个随机样本。

**匹配样本**（matched sample）：一个样本中的数据与另一个样本中的数据相对应的两个样本。

## 思 考 与 练 习

**思考题**

1. 简述评价估计量好坏的标准。

2. 以单总体均值估计为例，简述两种估计方法适用的实际条件。

3. 简述独立样本和匹配样本的区别并举例。

**练习题**

4. 为了解某区九年级学生的课业负担情况，调查该校学生每天晚上完成家庭作业所需的时间。假定完成作业的时间服从正态分布。

（1）随机选择了 16 名学生进行调查，调查情况见表 5-12，求该区九年级学生每天完成作业的平均时间的置信水平为 95% 的置信区间。

表 5-12　某区 16 名九年级学生每天完成作业所需时间　　（单位：min）

| 141 | 137 | 129 | 108 | 142 | 119 | 138 | 157 |
|-----|-----|-----|-----|-----|-----|-----|-----|
| 125 | 168 | 154 | 116 | 130 | 124 | 106 | 171 |

（2）若已知总体标准差为 41min。抽取 40 个样本，样本均值为 120min，求每天完成作业的平均时间的置信水平为 95% 的置信区间。

5. 为了估计工业对农耕产出的影响，在某工厂附近和较远处两处分别抽取 10 块土地，检测亩产，设距离较远的亩产量为 $X_1 \sim N(\mu_1, \sigma_1^2)$，较近的亩产量为 $X_2 \sim N(\mu_2, \sigma_2^2)$。数据见表 5-13。

**表 5-13　某工厂附近和较远处两处土地亩产量**　　　　　　　（单位：kg）

| $X_1$ | 589 | 621 | 614 | 577 | 649 | 598 | 575 | 555 | 595 | 565 |
|---|---|---|---|---|---|---|---|---|---|---|
| $X_2$ | 547 | 523 | 575 | 450 | 580 | 494 | 467 | 492 | 535 | 487 |

（1）假定 $\sigma_1^2 = \sigma_2^2$。

（2）假定 $\sigma_1^2 \neq \sigma_2^2$。

求距离工厂远近不同的平均亩产之差 $\mu_1 - \mu_2$（置信水平95%）。

6. 为了确定某大学学生戴眼镜的比例，调查人员随机选取该校30名大学生进行调查，发现其中9人戴眼镜，试在95%置信水平下对该大学学生戴眼镜的比例进行区间估计。

7. 为比较两个城市市民垃圾分类的正确性，随机在每个城市选取若干市民调查垃圾分类情况，得到样本数据见表 5-14。

**表 5-14　两个城市市民垃圾分类情况**

| 项　目 | 城　市　1 | 城　市　2 |
|---|---|---|
| 调查人数 | 250 | 300 |
| 垃圾分类错误人数 | 35 | 27 |

求两城市市民垃圾分类错误的比例之差的99%置信水平的置信区间。

8. 为了了解我国居民每日书籍阅读时间的情况，随机调查了40个人的每日阅读时长，见表 5-15，假设居民每日书籍阅读时间服从正态分布。

**表 5-15　居民每日书籍阅读时间**　　　　　　　（单位：h）

| | | | | | | | |
|---|---|---|---|---|---|---|---|
| 0.1 | 0.2 | 0.7 | 0.8 | 0.7 | 1.4 | 2.1 | 0.2 |
| 0.3 | 0.2 | 1.3 | 1.4 | 0.4 | 1.8 | 0.9 | 0.8 |
| 0.4 | 0.7 | 2.1 | 2.4 | 0.9 | 0.3 | 1.5 | 3.1 |
| 0.8 | 1.3 | 0.8 | 0.3 | 1.5 | 0.7 | 0.6 | 1.9 |
| 0.1 | 0.9 | 1.5 | 1.7 | 1.7 | 0.8 | 0.8 | 1.8 |

（1）求总体方差的区间估计（置信水平为95%）。

（2）进一步探究国内和国外居民每天阅读书籍时长的方差是否有差异，抽取40个国外居民，标准差为0.8h，求国内与国外每日书籍阅读时长的方差比在置信水平为95%时的置信区间。

9. 下述几种情况下，求置信水平为95%的置信区间所需的样本量分别是多少？

（1）估计某批电子元器件寿命的置信区间，该批元器件寿命的标准差大约为200天，估计误差为20天。

（2）估计男女运动员在参加跳远项目时平均成绩差异的置信区间，已知男女运动员成绩的标准差分别为0.5m、0.8m，估计误差为0.1m。

（3）某市想要统计今年应届毕业大学生留在本市工作的比例，根据往年的统计结果，应届大学生留在本市工作的比例约为63%，现要求估计误差为6%。

（4）某商场要调查去年和今年消费者满意度的差异，根据以往的数据，满意度约为84%和77%，现要求估计误差为5%。

## 参考文献

[1] 安德森，斯威尼，威廉斯，等. 商务与经济统计：原书第13版 [M]. 张建华，王健，聂巧平，等译. 北京：机械工业出版社，2017.

[2] 林德，马歇尔，沃森. 商务与经济统计方法：原书第15版 [M]. 聂巧平，叶光，译. 北京：机械工业

出版社, 2015.

[3] 麦克拉夫, 本森. 辛西奇. 商务与经济统计学: 第 12 版 [M]. 易丹辉, 李扬, 译. 北京: 中国人民大学出版社, 2015.

[4] 贾俊平. 统计学: 基于 SPSS [M]. 2 版. 北京: 中国人民大学出版社, 2016.

[5] 莱文, 赛贝特, 斯蒂芬. 商务统计学: 第 7 版 [M]. 岳海燕, 胡宾海, 译. 北京: 中国人民大学出版社, 2017.

[6] 贾俊平. 统计学 [M]. 7 版. 北京: 中国人民大学出版社, 2018.

[7] 杨国忠, 郑连元. 商务统计学 [M]. 北京: 清华大学出版社, 2019.

[8] 贾俊平, 何晓群, 金勇进. 统计学 [M]. 7 版. 北京: 中国人民大学出版社, 2018.

[9] 贾俊平. 统计学: 基于 R [M]. 3 版. 北京: 中国人民大学出版社, 2019.

# C HAPTER 6

# 第 **6** 章

## 假 设 检 验

假设检验（hypothesis testing）和参数估计都是推断统计的重要内容，但是二者的角度不同：参数估计是利用样本信息推断未知的总体参数；假设检验是先对总体参数提出一个假设，然后利用样本信息对假设进行验证。本章首先对假设检验的基本原理进行介绍，然后讨论如何运用假设检验对单总体和两总体的均值、比例、方差进行检验。

## 6.1 假设检验的基本原理

假设检验的大致思路是：先对总体提出某种**假设**（hypothesis）；随后抽取样本，获取相应的数据；最后对获得的数据进行分析，并判断假设是否成立。

> **定义 6.1**
>
> **假设**是事先对总体参数的具体数值所做的一种陈述。

例如，尽管我们不知道全校学生每月生活费支出的均值是多少，不知道一批电子产品的平均使用寿命是多少，但是我们可以事先对其提出假设：假设全校学生月生活费支出的均值为 1500 元，该批电子产品的平均使用寿命是 18 000h。假设是在分析之前给出的，我们不知道这一假设是否正确，因此就需要收集证据来检验假设的合理性。

> **定义 6.2**
>
> **假设检验**就是在对总体某参数提出假设的基础上，根据样本信息来判断假设是否成立的统计方法。

例如，我们做出的假设是全校学生月生活费支出的均值是 1500 元，随后我们需要从全校学生中抽取一个样本，根据获得的样本信息来检验全校学生月平均生活费的均值是不是1500 元，这就是假设检验。

### 6.1.1 原假设与备择假设

假设检验中需要提出两种假设，即**原假设**（null hypothesis）和**备择假设**（alternative hypothesis）。

> **定义 6.3**
>
> **原假设**是除非收集充足的证据证明其错误，否则都不予以拒绝的假设，也称零假设，用 $H_0$ 表示。

> **定义 6.4**
>
> **备择假设**是只有收集到足够的证据证明其正确才会被接受的假设，也称研究假设，用 $H_1$ 表示。

原假设和备择假设是一个完备事件组，且二者相互对立。换句话说，原假设和备择假设中必定有且只有一个是成立的。假设检验的本质是通过分析样本统计量与原假设之间的偏离程度，检验样本数据是否显著支持备择假设。除非样本数据显著支持备择假设，否则不能拒绝原假设。

假设检验中把需要通过数据支持来获得认同的观点或结论作为备择假设，而把原有的、传统上被广泛认同的观点或结论作为原假设。这与诉讼过程类似，原告起诉的目的往往是要证明被告有罪，而法庭最初的假定为被告是无罪的（原假设），原告需要提供足够的证据证明被告有罪（备择假设）。再比如，某企业想要采用一种新的绩效考核方法，它想要证实的是新的绩效考核方法比现行的方法效果好，因而备择假设就是新的绩效考核方法比现行的方法好，这样，原假设就是新的绩效考核方法不比现行的方法好。

例如，某灯泡生产商宣称，其生产的 A 型日光灯泡平均使用寿命为 1500h 以上。政府质检部门要通过抽检其中一批产品来验证该生产商宣称的内容是否属实，可以把灯泡生产商声称的内容看作原有的、传统上被广泛认同的观点，因而原假设为"A 型日光灯泡平均使用寿命大于或等于 1500h"，备择假设为"A 型日光灯泡平均使用寿命小于 1500h"，即

$$H_0: \mu \geqslant 1500\text{h}$$
$$H_1: \mu < 1500\text{h}$$

## 6.1.2　两类错误

假设检验的目的是根据样本信息做出判断，而样本是随机的，因此根据样本信息做出的判断可能是错误的。假设检验可能发生两类错误，即**第Ⅰ类错误**（type Ⅰ error）和**第Ⅱ类错误**（type Ⅱ error）。

> **定义 6.5**
>
> **第Ⅰ类错误**，也称为 $\alpha$ 错误（$\alpha$ error）或弃真错误，即原假设为真的情况下拒绝了原假设。犯第Ⅰ类错误的概率也被称为**显著性水平**（significance level），用 $\alpha$ 表示。

---

> **定义 6.6**
>
> **第Ⅱ类错误**，也称为 $\beta$ 错误（$\beta$ error）或取伪错误，即原假设为错误的情况下却没有拒绝原假设。犯这种错误的概率用 $\beta$ 表示。

---

可见，当原假设为真时，我们不拒绝原假设，做出正确决策的概率为 $1-\alpha$；当原假设为假时，我们拒绝原假设，做出正确决策的概率为 $1-\beta$。假设检验中各种可能结果的概率见表 6-1。

表 6-1　假设检验中各种可能结果的概率

| 实 际 情 况 | 做出的决策 | |
|---|---|---|
| | 不拒绝 $H_0$ | 拒绝 $H_0$ |
| $H_0$ 为真 | $1-\alpha$（正确决策） | $\alpha$（第Ⅰ类错误） |
| $H_0$ 为假 | $\beta$（第Ⅱ类错误） | $1-\beta$（正确决策） |

大家显然希望犯这两类错误的概率越小越好，但是，在样本量一定的情况下，两类错误之间存在着这种关系：当 $\alpha$ 减小时，$\beta$ 增大；当 $\beta$ 减小时，$\alpha$ 增大。这是因为拒绝域随着 $\alpha$ 的减小而减小，那么 $H_0$ 为假时拒绝 $H_0$ 的概率（$1-\beta$）也会减小，即 $\beta$ 会增大。要想同时降低 $\alpha$ 和 $\beta$，只能增大样本量。但是样本量不能无限增大，否则抽样调查将会失去意义。

一般来说，哪类错误带来的后果更为严重，危害更大，在假设检验中就应当把这类错误作为首要控制目标。但是由于 $\beta$ 随着原假设值和备择假设值之间距离的变化而变化，这导致第Ⅱ类错误的发生具有不确定性且计算起来较为复杂。例如，原假设为 $\mu=0$，那么真值为 $\mu=0.1$ 时被误判成不拒绝原假设的概率（即犯第Ⅱ类错误的概率）要大于真值为 $\mu=0.2$ 时被误判成不拒绝原假设的概率。因此在假设检验中，大家一般都控制显著性水平 $\alpha$ 的大小，即控制犯第Ⅰ类错误的概率。显著性水平是依据两类错误所造成的后果的严重性确定的，如果人们认为犯第Ⅰ类错误的后果更为严重，则会选取一个较小的 $\alpha$ 值；反之，则选择一个较大的 $\alpha$ 值。实际中常用的显著性水平有 $\alpha=0.01$，$\alpha=0.05$，$\alpha=0.1$ 等。

### 6.1.3　假设检验的流程

假设检验的一般流程是：提出原假设和备择假设；选择显著性水平 $\alpha$ 及样本容量 $n$；抽取样本获得样本数据；构造检验统计量，并根据样本数据计算检验统计量的值；根据临界值法或者 $p$ 值法，做出统计决策，判断是否拒绝原假设。

**1. 提出原假设和备择假设**

例如，某家餐厅长期以来，顾客从点餐到上菜平均要等待 10min。该餐厅的经理为了检验最近餐厅的服务情况，对最近一周顾客平均等餐时间进行调查。那么，此时的原假设和备择假设为

$$H_0: \mu=10\text{min}$$
$$H_1: \mu\neq10\text{min}$$

**2. 选择显著性水平 $\alpha$ 及样本容量 $n$**

在提出假设之后，餐厅经理需要抽取样本对假设进行验证。该经理根据实际情况确定显著性水平 $\alpha=0.05$，样本容量 $n=100$。

**3. 抽取样本获得样本数据**

在确定了显著性水平和样本容量之后，该经理根据最近一周的餐厅接客情况随机抽取了 100 位顾客，将该 100 位顾客的等餐时间作为一个样本，发现该样本的平均值为 11.2min，即 $\bar{x}=11.2\text{min}$，已知总体标准差 $\sigma=7\text{min}$。

**4. 构造并计算检验统计量**

假设检验中的决策是根据**检验统计量**（test statistic）进行的。因此，在得到样本数据之后，需要计算该样本的检验统计量。

---

**定义 6.7**

**检验统计量**是根据样本观测结果计算得到的一个样本统计量，研究者据此决定是否拒绝原假设。

---

在假设检验中选择检验统计量的方法与参数估计相同，需要考虑样本大小、总体方差是否已知等。检验统计量实际上是总体参数的点估计量（例如，样本均值 $\bar{x}$ 就是总体均值 $\mu$ 的一个点估计量），但是点估计量并不能直接作为检验统计量，只有将其标准化之后才能用于估计其与原假设的参数值之间的差异程度。标准化检验统计量可表示为

$$\text{标准化检验统计量} = \frac{\text{点估计量} - \text{假设值}}{\text{点估计量的标准差}} \tag{6-1}$$

检验统计量是一个随机变量，它随着样本观测结果的不同而变化，样本观测结果与检验统计量一一对应。实际中使用的检验统计量都是标准化检验统计量，它们反映了点估计量与假设的总体参数相比相差多少个标准差的距离。像上述餐厅的示例中，选用的检验统计量是 $z=\dfrac{\bar{x}-\mu_0}{\sigma/\sqrt{n}}$（详见 6.2 节），得到检验统计量为 $z=\dfrac{11.2-10}{7/\sqrt{100}}=1.714$，这也意味着点估计量与假设的总体参数（平均上菜时间是 10min）相差了 1.714 个标准差的距离。

**5. 做出统计决策**

在得到样本的检验统计量之后，我们需要根据所得的检验统计量做出统计决策。这里方法有两种：**临界值法**和 **$p$ 值法**。下面，我们分别对这两种方法进行介绍。

**（1）利用临界值进行决策**　得到检验统计量之后，根据事先给定的显著性水平 $\alpha$，可以在统计量分布上找到相应的**临界值**（critical value）。临界值是由显著性水平决定的，是**拒绝域**（rejection region）的边界值。

---

**定义 6.8**

**拒绝域**是由显著性水平对应的临界值围成的区域。拒绝域是检验统计量可能取值的一个集合，如果检验统计量落入拒绝域，拒绝原假设；否则就不拒绝原假设。

---

拒绝域是我们拒绝原假设的统计量取值的集合。拒绝域的大小与显著性水平有关。当样本量固定时，拒绝域随 $\alpha$ 的减小而减小。拒绝域的位置是由原假设和备择假设决定的。当原假设中含有 "$\geqslant$" 号时，拒绝域位于抽样分布的左侧，称为**左侧检验**；当原假设中含有 "$\leqslant$" 号时，拒绝域位于抽样分布的右侧，称为**右侧检验**；当原假设含有 "$=$" 号时，拒绝

域位于抽样分布的两侧，称为**双侧检验**。置信水平、拒绝域和临界值的关系如图 6-1 所示。

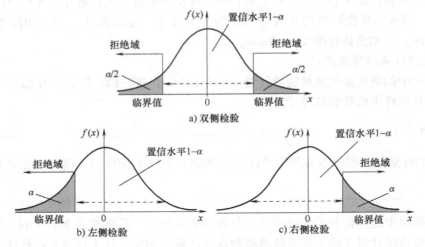

图 6-1 置信水平、拒绝域和临界值的关系

在上述餐厅示例中，原假设 $H_0$：$\mu = 10$，采用双侧检验的方法。根据确定的显著性水平 $\alpha = 0.05$，我们查表可得所对应的临界值分别为 1.96 和 $-1.96$，拒绝域为 $z \in (1.96,\ +\infty) \cup (-\infty,\ -1.96)$，该样本的检验统计量为 1.714，没有落入拒绝域。因此，该经理的判断是在 0.05 的显著性水平下不拒绝原假设。而如果原假设是上菜平均等待时间不超过 10min，即 $H_0$：$\mu \leqslant 10$，采用右侧检验，此时对应的临界值为 1.645，拒绝域变为 $z \in (1.645,\ +\infty)$，样本的检验统计量落在拒绝域内。

**（2）利用 $p$ 值进行决策**　利用临界值进行决策是根据检验统计量是否落入拒绝域进行判断的。注意，因为临界值是由显著性水平 $\alpha$ 决定的，而 $\alpha$ 是事先给定的，即确定了 $\alpha$ 也就确定了拒绝域的范围，所以无论检验统计量的值是大是小，只要它落入拒绝域就拒绝原假设。该方法进行决策的优点是界限清晰，但是无法给出观测数据与原假设之间不一致程度的精确度量，即只要 $\alpha$ 值相同，所有检验结论的可靠性都一样。但是根据不同的样本结果进行决策所面临的风险实际上是有区别的，为了精确地反映决策的风险程度，可以利用 **$p$ 值**（$p$-value）进行决策。

> **定义 6.9**
>
> **$p$ 值**，也称为**观察到的显著性水平**，是指当 $H_0$ 为真时，得到的检验统计量与现有样本结果一样或比现有样本结果更偏离原假设的概率。

$p$ 值表示当原假设为真时，得到现有样本统计量或比样本结果更偏离原假设的统计量的概率，是由样本观察值得出的原假设可被拒绝的最小显著性水平。$p$ 值越小，说明在 $H_0$ 为真时，获得该样本数据的可能性越小，也就是说，实际观测到的数据与原假设之间不一致的程度越大，因而越偏向于拒绝原假设。

$p$ 值法也分为单侧检验和双侧检验。在左侧检验中，$p$ 值是样本检验统计量的左侧区域的面积（见图 6-2b）；在右侧检验中，$p$ 值是样本检验统计量的右侧区域的面积

（见图 6-2c）；在双侧检验中，$p$ 值是比样本检验统计量更偏离原假设的左右两侧区域的面积，每一侧为 $p$ 值/2（见图 6-2a）。无论是单侧检验还是双侧检验，只需要将 $p$ 值与给定的显著性水平 $\alpha$ 直接比较即可，即

如果 $p$ 值<$\alpha$，拒绝 $H_0$；如果 $p$ 值≥$\alpha$，不拒绝 $H_0$。

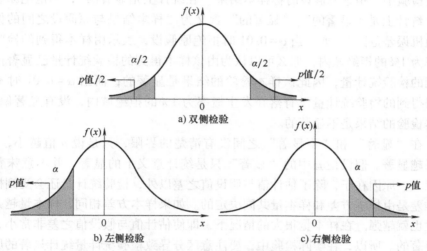

图 6-2　三种检验方式中拒绝原假设时的 $p$ 值示意图

在上述餐厅示例中，我们计算得到检验统计量 $z=1.714$，即我们所获得的数据偏离标准正态分布中心值约 1.714 个标准差的距离。通过查累积正态分布表，可知获得统计量的值大于 1.714 的概率为 $1-0.956=0.044$，小于-1.714 的概率为 0.044，由于是双侧检验，因此获得偏离标准正态分布中心值大于或等于 1.714 个标准差的检验统计量的概率（$p$ 值）为 $0.044+0.044=0.088$。由于 $\alpha=0.05$，$p$ 值>$\alpha$，所以不拒绝 $H_0$。

手工计算 $p$ 值较为麻烦，计算机很容易计算 $p$ 值，很多统计软件会直接给出 $p$ 值。利用 $p$ 值进行决策的方法给出了犯错误的实际概率，这是临界值法所不具备的，因此，在实际应用中 $p$ 值法更为常用。

### 6.1.4　决策结果的表述

**1. 假设检验无法证明原假设正确**

6.1.1 节提到，假设检验的过程与法庭上对被告的定罪类似，先假定被告人是无罪的（假设原假设为真），审判过程中需要提供足够多的证据证明被告有罪（与原假设不符），才能判定被告有罪（拒绝原假设）。但是，如果没有足够多的证据证明被告有罪，只能说不能认定被告有罪（不拒绝原假设），而不能说被告无罪，因为并没有足够的证据来证明被告是无辜的。与之类似，在假设检验中，如果样本统计量显著偏离原假设，则表明收集到的证据足够支持备择假设，所以拒绝原假设；而如果收集到的证据不足，只能表述为"不拒绝原假设"，不应该说"证明原假设"。

例如，在上述餐厅示例中，得到的结论是"不拒绝原假设"，这只能说明提供的证据不足以说明平均上菜时间不是 10min，并不能说明平均上菜时间就是 10min。还是上述示例，

如果将原假设改为 $\mu = 11$，抽取的样本还是上述样本，此时的检验统计量为 $z = 0.286$，得到的结果还是"不拒绝原假设"。如果将结论表述为"证明原假设"，情况将变为在原假设为 $\mu = 10$ 时是"证明原假设"，在原假设为 $\mu = 11$ 时还是"证明原假设"，那么，$\mu$ 到底是 10min 还是 11min 呢？可见，采用"不拒绝 $H_0$"进行表述更为合理。

**2. 统计上的显著不等于实际意义上的显著**

在假设检验中，拒绝原假设时称样本结果"在统计上是显著的"，不拒绝原假设时称样本结果"在统计上是不显著的"。"显著的"含义为"样本结果与原假设之间的偏离程度已显著超出随机误差范围"。如：当 $\alpha = 0.01$ 时拒绝原假设，表示由样本得到的检验统计量落在发生概率为 1% 的拒绝域内，那么可以认为由该样本得到的检验统计量已显著偏离原假设下应该得到的检验统计量，因此该样本检验的结果是显著的；而当 $\alpha = 0.01$ 时不拒绝原假设，则表明得到的检验统计量没有落在发生概率为 1% 的拒绝域内，没有显著偏离原假设，因此该样本检验的结果是不显著的。

注意，在"显著"和"不显著"之间没有清楚的界限，只是说 $p$ 值越小，证据越强，检验的结果越显著。假设检验中的"显著"只是统计意义上的显著，并不意味着检验结果就有实际意义。原因在于，除了估计值与假设值之差以外，检验统计量还会受到标准差的影响，而标准差是由样本方差和样本量共同决定的。如果样本方差相同，样本量越大，检验结果的显著性也就越强。在样本量很大的情况下，即使估计值与假设值之差非常小，统计结果也往往是显著的。所以，在实际检验中，要注意区分导致检验统计量统计显著的原因，不要刻意追求统计上的显著，也不要将统计上的显著与实际意义上的显著混为一谈。

## 6.2 单总体均值与比例的检验

与参数估计类似，当研究单个总体时，需要检验的参数主要是总体均值 $\mu$、总体比例 $\pi$ 和总体方差 $\sigma^2$。

### 6.2.1 单总体均值的检验

在对总体均值进行假设检验时，检验步骤以及检验统计量的选择需要考虑到总体的分布情况以及总体方差 $\sigma^2$ 是否已知。首先考虑总体标准差 $\sigma$ 已知的情况。

**1. 总体标准差 $\sigma$ 已知**

如果总体标准差已知而且总体服从正态分布，此时对总体均值采用 $z$ 检验的方法。而如果总体并不服从正态分布，只要样本量足够大，即 $n \geq 30$ 的情况下，根据中心极限定理（详见 4.4.1 节），仍然可以使用 $z$ 统计量。设总体均值为 $\mu_0$，总体方差为 $\sigma^2$，则总体均值检验的统计量为

$$z = \frac{\bar{x} - \mu_0}{\sigma / \sqrt{n}} \tag{6-2}$$

式（6-2）中，分子 $\bar{x} - \mu_0$ 表示观测到的样本均值与假设的总体均值之间的差距，而分母 $\sigma / \sqrt{n}$ 表示均值的标准差，计算得到的 $z$ 的值表示 $\bar{x}$ 与 $\mu_0$ 之间相差多少个标准差的距离。表 6-2 总结了 $\sigma$ 已知时单总体均值的检验方法。

表 6-2　$\sigma$ 已知时单总体均值的检验方法

| | 双 侧 检 验 | 左 侧 检 验 | 右 侧 检 验 |
|---|---|---|---|
| 假设形式 | $H_0: \mu = \mu_0$<br>$H_1: \mu \neq \mu_0$ | $H_0: \mu \geqslant \mu_0$<br>$H_1: \mu < \mu_0$ | $H_0: \mu \leqslant \mu_0$<br>$H_1: \mu > \mu_0$ |
| 检验统计量 | $z = \dfrac{\bar{x} - \mu_0}{\sigma / \sqrt{n}}$ | | |
| 临界值法的拒绝域 | $\lvert z \rvert > z_{\alpha/2}$ | $z < -z_\alpha$ | $z > z_\alpha$ |
| $p$ 值法 | $p$ 值 $< \alpha$，拒绝 $H_0$ | | |

**例 6.1**

**问题**：某灯泡生产商宣称，其生产的 A 型日光灯泡平均使用寿命为 1500h 以上。政府质检部门要通过抽检其中一批产品来验证该生产商宣称的内容是否属实。政府质检部门从 A 型灯泡中随机抽取 100 个灯泡，对其使用寿命进行检验，测量得到的平均值为 1498.6h。已知总体标准差为 $3\sqrt{3}$ h，判断在 0.05 的显著性水平下，该灯泡生产商所称的灯泡指标是否可信。

**解答**：想要判断该灯泡生产商所称的灯泡指标是否可信，需要使用假设检验的方法。根据题意，厂商的声明是原有的、传统上被广泛认同的观点，因而我们以此为原假设，与之对立的观点为备择假设，即

$$H_0: \mu \geqslant 1500\text{h}; H_1: \mu < 1500\text{h}$$

该题是大样本（$n > 30$）单总体均值的检验，且总体方差已知（$\sigma^2 = 27$），检验统计量是 $z = \dfrac{\bar{x} - \mu_0}{\sigma / \sqrt{n}} = \dfrac{1498.6 - 1500}{\sqrt{27}/3\sqrt{3}} = -2.694$。由于原假设中含有" $\geqslant$ "号，所以采取左侧检验。

若采用临界值法进行判断：根据给定的显著性水平 $\alpha = 0.05$，通过查标准正态分布表得 $-z_{0.05} = -1.645$。由于 $z = -2.694 < -z_{0.05}$，所以拒绝原假设，有证据表明该灯泡生产商所称的灯泡指标不可信。

若采用 $p$ 值法进行判断：使用统计软件，计算得到 $p$ 值为 0.004。$0.004 < \alpha$，拒绝原假设，有证据表明该灯泡生产商所称的灯泡指标不可信。

**2. 总体标准差 $\sigma$ 未知**

在现实生活中，大多数情况下总体标准差 $\sigma$ 是不知道的，需要利用样本标准差 $s$ 来代替总体标准差 $\sigma$。这时，如果总体服从正态分布，则使用自由度为 $n-1$ 的 $t$ 分布来检验总体标准差 $\sigma$ 未知时的总体均值，称为" $t$ 检验"。而如果总体并不服从正态分布，只要样本量足够大，或者总体分布不是严重不对称且样本量不是特别小，仍然可以用 $t$ 检验的方法。此时，检验统计量为

$$t = \frac{\bar{x} - \mu_0}{s / \sqrt{n}} \tag{6-3}$$

表 6-3 总结了总体标准差 $\sigma$ 未知时，单总体均值的检验方法。

表6-3 $\sigma$ 未知时单总体均值的检验方法

| | 双侧检验 | 左侧检验 | 右侧检验 |
|---|---|---|---|
| 假设形式 | $H_0: \mu=\mu_0$ <br> $H_1: \mu\neq\mu_0$ | $H_0: \mu\geqslant\mu_0$ <br> $H_1: \mu<\mu_0$ | $H_0: \mu\leqslant\mu_0$ <br> $H_1: \mu>\mu_0$ |
| 检验统计量 | | $t=\dfrac{\bar{x}-\mu_0}{s/\sqrt{n}}$ | |
| 临界值法的拒绝域 | $\|t\|>t_{\alpha/2}(n-1)$ | $t<-t_\alpha(n-1)$ | $t>t_\alpha(n-1)$ |
| $p$ 值法 | $p$ 值$<\alpha$，拒绝 $H_0$ | | |

**例6.2**

**问题：** 淘宝某时尚饰品店铺每天平均售出 1450 件货品，新店长上任之后，对该店铺的销售情况进行抽查，随机抽取 20 天的日售货量作为一个样本，这 20 天的日售货量见表6-4。

表6-4 某店铺 20 天的日售货量　　　　　　（单位：件）

| 1350 | 1460 | 1290 | 1200 | 1345 | 1400 | 1560 | 1370 | 1402 | 1400 |
|---|---|---|---|---|---|---|---|---|---|
| 1489 | 1156 | 1470 | 1350 | 1300 | 1350 | 1367 | 1388 | 1398 | 1401 |

假设该店铺每天的售货量服从正态分布，在 0.05 的显著性水平下，检验该店铺的日均售货量是不是 1450 件。

**解答：** 本题的原假设和备择假设为

$$H_0: \mu=1450; \quad H_1: \mu\neq 1450$$

根据样本数据得：$\bar{x}=1372.3$，$s=92.046$。由于本题为总体方差 $\sigma$ 未知情况下单总体均值的检验，检验统计量为：$t=\dfrac{\bar{x}-\mu_0}{s/\sqrt{n}}=\dfrac{1372.3-1450}{92.0464/\sqrt{20}}=-3.775$，自由度为 $n-1=19$。

若采用临界值法进行判断：通过查 $t$ 分布表可得 $t_{\alpha/2}(n-1)=t_{0.025}(19)=2.093$。因为 $\|t\|>t_{0.025}(19)$，所以拒绝原假设。

若采用 $p$ 值法进行判断：使用统计软件，计算得到 $p$ 值为 0.001。由于 $p$ 值$<\alpha$，所以拒绝原假设。

因此得到的结论是：在 0.05 的显著性水平下，有证据表明该店铺的日均售货量不等于 1450 件。

## 6.2.2　单总体比例的检验

总体比例是指总体中具有某种相同特征的个体所占的比值，通常用字母 $\pi$ 表示总体比例，$\pi_0$ 表示对总体比例的某一假设值，$p$ 表示样本比例。总体比例的检验与总体均值的检验除了参数和检验统计量的形式不同之外，方法上基本相同。由于实践中较少对总体比例进行小样本检验，且其检验程序相对复杂，因而此处只考虑大样本情形下的总体比例。

在大样本情况下，即满足 $np\geqslant 5$ 和 $n(1-p)\geqslant 5$ 时，检验统计量的构造仍然采用样本比例 $p$ 与总体比例 $\pi$ 之间的距离等于多少个标准差 $\sigma_p$ 来衡量。由于大样本情况下统计量 $p$ 近似服从正态分布，对其进行标准化之后服从标准正态分布，因此，检验统计量为

$$z = \frac{p - \pi_0}{\sqrt{\pi_0(1 - \pi_0)/n}} \qquad (6\text{-}4)$$

给定显著性水平 $\alpha$，总体比例的显著性水平、拒绝域和临界值的图示与大样本情况下单总体均值的检验类似（见图 6-1）。表 6-5 总结了大样本时单总体比例的检验方法。

表 6-5　大样本时单总体比例的检验方法

| | 双 侧 检 验 | 左 侧 检 验 | 右 侧 检 验 |
|---|---|---|---|
| 假设形式 | $H_0: \pi = \pi_0$ <br> $H_1: \pi \neq \pi_0$ | $H_0: \pi \geq \pi_0$ <br> $H_1: \pi < \pi_0$ | $H_0: \pi \leq \pi_0$ <br> $H_1: \pi > \pi_0$ |
| 检验统计量 | $z = \dfrac{p - \pi_0}{\sqrt{\pi_0(1 - \pi_0)/n}}$ | | |
| 临界值法拒绝域 | $\lvert z \rvert > z_{\alpha/2}$ | $z < -z_\alpha$ | $z > z_\alpha$ |
| $p$ 值法 | $p$ 值 $< \alpha$，拒绝 $H_0$ | | |

**例 6.3**

**问题：** 为吸引消费者，提高销售量，某减肥药品在广告中声称，使用该产品的消费者中有 70% 及以上的人一个月减重超过 3kg。食品药品监督局的相关部门为了验证该说法是否属实，在使用该减肥药品的顾客中随机抽取了 150 人，发现有 93 人的体重月下降超过 3kg。在 0.05 的显著性水平下，是否有证据表明使用该减肥药的消费者中，一个月减重超过 3kg 的人占比不到 70%？

**解答：** 根据题意，需要证实的观点是 $\pi < 70\%$，因而我们以此为备择假设，与之对立的观点为原假设，即

$$H_0: \pi \geq 70\%; \quad H_1: \pi < 70\%$$

根据样本抽样结果计算，得到 $p = 93/150 = 62\%$，本例属于总体比例左侧检验，检验统计量为：$z = \dfrac{p - \pi_0}{\sqrt{\pi_0(1 - \pi_0)/n}} = \dfrac{0.62 - 0.70}{\sqrt{0.70(1 - 0.70)/150}} = -2.138$。

若采用临界值法进行判断：查标准正态分布表得 $-z_{0.05} = -1.645$，因为 $z < -z_{0.05}$，拒绝原假设。

若采用 $p$ 值法进行判断：使用统计软件，计算得到 $p$ 值为 0.016，$0.016 < \alpha$，拒绝原假设。

因此得到的结论是：在 0.05 的显著性水平下，有证据表明使用该减肥药的消费者中，一个月减重超过 3kg 的人占比不到 70%。

## 6.3　两总体均值之差与比例之差的检验

6.2 节主要介绍了针对单总体均值和比例的假设检验方法，本节对单总体进行拓展，介绍两个总体均值之差和比例之差的假设检验。如检验男女两个总体的身高是否有差异，两个公司生产的同一类型产品的次品率是否有差异等。

### 6.3.1 两总体均值之差的检验

设两个总体的均值分别为 $\mu_1$ 和 $\mu_2$，两总体均值之间的差值假设为 $D_0$。本章前面介绍的假设检验步骤在这里仍然适用：先确定原假设与备择假设；然后计算检验统计量；求出临界值或 $p$ 值，用以决定是否拒绝原假设。与两总体均值之差的区间估计一样，抽样方式不同，均值之差的检验方法也略有差异。在抽取样本时有两种抽样方式：独立抽样和匹配样本。下面分别介绍两种不同抽样方式下的两总体均值之差的检验方法。

**1. 独立抽样**

在独立抽样下，从标准差为 $\sigma_1$ 和 $\sigma_2$ 的两总体中分别独立抽取容量为 $n_1$ 和 $n_2$ 的两个简单随机样本。采用独立抽样时，与两总体均值之差的区间估计类似，两总体均值之差的检验需要考虑总体标准差已知与未知两种情形。首先考虑总体标准差已知的情形。

**（1）总体标准差 $\sigma_1$ 和 $\sigma_2$ 已知** 当总体标准差已知时，如果两个总体都服从正态分布或者样本容量足够大（$n_1 \geq 30$ 且 $n_2 \geq 30$），利用中心极限定理可得 $\bar{x}_1$ 和 $\bar{x}_2$ 的抽样分布近似服从正态分布，那么两个样本的均值之差 $\bar{x}_1 - \bar{x}_2$ 的抽样分布将服从均值为 $\mu_1 - \mu_2$ 的正态分布。此时，两个总体均值之差的检验统计量如下

$$z = \frac{(\bar{x}_1 - \bar{x}_2) - (\mu_1 - \mu_2)}{\sqrt{\dfrac{\sigma_1^2}{n_1} + \dfrac{\sigma_2^2}{n_2}}} \tag{6-5}$$

在确定是否拒绝原假设时，可以通过临界值法或 $p$ 值法进行决策。若采取临界值法决策，需要将根据样本求得的检验统计量的数值与显著性水平下统计量的临界值进行对比（见表6-6）。例如，在 0.05 显著性水平下进行双侧检验，需要将检验统计量数值 $z$ 与 $z_{0.025}$ 进行比较。$z_{0.025} = 1.96$，如果 $z > 1.96$ 或 $z < -1.96$，则拒绝 $H_0$。如果是在 0.05 显著性水平下进行单侧检验，则是比较检验统计量数值 $z$ 与 $z_{0.05}$ 的相对大小。

若采用 $p$ 值法决策，需首先根据标准正态分布表求得该检验统计量的绝对值所对应的累积概率，再计算 $p$ 值。若为单侧检验，$p$ 值＝1－所得的累积概率值；若为双侧检验，$p$ 值＝2×（1－所得的累积概率值）。具体的检验方法见表6-6。

表6-6 独立抽样且 $\sigma_1$ 和 $\sigma_2$ 已知时两总体均值的检验方法

| | 双侧检验 | 左侧检验 | 右侧检验 |
|---|---|---|---|
| 假设形式 | $H_0: \mu_1 - \mu_2 = D_0$<br>$H_1: \mu_1 - \mu_2 \neq D_0$ | $H_0: \mu_1 - \mu_2 \geq D_0$<br>$H_1: \mu_1 - \mu_2 < D_0$ | $H_0: \mu_1 - \mu_2 \leq D_0$<br>$H_1: \mu_1 - \mu_2 > D_0$ |
| 检验统计量 | $z = \dfrac{(\bar{x}_1 - \bar{x}_2) - D_0}{\sqrt{\dfrac{\sigma_1^2}{n_1} + \dfrac{\sigma_2^2}{n_2}}}$ | | |
| 临界值法拒绝域 | $\|z\| > z_{\alpha/2}$ | $z < -z_\alpha$ | $z > z_\alpha$ |
| $p$ 值法 | $p$ 值 $< \alpha$，拒绝 $H_0$ | | |

**例 6.4**

**问题：** 手机的一项重要使用指标是续航时间，且一般情况下各款手机续航时间的标准差是已知的。某手机品牌 A 为了解其手机续航时间是否比市场中最受欢迎的手机品牌

B 的续航时间短，选择了 35 款 A 品牌手机和 40 款 B 品牌手机作为样本进行调查。样本数据显示两款手机的续航时间分别为 33h、35h。已知两个手机品牌续航时间的标准差分别为 1.2h、4h。在 0.05 的显著性水平下，是否有证据表明 A 品牌手机的续航时间小于 B 品牌手机的续航时间？

**解答：** 为了回答是否 A 品牌手机的续航时间小于 B 品牌手机的续航时间这个问题，需要对两个总体均值之差进行假设检验。根据题意，需要收集证据来证实的观点是 $\mu_1 < \mu_2$，因而我们以此为备择假设，与之对立的观点为原假设，即

$$H_0: \mu_1 \geq \mu_2; \quad H_1: \mu_1 < \mu_2$$

该检验为单侧检验，根据样本数据，代入公式，可以求得检验统计量为：$z = -3.011$。

若采用临界值法进行判断：在 0.05 的显著性水平下，单侧的 $z$ 检验的左侧临界值为 $-1.645$，因为检验统计量 $z < -1.645$，所以拒绝原假设 $H_0$。

若采用 $p$ 值法进行判断：使用统计软件，计算得到 $p$ 值为 0.001。因为 $p$ 值 $< \alpha$，所以拒绝原假设。

因此得到的结论是：在 0.05 的显著性水平下，有证据表明 A 品牌手机的续航时间小于 B 品牌手机的续航时间。

**（2）总体标准差 $\sigma_1$ 和 $\sigma_2$ 未知**　当总体标准差 $\sigma_1$ 和 $\sigma_2$ 未知时，如果两总体都服从正态分布或者样本容量足够大，我们用样本标准差 $s_1$ 和 $s_2$ 来估计未知的总体标准差。这时候总体均值之差的检验采用 $t$ 检验的方法。根据两总体的标准差是否相等又可以进一步划分为两种情况。

1）总体标准差 $\sigma_1$ 和 $\sigma_2$ 未知但知道其相等。此时通过两个样本的标准差给出总体标准差的合并估计量 $s_p$

$$s_p = \sqrt{\frac{(n_1-1)s_1^2 + (n_2-1)s_2^2}{n_1+n_2-2}} \tag{6-6}$$

两个样本的均值之差 $\bar{x}_1 - \bar{x}_2$ 服从自由度为 $n_1+n_2-2$ 的 $t$ 分布，因而检验统计量为

$$t = \frac{(\bar{x}_1 - \bar{x}_2) - (\mu_1 - \mu_2)}{s_p\sqrt{\dfrac{1}{n_1} + \dfrac{1}{n_2}}} \tag{6-7}$$

**例 6.5**

**问题：** 睡眠与人的身体健康息息相关，不少专家都认为，成年人每天至少要睡 7~9h。有相关报告显示，2018 年我国人均睡眠时长为 6.5h。想知道男性与女性的睡眠时长是否有差异，随机抽取 24 人的样本，其中男性 13 人，女性 11 人，调查发现样本中男性的平均睡眠时长为 6.2h，标准差为 2.4h，女性的平均睡眠时长为 6.7h，标准差为 1.5h。假定两个总体都服从正态分布且标准差无差异。试问在 0.05 的显著性水平下，男性与女性的睡眠时长是否有差异？

**解答：** 为了回答男性与女性的睡眠时长是否有差异这个问题，需要对两个总体均值之差进行假设检验，首先确定原假设与备择假设

$$H_0: \mu_1 = \mu_2; \ H_1: \mu_1 \neq \mu_2$$

该检验为双侧检验，根据样本数据，代入公式，可以求得合并估计量为 $s_p = 2.041$，进一步求得检验统计量 $t = -0.598$。

若采用临界值法进行判断：在 0.05 的显著性水平下，双侧检验的左侧临界值为 $-2.074$，因为检验统计量 $t > -2.074$，所以不能拒绝原假设 $H_0$，没有证据表明男性与女性的睡眠时长有显著差异。

若采用 $p$ 值法进行判断：使用统计软件，计算得到 $p$ 值为 0.556。由于 $p$ 值 $> 0.05$，不拒绝原假设 $H_0$，没有证据表明男性与女性的睡眠时长有显著差异。

2）总体标准差 $\sigma_1$ 和 $\sigma_2$ 未知且不知道其是否相等。此时，两个样本的均值之差 $\bar{x}_1 - \bar{x}_2$ 服从自由度为 $v$ 的 $t$ 分布，检验统计量为

$$t = \frac{(\bar{x}_1 - \bar{x}_2) - (\mu_1 - \mu_2)}{\sqrt{\dfrac{s_1^2}{n_1} + \dfrac{s_2^2}{n_2}}} \tag{6-8}$$

自由度 $v$ 的计算公式为

$$v = \frac{\left(\dfrac{s_1^2}{n_1} + \dfrac{s_2^2}{n_2}\right)^2}{\dfrac{(s_1^2/n_1)^2}{n_1 - 1} + \dfrac{(s_2^2/n_2)^2}{n_2 - 1}} \tag{6-9}$$

$v$ 值一般并不是整数，为了得到一个更为保守的结论，可以将 $v$ 值向下取整。

在总体标准差 $\sigma_1$ 和 $\sigma_2$ 未知的情况下检验两总体均值差异，同样采用临界值法或 $p$ 值法判断是否需要拒绝原假设。

**例 6.6**

**问题：** 某市 2018 年的政府公告显示，2018 年该市居民人均可支配收入 40 105 元。为了进一步探究该市东部地区与西部地区的人均可支配收入是否有差异，随机选择一个包含 844 人的样本（其中东部地区居民 432 人，西部地区居民 412 人）调查其人均可支配收入。已知样本的人均可支配收入为 40 326 元、39 792 元，样本的标准差分别为 1452 元、1039 元。试在 0.05 的显著性水平下，判断该市东部与西部地区居民人均可支配收入是否有差异。

**解答：** 为了回答人均可支配收入是否有差异这个问题，需要对两个总体均值之差进行假设检验，首先确定原假设与备择假设

$$H_0: \mu_1 = \mu_2; \ H_1: \mu_1 \neq \mu_2$$

该检验为双侧检验，根据样本数据，代入公式，可以求得 $v = 781.7$，向下取整得到自由度为 781，检验统计量为 $t = 6.166$。

若采用临界值法进行判断：在 0.05 的显著性水平下，双侧 $t$ 检验的右侧临界值为 1.963，因为检验统计量 $t > 1.963$，所以拒绝原假设 $H_0$。

若采用 $p$ 值法进行判断：使用统计软件，计算得到 $p$ 值为 $1.123 \times 10^{-9}$。由于 $p$ 值 $< 0.05$，所以拒绝原假设 $H_0$。

因此得到的结论是：在 0.05 的显著性水平下，该市东部地区与西部地区的居民人均可支配收入有差异。

**2. 匹配样本**

5.3 节详细介绍了匹配样本的概念以及匹配样本两总体均值之差的区间估计，这里进一步介绍如何对匹配样本进行假设检验。如果两个总体观测值的配对差值服从正态分布或者样本容量足够大，就需要考虑配对差值的总体标准差已知与未知两种情形。当配对差值的总体标准差已知时，匹配样本均值的差值标准化后服从标准正态分布。假设匹配样本的样本容量为 $n$，均值差异为 $\bar{d}$，总体标准差为 $\sigma_d$，两总体均值之差为 $\mu_d$，此时检验统计量为

$$z = \frac{\bar{d} - \mu_d}{\sigma_d / \sqrt{n}}$$ (6-10)

当配对差值的总体标准差未知时，匹配样本均值的差值标准化后服从自由度为 $n-1$ 的 $t$ 分布。假设匹配样本的样本标准差为 $s_d$，此时检验统计量为

$$t = \frac{\bar{d} - \mu_d}{s_d / \sqrt{n}}$$ (6-11)

**例 6.7**

**问题：** 某一增高产品的广告宣称其产品可以在一年内帮助用户成功增高 5cm。为了检验该产品广告是否可信，从使用该增高产品的用户中随机抽取了 18 名用户分别记录其在使用产品前的初始身高及使用产品一年之后的身高，用户使用增高产品前后的身高数据见表 6-7。假定总体观察值的配对差值服从正态分布，试在 0.05 的显著性水平下，判断该增高广告是否可信。

表 6-7 用户使用增高产品前后的身高数据 （单位：cm）

| 序 号 | 1 | 2 | 3 | 4 | 5 | 6 | 7 | 8 | 9 |
|---|---|---|---|---|---|---|---|---|---|
| 初始身高 | 171 | 179 | 153 | 149 | 161 | 166 | 172 | 176 | 159 |
| 一年后身高 | 175 | 185 | 158 | 150 | 164 | 170 | 178 | 179 | 162 |
| 序 号 | 10 | 11 | 12 | 13 | 14 | 15 | 16 | 17 | 18 |
| 初始身高 | 158 | 170 | 163 | 162 | 171 | 170 | 166 | 158 | 149 |
| 一年后身高 | 159 | 176 | 166 | 168 | 173 | 174 | 169 | 163 | 155 |

**解答：** 根据题意，厂商的声明是原有的、传统上被广泛认同的观点，因而我们以此为原假设，与之对立的观点为备择假设，即

$$H_0: \mu_d \geq 5; \quad H_1: \mu_d < 5$$

根据样本数据，求得样本差异均值 $\bar{d} = 3.944$，标准差 $s_d = 1.697$，代入公式，可以求得检验统计量为 $t = \dfrac{3.944 - 5}{1.697/\sqrt{18}} = -2.639$。

若采用临界值法进行判断：在 0.05 的显著性水平下，单侧的 $t$ 检验的左侧临界值为 $-1.740$，因为检验统计量 $t = -2.639 < -1.740$，所以拒绝原假设 $H_0$。

若采用 $p$ 值法进行判断：使用统计软件，计算得到 $p = 0.009$。因为 $p$ 值 $< \alpha$，所以拒绝原假设。

因此得到的结论是：在 0.05 的显著性水平下，该增高广告不可信。

## 6.3.2 两总体比例之差的检验

下面介绍当样本容量分别为 $n_1$ 和 $n_2$，样本中具有某一特定属性的数据量所占比例分别为 $p_1$ 和 $p_2$ 时，检验两总体比例之差 $\pi_1 - \pi_2$ 为 $D_0$ 的假设是否成立的方法。在实际应用中，绝大部分情况探讨两总体比例是否有差异，即 $D_0 = 0$。当同时满足 $n_1 p_1 \geq 5$，$n_1(1-p_1) \geq 5$，$n_2 p_2 \geq 5$ 和 $n_2(1-p_2) \geq 5$ 时，两样本比例之差标准化后近似服从标准正态分布，因而检验统计量为

$$z = \frac{(p_1 - p_2) - (\pi_1 - \pi_2)}{\sqrt{\dfrac{p_1(1-p_1)}{n_1} + \dfrac{p_2(1-p_2)}{n_2}}} \tag{6-12}$$

同样，采用临界值法或 $p$ 值法判断是否需要拒绝原假设，具体方法见表 6-8。

**表 6-8 两总体比例之差的检验方法**

| | 双侧检验 | 左侧检验 | 右侧检验 |
|---|---|---|---|
| 假设形式 | $H_0: \pi_1 - \pi_2 = D_0$ <br> $H_1: \pi_1 - \pi_2 \neq D_0$ | $H_0: \pi_1 - \pi_2 \geq D_0$ <br> $H_1: \pi_1 - \pi_2 < D_0$ | $H_0: \pi_1 - \pi_2 \leq D_0$ <br> $H_1: \pi_1 - \pi_2 > D_0$ |
| 检验统计量 | $z = \dfrac{(p_1 - p_2) - D_0}{\sqrt{\dfrac{p_1(1-p_1)}{n_1} + \dfrac{p_2(1-p_2)}{n_2}}}$ | | |
| 临界值法拒绝域 | $\lvert z \rvert > z_{\alpha/2}$ | $z < -z_\alpha$ | $z > z_\alpha$ |
| $p$ 值法 | $p$ 值 $< \alpha$，拒绝 $H_0$ | | |

**例 6.8**

**问题：** 某大型工厂购进的生产设备全部来自两个品牌，今年工厂又要大规模采购一批生产设备，希望在两品牌中选择设备维修率低的进行购买。为了确定两个品牌的设备维修率，工厂决定从已购买的设备中进行抽样调查，分别抽取 24 台品牌 1 的设备，20 台品牌 2 的设备，抽样的两品牌维修率分别为 31% 和 26%，试问在 0.05 的显著性水平下，两个品牌的设备维修率是否有显著差异？

**解答：** 因为需要确定两个品牌的设备维修率是否有显著差异，所以选择双侧检验，原假设和备择假设如下

$$H_0: \pi_1 = \pi_2; \ H_1: \pi_1 \neq \pi_2$$

首先计算检验统计量的值，已知 $p_1 = 0.31$，$p_2 = 0.26$，$\pi_1 - \pi_2 = 0$，代入公式计算得 $z = 0.367$。

若采用临界值法进行判断：在 0.05 的显著性水平下，双侧检验的临界值分别为 -1.96 和 1.96，因为 $z = 0.367$，所以不能拒绝 $H_0$。

若采用 $p$ 值法进行判断：使用统计软件计算得到 $p$ 值为 0.643，因为 $p$ 值 $> 0.05$，所以不能拒绝原假设 $H_0$。

因此得到的结论是：在 0.05 的显著性水平下，没有证据表明两个品牌的维修率有显著差异。

## 6.4 总体方差和方差比的检验

假设检验除了用于检验总体均值及比例，也可用于检验方差，如判断工厂生产的灯泡寿命是否稳定，比较两台机器生产质量的稳定性等。本节将分别介绍单总体方差与两总体方差比的假设检验。

### 6.4.1 单总体方差的检验

对于单总体方差的检验，同样首先给出原假设与备择假设，若总体方差的假设值是 $\sigma_0^2$，当总体服从正态分布时，单总体方差检验的统计量为

$$\chi^2 = \frac{(n-1)s^2}{\sigma_0^2} \tag{6-13}$$

式中，$n$ 为样本量；$s^2$ 为样本方差；$\dfrac{(n-1)s^2}{\sigma_0^2}$ 服从自由度为 $n-1$ 的 $\chi^2$ 分布。

求得检验统计量的值之后，可以采用临界值法或 $p$ 值法判断是否拒绝原假设，具体的检验方法见表 6-9。在实际应用中，通常进行总体方差的单侧检验。因为一般来说，人们总是期望方差足够小，或者方差不超过某个临界值，所以将总体方差大于或小于某一临界值作为备择假设。

表 6-9 单总体方差的检验方法

|  | 双侧检验 | 左侧检验 | 右侧检验 |
|---|---|---|---|
| 假设形式 | $H_0: \sigma^2 = \sigma_0^2$<br>$H_1: \sigma^2 \neq \sigma_0^2$ | $H_0: \sigma^2 \geq \sigma_0^2$<br>$H_1: \sigma^2 < \sigma_0^2$ | $H_0: \sigma^2 \leq \sigma_0^2$<br>$H_1: \sigma^2 > \sigma_0^2$ |
| 检验统计量 | $\chi^2 = \dfrac{(n-1)s^2}{\sigma_0^2}$ | | |

（续）

| | 双侧检验 | 左侧检验 | 右侧检验 |
|---|---|---|---|
| 临界值法拒绝域 | $\chi^2 > \chi_{\alpha/2}^2(n-1)$ 或 $\chi^2 < \chi_{1-\alpha/2}^2(n-1)$ | $\chi^2 < \chi_{1-\alpha}^2(n-1)$ | $\chi^2 > \chi_{\alpha}^2(n-1)$ |
| $p$ 值法 | $p$ 值 $<\alpha$，拒绝 $H_0$ | | |

**例 6.9**

**问题：** 由于生产技术有限，某品牌每一份吐司面包的重量各不相同。为了提高产品的稳定性，管理人员要求采用新技术将吐司面包重量的标准差控制到 10g 以下。在采用新技术后，该品牌的质检总管对该面包的重量进行了抽检以了解面包重量的标准差。在抽检中，随机抽取了 44 份吐司面包进行称重，称重结果见数据文件。假定每份面包的重量服从正态分布，在 0.05 的显著性水平下，是否有证据表明生产的吐司面包已符合管理人员的要求？

**解答：** 因为需要确定是否有证据表明该吐司面包重量的标准差小于 10g，所以选择单侧检验。根据题意，需要收集证据来证实的观点是 $\sigma^2 < 100$，因而我们以此为备择假设，与之对立的观点为原假设，即

$$H_0: \sigma^2 \geq 100; \quad H_1: \sigma^2 < 100$$

首先根据样本数据计算标准差，得 $s = 10.609$，进一步计算检验统计量的值，代入公式计算得：$\chi^2 = 48.399$。

若采用临界值法进行判断：在 0.05 的显著性水平下，单侧检验的左侧临界值 $\chi_{0.95}^2(43)$ 为 28.965，因为 $\chi^2 > 28.965$，所以不拒绝 $H_0$。

若采用 $p$ 值法进行判断：使用统计软件计算得到 $p$ 值为 0.736，因为 $p$ 值 $> 0.05$，所以不能拒绝原假设 $H_0$。

因此得到的结论是：在 0.05 的显著性水平下，没有证据表明生产的吐司面包符合管理人员的要求。

## 6.4.2 两总体方差比的检验

在对两总体方差 $\sigma_1^2$ 和 $\sigma_2^2$ 进行检验时，大部分情况下是检验两总体的方差是否相等，即判断两总体方差之比是否等于 1。由于总体方差未知，借助样本方差的比值进行检验。当两个总体都服从正态分布时，两总体方差之比检验的统计量为

$$F = \frac{s_1^2}{s_2^2} \tag{6-14}$$

式中，$s_1^2$ 和 $s_2^2$ 为样本方差，$n_1$ 和 $n_2$ 为样本量。上述统计量服从第一自由度为 $n_1-1$，第二自由度为 $n_2-1$ 的 $F$ 分布。

同样，在决策是否拒绝原假设时，采用临界值法或 $p$ 值法决策，临界值与 $p$ 值的确定与假设是单侧检验还是双侧检验相关。在双侧检验中，需要确定两个临界值，分别是

$F_{\alpha/2}(n_1-1,n_2-1)$ 和 $F_{1-\alpha/2}(n_1-1,n_2-1)$。通常 $F$ 分布表中只给出了 $F_{\alpha/2}$ 的值，可以用其计算 $F_{1-\alpha/2}$ 的值，计算公式为

$$F_{1-\alpha/2}(n_1-1,n_2-1)=\frac{1}{F_{\alpha/2}(n_2-1,n_1-1)} \tag{6-15}$$

注意，在计算 $F_{1-\alpha/2}$ 时，需要在等式右边调换自由度。

采用 $p$ 值法决策时，可以借助统计软件。具体的检验方法见表 6-10。

表 6-10　两总体方差比的检验方法

| | 双 侧 检 验 | 左 侧 检 验 | 右 侧 检 验 |
|---|---|---|---|
| 假设形式 | $H_0$: $\sigma_1^2=\sigma_2^2$ <br> $H_1$: $\sigma_1^2\neq\sigma_2^2$ | $H_0$: $\sigma_1^2\geqslant\sigma_2^2$ <br> $H_1$: $\sigma_1^2<\sigma_2^2$ | $H_0$: $\sigma_1^2\leqslant\sigma_2^2$ <br> $H_1$: $\sigma_1^2>\sigma_2^2$ |
| 检验统计量 | $F=\dfrac{s_1^2}{s_2^2}$ | | |
| 临界值法拒绝域 | $F>F_{\alpha/2}(n_1-1,n_2-1)$ <br> 或 $F<F_{1-\alpha/2}(n_1-1,n_2-1)$ | $F<F_{1-\alpha}(n_1-1,n_2-1)$ | $F>F_{\alpha}(n_1-1,n_2-1)$ |
| $p$ 值法 | $p$ 值$<\alpha$，拒绝 $H_0$ | | |

**例 6.10**

**问题**：一个零售商想要比较其旗下两个购物中心日销售额的波动情况。从每家购物中心记录的销售额中分别抽取 8 个独立随机的日销售额样本，数据见表 6-11。假定两个购物中心的日销售额均服从正态分布，这些数据是否提供了充分的证据表明两购物中心的日销售额波动情况之间存在差异（$\alpha=0.1$）？

表 6-11　两购物中心的日销售额　　　　　　　　　（单位：万元）

| 购物中心 1 | 1243 | 461 | 827 | 894 | 708 | 635 | 1586 | 274 |
|---|---|---|---|---|---|---|---|---|
| 购物中心 2 | 1000 | 845 | 963 | 418 | 789 | 1450 | 687 | 592 |

**解答**：在本研究问题中，需要检验两个购物中心日销售额的方差是否相等，使用双侧 $F$ 检验。确定检验的原假设及备择假设，分别为：

$$H_0: \sigma_1^2=\sigma_2^2;\ H_1: \sigma_1^2\neq\sigma_2^2$$

购物中心 1 和 2 销售额的标准差分别为 421.63 和 311.31。根据两样本的标准差，计算检验统计量，得 $F=1.834$。

若采用临界值法进行判断：在 0.1 的显著性水平下，可以求得双侧检验的左侧临界值为 0.264，右侧临界值为 3.787，因为 0.264<1.834<3.787，所以不能拒绝 $H_0$。

若采用 $p$ 值法进行判断：使用统计软件计算得到 $p$ 值为 0.442，因为 $p$ 值>0.1，所以不能拒绝原假设 $H_0$。

因此得到的结论是：在 0.1 的显著性水平下，没有证据表明两个购物中心日销售额波动情况之间存在显著差异。

## 🖳 SPSS、Excel 和 R 的操作步骤

**SPSS 操作步骤**

• $\sigma$ 已知时单总体均值的检验

第 1 步：基于式（6-2）计算出检验统计量。

第 2 步：选择"转换"→"计算变量"，在"目标变量"中输入任意一个变量名（如"X"），在"函数组"中选择 CDF 与非中心 CDF，在"函数和特殊变量"中双击"CDF.Normal"。左侧检验时，在"数字表达式"中，将三个问号处分别填入（检验统计量, 0, 1）；右侧检验时，在"数字表达式"中输入"1 − CDF.NORMAL（检验统计量, 0, 1）"；双侧检验时，在"数字表达式"中输入"2 ∗（1 − CDF.NORMAL（检验统计量, 0, 1））"。

• $\sigma$ 未知时单总体均值的检验

第 1 步：导入数据，单击"分析"→"比较均值"→"单样本 T 检验"。

第 2 步：将检验变量选入"检验变量"，将假设值输入检验值，单击"选项"，选择相应的置信水平。单击"继续"→"确定"。

• 单总体比例的检验

第 1 步：单击"转换"→"重新编码为不同变量"，将要分析的变量选入数字变量列表，单击"旧值和新值"，单击"范围"，定义分组，单击"继续"→"确定"。选择"分析"→"描述统计"→"描述"→"选项"，分别计算样本的均值、标准差。

第 2 步：根据式（6-4）计算检验统计量。

第 3 步：计算正态分布的临界值，操作同 $\sigma$ 已知时单总体均值的检验。

• 独立抽样，$\sigma_1$ 和 $\sigma_2$ 已知时两总体均值之差的检验

第 1 步：基于式（6-5）计算出检验统计量。

第 2 步：计算正态分布的临界值，操作同 $\sigma$ 已知时单总体均值的检验。

• 独立抽样，$\sigma_1$ 和 $\sigma_2$ 未知时两总体均值之差的检验

第 1 步：选择"分析"→"比较平均值"→"独立样本 T 检验"。

第 2 步：将检验变量选入检验变量，将分组变量选入分组变量，并单击"定义组"，定义好之后，单击"继续"→"选项"，设置置信水平，单击"确定"。

• 匹配样本均值之差的检验

选择"分析"→"比较平均值"→"成对样本 T 检验"，将两个样本分别选入"变量 1"和"变量 2"，单击"确定"。

• 两总体比例之差的检验

第 1 步：单击"转换"→"重新编码为不同变量"，将要分析的变量选入数字变量列表，单击"旧值和新值"，定义分组，单击"继续"→"确定"。选择"分析"→"描述统计"→"描述"→"选项"，分别计算两样本的均值、标准差。

第 2 步：基于式（6-12）计算两样本比例之差的检验统计量。

第 3 步：计算正态分布的临界值，操作同 $\sigma$ 已知时单总体均值的检验。

• 单总体方差的检验

第 1 步：基于式（6-13）计算出检验统计量。

第 2 步：选择"转换"→"计算变量"，在"目标变量"中输入任意一个变量名（如"X"），在"函数组"中选择 CDF 与非中心 CDF，在"函数和特殊变量"中双击"CDF.Chisq"。左侧检验时，在"数字表达式""CDF.CHISQ（?,?）"的两个问号处分别填入检验统计量和自由度；右侧检验时，在"数字表达式"中输入"1−CDF.CHISQ（检验统计量, 自由度）"；双侧检验时，在"数字表达式"中输入"2 ∗（1−CDF.CHISQ（检验统计量, 自由度））"。

- **两总体方差比的检验**

第 1 步：基于式（6-14）计算出检验统计量。

第 2 步：选择"转换"→"计算变量"，在"目标变量"中输入任意一个变量名（如"X"），在"函数组"中选择 CDF 与非中心 CDF，在"函数和特殊变量"中双击"CDF. F"。左侧检验时，在"数字表达式""CDF. F(?,?,?)"的三个问号处分别填入（检验统计量，$n_1$，$n_2$）；右侧检验时，在"数字表达式"中输入"1-CDF. F(检验统计量，$n_1$，$n_2$)"；双侧检验时，在"数字表达式"中输入"2 * (1-CDF. F(检验统计量，$n_1$，$n_2$))"。

**Excel 操作步骤**

- **$\sigma$ 已知时单总体均值的检验**

第 1 步：在单元格内输入"=(样本均值-总体均值的假设值)/($\sigma$ 的值/SQRT(样本总量))"得到检验统计量。

第 2 步：选择一个空白单元格，单击"公式"→"$f_x$"→"统计"，选取"NORM. S. DIST"函数。在"Z"中输入检验统计量的值，"Cumulative"中输入"1"，单击"确定"。

注意，如果是单侧检验，$p$ 值=1-所得的概率值；如果是双侧检验，$p$ 值=2(1-所得的概率值)。

- **$\sigma$ 未知时单总体均值的检验**

第 1 步：在单元格内输入"=(样本均值-总体均值的假设值)/(样本标准差/SQRT(样本总量))"得到检验统计量。

第 2 步：选择一个空白单元格，单击"公式"→"$f_x$"→"统计"，选取"T. DIST"函数。在 X 中输入检验统计量，在 Deg_freedom 中输入自由度，单击"确定"。

注意，左侧检验时，选择 T. DIST 函数；右侧检验时，选择 T. DIST. RT 函数；双侧检验时，选择 T. DIST. 2T 函数，其余步骤相同。

- **单总体比例的检验**

第 1 步：在单元格内输入"=(总体比例的假设值-样本比例)/SQRT(样本比例 * (1-样本比例)/样本量)"得到检验统计量。

第 2 步：操作同 $\sigma$ 已知时单总体均值的检验。

注意，如果是单侧检验，$p$ 值=1-所得的概率值；如果是双侧检验，$p$ 值=2 * (1-所得的概率值)。

- **独立抽样，$\sigma_1$ 和 $\sigma_2$ 已知时两总体均值之差的检验**

第 1 步：选择"数据"→"数据分析"，在弹出的"数据分析"对话框中选择"z 检验：双样本平均差检验"，单击"确定"。

第 2 步：将相关数据分别选入"变量 1 的区域"和"变量 2 的区域"，将假设的总体均值之差选入"假设平均差"，将已知的总体均值分别填入"变量 1 的方差"和"变量 2 的方差"，输入显著性水平，单击"确定"。

- **独立抽样，$\sigma_1$ 和 $\sigma_2$ 未知但相等时两总体均值之差的检验**

第 1 步：选择"数据"→"数据分析"，在弹出的"数据分析"对话框中选择"t—检验：双样本等方差假设"，单击"确定"。

第 2 步：在弹出的对话框中，在"变量 1 的区域"和"变量 2 的区域"中分别选择相应的数据，"假设平均差"中输入想要检测的总体均值之差的数值，"α"中填入相应的显著性水平，单击"确定"。

- **独立抽样，$\sigma_1$ 和 $\sigma_2$ 未知且不等时两总体均值之差的检验**

选择"数据"→"数据分析"，在弹出的"数据分析"对话框中选择"t—检验：双样本异方差假设"，单击"确定"。其余步骤与"$\sigma_1$ 和 $\sigma_2$ 未知但相等时两总体均值之差的检验"的步骤相同。

- **匹配样本均值之差的检验**

选择"数据"→"数据分析",在弹出的"数据分析"对话框中选择"t—检验:平均值的成对二样本分析",单击"确定"。其余步骤与"$\sigma_1$ 和 $\sigma_2$ 未知但相等时两总体均值之差的检验"的步骤相同。

- **两总体比例之差的检验**

第 1 步:在单元格内输入"=(样本 1 的比例–样本 2 的比例–比例差的假设值)/SQRT(样本 1 的比例 * (1–样本 1 的比例)/样本 1 的容量+样本 2 的比例 * (1–样本 2 的比例)/样本 2 的容量)"得到检验统计量。

第 2 步:操作同 $\sigma$ 已知时单总体均值的检验。

注意:如果是单侧检验,$p$ 值=1–所得的概率值;如果是双侧检验,$p$ 值=2 * (1–所得的概率值)。

- **单总体方差的检验**

第 1 步:在单元格内输入"=(样本量–1) * 样本方差/方差的假设值"得到检验统计量。

第 2 步:选择函数"CHISQ. DIST. RT(相应的检验统计量,自由度)",即可得到 $\chi^2$ 分布的右尾概率。若要计算 $\chi^2$ 分布的左尾概率,选择函数"CHISQ. DIST(相应的检验统计量,自由度)"。

- **两总体方差比的检验**

选择"数据"→"数据分析",在弹出的"数据分析"对话框中选择"F 检验:双样本方差",单击"确定"。将样本数据输入相应的"变量区域",单击"确定"。

**R 操作步骤**

- **$\sigma$ 已知时单总体均值的检验**

mean = mean(样本数据)

mu = 总体均值

sd = 总体标准差

n = 样本量;z = (mean–mu)/(sd/sqrt(n))

p_value = 2 * (1–pnorm(z, lower. tail = TRUE))　　#得到双侧检验的 $p$ 值

data. frame(z, p_value)

#注意,需要得到左侧检验的 $p$ 值时用 p_value = pnorm(z);需要得到右侧检验的 $p$ 值时用 p_value = 1–pnorm(z),下同。

#如果统计量的值为正,则 lower. tail = TRUE;否则,lower. tail = FALSE,下同。

- **$\sigma$ 未知时单总体均值的检验**

t. test(样本数据, mu = 总体均值, conf. level = 1–$\alpha$)　　#conf. level 为置信水平,下同。

- **单总体比例的检验**

n = 样本量

p = 样本比例

pi0 = 总体比例

z = (p–pi0)/sqrt(pi0 * (1–pi0)/n)

p_value = 2 * (1–pnorm(z, lower. tail = TRUE))　　#得到双侧检验的 $p$ 值

data. frame(z, p_value)

- **独立抽样,$\sigma_1$ 和 $\sigma_2$ 已知时两总体均值之差的检验**

mu1 = mean(样本 1 的数据)

mu2 = mean(样本 2 的数据)

mu0 = 总体均值之差

var1 = var(样本 1 的数据)

var2＝var(样本 2 的数据)

n1＝样本 1 的容量

n2＝样本 2 的容量

z＝((mu1-mu2)-mu0)/sqrt(var1/n1+var2/n2)

p_value＝2 * (1-pnorm(z,lower. tail＝TRUE))　#得到双侧检验的 $p$ 值

data. frame(z,p_value)

- **独立抽样，$\sigma_1$ 和 $\sigma_2$ 未知但相等时两总体均值之差的检验**

t. test(样本 1 数据,样本 2 数据,var. equal＝TRUE,conf. level＝1-α)

- **独立抽样，$\sigma_1$ 和 $\sigma_2$ 未知且不等时两总体均值之差的检验**

t. test(样本 1 数据,样本 2 数据,var. equal＝FALSE,conf. level＝1-α)

- **匹配样本均值之差的检验**

t. test(样本 1 数据,样本 2 数据,paired＝TRUE,conf. level＝1-α)

- **两总体比例之差的检验**

n1＝样本 1 的样本量;n2＝样本 2 的样本量

p1＝样本 1 的比例;p2＝样本 2 的比例

pi0＝总体比例之差

z＝((p1-p2)-pi0)/sqrt(p1 * (1-p1)/n1+p2 * (1-p2)/n2)

p_value＝(1-pnorm(z,lower. tail＝TRUE)) * 2　#得到双侧检验的 $p$ 值

data. frame(z,p_value)

- **单总体方差的检验**

n＝样本容量;var＝var(样本数据)

sigma＝总体方差

ka＝(n-1) * var/sigma

pchisq(ka,n-1,ncp＝0,lower. tail＝TRUE,log. p＝FALSE)

#注意，此时得出的是左侧检验的 $p$ 值

- **两总体方差比的检验**

var. test(样本 1 的数据,样本 2 的数据,alternative＝"two. sided")

## 案例分析：主打商品选择

**1. 案例背景**

西安市某家区域性食品公司最近几年异军突起，凭借其产品靓丽的外形和细腻的口感笼络了众多消费者，尤其是年轻消费者。中秋节将至，该食品公司推出 A 和 B 两款时尚冰皮月饼礼盒，想要借助已经积攒的人气和中秋节节日气氛，进一步扩大市场，提升其在西安的影响力和市场占有率。但是，由于资金有限，该公司需要确定其中一款礼盒作为中秋节的主打商品。为此，该公司做了相关的调查，来确定将哪款礼盒作为中秋主打商品。

**2. 数据及其说明**

根据产品研发部门的调研报告，预测 A 礼盒日销量平均为 1230 套，预测 B 礼盒日销量平均为 1415 套。为了检验预测结果的正确性，该销售部随机抽取了 45 天的销售数据（见表 6-12）。

（1）请问从该数据看来，此预测是否可靠（$\alpha = 0.05$）？

表 6-12　月饼礼盒日销量　　　　　（单位：套）

| | | | | | | | | |
|---|---|---|---|---|---|---|---|---|
| A 礼盒 | 1358 | 1130 | 1250 | 1240 | 1247 | 1289 | 1400 | 1156 | 1278 |
| | 1344 | 1320 | 1128 | 1203 | 1302 | 1260 | 998 | 1267 | 1276 |
| | 1163 | 1153 | 1400 | 1200 | 1345 | 1311 | 1198 | 1054 | 1307 |
| | 1247 | 1098 | 1090 | 1088 | 1100 | 1200 | 1231 | 1178 | 1320 |
| | 1245 | 1263 | 1098 | 1176 | 1311 | 1267 | 1183 | 1098 | 1203 |
| B 礼盒 | 1400 | 1147 | 1560 | 1345 | 1521 | 1370 | 1256 | 1378 | 1400 |
| | 1298 | 1542 | 1567 | 1430 | 1289 | 1434 | 1450 | 1289 | 1289 |
| | 1432 | 1421 | 1532 | 1324 | 1433 | 1376 | 1501 | 1260 | 1372 |
| | 1362 | 1367 | 1631 | 1100 | 1378 | 1288 | 1342 | 1466 | 1534 |
| | 1508 | 1349 | 1256 | 1367 | 1534 | 1367 | 1502 | 1346 | 1345 |

此外，该公司为了突出此次月饼发售的重要性，准备将产品销量与绩效考核直接挂钩，将绩效评估准则改为：当日销量超过报告中的平均值时，当日绩效评估为优，否则为良。以此来提高销售人员的积极性，进而提高产品销量。但是考虑到 A 礼盒和 B 礼盒的产品差异，A 礼盒的销售人员和 B 礼盒的销售人员有可能会对这种绩效考核的公平性存在异议，为此需要对该绩效考核方案的公平性进行讨论。

（2）根据抽样数据，从公平性角度判断该绩效考核方案是否合理（$\alpha = 0.05$）？

由于该公司产品最主要的优势是口感细腻，因此该公司格外注重消费者对于产品口味的评价。考虑到该企业的主要消费群体是年轻消费者，因而销售部极其关注年轻消费者口味的喜好。为检测年轻消费者更喜欢哪一款产品，销售部在门店随机抽取了 64 名年轻消费者对两种礼盒月饼进行品尝（两种月饼的品尝顺序随机），并请他们分别为两款月饼礼盒的口味进行评分（满分 10 分），评分结果见数据文件。

（3）通过该数据判断年轻消费者是否显著偏好其中一种礼盒的口味（$\alpha = 0.1$）？

**3. 数据分析**

该食品公司分别通过产品评分以及产品销量来判断消费者对两种产品的喜好程度，从而确定中秋主打礼盒。根据获得的样本数据，做如下分析。

（1）产品研发部门的预测是否可靠？

根据产品研发部的报告，A 礼盒日销量平均为 1230 套，B 礼盒日销量平均为 1415 套。需要对 A、B 礼盒分别进行假设检验。提出原假设和备择假设

（A 礼盒）$H_0: \mu = 1230$；$H_1: \mu \neq 1230$

（B 礼盒）$H_0: \mu = 1415$；$H_1: \mu \neq 1415$

由于总体方差未知，因此选择 $t$ 检验。通过 SPSS 软件得到的结果见表 6-13 和表 6-14。

---

**判断研发部门的预测是否可信的操作步骤**

**SPSS**

第 1 步：打开"案例 6-1"数据集，选择"分析"→"比较均值"→"单样本 T 检验"。

第 2 步：将要进行检验的变量"A 礼盒销量"选入"检验变量"，在"检验值"方框中输入"1230"。

第 3 步：单击"选项"，在"置信区间百分比"中输入 95%，单击"继续"→"确定"。对"B 礼盒销量"的检验重复第 1~3 步，将第 2 步的检验值变为"1415"即可。

**Excel**

假设"A礼盒销量"数据涵盖 A1：A45。

第1步：依次选中空白单元格 C1、C2。

- 输入"=AVERAGE(A1：A45)"得到样本平均数。
- 输入"=STDEV.S(A1：A5)"得到样本标准差。

第2步：选中空白单元格 C3，输入"=(C1-1230)/C2*SQRT(45)"，得到 $t$ 检验统计量"-0.594"。

第3步：选中一空白单元格，单击"公式"→"$f_x$"→"统计"，选取 T. DIST. 2T 函数在"X"中输入 $t$ 检验统计量的绝对值"0.59408"，在"Deg. freedom"中输入自由度"44"，单击"确定"。

**R**

```
#数据导入
install. packages("readxl")
library(readxl)
sales = read. excel("…/案例-6-1. xlsx")
#A礼盒的均值检验
t. test(sales $ A礼盒销量,mu = 1230,conf. level = 0.95)
#B礼盒的均值检验
t. test(sales $ B礼盒销量,mu = 1415,conf. level = 0.95)
```

表 6-13　A 礼盒销量的 $t$ 检验结果

| | 检验值 = 1230 | | | | | |
|---|---|---|---|---|---|---|
| | $t$ | df | Sig.（双侧） | 均值差值 | 差分的95%置信区间 | |
| | | | | | 下限 | 上限 |
| A 礼盒销量 | -0.594 | 44 | 0.555 | -8.378 | -36.80 | 20.04 |

表 6-14　B 礼盒销量的 $t$ 检验结果

| | 检验值 = 1415 | | | | | |
|---|---|---|---|---|---|---|
| | $t$ | df | Sig.（双侧） | 均值差值 | 差分的95%置信区间 | |
| | | | | | 下限 | 上限 |
| B 礼盒销量 | -1.369 | 44 | 0.178 | -22.600 | -55.88 | 10.68 |

分别对 A 礼盒和 B 礼盒的日销量抽样数据进行检验，发现抽样数据的 $p$ 值分别为 0.555 和 0.178，均大于显著性水平 0.05，不拒绝原假设。可见，在显著性水平为 0.05 的情况下，没有证据表明产品研发部门预测的"A 礼盒日销量平均为 1230 套，B 礼盒的日销量平均为 1415 套"是不可信的。

（2）绩效考核方案是否合理？

绩效考核应当考虑到考核标准的公平性，我们通过对两款礼盒日绩效为优所占比例的差异性的检验，来判断这种绩效考核标准对销售 A 礼盒和销售 B 礼盒的销售人员是否合理。因此，提出原假设和备择假设 $H_0$：$\pi_1 - \pi_2 = 0$；$H_1$：$\pi_1 - \pi_2 \neq 0$。根据样本数据可以得到：该样本中 A 礼盒日绩效为优所占比例为 53.3%；B 礼盒日绩效为优所占比例为 40%。所得的检验统计量为 1.276，通过软件计算可得 $p$ 值为 0.202，不拒绝原假设，即在 0.05 的显著性水平下，没有证据表明两款礼盒日绩效为"优"所占的比例存在显著差异。也就是说，没有证据表明 A 礼盒的销售人员和 B 礼盒的销售人员绩效评价为"优"的可能性存在显著差异。

**判断绩效考核方案是否合理的操作步骤**

**SPSS**

第1步：打开"案例6-1"数据集，单击菜单"转换"→"重新编码为不同变量"。打开对话框，选中"A礼盒销量（或B礼盒销量）"放入"数字变量→输出变量"列表，单击"旧值和新值"，选中"范围"，在对话框中分别输入"0"和"1230"（B礼盒用"1415"），在右侧新值输入"0"，单击"添加"。继续选中"范围"，在对话框中分别输入"1230"（B礼盒用"1415"），"2000"，在右侧新值输入"1"，单击"添加"→"继续"，在"输出变量"内输入名称"A礼盒日绩效"，单击"变化量"→"确定"。

第2步：选择"分析"→"描述统计"→"描述"，将"A礼盒日绩效"和"B礼盒日绩效"选入"变量"内，单击"选项"，选中"平均值"和"标准差"，单击"继续"→"确定"。这样就完成了对A礼盒日绩效为优所占比例及标准差和B礼盒日绩效为优所占比例及标准差的计算。

第3步：基于式（6-12）计算两总体比例之差的检验统计量为1.279。

第4步：操作同 $\sigma$ 已知时单总体均值的双侧检验。

**Excel**

假设"A礼盒销量"数据涵盖A1:A45，"B礼盒销量"数据涵盖A46:A90。

第1步：选择空白单元格F1、F2，分别输入"=COUNTIF(A1:A45,"≥1230")/45"，"=COUNTIF(A46:A90,"≥1415")/45"。选择空白单元格F3，输入"=SQRT(F1*(1-F1)/45+F2*(1-F2)/45)"。

第2步：选中空白单元格F4，输入"=(F1-F2)/F3"，计算样本的检验统计量。

第3步：操作同 $\sigma$ 已知时单总体均值的检验。

**R**

```
n1 = nrow(sales)
n2 = nrow(sales)
p1 = nrow(subset(sales, A 礼盒销量 >= 1230))/n1
p2 = nrow(subset(sales, B 礼盒销量 >= 1415))/n2
pi0 = 0
z = ((p1-p2)-pi0)/sqrt(p1*(1-p1)/n1+p2*(1-p2)/n2)
p_value = (1-pnorm(z, lower.tail = TRUE))*2
data.frame(z, p_value)
```

（3）年轻消费者是否显著偏好其中一种礼盒的口味？

为了判断年轻消费者的口味偏好，让每位年轻消费者分别品尝A礼盒和B礼盒的产品，而且两产品的品尝顺序是随机的，然后让消费者对两款产品进行评分。此方法属于匹配样本的均值检验，检验结果见表6-15。

**判断年轻消费者是否显著偏好其中一种礼盒的操作步骤**

**SPSS**

第1步：导入"案例6-2"数据集，由于该评分属于匹配样本的检验，所以选取"分析"→"比较平均值"→"成对样本T检验"。

第2步：在弹出的对话框中，分别将"A礼盒评分"和"B礼盒评分"选入"配对变量"，单击"选项"，将置信区间百分比设置为90%，单击"继续"→"确定"。

**Excel**

第1步：选择"数据"→"数据分析"，在弹出的对话框中选择"t—检验：平均值的成对二样本分析"，单击"确定"。

第 2 步：在弹出的对话框中，"变量 1 的区域"选择 A 礼盒口味评分所对应的数据，"变量 2 的区域"中选择 B 礼盒口味评分所对应的数据，在"假设平均差"中输入"0"，在"α"中填入"0.1"，单击"确定"。

**R**

scores = read. excel("…/案例-6-2. xlsx")

t. test(scores $A 礼盒评分, scores $B 礼盒评分, paired = TRUE, conf. level = 0.90)

表 6-15 直观地显示了两产品评分情况的差异：A 礼盒和 B 礼盒口味评分的均值差值为 $-0.422$，因此 B 礼盒评分的均分要更高。礼盒评分的配对样本 $t$ 检验的 $p$ 值为 $0.066<0.1$，因此在 0.1 的显著性水平下，年轻消费者对 A、B 礼盒的口味评分有显著差异，可以说，年轻消费者更喜爱 B 礼盒。

表 6-15  A、B 礼盒评分的配对样本 $t$ 检验

| A 礼盒评分—B 礼盒评分 | 成 对 差 分 | | | | | $t$ | df | Sig.（双侧） |
|---|---|---|---|---|---|---|---|---|
| | 均值 | 标准差 | 均值的标准误差 | 差分的 90% 置信区间 | | | | |
| | | | | 下限 | 上限 | | | |
| | $-0.422$ | 1.807 | 0.226 | $-0.799$ | $-0.045$ | $-1.868$ | 63 | 0.066 |

**4. 结论**

综上可见，B 礼盒的平均销量要高于 A 礼盒。从公平角度来看，没有证据表明 A、B 礼盒绩效评价为优的比例存在显著差异，可见将礼盒销量是否超过预测量来进行绩效考核的方案对于 A 礼盒和 B 礼盒的销售人员来说，没有显著的公平性问题。另外，通过抽样调查发现，该公司主要的消费者群体——年轻消费者对 B 礼盒月饼口味评价高于 A 礼盒。因此，无论是从平均销量还是消费者口味偏好来看，该公司选择 B 礼盒作为主打产品更为合理。

## 术语表

**假设**（hypothesis）：事先对总体参数的具体数值所做的一种陈述。

**假设检验**（hypothesis test）：在对总体某参数提出假设的基础上，根据样本信息来判断假设是否成立的统计方法。

**原假设**（null hypothesis）：除非收集充足的证据证明其错误，否则都不予以拒绝的假设，也称零假设，用 $H_0$ 表示。

**备择假设**（alternative hypothesis）：只有收集到足够的证据证明其正确才会被接受的假设，也称研究假设，用 $H_1$ 表示。

**第 I 类错误**（type I error）：也称为 $\alpha$ 错误（$\alpha$ error）或弃真错误，即原假设为真的情况下拒绝了原假设。犯第 I 类错误的概率也被称为**显著性水平**（significance level），用 $\alpha$ 表示。

**第 II 类错误**（type II error）：也称为 $\beta$ 错误（$\beta$ error）或者取伪错误，即原假设为错误的情况下却没有拒绝原假设。犯这种错误的概率用 $\beta$ 表示。

**检验统计量**（test statistic）：根据样本观测结果计算得到的一个样本统计量，研究者据此决定是否拒绝原假设。

**拒绝域**（rejection region）：由显著性水平对应的临界值围成的区域。拒绝域是检验统计量可能取值的一个集合，如果检验统计量落入拒绝域，那么拒绝原假设；否则就不拒绝原假设。

**p 值**（*p*-value）：也称为**观察到的显著性水平**，是指当 $H_0$ 为真时，得到的检验统计量像实际观测到的样本结果一样或比样本结果更偏离原假设的数据的概率。

# 思 考 与 练 习

**思考题**

1. 假设检验的基本思路是什么？

2. 简述假设检验的两类假设以及两种错误，并对二者之间的关系进行分析。

3. 假设检验的两种方法是什么？二者之间有何不同？

4. 单侧检验和双侧检验之间的区别是什么？在使用临界值法和 *p* 值法时，单侧检验和双侧检验分别如何做出判断？

5. 试比较假设检验和参数估计之间的异同。

**练习题**

6. 某气垫厂生产的气垫平均承重 250kg，总体标准差为 48kg，为提高市场竞争力，该厂采用新工艺来提高气垫的平均承重。该厂技术人员从新工艺生产的气垫中抽取 50 个气垫进行测试，发现平均承重为 265kg。假定采用新工艺后气垫承重的总体标准差仍为 48kg，在 0.05 的显著性水平下，是否有证据表明新工艺提高了气垫的平均承重？

（1）列出原假设和备择假设。

（2）选择使用哪个检验统计量并说明原因。

（3）使用临界值法算出拒绝域范围，并做出判断。

（4）使用 *p* 值法计算出该样本的 *p* 值，并做出判断。

7. 随着人们生活水平的提高，肥胖问题日益严重。A 市人民日报上一篇文章显示，A 市近几年青少年肥胖率日益升高，目前已超过 13%。为此，该市抽取了一个 1000 名青少年健康情况的样本，发现其中有109 人肥胖。试使用假设检验探究 $\alpha=0.05$ 和 $\alpha=0.01$ 时，该文章关于肥胖率的表述是否可信。

8. 两药厂生产同一种感冒药，该感冒药中治疗感冒的主要成分为 A，含量越高，治疗感冒的效果越好。两药厂生产的感冒药中 A 含量的标准差已知，分别为 10mg 和 15mg。为了判断两药厂生产的感冒药中 A 成分含量是否相同，分别抽取了 37 个样本进行检验（详见数据文件）。试问在 0.05 的显著性水平下，两药厂生产的该种感冒药 A 含量是否相同。

9. 某品牌连锁超市计划投入 10 万元推广费以提升其超市营业收入，其营销部门主管认为此举可以将日均销售额提升 550 元以上，在投入推广费一个月后，营销部门对该推广活动的效果进行调研，随机抽取了旗下 9 家超市推广费投入前后的日均销售额，数据见表 6-16，假定日均销售额服从正态分布，试问在0.05 的显著性水平下，该推广活动是否达到了营销部门主管的预期效果。

**表 6-16　9 家超市推广费投入前后的日均销售额**　　　　　　　　　　（单位：元）

| 投入前 | 9852 | 9000 | 8417 | 6985 | 7458 | 3890 | 15004 | 14089 | 6874 |
|---|---|---|---|---|---|---|---|---|---|
| 投入后 | 11000 | 8532 | 8952 | 7562 | 7568 | 4589 | 15632 | 14503 | 7520 |

10. 随着生活水平的逐步提高，幼儿早教被越来越多的父母所接受。大众普遍认为"90 后"新生代的父母对幼儿早教的接受度更高，为了检验该观点是否成立，随机抽取 80 名父母进行调查，其中"90 后"新生代父母 38 名，"90 前"父母 42 名。调查发现，样本内对幼儿早教持接受态度的比例分别为 75% 和58%，试在 0.05 显著性水平下对上述观点是否成立进行检验。

11. 某一食醋加工厂规定每瓶醋的净含量为 500mL，实际由于工厂机器的误差，每瓶醋的净含量服从正态分布，方差不大于 20mL²。在政府食品部门组织的某次例行检查中，为了检验该产品是否达标，随机抽取了 11 瓶醋进行检验，结果显示抽取的 11 瓶醋的方差为 24mL²，试问在 0.05 的显著性水平下，该产品是否达标。

12. 两个车床加工同一零件，分别取 6 件和 9 件测量直径，得到样本的方差分别为 $s_1^2 = 0.34\text{mm}^2$，$s_2^2 = 0.36\text{mm}^2$，假定零件直径服从正态分布，可否认为 $\sigma_1^2 = \sigma_2^2 (\alpha = 0.05)$？

## 参考文献

［1］安德森，斯威尼，威廉斯，等. 商务与经济统计：原书第 13 版［M］. 张建华，王健，聂巧平，等译. 北京：机械工业出版社，2017.

［2］凯勒. 统计学在经济和管理中的应用：第 10 版［M］. 夏利宇，译. 北京：中国人民大学出版社，2019.

［3］林德，马歇尔，沃森. 商务与经济统计方法：原书第 15 版［M］. 聂巧平，叶光，译. 北京：机械工业出版社，2015.

［4］麦克拉夫，本森，辛西奇. 商务与经济统计学：第 12 版［M］. 易丹辉，李扬，译. 北京：中国人民大学出版社，2015.

［5］贾俊平. 统计学［M］. 7 版. 北京：中国人民大学出版社，2018.

［6］贾俊平，何晓群，金勇进. 统计学［M］. 7 版. 北京：中国人民大学出版社，2018.

［7］王汉生. 数据思维：从数据思维到商业价值［M］. 北京：中国人民大学出版社，2018.

［8］杨国忠，郑连元. 商务统计学［M］. 北京：清华大学出版社，2019.

［9］袁卫，庞皓，贾俊平，等. 统计学［M］. 4 版. 北京：高等教育出版社，2014.

［10］贾俊平. 统计学：基于 SPSS［M］. 2 版. 北京：中国人民大学出版社，2016.

［11］贾俊平. 统计学：基于 R［M］. 3 版. 北京：中国人民大学出版社，2019.

**C**HAPTER 7

第**7**章

类别数据分析

类别数据是对事物进行分类的结果。例如，研究销售人员业绩和学历的关系，学历是一个类别变量，可以分为"本科以下""本科""硕士""博士"四类，分类的结果是每个类别都有一定数量的销售人员被分入其中，且每个销售人员都归属于其中的一个类别。

类别数据的分析就是根据各类别的频数利用 $\chi^2$ 检验进行分析，主要包括一个类别变量的**拟合优度检验**（goodness of fit test）和两个类别变量的**独立性检验**（test of independence）。

## 7.1　一个类别变量的拟合优度检验

当只研究一个类别变量时，利用 $\chi^2$ 检验来判断各类别的观察频数与期望频数是否一致。比如，各年度的汽车销售量是否符合均匀分布，不同高校的就业率是否有显著差异等。

> **定义 7.1**
>
> **拟合优度检验**是指利用 $\chi^2$ 检验来判断一个类别变量各类别的观察频数与期望频数是否一致。

**拟合优度检验的原假设和备择假设的一般形式如下：**

$H_0$：观察频数与期望频数一致。

$H_1$：观察频数与期望频数不一致。

若拒绝原假设，则说明观察频数与期望频数之间存在显著差异。

**拟合优度检验的检验统计量 $\chi^2$ 计算如下**

$$\chi^2 = \sum_{i=1}^{k} \frac{(f_i - e_i)^2}{e_i} \tag{7-1}$$

式中，$f_i$ 表示观察频数；$e_i$ 表示期望频数；该统计量服从自由度为 $k-1$ 的 $\chi^2$ 分布，$k$ 为类别的个数。

**拟合优度检验的具体步骤为：**

第一步：提出原假设和备择假设。

第二步：计算期望频数与拟合优度检验统计量 $\chi^2$。

第三步：比较拟合优度检验统计量和临界值，做出决策。查 $\chi^2$ 临界值表确定临界值，

若 $\chi^2 >$ 临界值，则落入拒绝域，拒绝原假设，表示观察频数与期望频数之间存在显著差异；反之，不拒绝原假设。也可以用 $p$ 值法进行判断，若 $p < \alpha$，则在显著性水平 $\alpha$ 下拒绝 $H_0$；若 $p \geqslant \alpha$，则在显著性水平 $\alpha$ 下不能拒绝 $H_0$。

**例 7.1 单变量拟合优度检验**

**问题**：某连锁餐厅老板想要了解顾客在餐厅就餐时最喜欢的主食，因此对 120 位顾客进行调查，结果见表 7-1。试评价顾客在这四种主食中选择时是否存在明显偏好（$\alpha = 0.05$）。

表 7-1 某连锁餐厅 120 位顾客最喜欢的主食

| 最喜欢的主食 | 频数（人） |
|---|---|
| 杂粮 | 24 |
| 面条 | 29 |
| 米饭 | 32 |
| 馒头 | 35 |
| 合计 | 120 |

**解答**：第一步提出原假设和备择假设。

$H_0$：观察频数与期望频数一致（无明显偏好）。

$H_1$：观察频数与期望频数不一致（有明显偏好）。

第二步计算期望频数和检验统计量，SPSS 输出的结果见表 7-2 和表 7-3。

表 7-2 顾客主食偏好的拟合优度检验（一）

| 主食 | 观察频数 | 期望频数 | 频数差值 |
|---|---|---|---|
| 杂粮 | 24 | 30.0 | −6.0 |
| 面条 | 29 | 30.0 | −1.0 |
| 米饭 | 32 | 30.0 | 2.0 |
| 馒头 | 35 | 30.0 | 5.0 |
| 总数 | 120 | — | — |

表 7-3 顾客主食偏好的拟合优度检验（二）

| | 主食 偏好 |
|---|---|
| 卡方 | 2.200[①] |
| df | 3 |
| 渐近 Sig. | 0.532 |

① 0 个单元（0%）具有小于 5 的期望频率，单元最小期望频率为 30.0。

因为原假设为顾客在四种主食的选择中无明显偏好，故顾客对各种主食的期望频数都等于 $0.25 \times 120 = 30$。拟合优度检验统计量可按式（7-1）计算。表 7-3 给出了由样本数据得到的检验统计量 $\chi^2 = 2.200$。查 $\chi^2$ 临界值表确定自由度 df 为 3、显著性水平 $\alpha$ 为 0.05 的临界值为 7.815，因为 $\chi^2 < 7.815$，所以未落入拒绝域。同样，根据 $p = 0.532$ 大于 $\alpha$，也可得出不能拒绝 $H_0$，即观察频数和期望频数之间的差异可归因于随机因素，顾客在选择主食时没有明显偏好。

注意，拟合优度检验除了可以处理期望频数相同的类别数据外，同样可以处理期望频数不同的类别数据。

## 7.2 两个类别变量的独立性检验

对于两个类别变量的分析，主要是判断两个类别变量是否独立。比如，某校男女学生都存在逃课的情况，是否逃课和性别就是两个类别变量。独立性检验关心两者是否有关联，是不是某个性别的学生逃课更加频繁。

**定义 7.2**

**独立性检验**是指利用 $\chi^2$ 检验来判断两个类别变量是否有关联。

**独立性检验的原假设和备择假设的一般形式如下：**

$H_0$：变量 A 和变量 B 独立。

$H_1$：变量 A 和变量 B 不独立。

若拒绝原假设，则说明两个变量之间有关联。

**独立性检验的检验统计量 $\chi^2$ 计算如下：**

$$\chi^2 = \sum_{i=1}^{r} \sum_{j=1}^{c} \frac{(f_{ij}-e_{ij})^2}{e_{ij}} \tag{7-2}$$

式中，$f_{ij}$ 表示观察频数；$e_{ij}$ 表示期望频数；该统计量服从自由度为 $(r-1)(c-1)$ 的 $\chi^2$ 分布，$r$ 为行数，$c$ 为列数。

**独立性检验的具体步骤为：**

第一步：提出原假设和备择假设。

第二步：计算期望频数和独立性检验统计量 $\chi^2$。

第三步：比较独立性检验统计量和临界值，做出决策。查 $\chi^2$ 临界值表确定临界值，若 $\chi^2 >$ 临界值，则落入拒绝域，拒绝原假设，表示两个变量不独立；反之，不拒绝原假设。也可以用 $p$ 值法进行判断，若 $p<\alpha$，则在显著性水平 $\alpha$ 下拒绝 $H_0$；若 $p \geq \alpha$，则在显著性水平 $\alpha$ 下不能拒绝 $H_0$。

**例 7.2 双变量独立性检验**

**问题**：葡萄酒行业协会想要了解饮酒者性别与葡萄酒偏好是否有关联，因此对 200 名饮酒者进行调研，其中男性 132 人、女性 68 人，共有甜葡萄酒、半干葡萄酒、干葡萄酒 3 种葡萄酒类型，样本资料见表 7-4。试评价饮酒者性别与葡萄酒偏好是否独立（$\alpha = 0.05$）。

表 7-4  饮酒者性别与葡萄酒偏好调研的样本资料 （单位：人）

| 葡萄酒偏好 | 饮酒者性别 | | 合　　计 |
|---|---|---|---|
| | 男性 | 女性 | |
| 甜葡萄酒 | 51 | 39 | 90 |
| 半干葡萄酒 | 56 | 21 | 77 |
| 干葡萄酒 | 25 | 8 | 33 |
| 合计 | 132 | 68 | 200 |

**解答**：第一步提出原假设和备择假设。

$H_0$：饮酒者性别与葡萄酒偏好独立。

$H_1$：饮酒者性别与葡萄酒偏好不独立。

第二步计算期望频数和检验统计量，SPSS 输出的结果见表 7-5 和表 7-6。

表 7-5　饮酒者性别与葡萄酒偏好的频数分布

| | | | 饮酒者性别 | | 合　计 |
| --- | --- | --- | --- | --- | --- |
| | | | 男 | 女 | |
| 葡萄酒偏好 | 甜葡萄酒 | 计数 | 51 | 39 | 90 |
| | | 期望计数 | 59.4 | 30.6 | 90 |
| | 半干葡萄酒 | 计数 | 56 | 21 | 77 |
| | | 期望计数 | 50.8 | 26.2 | 77 |
| | 干葡萄酒 | 计数 | 25 | 8 | 33 |
| | | 期望计数 | 21.8 | 11.2 | 33 |
| 合计 | | 计数 | 132 | 68 | 200 |
| | | 期望计数 | 132 | 68 | 200 |

表 7-6　饮酒者性别与葡萄酒偏好的 $\chi^2$ 独立性检验

| | 值 | df | 渐近 Sig.（双侧） |
| --- | --- | --- | --- |
| Pearson 卡方 | 6.447[①] | 2 | 0.040 |
| 似然比 | 6.461 | 2 | 0.040 |
| 有效案例中的 $N$ | 200 | — | — |

① 0 个单元格（0%）的期望计数少于 5，最小期望计数为 11.2。

因为原假设为饮酒者性别与葡萄酒偏好独立，故各性别对某种葡萄酒偏好的期望频数等于总样本中各性别人数的比例乘以偏好该葡萄酒的总人数。例如，男性对甜葡萄酒偏好的期望频数等于 0.66×90 = 59.4。独立性检验统计量可按式（7-2）计算。表 7-6 给出了由样本数据得到的检验统计量 $\chi^2 = 6.447$。查 $\chi^2$ 临界值表，确定自由度 df 为 2、显著性水平 $\alpha$ 为 0.05 的临界值为 5.991，因为 $\chi^2 > 5.991$，所以落入拒绝域。同样可以得到 $p = 0.04$ 小于 $\alpha$，所以拒绝 $H_0$，即饮酒者性别与葡萄酒偏好不独立，男性和女性饮酒者的葡萄酒偏好不同。

两个类别变量的独立性检验分析可以通过**列联表**（contingency table）的方式呈现。在表 7-4 中，行是葡萄酒类别变量，分为甜葡萄酒、半干葡萄酒和干葡萄酒三类；列是性别类别变量，分为男、女两类。表中的每个数据都反映了这两个类别变量之间的交叉信息。独立性检验分析就是分析列联表中行变量和列变量是否独立，故也称为**列联分析**（contingency table analysis）。

## 7.3　$\chi^2$ 检验的注意事项

本章介绍了 $\chi^2$ 检验在类别变量的拟合优度检验和独立性检验中的应用。$\chi^2$ 是一个被广泛应用的统计工具，但在使用时应该注意一些原则，以使检验满足给定的假设。

在利用 $\chi^2$ 分布进行检验时，需要有足够大的样本量，尤其是各个单元的期望频数不能过小（不小于 5），否则可能会得出错误的分析结论。这是因为随着期望频数变小，$\chi^2$ 概率分布与 $\chi^2$ 的抽样分布的近似性会变弱。在此给出经验准则：

**准则 1**：如果只有两个单元，则每个单元的期望频数必须大于等于 5。

在表 7-7 中，每个单元的期望频数都满足 $e_i \geqslant 5$，因此可以使用 $\chi^2$ 检验。

表 7-7 准则 1 说明

| 单 元 | $f_i$ | $e_i$ | 单 元 | $f_i$ | $e_i$ |
| --- | --- | --- | --- | --- | --- |
| 1 | 90 | 92 | 2 | 10 | 8 |

**准则 2**：如果单元数量大于 2，则期望频数小于 5 的单元比例不能超过总单元数的 20%。

在表 7-8 中，单元 4、5、6 的期望频数都小于 5，如果直接使用 $\chi^2$ 检验，则会拒绝原假设，得到期望值与观察值之间存在显著差异的结论；而通过观察表中的数据可以发现期望值和观察值之间的差异并不大，因此在这种情况下直接使用 $\chi^2$ 检验会得到错误的结论。

表 7-8 准则 2 说明

| 单 元 | $f_i$ | $e_i$ | 单 元 | $f_i$ | $e_i$ |
| --- | --- | --- | --- | --- | --- |
| 1 | 90 | 92 | 4 | 5 | 3 |
| 2 | 10 | 8 | 5 | 6 | 4 |
| 3 | 81 | 80 | 6 | 4 | 3 |

对于不适用 $\chi^2$ 检验的情况，一方面可以扩大样本量，另一方面也可以将期望频数小于 5 的若干个单元合并以使其满足上述准则。

### SPSS、Excel 和 R 的操作步骤

**SPSS 操作步骤**

- 单变量拟合优度检验

选择"数据"→"个案加权"，勾选"个案加权依据"，选择"观察频数"变量作为频率变量后单击"确定"。选择"分析"→"非参数检验"→"旧对话框"→"卡方"，将"观察频数"变量选至检验变量列表，在期望值处勾选"所有类别相等"后单击"确定"。

- 双变量独立性检验

选择"数据"→"个案加权"，勾选"个案加权依据"，选择"观察频数"变量作为频率变量后单击"确定"。选择"分析"→"描述统计"→"交叉表"，根据需要确定行、列所使用的变量，在"统计"中勾选"卡方"，并在"单元格"勾选"实测""期望"。最后单击"确定"。

**Excel 操作步骤**

- 单变量拟合优度检验

在单元格内输入 "=CHISQ. TEST(观察频数集合,期望频数集合)"

- 双变量独立性检验

在单元格内输入 "=CHISQ. TEST(观察频数集合,期望频数集合)"

**R 操作步骤**

- 单变量拟合优度检验

```
chisq. test（table $ 观察频数）
```

- 双变量独立性检验

```
chisq. test( as. matrix( table[ c('类别变量 1','类别变量 2')]))
```

## 案例分析：大学生性别与网购首选电商平台

### 1. 案例背景

网络零售作为打通生产和消费、线上和线下、城市和乡村、国内和国际的关键环节，在我国构建新发展格局的过程中不断发挥积极作用。据中国互联网络信息中心（CNNIC）统计，2021 年我国实物商品网上零售额 108 042 亿元，居世界第一位，占社会消费品零售总额的 24.5%。CNNIC 在 2017 年 8 月 3 日发布的第 40 次《中国互联网络发展状况统计报告》显示大学生是网络消费者的代表，因此，探讨大学生网购方式有着十分重要的意义。本案例将检验大学生在选取电商平台时是否存在偏好差异，以及大学生性别和首选电商平台之间是否相互独立。

### 2. 数据及其说明

"辛易校园"于 2018 年 1 月进行了一次大学生网购行为调查，统计了 864 名大学生网购时最常选取的电商平台和相应的性别数据[一]，具体见表 7-9。

**表 7-9　大学生性别和网购首选电商平台的关系**　　　　　　　　　　　　　　　（单位：人）

| 电 商 平 台 | 男 | 女 | 总　　　计 |
|---|---|---|---|
| 淘宝 | 237 | 403 | 640 |
| 京东 | 116 | 74 | 190 |
| 亚马逊 | 24 | 10 | 34 |
| 总计 | 377 | 487 | 864 |

电商平台和性别是类别变量，对应的具体人数是各类别的观测频数。

### 3. 数据分析

首先将原始数据导入统计软件中[一]。

> **SPSS 操作步骤**
>
> 单击"文件"→"打开"→"数据"，选择原始数据的位置，单击"打开"。可以看到数据表在 SPSS 上显示。
>
> **Excel 操作步骤**（无）
>
> **R 操作步骤**
>
> library（readxl）
>
> table = read_excel（"…/案例-7,. xlsx",encoding = "UTF-8"）

根据本章所学知识，对案例进行如下分析。

（1）检验大学生在选取电商平台时是否存在偏好差异。

> **SPSS 操作步骤**
>
> 第 1 步：选择"数据"→"个案加权"，勾选"个案加权依据"，选择"观察频数"变量作为频率变量后单击"确定"。
>
> 第 2 步：选择"分析"→"非参数检验"→"旧对话框"→"卡方"，将"观察频数"变量选至检验变量列表，在期望值处勾选"所有类别相等"后单击"确定"。

---

⊖　数据来源可见于"辛易校园"，官网：https://www.xinyixiaoyuan.com/advice#。

⊖　读者可根据数据实际存储位置修改代码，读取文件对应的路径。

**Excel 操作步骤**

第1步：在观察频数右侧空白单元格新建一列期望频数，输入期望频数，本案例中因为假设均匀分布，所以期望频数均为288。

第2步：单击任一处空白单元格，在菜单栏选择"公式"→"插入函数"，在弹出的对话框内选择类别为"统计"，选择函数为"CHISQ.TEST"，单击"确认"。在新弹出的函数参数对话框内，对应选取观察频数和期望频数单元格区域，单击"确定"。

**R 操作步骤**

```
table = table[ -4, ]
chisq. test( table $ 总计)
```

以 SPSS 输出的结果（见表7-10、表7-11）为例进行分析。

表7-10 大学生网购首选电商平台的
拟合优度检验（一）

| | 观察频数 | 期望频数 | 频数差值 |
|---|---|---|---|
| 淘宝 | 640 | 288.0 | 352.0 |
| 京东 | 190 | 288.0 | −98.0 |
| 亚马逊 | 34 | 288.0 | −254.0 |
| 总数 | 864 | — | — |

表7-11 大学生网购首选电商平台的
拟合优度检验（二）

| | 观 察 频 数 |
|---|---|
| $\chi^2$ | 687.583[1] |
| df | 2 |
| 渐近 Sig. | 0.000 |

[1] 0个单元格（0.0%）具有小于5的期望频率，单元最小期望频率为288.0。

表7-10 显示了大学生网购首选电商平台的观察频数与期望频数并不相等，频数差值一栏给出了对应的差别。在拟合优度检验中，频数差值的绝对值越小代表调查数据与指定分布拟合越优；表7-11 给出了整体的拟合优度检验结果 $p$ 值为 0.000。由于 $p < 0.05$，说明本研究数据不符合指定的数据分布情况，大学生网购首选电商平台并不是均匀分布，而是存在明显的选择偏好。

（2）检验大学生性别和网购首选电商平台之间是否相互独立。

**SPSS 操作步骤**

第1步：选择"数据"→"个案加权"，勾选"个案加权依据"，选择"观察频数"变量作为频率变量后单击"确定"。

第2步：选择"分析"→"描述统计"→"交叉表"，将"电商平台"变量作为行、"性别变量"作为列，并在"统计"中勾选"卡方"，在"单元格"勾选"实测""期望"。最后单击"确定"。

**Excel 操作步骤**

第1步：在观察频数右侧空白单元格新建一列期望频数，输入期望频数，男、女生期望频数计算方法为该电商平台男女生之和占总人数的比例分别乘以男、女生总人数。

第2步：单击任一处空白单元格，在菜单栏依次单击"公式"→"插入函数"，在弹出的对话框内选择类别为"统计"，选择函数为"CHISQ.TEST"，单击"确认"。在新弹出的函数参数对话框内，对应选取观察频数和期望频数单元格区域，单击"确定"。

**R 操作步骤**

```
chisq. test( as. matrix( table[ c('男','女')]))
```

以 SPSS 输出的结果（见表7-12、表7-13）为例进行分析。

表 7-12　大学生性别与网购首选电商平台的独立性检验（一）

| | | | 性　　别 | | 合　　计 |
| --- | --- | --- | --- | --- | --- |
| | | | 男 | 女 | |
| 电商平台 | 淘宝 | 计数 | 237 | 403 | 640 |
| | | 期望计数 | 279.3 | 360.7 | 640.0 |
| | 京东 | 计数 | 116 | 74 | 190 |
| | | 期望计数 | 82.9 | 107.1 | 190.0 |
| | 亚马逊 | 计数 | 24 | 10 | 34 |
| | | 期望计数 | 14.8 | 19.2 | 34.0 |
| 合计 | | 计数 | 377 | 487 | 864 |
| | | 期望计数 | 377.0 | 487.0 | 864.0 |

表 7-13　大学生性别与网购首选电商平台的独立性检验（二）

| | 值 | df | 渐近 Sig.（双侧） |
| --- | --- | --- | --- |
| Pearson $\chi^2$ | 44.827① | 2 | 0.000 |
| 似然比 | 44.811 | 2 | 0.000 |
| 有效案例中的 $N$ | 864 | — | — |

① 0 个单元格（0.0%）的期望计数少于 5，最小期望计数为 14.8。

表 7-12 显示了不同性别大学生网购首选电商平台的观察频数与期望频数并不相等。表 7-13 给出了整体的 $\chi^2$ 独立性检验结果 $p$ 值为 0.000。由于 $p<0.05$，因此认为大学生性别和网购首选电商平台不独立。

**4. 结论**

本案例基于有关大学生性别和网购首选电商平台的问卷调研数据，演示了一个分类变量的拟合优度检验（大学生选择网购电商平台是否存在偏好）和两个分类变量的独立性检验（大学生性别与网购首选电商平台之间是否相互独立）。从表 7-10 至表 7-13 分析结果可知，大学生选择电商平台存在明显偏好，同时性别不同首选的电商平台也会有所差异。根据本案例的结论，厂商可以选择适合的平台投放产品。例如，女性美妆产品可以更多地投放在淘宝平台。另外，电商平台方也可以根据相关结论来调整自己的业务和广告类别。

## 术语表

**拟合优度检验**（goodness of fit test）：利用 $\chi^2$ 检验来判断一个类别变量各类别的观察频数与期望频数是否一致。

**独立性检验**（test of independence）：利用 $\chi^2$ 检验来判断两个类别变量是否有关联。

### 思 考 与 练 习

**思考题**

1. 简述计算 $\chi^2$ 统计量的步骤。

2. 简述列联表自由度的计算方法并思考自由度的意义。

3. 简述 $\chi^2$ 检验应该注意的事项，思考其原因及解决方法。

练习题

4. 某饮料公司为研发一款新产品,调研了市场上消费者的口味,具体数据见表 7-14($\alpha$=0.1)。

表 7-14  市场上消费者口味偏好                      (单位:人)

| 饮料口味 | 喜好人数 |
|---|---|
| 柠檬 | 28 |
| 苹果 | 11 |
| 葡萄 | 16 |
| 橙子 | 21 |
| 草莓 | 14 |

请检验消费者对饮料口味是否存在偏好差异。

5. 假设在总体中随机抽取了 100 个样本,根据某种属性可将其分为 3 类,每类的样本数量分别为 21、56、23。根据以往经验数据,不同类别占总体的比例分别为 0.3、0.4、0.3,请分析抽样结果与以往经验是否相符($\alpha$=0.01)。

6. 教育是受家庭和学校双向作用的,为了研究家庭环境对初中生成绩的影响,某学校随机调查了 400名在校初中生的平均成绩与家长最高学历之间的关系,具体数据见表 7-15($\alpha$=0.05)。

表 7-15  某校初中生平均成绩与家长最高学历之间的关系    (单位:人)

| 学生平均成绩 | 家长最高学历 | | |
|---|---|---|---|
| | 研究生 | 本科 | 高中及以下 |
| 优秀 | 55 | 21 | 11 |
| 良好 | 34 | 71 | 24 |
| 中等 | 23 | 67 | 28 |
| 偏差 | 10 | 14 | 42 |

请检验初中生成绩是否与家长最高学历有关。

7. 某学校为了探讨性别与不同选修科目之间的关系,随机统计了 300 名学生的选修课记录,具体数据见表 7-16($\alpha$=0.01)。

表 7-16  某校学生性别与选修科目之间的关系        (单位:人)

| 选修科目 | 性别 | |
|---|---|---|
| | 男 | 女 |
| 科目一 | 28 | 12 |
| 科目二 | 31 | 45 |
| 科目三 | 35 | 23 |
| 科目四 | 24 | 33 |
| 科目五 | 27 | 42 |

(1)请分别分析男生、女生和全体学生在选修课选择上是否存在偏好差异。

(2)请分析选修科目是否与性别有关。

## 参考文献

［1］安德森，斯威尼，威廉斯，等. 商务与经济统计：原书第 13 版［M］. 张建华，王健，聂巧平，等译. 北京：机械工业出版社，2017.

［2］林德，马歇尔，沃森. 商务与经济统计方法：原书第 15 版［M］. 聂巧平，叶光，译. 北京：机械工业出版社，2015.

［3］贾俊平. 统计学［M］. 7 版. 北京：中国人民大学出版社，2018.

［4］贾俊平. 统计学：基于 SPSS［M］. 2 版. 北京：中国人民大学出版社，2016.

［5］贾俊平. 统计学：基于 Excel［M］. 北京：中国人民大学出版社，2017.

［6］贾俊平. 统计学：基于 R［M］. 3 版. 北京：中国人民大学出版社，2019.

C HAPTER 8

# 第 **8** 章

## 方 差 分 析

方差分析是一种用于检验多组样本均值差异以及分析类别变量对数值型因变量的影响的统计方法，被广泛应用于心理学、工程和医疗等领域的数据分析。本章首先介绍方差分析的基本概念、原理和假设，然后介绍单因素和双因素方差分析。

## 8.1　方差分析引论

> **定义 8.1**
>
> **方差分析**，又称 $F$ 检验，是一种用于检验两个及两个以上样本均值差异显著性的统计方法。

**方差分析**用于检验多个均值是否相等，以及分析一个（或多个）类别变量对数值型因变量的影响。在统计学中，常使用 $t$ 检验法检验由两组非相关样本所获得数据的差异性，这与仅包含两个水平的单因素方差分析的功能相似，两者结论也是相同的。但是当因素包含两种以上的水平时，应使用方差分析，而不能通过两两比较的 $t$ 检验法分析多个正态总体的差异性。这是因为如果把整体假设的显著性水平作为两两比较的显著性水平，随着要比较的次数增多，发生第一类错误的概率会增大；即便选择了合适的两两比较的显著性水平来实现整体假设的显著性水平，也会使两两比较发生第二类错误的概率增大。

为了方便理解，引入下面的案例对方差分析的作用做进一步说明。

某企业研发了一种新型有机发光二极管（OLED），为确定其性能的优劣，企业决定考察三种使用温度和三种电极对二极管使用寿命的影响。在每种电极材料和使用温度下检测三个二极管使用寿命，数据见表 8-1。

表 8-1　有机发光二极管使用寿命数据　　　　　　　（单位：h）

| 电极种类 | 温度 | | | | | | | | |
|---|---|---|---|---|---|---|---|---|---|
| | $T_1$ | | | $T_2$ | | | $T_3$ | | |
| $E_1$ | 130 | 155 | 180 | 34 | 40 | 72 | 21 | 69 | 80 |
| $E_2$ | 150 | 188 | 124 | 126 | 122 | 111 | 25 | 70 | 57 |
| $E_3$ | 138 | 110 | 161 | 174 | 120 | 152 | 96 | 104 | 82 |

在该案例中，电极种类是类别变量，温度只取了三个离散值，所以也可以看作是类别变

量，该问题正是探究这两种类别变量对二极管寿命的影响，对该问题的求解便可以借助方差分析完成。

## 8.1.1　方差分析的基本概念

**定义 8.2**

　　**因变量**（dependent variable），又称为响应变量，是在方差分析中被影响的变量。

**定义 8.3**

　　**因素**（factor），又称为因子，是在方差分析中影响因变量的变量。

**定义 8.4**

　　**水平**（level）是指因素的每个取值。

　　每个因素各水平下的样本值称为观察值。如上例中，有机发光二极管使用寿命为因变量，电极种类和温度为两个因素，在电极种类因素中，一共有三个水平 $E_1$、$E_2$ 和 $E_3$，分别来自三个不同种类的电极总体；在温度因素中，一共也有三个水平 $T_1$、$T_2$ 和 $T_3$，分别来自三个不同的温度总体，在任意电极种类或温度水平下的二极管使用寿命为观察值，或称样本数据。

**定义 8.5**

　　**主效应**（main effect）是指一个因素各个水平之间的差异对因变量的影响。

**定义 8.6**

　　**交互效应**（interaction）是指一个因素各个水平之间的差异对因变量的影响随其他因素的不同水平而发生变化的现象。

**定义 8.7**

　　**单因素方差分析**（one-way analysis of variance），是一种仅讨论单一因素对因变量有无显著影响的分析。

**定义 8.8**

　　**双因素方差分析**（two-way analysis of variance），是一种讨论两种因素对因变量有无显著影响的分析。

　　对于双因素方差分析，若只考虑主效应，而不考虑两个因素的交互效应，则称其为**无交互作用双因素方差分析**；若除了考虑两个因素的主效应外，还要考虑两个因素的交互效应，则称其为**有交互作用双因素方差分析**。

在上述的案例中，若只分析电极种类或温度对二极管使用寿命的影响，则是单因素方差分析，也可称为单因素三水平的试验；若综合考虑电极种类和温度对二极管使用寿命的影响，但不考虑电极种类和温度交互效应而只考虑主效应，则是无交互作用双因素方差分析；若综合考虑电极种类和温度的交互效应，则是有交互作用双因素方差分析。

## 8.1.2 方差分析的基本原理

因素对因变量是否存在影响的研究，是通过分析不同因素水平下的数据均值是否存在差异来完成的：若在不同水平下的样本均值存在差异则说明因素对因变量有影响；反之则说明没有影响。但是不同总体的数据可能存在抽样随机误差，这导致直接对比不同水平下的数据均值无法得到有效的结论。方差分析的基本原理是利用数据的方差，分析不同水平之间的数据误差的来源，进而达到分析不同水平下的数据均值是否相等的目的。

首先将初始案例简化为单因素试验，新案例仅考虑温度对二极管使用寿命的影响，从表8-2的数据可以看出，不同温度水平下二极管使用寿命的均值存在差异。根据方差分析的基本原理，此时需要对二极管使用寿命样本数据的误差来源进行分析，才能进一步对温度是否对二极管使用寿命产生显著影响做出判断。

表 8-2　不同温度水平下二极管的使用寿命　　　　　　　　　　　　　　（单位：h）

| 温　　度 | 次　　　数 | | | | | | | | |
|---|---|---|---|---|---|---|---|---|---|
| | 1 | 2 | 3 | 4 | 5 | 6 | 7 | 8 | 9 |
| $T_1$ | 130 | 155 | 180 | 150 | 188 | 124 | 138 | 110 | 161 |
| $T_2$ | 34 | 40 | 72 | 126 | 122 | 111 | 174 | 120 | 152 |
| $T_3$ | 21 | 69 | 80 | 25 | 70 | 57 | 96 | 104 | 82 |

在统计学中，一般采用**离差平方和**来表示误差。全部观测数据与总体均值的误差称为**总误差**，用**总离差平方和**表示，记为 SST（sum of squares for total）。在表8-2中，数据来自不同温度水平下的三个总体，并且每一个温度水平下均有9个样本数据，关于二极管使用寿命的样本数据共有27个，其总离差平方和即总误差。

总误差来源很多，可能是某因素的不同水平（如温度）造成的，也有可能是其他随机因素造成的（如抽样产生的随机误差）。由随机因素产生的误差称为**随机误差**，或**组内误差**，用**组内离差平方和**表示，也称为误差项离差平方和，记为 SSE（sum of squares for error）。在表8-2中，各温度水平下二极管寿命的误差即是组内误差。

不同水平之间的数据误差称为**组间误差**。组间误差可能是由随机误差引起的，也可能是由水平差异引起的，用**组间离差平方和**表示，也称为水平项离差平方和，记为 SSA（sum of squares for factor A）。在表8-2中，三个不同温度水平下二极管使用寿命均值的误差即是组间误差。

方差分析的本质是判断数据总误差中的组间误差是否大于随机误差：如果因素对因变量的影响不显著，那么组间误差主要包含随机误差。这时，每单位自由度的组间误差与组内误差的差异不大，它们的比值接近1；反之，如果因素对因变量有显著影响，那么组间误差中既包含随机误差，又包含系统误差，每单位自由度的组间误差与组内误差的比值就会显著大于1。

## 8.1.3 方差分析的基本假设

应用方差分析需要总体数据满足三个基本假设：

**（1）正态性** 正态性假设要求每个总体应满足正态分布，即因素每个水平下的观察值是来自服从正态分布总体的简单随机样本。在表 8-2 中，每个温度水平下二极管使用寿命的样本数据应服从正态分布。

**（2）方差齐性** 方差齐性（也称齐次性）假设要求每个总体的方差应相同，即各组样本数据是从具有相同方差的总体中抽取的。在表 8-2 中，每个温度水平下二极管使用寿命样本数据的方差应相同。

**（3）独立性** 独立性假设要求从每个总体中随机抽取的个体样本与其他总体中随机抽取的个体样本相互独立。在表 8-2 中，每个温度水平下的二极管使用寿命样本数据与其他温度水平下的二极管使用寿命样本数据相互独立。

### 8.1.4 检验方差分析的假设

在对数据进行方差分析之前，首先应对数据进行检验，验证数据是否能满足假设。然而数据的独立性一般是研究者通过选择合理的数据收集方法来保证的，无法进行检验。因此，本节对方差分析假设的检验只关注正态性假设和方差齐性假设。

**1. 正态性检验**

正态性检验分为图形检验法和参数检验法两类，其中图形检验工具包含频数直方图和正态概率图，参数检验法包含 Shapiro-Wilk 检验和 K-S 检验等，这里主要介绍 K-S 检验。

**（1）图形检验法** 图形检验法中常用频数直方图，根据直方图的形状，对样本数据是否满足正态分布进行简单判断。如果待检验的样本数据量不够，频数直方图对样本分布的反映可能失真，那么频数直方图对样本正态性的检验结果仅可作为参考。

**例 8.1 频数直方图检验正态性**
**问题：** 利用表 8-2 中的数据，绘制三种温度下二极管使用寿命（单位：h）的频数直方图。
**解答：** 利用表 8-2 中的数据，绘制出的频数直方图如图 8-1 所示。

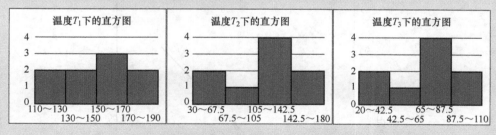

图 8-1 三种温度下二极管使用寿命的频数直方图

根据图 8-1 可以看出，二极管使用寿命数据的频数直方图形状不具有明显的正态性，这样的结果是否能说明样本数据并不满足正态分布呢？其实利用直方图对样本数据的正态性判断并不具备充分性，数据量、组距甚至组数都会对直方图的形状产生影响，所以还需要进一步采取其他方法。

图形检验正态性的另一种方法是正态概率图。正态概率图也有两类，一种是 Q-Q 图，另一种是 P-P 图。Q-Q 图是根据观测值的实际分位数及理论值的分位数绘制的，也可称为分位数-分位数图。P-P 图则是根据实际观测值的累积概率及理论值的累积概率绘制的。如果

Q-Q 图或 P-P 图上的样本点均匀且随机分布在理论正态分布直线周围，则表明实际观测值和理论值较为一致，即样本数据的正态性良好。

　　在样本数据量充足的情况下，可以绘制每一水平下的正态概率图，但是在数据量较少时，每一水平下的正态概率图对于样本正态性的判断不具有充分性，这时可以选择将所有水平的数据绘制在一张正态概率图中。

**例 8.2　正态概率图检验正态性**

**问题：** 利用表 8-2 中的数据，绘制合并三种温度下数据的正态概率图。

**解答：** 利用表 8-2 中的数据，绘制出的正态概率图如图 8-2 所示。

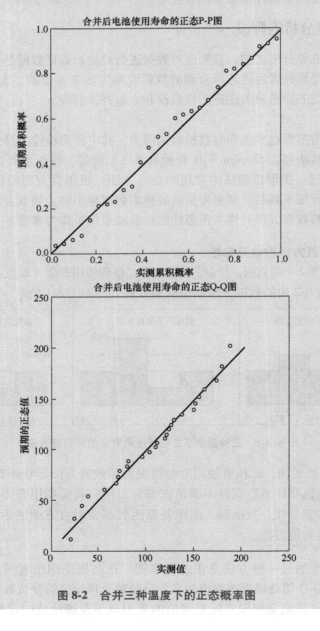

图 8-2　合并三种温度下的正态概率图

根据图 8-2，可以看出观测样本点较为均匀地围绕在理论的正态分布直线周围，无明显规律，可以在一定程度上证明样本数据的正态性。但是数据正态性的检验仍需要更多的证据，才能使检验结果具有充分性。

综上所述，图像检验虽然比较直观且简便，但是利用图形检验法对样本正态性的检验，其结果的采纳应当具有一定的灵活性，不能仅凭一种检验结果就得出结论，更不可要求观测数据完全满足正态分布。尤其在数据量不太充足的情况下，对数据正态性的判断还需要通过参数检验法来检验才能更具说服力。

**（2）参数检验法** 当样本数据量较少时，图形检验法具有相当的不准确性，这时可以使用参数检验法。这里介绍一种常用的正态性参数检验法——K-S 检验。检验的原假设是样本服从正态分布，所得的 $p$ 值如果小于设定的显著性水平，则拒绝原假设，认为样本数据不满足正态分布；反之，则不拒绝原假设，认为样本数据满足正态分布。

K-S 检验是检验样本是否来自于某一特定的已知分布的方法，通过将样本数据的累计频数分布与特定理论分布比较，检验其拟合程度，从而判断样本是否取自该特定分布族。检验参数的构造原理如下：

设样本观测值的理论分布的累积概率为 $T(x)$，样本观测值的实际累积概率为 $F(x)$，二者的差值为 $D(x)$，取二者差值的最大值作为待检验统计量 $D$，即

$$D = \max(|D(x)|) = \max(|F(x) - T(x)|) \tag{8-1}$$

考虑到实际累积概率为离散数据，常对统计量做以下修正

$$D = \max((|F(x_i) - T(x_i)|), (|F(x_{i-1}) - T(x_i)|)) \tag{8-2}$$

统计量 $D$ 服从 Kolmogorov 分布，在样本数据量足够大时，近似于正态分布，此时统计量变换为

$$z = \sqrt{n}\, D \tag{8-3}$$

综上所述，检验的原假设 $H_0$ 和备择假设 $H_1$ 可以表述为以下形式

$$H_0: T(x) = F(x)$$

$$H_1: T(x) \neq F(x)$$

如果原假设成立，那么统计量 $D$ 或 $z$ 的值不会跟 0 有很大的偏离。如果统计量 $D$ 或 $z$ 的值明显偏离 0 值，使得其所对应的 $p$ 值小于给定的显著性水平，则拒绝原假设，认为数据不满足 Kolmogorov 分布式正态分布。

K-S 检验要求理论分布的参数已知，当其未知时，需要用样本统计量代替总体参数，并进行 Lilliefors 纠正，又称 Lilliefors 检验。使用 SPSS 进行 K-S 检验时均用样本统计量来代替总体参数，因而实际上输出的是经过 Lilliefors 纠正后的结果。

**例 8.3　K-S 法检验正态性**

**问题：**利用表 8-2 中数据，在 0.05 的显著性水平下，进行 K-S 检验。

**解答：**K-S 检验结果见表 8-3。

表 8-3　三种温度下二极管使用寿命的 K-S 正态性检验

|  | $D$ | df | 渐近 Sig.（双侧） |
|---|---|---|---|
| $T_1$ | 0.112 | 9 | 0.200 |
| $T_2$ | 0.211 | 9 | 0.200 |
| $T_3$ | 0.193 | 9 | 0.200 |

检验结果显示，三种温度下修正后的 $p$ 值均大于显著性水平 0.05，所以不拒绝三种温度下二极管使用寿命数据均满足正态分布的假设。

**2. 方差齐性的检验**

方差齐性要求各水平数据的方差相同，其检验方法同样分为图形检验法和参数检验法两类。

**（1）图形检验法**　在方差齐性的图形检验时常用的方法有箱线图和残差图两种。箱线图利用数据的最大值、最小值、中位数、上下四分位数来绘制，箱体绘制完成后，根据图形的离散程度判断数据样本的方差情况。

**例 8.4　用箱线图检验方差齐性**

**问题：** 利用表 8-2 数据，绘制三种温度下的箱线图。

**解答：** 可以看出，$T_2$ 温度下的二极管使用寿命数据相对另外两种温度下的二极管使用寿命数据的离散程度较大，但是仅根据箱线图得到数据不满足方差齐性的结论是很难有说服力的，对于方差齐性的判断仍须综合采用多种检验方法。三种温度下的二极管使用寿命箱线图如图 8-3 所示。

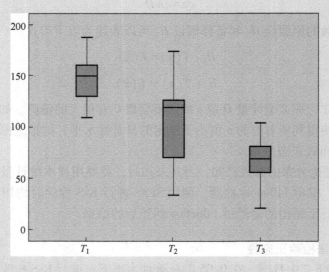

图 8-3　三种温度下的二极管使用寿命箱线图

另一种图形检验法为残差图。残差是指观测值和预测值的差值，标准化残差是指残差和残差标准差的比值，观测值是样本数据，而预测值是指样本数据的均值。残差图是以标准化残差为纵坐标、以预测值为横坐标绘制的图形。利用残差图检验方差齐性时，需要同时给出不同水平下的残差散点图，并对比各个水平下残差的离散程度。

**例 8.5　残差图检验方差齐性**

**问题**：利用表 8-2 数据，绘制三种温度下的残差图。

**解答**：可以看出，$T_2$ 温度下相对于另外两种温度，标准化残差的离散程度稍高，但是由于数据量的限制，此时想得出方差非齐性的结论仍然需要进一步验证。单温度因素方差分析的残差图如图 8-4 所示。

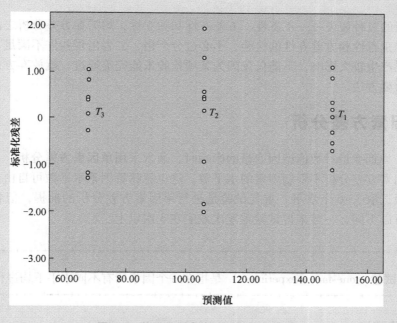

**图 8-4　单温度因素方差分析的残差图**

**（2）参数检验法**　图形检验法虽然直观，但是当样本数据量较少时，很难依靠图形分析充分得到各个水平数据方差是否齐次的结论。类似于正态性的检验，此时可以采用参数检验的方法去检验数据方差的齐性。

SPSS 中常用的方差齐性的参数检验法是 Levene 检验。Levene 检验中的原假设是不同水平数据方差相同，所得的 $p$ 值如果小于设定的显著性水平，则拒绝原假设，认为各水平样本数据不满足方差齐性；反之，则不拒绝各水平样本数据满足方差齐性的假设。Levene 检验的理论依据实际上是方差分析：首先对样本数据进行转换处理，SPSS 中采用的转换方法是将样本数据减去对应水平下的样本均值，并取绝对值，即 $x_i' = |x_i - \bar{x}_i|$，然后对得到的新数据进行方差分析，根据得到的 $p$ 值就可以在对应显著性水平下进行方差的齐性判断。

**例 8.6 Levene 法检验方差齐性**

**问题:** 利用表 8-2 数据,在显著性为 0.05 的条件下,对数据进行方差齐性的 Levene 检验。

**解答:** Levene 检验结果见表 8-4,其中因变量为使用寿命。

表 8-4 三种温度下方差齐性的 Levene 检验

| Levene 统计量 | $df_1$ | $df_2$ | Sig. |
|---|---|---|---|
| 2.251 | 2 | 24 | 0.127 |

检验结果显示 $p$ 值为 0.127,大于 0.05,因此不拒绝三种温度下的二极管使用寿命样本数据满足方差齐性的假设。

**3. 总结**

方差分析的三种假设——正态性、方差齐性和独立性,均需在方差分析之前检验是否成立。但是对于正态性和方差齐性的检验,不必过分严格,二者出现些许不满足,并不会对方差分析的结果产生较大影响,不能仅仅因为某项检验未能完美通过,就放弃方差分析这一种数据分析的重要方法。

## 8.2 单因素方差分析

研究某一类别变量对数值型因变量的影响时,通常采用**单因素方差分析**。

通常单因素方差分析不限制因素的水平数,这也意味着因素水平数可自由选择,但在实际运用中一般选取 3~6 个水平,重复试验是进行单因素方差分析的前提,但各水平下的试验重复次数可以不同,一般来说试验重复次数应在 3 次以上。

**定义 8.9**

**单因素试验**(one-factor experiment)是指在一个因素所有不同水平下均进行重复试验。

### 8.2.1 数据结构

设因素为 $A$,共有 $k$ 个水平:$A_1$,$A_2$,$\cdots$,$A_k$。所得的 $n_T = \sum_{i=1}^{k} n_i$ 个试验结果见表 8-5。

表 8-5 单因素试验数据记录

| 水 平 | 次 数 | | | | | |
|---|---|---|---|---|---|---|
| | 1 | 2 | $\cdots$ | $j$ | $\cdots$ | $n_i$ |
| $A_1$ | $x_{11}$ | $x_{12}$ | $\cdots$ | $x_{1j}$ | $\cdots$ | $x_{1n_1}$ |
| $A_2$ | $x_{21}$ | $x_{22}$ | $\cdots$ | $x_{2j}$ | $\cdots$ | $x_{2n_2}$ |
| $\vdots$ | $\vdots$ | $\vdots$ | $\vdots$ | $\vdots$ | $\vdots$ | $\vdots$ |
| $A_i$ | $x_{i1}$ | $x_{i2}$ | $\cdots$ | $x_{ij}$ | $\cdots$ | $x_{in_i}$ |
| $\vdots$ | $\vdots$ | $\vdots$ | $\vdots$ | $\vdots$ | $\vdots$ | $\vdots$ |
| $A_k$ | $x_{k1}$ | $x_{k2}$ | $\cdots$ | $x_{kj}$ | $\cdots$ | $x_{kn_k}$ |

其中，$x_{ij}$ 表示第 $i$ 水平 $A_i$ 下的第 $j$ 次试验结果，$x_{in_i}$ 表示第 $i$ 水平 $A_i$ 下的最后一次（第 $n_i$ 次）试验结果。

例如，某鲜花种植基地打算考察化肥种类对鲜花产量（单位：t）的影响，从市场中选择 4 种化肥 $C_1$、$C_2$、$C_3$、$C_4$ 做试验，试验数据见表 8-6。

表 8-6 鲜花产量 （单位：t）

| 种　类 | 次　　数 | | | |
|:---:|:---:|:---:|:---:|:---:|
| | 1 | 2 | 3 | 4 |
| $C_1$ | 74 | 70 | 73 | 67 |
| $C_2$ | 78 | 82 | 76 | 78 |
| $C_3$ | 83 | 85 | 79 | 80 |
| $C_4$ | 84 | 78 | 80 | 81 |

这是一个典型的应用单因素方差分析的实例，单因素下共有 4 个水平，每个水平下各做 4 次试验。

## 8.2.2　分析步骤

**1. 提出原假设和备择假设**

在判定所研究的问题可以采用方差分析后，即可建立原假设和备择假设（第 $i$ 个总体的均值为 $\mu_i$）

$$H_0：\mu_1=\mu_2=\cdots=\mu_k \qquad 自变量对因变量没有显著影响$$

$$H_1：\mu_1，\mu_2，\cdots，\mu_k 不全相等 \qquad 自变量对因变量存在显著影响$$

**2. 构造检验统计量**

**（1）均值**　令 $\bar{x}_i$ 为第 $i$ 水平下的数据均值，即 $i$ 水平均值

$$\bar{x}_i = \frac{1}{n_i}\sum_{j=1}^{n_i} x_{ij}, i = 1,2,\cdots,k \tag{8-4}$$

令 $\bar{\bar{x}}$ 为总体均值

$$\bar{\bar{x}} = \frac{1}{n_T}\sum_{i=1}^{k}\sum_{j=1}^{n_i} x_{ij} \tag{8-5}$$

> **例 8.7　单因素试验因素水平和总体水平**
>
> **问题：** 使用表 8-6 中的数据计算 $C_1$ 水平均值和总体均值。
>
> **解答：** $C_1$ 水平均值为
>
> $$\bar{x}_1 = \frac{1}{n_i}\sum_{j=1}^{n_i} x_{ij} = \frac{74 + 70 + 73 + 67}{4} = 71$$
>
> 总体均值为
>
> $$\bar{\bar{x}} = \frac{74+70+\cdots+80+81}{16} = 78$$

**（2）离差平方和**　在方差分析中，数据的误差通常用离差平方和表示，离差平方和共有 3 个，记为**总离差平方和**（SST）、**组间离差平方和**（SSA）及**组内离差平方和**（SSE）。

**总离差平方和**是全部观测数据与总体均值的离差平方和，反映了全部观测数据的误差。

$$\text{SST} = \sum_{i=1}^{k} \sum_{j=1}^{n_i} (x_{ij} - \bar{\bar{x}})^2 \tag{8-6}$$

**组间离差平方和**是各组水平均值与总体均值的离差平方和，同时反映了随机误差和系统误差。

$$\text{SSA} = \sum_{i=1}^{k} n_i (\bar{x}_i - \bar{\bar{x}})^2 \tag{8-7}$$

**组内离差平方和**是水平内部观测数据与水平均值的离差平方和，仅反映了随机误差。

$$\text{SSE} = \sum_{i=1}^{k} \sum_{j=1}^{n_i} (x_{ij} - \bar{x}_i)^2 \tag{8-8}$$

可以将总离差平方和（SST）分解为

$$\text{SST} = \sum_{i=1}^{k} n_i (\bar{x}_i - \bar{\bar{x}})^2 + \sum_{i=1}^{k} \sum_{j=1}^{n_i} (x_{ij} - \bar{x}_i)^2$$

综上可得

$$\text{SST} = \text{SSA} + \text{SSE}$$

---

**例 8.8　单因素试验数据离差平方和**

**问题：** 使用表 8-6 中的数据计算总离差平方和、组间离差平方和以及组内离差平方和。

**解答：** 总离差平方和为

$$\text{SST} = (74-78)^2 + (70-78)^2 + \cdots + (80-78)^2 + (81-78)^2 = 374$$

组间离差平方和为

$$\text{SSA} = 4 \times (71-78)^2 + \cdots + 4 \times (80.75-78)^2 = 283.50$$

组内离差平方和为

$$\text{SSE} = (74-71)^2 + \cdots + (81-80.75)^2 = 90.50$$

---

**（3）均方**　各离差平方和的大小取决于试验结果数目的多少，为了便于离差平方和之间的相互比较，我们采用**均方**的形式进行标准化，以期消除试验结果数量的影响。**均方**为离差平方和与对应自由度之比。

SST 的自由度为 $n_T-1$，SSA 的自由度为 $k-1$，SSE 的自由度为 $n_T-k$。通常将 SSA 的均方记为 MSA，SSE 的均方记为 MSE，故

$$\text{MSA} = \frac{\text{SSA}}{k-1} \tag{8-9}$$

$$\text{MSE} = \frac{\text{SSE}}{n_T-k} \tag{8-10}$$

如果组间离差平方和（SSA）的均方 MSA 远远大于组内离差平方和（SSE）的均方 MSE，则意味着各水平之间既存在随机误差也存在系统误差，应拒绝 $H_0$，表明自变量对因变量存在显著影响；如果均方 MSA 与均方 MSE 之间的差异较小，则意味着各水平之间仅存在随机误差，不应拒绝 $H_0$，表明自变量对因变量不存在显著影响。因此，我们可以通过判断均方 MSA 和均方 MSE 之间的差异，来进一步决定是否可以拒绝原假设 $H_0$。

**（4）构建 $F$ 统计量**

$$F = \frac{MSA}{MSE} \sim F(k-1, n_T-k) \tag{8-11}$$

$F$ 统计量服从第一个自由度为 $k-1$，第二个自由度为 $n_T-k$ 的 $F$ 分布。

> **例 8.9　单因素试验数据均方及 $F$ 统计量**
>
> **问题：** 使用表 8-6 中的数据计算对应的 MSA、MSE 及 $F$ 统计量。
>
> **解答：** 由例 8.8 可知，$SSA = 283.50$，$SSE = 90.50$，则可求得
> MSA 为
>
> $$MSA = \frac{SSA}{k-1} = \frac{283.50}{3} = 94.50$$
>
> MSE 为
>
> $$MSE = \frac{SSA}{n_T-k} = \frac{90.50}{12} = 7.54$$
>
> $F$ 统计量为
>
> $$F = \frac{MSA}{MSE} = \frac{94.50}{7.54} = 12.53$$

**3. 做出统计决策**

**（1）临界值法**　将 $F$ 统计量与给定显著性水平 $\alpha$ 的临界值 $F_\alpha(k-1, n_T-k)$ 比较，对是否原假设 $H_0$ 做出判断，如图 8-5 所示。

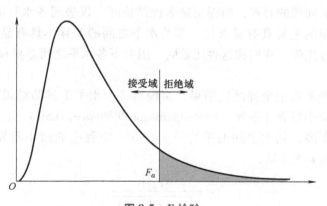

**图 8-5　$F$ 检验**

若 $F > F_\alpha$，则拒绝原假设 $H_0$，表明均值之间差异显著，因素 $A$ 对试验结果有显著影响；若 $F \leqslant F_\alpha$，则不能拒绝原假设 $H_0$，表明均值之间差异不显著，因素 $A$ 对试验结果无显著影响。

**（2）$p$ 值法**　若 $p < \alpha$，则拒绝原假设 $H_0$，表明均值之间的差异显著，因素 $A$ 对试验结果有显著影响；若 $p \geqslant \alpha$，则不拒绝原假设，表明均值之间差异不显著，因素 $A$ 对试验结果无显著影响。

针对同一次检验，以上两种判断方法的结论是一致的，读者可自行选择。

**例 8.10 单因素试验显著性判断**

**问题：** 使用表 8-6 中的数据判断化肥种类是否对鲜花产量有显著影响。

**解答：** 由例 8.9 可知，$F=12.53$。若取显著性水平 $\alpha=0.05$，查 $F$ 分布表得到临界值 $F_{0.05}(3,12)=3.49$。由于 $F \geqslant F_\alpha$，拒绝原假设，认为不同化肥对鲜花产量的影响有显著差异。

若采用 $p$ 值法进行判断：使用统计软件，计算得到的 $p$ 值为 0.001，小于显著性水平 0.05，说明结果显著，不同化肥对鲜花产量的影响有显著差异。

通常将上述分析的结果列在一张表内，这就是方差分析表，单因素方差分析表的一般形式见表 8-7。

表 8-7 单因素方差分析表

| 方差来源 | 离差平方和 SS | 自由度 df | 均方 MS | 检验统计量 $F$ | $p$ 值 |
|---|---|---|---|---|---|
| 因素 $A$ | SSA | $k-1$ | $\text{MSA}=\dfrac{\text{SSA}}{k-1}$ | $\dfrac{\text{MSA}}{\text{MSE}}$ | |
| 误差 | SSE | $n_T-k$ | $\text{MSE}=\dfrac{\text{SSE}}{n_T-k}$ | — | — |
| 总和 | SST | $n_T-1$ | — | — | — |

## 8.2.3 均值的多重比较

用方差分析解决问题的时候，当得出显著性结论时，仅表明各水平的平均值不全相等，至于是哪些水平之间的差异具有显著性，哪些水平之间的差异不具有显著性，是无法判断的，需要进一步进行比较。我们称这种比较同一因素下各水平之间差异显著性的方法为**多重比较**。

多重比较的原理是利用全部试验结果，实现对各个水平下试验结果总体均值的两两比较。这里主要介绍最小显著性差异（least-significant difference，LSD）法。

LSD 检验灵敏度高，其水平间的平均只要存在一定程度的微小差异就可能被检测到，LSD 的检验统计量为 $t$ 统计量。

$$t=\frac{\bar{x}_i-\bar{x}_j}{\sqrt{\text{MSE}\left(\dfrac{1}{n_i}+\dfrac{1}{n_j}\right)}} \tag{8-12}$$

式中，MSE 为 SSE 的组内均方差，是利用全部试验结果，而非仅使用某两组的数据，因此与两独立样本的 $t$ 检验不同。$t$ 检验统计量服从 $n_T-k$ 个自由度的 $t$ 分布（$k$ 为被检验因素的水平个数）。

我们将最小显著性差异（LSD）定义为

$$\text{LSD}=t_{\alpha/2}\sqrt{\text{MSE}\left(\dfrac{1}{n_i}+\dfrac{1}{n_j}\right)} \tag{8-13}$$

由式（8-13）可知，在给定的显著性水平 $\alpha$ 下，当满足式（8-15）的条件时，可判断均

值 $\mu_i$ 和 $\mu_j$ 有显著性差异。

$$|\bar{x}_i - \bar{x}_j| > \text{LSD} \tag{8-14}$$

**例 8.11　单因素试验的均值多重比较**

**问题：**使用表 8-6 中的数据对四种化肥的均值做多重比较。

**解答：**（1）提出如下假设。

检验 1：$H_0$：$\mu_1 = \mu_2$，$H_1$：$\mu_1 \neq \mu_2$。

检验 2：$H_0$：$\mu_1 = \mu_3$，$H_1$：$\mu_1 \neq \mu_3$。

检验 3：$H_0$：$\mu_1 = \mu_4$，$H_1$：$\mu_1 \neq \mu_4$。

检验 4：$H_0$：$\mu_2 = \mu_3$，$H_1$：$\mu_2 \neq \mu_3$。

检验 5：$H_0$：$\mu_2 = \mu_4$，$H_1$：$\mu_2 \neq \mu_4$。

检验 6：$H_0$：$\mu_3 = \mu_4$，$H_1$：$\mu_3 \neq \mu_4$。

（2）计算检验统计量。

$$|\bar{x}_1 - \bar{x}_2| = |71 - 78.50| = 7.50$$

$$|\bar{x}_1 - \bar{x}_3| = |71 - 81.75| = 10.75$$

$$|\bar{x}_1 - \bar{x}_4| = |71 - 80.75| = 9.75$$

$$|\bar{x}_2 - \bar{x}_3| = |78.50 - 81.75| = 3.25$$

$$|\bar{x}_2 - \bar{x}_4| = |78.50 - 80.75| = 2.25$$

$$|\bar{x}_3 - \bar{x}_4| = |81.75 - 80.75| = 1$$

（3）计算 LSD。

根据之前的计算可知 MSE = 7.54。已知自由度为 12，查 $t$ 分布表得

$$t_{\alpha/2} = 2.179$$

故 LSD 值为

$$\text{LSD} = 2.179\sqrt{7.54(1/4 + 1/4)} = 4.23$$

（4）做出决策。

$|\bar{x}_1 - \bar{x}_2| = 7.50 > 4.23$，拒绝 $H_0$，认为 $A_1$、$A_2$ 两种化肥对鲜花产量的影响有显著差异。

$|\bar{x}_1 - \bar{x}_3| = 10.75 > 4.23$，拒绝 $H_0$，认为 $A_1$、$A_3$ 两种化肥对鲜花产量的影响有显著差异。

$|\bar{x}_1 - \bar{x}_4| = 9.75 > 4.23$，拒绝 $H_0$，认为 $A_1$、$A_4$ 两种化肥对鲜花产量的影响有显著差异。

$|\bar{x}_2 - \bar{x}_3| = 3.25 < 4.23$，不拒绝 $H_0$，认为 $A_2$、$A_3$ 两种化肥对鲜花产量的影响没有显著差异。

$|\bar{x}_2 - \bar{x}_4| = 2.25 < 4.23$，不拒绝 $H_0$，认为 $A_2$、$A_4$ 两种化肥对鲜花产量的影响没有显著差异。

$|\bar{x}_3 - \bar{x}_4| = 1 < 4.23$，不拒绝 $H_0$，认为 $A_3$、$A_4$ 两种化肥对鲜花产量的影响没有显著差异。

# 8.3 双因素方差分析

## 8.3.1 无交互作用双因素方差分析

在双因素试验中，我们将研究两个类别变量对数值型因变量的影响。将双因素试验中所研究的两个因素记为 $A$ 和 $B$。设因素 $A$ 有 $k$ 个不同水平 $A_1$，$A_2$，$\cdots$，$A_k$；因素 $B$ 有 $r$ 个不同水平 $B_1$，$B_2$，$\cdots$，$B_r$，那么因素 $A$ 与因素 $B$ 之间共有 $kr$ 种不同水平的组合。

> **定义 8.10**
>
> **双因素无重复试验**（two-factor experiment without replication）是指在两个因素所有不同水平组合下均只进行一次试验。

与单因素试验相比，双因素试验更为复杂，这是由于两个因素之间既可能独立，也可能存在交互作用。但对于双因素无重复试验，由于每一种试验条件下，只进行一次试验，这使得交互作用和试验误差共同体现在一次试验结果中，即使存在交互作用，也无法对其进行分析和区分。在双因素无重复试验中，交互作用只能当作误差来考虑，因此在双因素无重复试验中，可以认为双因素是独立的，彼此无交互作用。

**1. 数据结构**

设因素 $A$ 的水平数为 $k$，因素 $B$ 的水平数为 $r$，各试验条件 $A_iB_j$ 下的重复数均为 1，所得的 $N = kr$ 个试验数据，可记录为表 8-8。

表 8-8　双因素无重复试验数据记录

|  | $B_1$ | $B_2$ | $\cdots$ | $B_j$ | $\cdots$ | $B_r$ |
|---|---|---|---|---|---|---|
| $A_1$ | $x_{11}$ | $x_{12}$ | $\cdots$ | $x_{1j}$ | $\cdots$ | $x_{1r}$ |
| $A_2$ | $x_{21}$ | $x_{22}$ | $\cdots$ | $x_{2j}$ | $\cdots$ | $x_{2r}$ |
| $\vdots$ | $\vdots$ | $\vdots$ | $\vdots$ | $\vdots$ | $\vdots$ | $\vdots$ |
| $A_i$ | $x_{i1}$ | $x_{i2}$ | $\cdots$ | $x_{ij}$ | $\cdots$ | $x_{ir}$ |
| $\vdots$ | $\vdots$ | $\vdots$ | $\vdots$ | $\vdots$ | $\vdots$ | $\vdots$ |
| $A_k$ | $x_{k1}$ | $x_{k2}$ | $\cdots$ | $x_{kj}$ | $\cdots$ | $x_{kr}$ |

其中，$x_{ij}$ 表示因素 $A$ 取第 $i$ 水平、因素 $B$ 取第 $j$ 水平的试验结果。

应用双因素无交互作用方差分析的实例如下：某化工厂采购了一批聚乙烯生产设备，为了研究聚合时间、反应温度与聚乙烯聚合度（百分比）之间的关系，现选择四个反应温度和三个聚合时间。试验数据见表 8-9。

表 8-9 聚合度数据

| 时　　间 | 温　　度 | | | |
|:---:|:---:|:---:|:---:|:---:|
| | 160 ℃ | 200 ℃ | 240 ℃ | 280 ℃ |
| 22min | 82. 4 | 82. 1 | 88. 4 | 86. 1 |
| 28min | 92. 2 | 94. 4 | 94. 2 | 95. 2 |
| 32min | 90. 2 | 94. 0 | 96. 0 | 94. 5 |

**2. 分析步骤**

（1）**提出原假设和备择假设**　同单因素方差分析类似，在判定所研究的问题可以采用方差分析后，即可提出原假设和备择假设。

对因素 A 提出假设：$H_0$，因素 A 各个水平的均值相等；$H_1$，因素 A 各个水平的均值不全相等。

对因素 B 提出假设：$H_0$，因素 B 各个水平的均值相等；$H_1$，因素 B 各个水平的均值不全相等。

（2）**构造检验统计量**

1）均值。令 $x_{i.}$ 为因素 A 的第 $i$ 水平的均值，$x_{.j}$ 为因素 B 的第 $j$ 水平的均值

$$x_{i.} = \frac{1}{r} \sum_{j=1}^{r} x_{ij} \tag{8-15}$$

$$x_{.j} = \frac{1}{k} \sum_{i=1}^{k} x_{ij} \tag{8-16}$$

令 $\bar{\bar{x}}$ 为总体均值

$$\bar{\bar{x}} = \frac{1}{kr} \sum_{i=1}^{k} \sum_{j=1}^{r} x_{ij} \tag{8-17}$$

**例 8.12　双因素无重复试验数据均值**

**问题：**使用表 8-9 中的数据计算聚合时间为 22min 水平的均值、反应温度为 160℃ 水平的均值及总体均值。

**解答：**聚合时间为 22min 水平的均值为

$$x_{1.} = \frac{1}{r} \sum_{j=1}^{r} x_{1j} = \frac{82.4 + 82.1 + 88.4 + 86.1}{4} = 84.75$$

反应温度为 160℃ 水平的均值为

$$x_{.1} = \frac{1}{k} \sum_{i=1}^{k} x_{i1} = \frac{82.4 + 92.2 + 90.2}{3} = 88.27$$

总体均值为

$$\bar{\bar{x}} = \frac{1}{kr} \sum_{i=1}^{k} \sum_{j=1}^{r} x_{ij} = \frac{82.4 + 82.1 + \cdots + 96.0 + 94.5}{12} = 90.81$$

2）离差平方和。记总离差平方和为 SST，**因素 A 离差平方和为 SSA**，**因素 B 离差平方和为 SSB 以及误差离差平方和为 SSE**，可知

$$SST = \sum_{i=1}^{k} \sum_{j=1}^{r} (x_{ij} - \bar{\bar{x}})^2 \tag{8-18}$$

$$SSA = \sum_{i=1}^{k} r (x_{i\cdot} - \bar{\bar{x}})^2 \tag{8-19}$$

$$SSB = \sum_{j=1}^{r} k (x_{\cdot j} - \bar{\bar{x}})^2 \tag{8-20}$$

$$SSE = \sum_{i=1}^{k} \sum_{j=1}^{r} (x_{ij} - x_{i\cdot} - x_{\cdot j} + \bar{\bar{x}})^2 \tag{8-21}$$

可以将总离差平方和 SST 分解为

$$SST = \sum_{i=1}^{k} r (x_{i\cdot} - \bar{\bar{x}})^2 + \sum_{j=1}^{r} k (x_{\cdot j} - \bar{\bar{x}})^2 + \sum_{i=1}^{k} \sum_{j=1}^{r} (x_{ij} - x_{i\cdot} - x_{\cdot j} + \bar{\bar{x}})^2$$

综上可得

$$SST = SSA + SSB + SSE$$

**例 8.13　双因素无重复试验数据离差平方和**

**问题：** 使用表 8-9 中的数据计算总离差平方和、聚合时间离差平方和、反应温度离差平方和，以及误差离差平方和。

**解答：** 聚合时间离差平方和为
$$SSA = 4 \times (84.75 - 90.81)^2 + \cdots + 4 \times (93.68 - 90.81)^2 = 220.43$$
反应温度离差平方和为
$$SSB = 3 \times (88.27 - 90.81)^2 + \cdots + 3 \times (91.93 - 90.81)^2 = 37.12$$
误差离差平方和为
$$SSE = (82.4 - 84.75 - 88.27 + 90.81)^2 + \cdots + (94.5 - 93.68 - 91.93 + 90.81)^2$$
$$= 13.72$$

3）均方。与单因素方差分析类似，在此我们采用**均方**的形式，消除试验结果数量对离差平方和大小的影响。**均方**为离差平方和与对应自由度之比。

其中 SST 的自由度为 $kr-1$，SSA 的自由度为 $k-1$，SSB 的自由度为 $r-1$，SSE 的自由度为 $(k-1)(r-1)$。通常将 SSA 的均方记为 MSA，SSB 的均方记为 MSB，SSE 的均方记为 MSE，故

$$MSA = \frac{SSA}{k-1} \tag{8-22}$$

$$MSB = \frac{SSB}{r-1} \tag{8-23}$$

$$MSE = \frac{SSE}{(k-1)(r-1)} \tag{8-24}$$

4）构建 $F$ 统计量。为检验 $A$ 因素对因变量的影响是否显著，构建统计量为

$$F_A = \frac{MSA}{MSE} \sim F(k-1, (k-1)(r-1)) \tag{8-25}$$

为检验 $B$ 因素对因变量的影响是否显著，构建统计量为

$$F_B = \frac{MSB}{MSE} \sim F(r-1, (k-1)(r-1)) \qquad (8\text{-}26)$$

**例 8.14 双因素无重复试验数据均方及 $F$ 统计量**

**问题：** 使用表 8-9 中的数据计算 MSA、MSB、MSE 及 $F$ 统计量 $F_A$、$F_B$。

**解答：** 由例 8.13 可知，SSA = 220.43，SSB = 37.12，SSE = 13.72，则

$$MSA = \frac{SSA}{k-1} = \frac{220.43}{2} = 110.22$$

$$MSB = \frac{SSB}{r-1} = \frac{37.12}{3} = 12.37$$

$$MSE = \frac{SSE}{(k-1)(r-1)} = \frac{13.72}{6} = 2.29$$

$$F_A = \frac{MSA}{MSE} = \frac{110.22}{2.29} = 48.13$$

$$F_B = \frac{MSB}{MSE} = \frac{12.37}{2.29} = 5.40$$

**（3）做出统计决策** 对于给定的显著性水平 $\alpha$，通过查 $F$ 分布表可得统计量 $F_A$ 的检验临界值 $F_\alpha(k-1, (k-1)(r-1))$，$F_B$ 的检验临界值 $F_\alpha(r-1, (k-1)(r-1))$。

若 $F_A > F_\alpha(k-1, (k-1)(r-1))$ 或 $p_A < \alpha$，则认为因素 $A$ 对因变量有显著影响，否则认为因素 $A$ 无显著影响；若 $F_B > F_\alpha(r-1, (k-1)(r-1))$ 或 $p_B < \alpha$，则认为因素 $B$ 对因变量有显著影响，否则认为因素 $B$ 无显著影响。

**例 8.15 双因素无重复试验显著性判断**

**问题：** 使用表 8-9 中的数据判断聚合温度、反应时间是否对聚合度有显著影响。

**解答：** 根据例 8-14 的结果，$F_A = 48.13$、$F_B = 5.40$。若取显著性水平 $\alpha = 0.05$，查表得临界值 $F_{0.05}(2,6) = 5.14$、$F_{0.05}(3,6) = 4.76$。由于 $F_A \geqslant F_\alpha(2,6)$ 和 $F_B \geqslant F_\alpha(3,6)$，故拒绝原假设，即认为聚合时间和反应温度对聚乙烯聚合度有显著影响。

若采用 $p$ 值法进行判断：使用统计软件，计算得到的聚合温度、反应时间的 $p$ 值分别为 $p_A = 0.0002$ 和 $p_B = 0.0385$，均小于显著性水平 0.05，说明结果显著，即聚合时间和反应温度对聚乙烯聚合度均有显著影响。

无交互作用双因素方差分析表的一般形式见表 8-10。

表 8-10 无交互作用双因素方差分析表

| 方差来源 | 离差平方和 SS | 自由度 df | 均方 MS | 检验统计量 F | $p$ 值 |
|---|---|---|---|---|---|
| 因素 $A$ | SSA | $k-1$ | MSA | $\dfrac{MSA}{MSE}$ | — |
| 因素 $B$ | SSB | $r-1$ | MSB | $\dfrac{MSB}{MSE}$ | — |
| 误差 | SSE | $(k-1)(r-1)$ | MSE | — | — |
| 总和 | SST | $kr-1$ | — | — | — |

### 8.3.2 有交互作用双因素方差分析

在双因素无重复实验中，双因素的交互作用和试验误差是无法区分的。如果进行**双因素等重复试验**（two-factor experiment with replication），则双因素的交互作用可以较为容易地和误差分离，从而检验交互作用是否显著。

> **定义 8.11**
>
> **双因素等重复试验**（two factor experiment with equivalent replication）是指在两个因素所有不同水平组合下均进行相等重复次数的试验。

**1. 数据结构**

设因素 $A$ 有 $k$ 个不同水平 $A_1$，$A_2$，$\cdots$，$A_k$，因素 $B$ 有 $r$ 个不同水平 $B_1$，$B_2$，$\cdots$，$B_r$，在试验条件 $A_iB_j$ 下重复试验次数为 $m(m \geq 2)$，所得的 $N=krm$ 个试验数据，数据记录见表 8-11。

表 8-11 双因素等重复数试验数据记录

| 因素 $A$ | 因素 $B$ | | | | |
|---|---|---|---|---|---|
| | $B_1$ | $\cdots$ | $B_j$ | $\cdots$ | $B_r$ |
| $A_1$ | $x_{111}$，$\cdots$，$x_{11l}$，$\cdots$，$x_{11m}$ | $\cdots$ | $x_{1j1}$，$\cdots$，$x_{1jl}$，$\cdots$，$x_{1jm}$ | $\cdots$ | $x_{1r1}$，$\cdots$，$x_{1rl}$，$\cdots$，$x_{1rm}$ |
| $\vdots$ | $\vdots$ | $\vdots$ | $\vdots$ | $\vdots$ | $\vdots$ |
| $A_i$ | $x_{i11}$，$\cdots$，$x_{i1l}$，$\cdots$，$x_{i1m}$ | $\cdots$ | $x_{ij1}$，$\cdots$，$x_{ijl}$，$\cdots$，$x_{ijm}$ | $\cdots$ | $x_{ir1}$，$\cdots$，$x_{irl}$，$\cdots$，$x_{irm}$ |
| $\vdots$ | $\vdots$ | $\vdots$ | $\vdots$ | $\vdots$ | $\vdots$ |
| $A_k$ | $x_{k11}$，$\cdots$，$x_{k1l}$，$\cdots$，$x_{k1m}$ | $\cdots$ | $x_{kj1}$，$\cdots$，$x_{kjl}$，$\cdots$，$x_{kjm}$ | $\cdots$ | $x_{kr1}$，$\cdots$，$x_{krl}$，$\cdots$，$x_{krm}$ |

其中，$x_{ijl}$ 为对应于行因素的第 $i$ 个水平和列因素的第 $j$ 个水平的第 $l$ 个的试验结果。

**2. 分析步骤**

**（1）提出原假设和备择假设** 假设各水平组合下的 $kr$ 个总体独立服从同方差正态分布，即

$$x_{ijl} \sim N(\mu_{ij}, \sigma^2)(i=1,2,\cdots,k; j=1,2,\cdots,r; l=1,2,\cdots,m)$$

由于进行了 $l$ 次重复试验，所以，除了可以研究样本数据受随机误差、因素 $A$ 和因素 $B$ 的影响外，还可以研究交互作用的影响。

建立原假设和备择假设如下。

对因素 $A$ 提出假设：$H_0$，因素 $A$ 各个水平的均值相等；$H_1$，因素 $A$ 各个水平的均值不全相等。

对因素 $B$ 提出假设：$H_0$，因素 $B$ 各个水平的均值相等；$H_1$，因素 $B$ 各个水平的均值不全相等。

对交互作用提出假设：$H_0$，因素 $A$ 和因素 $B$ 对均值没有交互作用；$H_1$，因素 $A$ 和因素 $B$ 对均值有交互作用。

**（2）构造检验统计量**

1）均值。令 $x_{ij.}$ 为条件 $A_iB_j$ 下的 $m$ 个数据的均值，称为条件均值。

$$x_{ij.} = \frac{1}{m}\sum_{l=1}^{m} x_{ijl} \tag{8-27}$$

令 $x_{i..}$ 为水平 $A_i$ 下的 $rm$ 个数据的均值，称为 $A_i$ 水平的均值。

$$x_{i..} = \frac{1}{rm} \sum_{j=1}^{r} \sum_{l=1}^{m} x_{ijl} \tag{8-28}$$

令 $x_{.j.}$ 为水平 $B_j$ 下的 $km$ 个数据的均值，称为 $B_j$ 水平的均值。

$$x_{.j.} = \frac{1}{km} \sum_{i=1}^{k} \sum_{l=1}^{m} x_{ijl} \tag{8-29}$$

令 $\bar{\bar{x}}$ 为总体均值。

$$\bar{\bar{x}} = \frac{1}{krm} \sum_{i=1}^{k} \sum_{j=1}^{r} \sum_{l=1}^{m} x_{ijl} \tag{8-30}$$

**例 8.16　双因素等重复试验数据均值**

**问题：** 使用表 8-1 中的数据计算使用温度为 $T_1$、电极种类为 $E_1$ 水平的均值，电极种类为 $E_1$ 水平的均值，温度为 $T_1$ 水平的均值及总体均值。

**解答：** 使用温度为 $T_1$、电极种类为 $E_1$ 水平的均值为

$$x_{11.} = \frac{1}{m} \sum_{l=1}^{m} x_{11l} = \frac{130 + 155 + 180}{3} = 155$$

电极种类为 $E_1$ 水平的均值为

$$x_{1..} = \frac{1}{rm} \sum_{j=1}^{r} \sum_{l=1}^{m} x_{1jl} = \frac{130 + 155 + \cdots + 69 + 80}{9} = 86.78$$

使用温度为 $T_1$ 水平的均值为

$$x_{.1.} = \frac{1}{km} \sum_{i=1}^{k} \sum_{l=1}^{m} x_{i1l} = \frac{130 + 155 + \cdots + 110 + 161}{9} = 148.44$$

总体均值为

$$\bar{\bar{x}} = \frac{1}{krm} \sum_{i=1}^{k} \sum_{j=1}^{r} \sum_{l=1}^{m} x_{ijl} = \frac{155 + 130 + \cdots + 82 + 104}{27} = 107.07$$

2）离差平方和。记**总离差平方和**为 SST，**因素 $A$ 离差平方和**为 SSA，**因素 $B$ 离差平方和**为 SSB，**交互作用离差平方和**为 SSAB，**误差离差平方和**为 SSE，可知

$$SST = \sum_{i=1}^{k} \sum_{j=1}^{r} \sum_{l=1}^{m} (x_{ijl} - \bar{\bar{x}})^2 \tag{8-31}$$

$$SSA = \sum_{i=1}^{k} rm (x_{i..} - \bar{\bar{x}})^2 \tag{8-32}$$

$$SSB = \sum_{j=1}^{r} km (x_{.j.} - \bar{\bar{x}})^2 \tag{8-33}$$

$$SSAB = \sum_{i=1}^{k} \sum_{j=1}^{r} m(x_{ij.} - x_{i..} - x_{.j.} + \bar{\bar{x}})^2 \tag{8-34}$$

$$SSE = \sum_{i=1}^{k} \sum_{j=1}^{r} \sum_{l=1}^{m} (x_{ijl} - x_{ij.})^2 \tag{8-35}$$

可以将总离差平方和 SST 分解为

$$SST = \sum_{i=1}^{k} rm(x_{i..} - \bar{\bar{x}})^2 + \sum_{j=1}^{r} km(x_{.j.} - \bar{\bar{x}})^2 +$$

$$\sum_{i=1}^{k} \sum_{j=1}^{r} m(x_{ij.} - x_{i..} - x_{.j.} + \bar{\bar{x}})^2 + \sum_{i=1}^{k} \sum_{j=1}^{r} \sum_{l=1}^{m} (x_{ijl} - x_{ij.})^2$$

$$(8-36)$$

综上可得

$$SST = SSA + SSB + SSAB + SSE$$

---

**例 8.17  双因素等重复试验数据离差平方和**

**问题**：使用表 8-1 中的数据计算总离差平方和、电极种类离差平方和、使用温度离差平方和、交互作用离差平方和，以及误差离差平方和。

**解答**：总离差平方和为

$$SST = (130 - 107.07)^2 + \cdots + (82 - 107.07)^2 = 59\ 991.85$$

电极种类离差平方和为

$$SSA = 9 \times (86.78 - 107.07)^2 + \cdots + 9 \times (126.33 - 107.07)^2 = 7055.41$$

使用温度离差平方和为

$$SSB = 9 \times (148.44 - 107.07)^2 + \cdots + 9 \times (105.67 - 107.07)^2 = 29\ 794.74$$

交互作用离差平方和为

$$SSAB = (155 - 86.78 - 148.44 + 107.07)^2 + \cdots + (94 - 126.33 - 105.67 + 107.07)^2$$
$$= 12\ 795.70$$

误差离差平方和为

$$SSE = (130 - 155)^2 + \cdots + (82 - 94)^2 = 10\ 346$$

---

3）均方。在此我们继续采用**均方**的形式，消除试验结果数量对离差平方和大小的影响。**均方**为离差平方和与对应的自由度之比。

其中 SST 的自由度为 $krm-1$，SSA 的自由度为 $k-1$，SSB 的自由度为 $r-1$，SSAB 的自由度为 $(k-1)(r-1)$，SSE 的自由度为 $kr(m-1)$。通常将 SSA 的均方记为 MSA，SSB 的均方记为 MSB，SSAB 的均方记为 MSAB，SSE 的均方记为 MSE，故

$$MSA = \frac{SSA}{k-1} \tag{8-37}$$

$$MSB = \frac{SSB}{r-1} \tag{8-38}$$

$$MSAB = \frac{SSAB}{(k-1)(r-1)} \tag{8-39}$$

$$MSE = \frac{SSE}{kr(m-1)} \tag{8-40}$$

4）构建 $F$ 统计量。为检验 $A$ 因素对因变量的影响是否显著，构建统计量

$$F_A = \frac{MSA}{MSE} \sim F(k-1, kr(m-1)) \tag{8-41}$$

为检验 $B$ 因素对因变量的影响是否显著，构建统计量

$$F_B = \frac{\text{MSB}}{\text{MSE}} \sim F(r-1, kr(m-1)) \tag{8-42}$$

为检验交互作用对因变量的影响是否显著，构建统计量

$$F_{AB} = \frac{\text{MSAB}}{\text{MSE}} \sim F((k-1)(r-1), kr(m-1)) \tag{8-43}$$

**例 8.18 双因素等重复试验数据均方及 $F$ 统计量**

**问题:** 使用表 8-1 中的数据计算 MSA、MSB、MSAB、MSE，以及 $F$ 统计量 $F_A$、$F_B$、$F_{AB}$。

**解答:** 由例 8.17 可知，SSA = 7055.41，SSB = 29794.74，SSAB = 12795.70，SSE = 10346，则可计算得

MSA 为

$$\text{MSA} = \frac{\text{SSA}}{k-1} = \frac{7055.41}{2} = 3527.71$$

MSB 为

$$\text{MSB} = \frac{\text{SSB}}{r-1} = \frac{29794.74}{2} = 14897.37$$

MSAB 为

$$\text{MSAB} = \frac{\text{SSAB}}{(k-1)(r-1)} = \frac{12795.70}{4} = 3198.93$$

MSE 为

$$\text{MSE} = \frac{\text{SSE}}{kr(m-1)} = \frac{10346}{18} = 574.78$$

$F_A$ 为

$$F_A = \frac{\text{MSA}}{\text{MSE}} = \frac{3527.70}{574.78} = 6.14$$

$F_B$ 为

$$F_B = \frac{\text{MSB}}{\text{MSE}} = \frac{14897.37}{574.78} = 25.92$$

$F_{AB}$ 为

$$F_{AB} = \frac{\text{MSAB}}{\text{MSE}} = \frac{3198.93}{574.78} = 5.57$$

**(3) 做出统计决策** 对给定的显著性水平 $\alpha$，通过查 $F$ 分布表获得统计量 $F_A$ 的检验临界值 $F_\alpha(k-1, kr(m-1))$，$F_B$ 的检验临界值 $F_\alpha(r-1, kr(m-1))$，以及 $F_{AB}$ 的检验临界值 $F((k-1)(r-1), kr(m-1))$。

若 $F_A > F_\alpha(k-1, kr(m-1))$ 或 $p_A < \alpha$，则认为因素 $A$ 对因变量有显著影响，否则认为因素 $A$ 无显著影响；若 $F_B > F_\alpha(r-1, kr(m-1))$ 或 $p_B < \alpha$，则认为因素 $B$ 对因变量有显著影响，否则认为因素 $B$ 无显著影响；若 $F_{AB} > F((k-1)(r-1), kr(m-1))$ 或 $p_{AB} < \alpha$，则认为交互作用对因变量有显著影响，否则认为交互作用无显著影响。

**例 8.19　双因素等重复试验显著性判断**

**问题：**使用表 8-1 中的数据判断电极种类、使用温度及两者交互作用是否对二极管使用寿命有显著影响。

**解答：**根据例 8.18 计算结果可知，$F_A = 6.14$，$F_B = 25.92$，$F_{AB} = 5.57$。若取显著性水平 $\alpha = 0.05$，可以通过查询 $F$ 分布表得到临界值 $F_{0.05}(2, 18) = 3.56$，$F_{0.05}(4, 18) = 2.93$。由于 $F_A \geqslant F_\alpha(2, 18)$，$F_B \geqslant F_\alpha(2, 18)$ 并且 $F_{AB} \geqslant F_\alpha(4, 18)$，故拒绝原假设，即电极种类和使用温度对二极管使用寿命有显著的影响，且两者之间存在显著的交互作用。

若采用 $p$ 值法进行判断：使用统计软件，计算得到电极种类、使用温度以及两者交互作用项所求得的 $p$ 值分别为 0.009、0.000、0.004，均小于 0.05，说明电极种类和使用温度对二极管使用寿命有显著的影响，且二者交互作用明显。

有交互作用双因素方差分析表的一般形式见表 8-12。

**表 8-12　有交互作用双因素方差分析表**

| 方差来源 | 离差平方和 SS | 自由度 df | 均方 MS | 检验统计量 $F$ | $p$ 值 |
|---|---|---|---|---|---|
| 因素 $A$ | SSA | $k-1$ | MSA | $\dfrac{\text{MSA}}{\text{MSE}}$ | * |
| 因素 $B$ | SSB | $r-1$ | MSB | $\dfrac{\text{MSB}}{\text{MSE}}$ | * |
| 交互 $AB$ | SSAB | $(k-1)(r-1)$ | MSAB | $\dfrac{\text{MSAB}}{\text{MSE}}$ | * |
| 误差 | SSE | $kr(m-1)$ | MSE | — | |
| 总和 | SST | $krm-1$ | — | — | |

## 📋 SPSS、Excel 和 R 的操作步骤

**SPSS 操作**

**● 单因素方差分析**

第 1 步：在 SPSS 主页面中单击"分析"，选择"比较平均值"，单击"单因素 ANOVA 检验"，然后将原始试验数据选入"因变量列表"，将因素 A 因子类别数据选入"因子"。

第 2 步：单击"事后比较"，在"假定等方差"中勾选"LSD"，在"原假设检验"中勾选"指定用于事后检验的显著性水平"，并设定多重比较检验的显著性水平，然后单击"继续"。

第 3 步：单击"选项"，在"统计"中勾选"方差齐性检验"，单击"继续"→"确定"。

**● 无交互作用双因素方差分析**

第 1 步：在 SPSS 主页面中单击"分析"，选择"一般线性模型"，单击"单变量"，然后将原始试验数据选入"因变量列数"，将因素 A 和因素 B 因子类别数据选入"固定因子"。

第 2 步：单击"模型"，在"指定模型"中选择"构建项"，将因素 A 和因素 B 两个因子选入"模型"，在"类型"中选择"主效应"，在"平方和"中选择"Ⅲ类"，勾选"在模型中包含截距"，然后单击"继续"。

第 3 步：单击"选项"，在"显示"中勾选"描述统计"，在"显著性水平"中设定检验的显著性水平，然后单击"继续"→"确定"。

**● 有交互作用双因素方差分析**

第 1 步：在 SPSS 主页面中单击"分析"，选择"一般线性模型"，单击"单变量"，然后将原始试

验数据选入"因变量列表",将因素 A 和因素 B 因子类别数据选入"固定因子"。

第 2 步:单击"模型",在"指定模型"中选择"全因子",在"平方和"中选择"类型Ⅲ",勾选"在模型中包含截距",然后单击"继续"。

第 3 步:单击"选项",在"显示"中勾选"描述统计",在"显著性水平"中设定检验的显著性水平,然后单击"继续"→"确定"。

**Excel 操作**

- **单因素方差分析**

第 1 步:在 Excel 中单击"数据"→"数据分析"。

第 2 步:在"数据分析"的下拉菜单里选择"方差分析"→"单因素方差分析"→"确定"。

第 3 步:当对话框出现时,在"输入区域"栏中选择数据所在区域,在"分组方式"选项中根据列分组和行分组进行选择,在"α"方框内输入显著性水平(默认为 0.05),在"输出选项"中选择需要的输出区域(默认为新工作表组)。

第 4 步:单击"确定",即可得到分析结果。

- **无交互作用双因素方差分析**

第 1 步:在 Excel 中单击"数据"→"数据分析"。

第 2 步:在"数据分析"的下拉菜单里选择"方差分析"→"无重复双因素方差分析"→"确定"。

第 3 步:当对话框出现时,在"输入区域"栏中选择数据所在区域,在"α"方框内输入显著性水平(默认为 0.05),在"输出选项"中选择需要的输出区域(默认为新工作表组)。

第 4 步:单击"确定",即可得到分析结果。

- **有交互作用双因素方差分析**

第 1 步:在 Excel 中单击"数据"→"数据分析"。

第 2 步:在"数据分析"的下拉菜单里选择"方差分析"→"可重复双因素方差分析"→"确定"。

第 3 步:当对话框出现时,在"输入区域"栏中选择数据所在区域(需同时选中数据左侧一列和数据上面一行),在"每一样本行数"中选择对应行数,在"α"方框内输入显著性水平(默认为 0.05),在"输出选项"中选择需要的输出区域(默认为新工作表组)。

第 4 步:单击"确定",即可得到分析结果。

**R 操作**

- **单因素方差分析**

第 1 步:导入数据,输入 fit = aov(因变量 ~ 因素 A, data = table), summary(fit) 计算 MSA、MSE。

第 2 步:输入 fit $coefficients,以因素 A 水平一为基准计算不同水平对因变量的影响程度。

第 3 步:输入 pairwise. t. test(table $ 因变量, table $ 因素 A)进行多重比较。

- **无交互作用双因素方差分析**

第 1 步:导入数据,输入 fit = aov(因变量 ~ 因素 A + 因素 B, data = table), summary(fit) 计算 MSA、MSB、MSE。

第 2 步:输入 fit $coefficients,计算因素 A 各水平和因素 B 各水平对因变量的影响程度。

第 3 步:输入 pairwise. t. test(table $ 因变量, table $ 因素 A), pairwise. t. test(table $ 因变量, table $ 因素 B)进行多重比较。

- **有交互作用双因素方差分析**

第 1 步:导入数据,输入 fit = aov(因变量 ~ 因素 A + 因素 B + 因素 A:因素 B, data = table), summary(fit) 计算 MSA、MSB、MSE、MSAB。

第 2 步:输入 fit $coefficients,计算因素 A 各水平和因素 B 各水平对因变量的影响程度。

## 案例分析：部分城市空气质量调查

### 1. 案例背景

随着工业化的快速发展，由工业生产所导致的大气污染问题变得日益严峻，严重影响着人民群众的身心健康。面对复杂严峻的国内外形势和持续反复的疫情冲击，生态环境部门会同有关部门和各地区，坚持以习近平新时代中国特色社会主义思想为指导，深入学习宣传贯彻党的二十大精神，坚定践行习近平生态文明思想，统筹经济社会发展和生态环境保护，扎实推进美丽中国建设。在新发展理念的指导下，我国高度重视对空气质量的管理，已在各主要城市建立了空气质量监测站，并采用空气质量指数 AQI 来描述空气污染程度，以切实加强大气污染防治，并已实现空气质量连续七年的持续改善，生态环境保护工作取得来之不易的新成效。

本案例使用本章学习过的知识，对四座城市三个月份的空气质量指数 AQI 进行初步分析，以期解决三个问题（取显著性水平 $\alpha = 0.05$）：

（1）分析城市因素对 11 月 AQI 值是否存在显著影响。

（2）如果只采用每组数据中的第一个作为某城市某月份的 AQI 数据，分析城市因素和月份因素对 AQI 值是否存在显著影响。

（3）分析城市因素和月份因素对 AQI 值的影响是否存在显著的交互作用。

### 2. 数据及其说明

查找收集得到北京、西安、南京、广州四座城市 2018 年 11 月—2019 年 1 月的三个市区空气质量监测站的 AQI 数据，见表 8-13。

表 8-13　部分城市 2018 年 11 月—2019 年 1 月 AQI

| 城市 | AQI | | | | | | | | |
|---|---|---|---|---|---|---|---|---|---|
| | 2018 年 11 月 | | | 2018 年 12 月 | | | 2019 年 1 月 | | |
| 北京 | 108 | 112 | 97 | 71 | 72 | 86 | 81 | 77 | 86 |
| 西安 | 82 | 90 | 94 | 109 | 105 | 112 | 178 | 160 | 170 |
| 南京 | 83 | 86 | 82 | 77 | 69 | 83 | 102 | 113 | 98 |
| 广州 | 67 | 64 | 71 | 57 | 54 | 63 | 73 | 74 | 69 |

### 3. 数据分析

接下来，我们使用 SPSS、Excel 和 R 语言依次对上述问题进行分析求解。

（1）城市因素对 11 月 AQI 值是否存在显著影响的问题，可采用单因素方差分析，分析结果见表 8-14。

**对不同城市因素下 11 月 AQI 值进行单因素方差分析的操作步骤**

**SPSS**

第 1 步：在 SPSS 主页面中单击"分析"，选择"比较平均值"，单击"单因素 ANOVA 检验"，然后将原始 AQI 数据选入"因变量列表"，将城市因子类别数据选入"因子"。

第 2 步：单击"事后比较"，在"假定等方差"中勾选"LSD"，在"原假设检验"中选中"指定用于事后检验的显著性水平"并设定多重比较检验的显著性水平，本例选定显著性水平为 0.05，然后单击"继续"。

第 3 步：单击"选项"，选择"统计量"，勾选"方差齐性检验"，单击"继续"→"确定"。

**Excel**

第 1 步：在 Excel 中单击"数据"→"数据分析"。

第 2 步：在"数据分析"的下拉菜单里选择"方差分析"→"单因素方差分析"→"确定"。

第 3 步：当对话框出现时，在"输入区域"栏中选择数据所在区域（需预先将数据按列或按行分组），在"分组方式"选项中根据列分组和行分组进行选择，在"α"方框内输入 0.05（根据需要确定默认为 0.05），在"输出选项"中选择需要的输出区域（默认为新工作表组）。

第 4 步：单击"确定"，即可得到分析结果。

**R**

第 1 步：导入数据。

library(readxl)

table = read_excel("···/案例-8-1.xlsx")

table $ 城市 = as.factor(table $ 城市)#将数值型数据转化为分类数据

输入 fit = aov(AQI ~ 城市, data = table), summary(fit)，计算 MSA、MSE。

第 2 步：输入 fit $coefficients，以北京为基准计算不同城市对 AQI 的影响程度。

第 3 步：输入 pairwise.t.test(table $AQI, table $ 城市) 进行多重比较。

**表 8-14　城市因素的单因素方差分析表**

| 方 差 来 源 | 离差平方和 SS | 自由度 df | 均方 MS | 检验统计量 F | p 值 |
|---|---|---|---|---|---|
| 城市 | 2242.000 | 3 | 747.333 | 26.146 | 0.000 |
| 误差 | 228.667 | 8 | 28.583 | — | — |
| 总和 | 2470.667 | 11 | — | — | — |

根据表 8-14 可知，对不同城市因素下 11 月 AQI 值进行单因素方差分析，得到的 p 值小于 0.05，所以结果显著，因此拒绝原假设，认为城市因素对 AQI 有显著影响。

（2）选取出每组的第一个数据作为样本，由于不同城市和月份下的 AQI 数据仅有一个，因此采用无交互作用双因素方差分析研究不同城市和月份对 AQI 数据的影响，分析结果见表 8-15。

**对选取出的 AQI 数据进行无交互作用双因素方差分析的操作步骤如下**

**SPSS**

第 1 步：在 SPSS 主页面中单击"分析"，选择"一般线性模型"，单击"单变量"，然后将原始 AQI 数据选入"因变量"，将城市和时间因子类别数据选入"固定因子"。

第 2 步：单击"模型"，在"指定模型"中选中"构建项"，将城市和时间两个因子选入"模型"，在"类型"中选择"主效应"，在"平方和"中选择"类型Ⅲ"，勾选"在模型中包含截距"，然后单击"继续"。

第 3 步：单击"选项"，在"显示"中勾选"描述统计"，在"显著性水平"中设定检验的显著性水平，本例选定显著性水平为 0.05，然后单击"继续"→"确定"。

**Excel**

第 1 步：在 Excel 中单击"数据"→"数据分析"。

第 2 步：在"数据分析"的下拉菜单里选择"方差分析"→"无重复双因素方差分析"→"确定"。

第 3 步：当对话框出现时，在"输入区域"栏中选择数据所在区域，在"α"方框内输入 0.05（根据需要确定默认为 0.05），在"输出选项"中选择需要的输出区域（默认为新工作表组）。

第 4 步：单击"确定"，即可得到分析结果。

**R**

第1步：导入数据，输入 table＝read excel("···/案例-8-3.xlsx")

table $ 城市＝as.factor(table $ 城市)

table $ 时间＝as.factor(table $ 时间)

fit＝aov(AQI～城市+时间,data＝table),summary(fit) 计算 MSA、MSB、MSE。

第2步：输入 fit $coefficients，计算不同城市和不同时间对 AQI 的影响程度。

第3步：输入 pairwise.t.test(table $AQI,table $ 时间),pairwise.t.test(table $AQI,table $ 城市) 进行多重比较。

**表 8-15　城市和时间因素无交互作用双因素方差分析表**

| 方 差 来 源 | 离差平方和 SS | 自由度 df | 均方 MS | 检验统计量 F | p 值 |
|---|---|---|---|---|---|
| 时间 | 1992.667 | 2 | 996.333 | 1.453 | 0.306 |
| 城市 | 5092.667 | 3 | 1697.556 | 2.476 | 0.159 |
| 误差 | 4113.333 | 6 | 685.556 | — | — |
| 总和 | 11 198.667 | 11 | — | — | — |

　　根据得到的无交互作用双因素方差分析结果（见表 8-15），时间和城市的 p 值均大于 0.05，二者对于选取出的 AQI 的影响均不显著。

　　(3) 由于不同城市和月份下的 AQI 数据有多个，可采用交互作用双因素方差分析研究城市和月份的交互影响，分析结果见表 8-16。

**对所有 AQI 数据进行有交互作用双因素方差分析的操作步骤**

**SPSS**

第1步：在 SPSS 主页面中单击"分析"，选择"一般线性模型"，单击"单变量"，然后将原始 AQI 数据选入"因变量"，将城市和时间因子类别数据选入"固定因子"。

第2步：单击"模型"，在"指定模型"中选择"全因子"，在"平方和"中选择"Ⅲ类"，勾选"在模型中包含截距"，然后单击"继续"。

第3步：单击"选项"，在"显示"中勾选"描述统计"，在"显著性水平"中设定检验的显著性水平，本例选定显著性水平为 0.05，然后单击"继续"→"确定"。

**Excel**

第1步：在 Excel 中单击"数据"→"数据分析"。

第2步：在"数据分析"的下拉菜单里选择"方差分析"→"可重复双因素方差分析"→"确定"。

第3步：当对话框出现时，在"输入区域"栏中选择数据所在区域（需同时选中数据左侧一列和上面一行），在"每一样本行数"中选择对应行数（此处为3），在"α"方框内输入 0.05（根据需要确定默认为 0.05），在"输出选项"中选择需要的输出区域（默认为新工作表组）。

第4步：单击"确定"，即可得到分析结果。

**R**

第1步：导入数据，输入 table＝read excel("···/案例-8-3.xlsx")

table $ 城市＝as.factor(table $ 城市)

table $ 时间＝as.factor(table $ 时间)

fit＝aov(AQI～城市+时间+城市:时间,data＝table),summary(fit) 计算 MSA、MSB、MSE、MSAB。

第2步：输入 fit $coefficients，计算不同城市和不同时间对 AQI 的影响程度。

表 8-16　城市和时间因素有交互作用双因素方差分析表

| 方 差 来 源 | 离差平方和 SS | 自由度 df | 均方 MS | 检验统计量 $F$ | $p$ 值 |
|---|---|---|---|---|---|
| 时间 | 4734.389 | 2 | 2367.195 | 65.102 | 0.00 |
| 城市 | 14 667.417 | 3 | 4889.139 | 134.461 | 0.00 |
| 时间和城市 | 8900.500 | 6 | 1483.417 | 40.797 | 0.00 |
| 误差 | 872.667 | 24 | 36.361 | — | — |
| 总和 | 29 174.972 | 35 | — | — | — |

根据表 8-16，城市、时间以及二者的交互项的 $p$ 值均小于 0.05，表明二者对 AQI 的影响均明显，且二者的交互作用明显。

**4. 结论**

本案例以四座城市三个月份的空气质量指数 AQI 数据为例，系统演示了利用方差分析分别验证单因素、双因素无交互作用、双因素有交互作用下，城市和月份差异对空气质量的影响。不难发现，第（2）问的检验结果与第（1）问、第（3）问的检验结果有冲突，这并非是方差分析的过程出错所导致的，有可能是第（2）问中所用数据的选取方法特殊以及数据量较小所导致的。这提醒我们，数据质量对方差分析的结果存在重要影响。

## 术语表

**方差分析**（analysis of variance）：用于检验两个及两个以上样本均值差异显著性的统计方法。

**因变量**（dependent variable）：在方差分析中被影响的变量。

**因素**（factor）：在方差分析中影响因变量的变量。

**水平**（level）：因素的每个取值。

**主效应**（main effect）：一个因素各水平之间的差异对因变量的影响。

**交互效应**（interaction）：一个因素各个水平之间的差异对因变量的影响随其他因素的不同水平而发生变化的现象。

**单因素方差分析**（one-way analysis of variance）：一种仅讨论单一因素对因变量有无显著影响的分析。

**双因素方差分析**（two-way analysis of variance）：一种讨论两种因素对因变量有无显著影响的分析。

**总离差平方和**（sum of squares for total）：全部观测数据与总体均值的离差平方和，记为 SST。

**组内离差平方和**（sum of squares for error）：各组水平均值与总体均值的离差平方和，记为 SSE。

**组间离差平方和**（sum of squares for factor A）：水平内部观测数据与水平均值的离差平方和，记为 SSA。

**均方**（mean square）：离差平方和与对应自由度之比。

**单因素试验**（one-factor experiment）：在一个因素所有不同水平下均进行重复试验。

**双因素无重复试验**（two-factor experiment without replication）：在两个因素所有不同水平组合下均只进行一次试验。

**双因素等重复试验**（two-factor experiment with equivalent replication）：在两个因素所有不同水平组合下均进行相等重复次数的试验。

## 思 考 与 练 习

**思考题**

1. 方差分析的基本原理是什么？
2. 方差分析的结果如果显著，说明了什么？
3. 方差分析的基本假设有哪些？
4. 单因素试验、双因素无重复试验和双因素等重复试验三者的区别是什么？
5. 有交互作用双因素方差分析能消除因素的相关性对方差分析结果的影响吗？

**练习题**

6. 在某次关于比旋光度的化学实验中，某同学使用了 3 台旋光计测量了 D-酒石酸的比旋光度，经过计算得到了 3 组实验数据，见表 8-17。取显著性水平 $\alpha$ =0.01，检验 3 台仪器的测量值是否相同。

表 8-17　3 台仪器测量 D-酒石酸的比旋光度值（单位：°·mL/(g·dm)）

| 仪　器 | 比 旋 光 度 | | | | |
|---|---|---|---|---|---|
| 仪器 1 | 12.1 | 12.3 | 11.7 | 12.2 | 11.8 |
| 仪器 2 | 12.2 | 12.4 | 12.7 | 11.9 | 12.3 |
| 仪器 3 | 12.5 | 12.6 | 12.4 | 12.0 | 12.3 |

7. 在一次关于声速测量的大学物理实验中，老师采取了 3 种方法（驻波法、相位法、时差法）对声速进行测量，经过计算得到了 3 组实验数据，见表 8-18。取显著性水平 $\alpha$ =0.05，检验 3 种方法测量声速是否有差异。

表 8-18　3 种测速法测得的声速　（单位：m/s）

| 方　法 | | | | | |
|---|---|---|---|---|---|
| 驻波法 | 361.346 | 358.477 | 357.506 | 361.560 | 355.593 |
| 相位法 | 359.362 | 361.018 | 355.265 | 355.422 | 353.781 |
| 时差法 | 339.863 | 357.062 | 359.304 | — | — |

8. 某同学想要探知某省 4 个城市的 7 月平均温度之间是否存在差异。通过对 4 个城市 7 月份的平均温度进行方差分析，得到结果见表 8-19。

表 8-19　4 个城市 7 月份平均温度方差分析表

| 方差来源 | 离差平方和 SS | 自由度 df | 均方 MS | 检验统计量 $F$ | $p$ 值 |
|---|---|---|---|---|---|
| 组间 | 15.612 | — | — | — | 0.044 288 |
| 组内 | — | — | 1.53 925 | — | |
| 总计 | — | 19 | — | — | |

（1）完成上面的方差分析表。

（2）若取显著性水平 $\alpha$ =0.05，检验 4 个城市 7 月份平均温度之间是否有显著差异。

9. 某同学通过国家统计局的统计年鉴了解到 4 个省份 2015 年—2017 年 3 年的造林面积，该同学想要知晓省份和年份对造林面积是否有显著影响，具体数据见表 8-20。取显著性水平 $\alpha$ =0.05，检验省份和年份对造林面积是否有显著影响。

表 8-20　4 个省份 2015 年—2017 年 3 年的造林总面积　　（单位：khm²）

| 省　份 | 2015 年 | 2016 年 | 2017 年 |
|--------|---------|---------|---------|
| 辽宁 | 215.28 | 142.44 | 144.22 |
| 河南 | 216.82 | 149.00 | 180.93 |
| 湖北 | 221.21 | 146.68 | 142.20 |
| 江西 | 233.69 | 289.56 | 282.41 |

10. 不同行业工资水平影响着劳动者的工作选择。很多人都想要根据行业收入来选择专业，进而选择有潜力的行业。表 8-21 给出了 2013 年—2017 年间，国有单位中不同行业的职工工资。在 $\alpha = 0.05$ 的显著性水平下，检验行业对工资水平是否有显著影响。

表 8-21　2013 年—2017 年间国有单位中不同行业的职工工资　　（单位：元）

| 行　业 | 2013 年 | 2014 年 | 2015 年 | 2016 年 | 2017 年 |
|--------|---------|---------|---------|---------|---------|
| 金融业 | 87 732 | 94 943 | 100 672 | 102 117 | 109 128 |
| 教育业 | 52 283 | 56 974 | 67 442 | 75 710 | 84 860 |
| 运输业 | 59 516 | 65 417 | 70 908 | 75 878 | 83 848 |
| 信息业 | 60 182 | 63 629 | 69 858 | 77 402 | 82 762 |
| 建筑业 | 43 849 | 46 409 | 49 544 | 52 551 | 55 623 |

11. 某家工厂为了检验两种机器的性能情况，设计让 4 名工人分别操作两种机器进行生产活动一天，记录工厂的产品产出数量，数据见表 8-22。在 $\alpha = 0.05$ 的显著性水平下，试分析工人和机器是否对生产效率有显著影响。

表 8-22　4 名工人分别操作两种机器的日生产量　　（单位：个）

| 工　人 | 机　器 | |
|--------|--------|--------|
| | Ⅰ | Ⅱ |
| 甲 | 63 | 52 |
| 乙 | 54 | 42 |
| 丙 | 47 | 57 |
| 丁 | 53 | 58 |

12. 对木材进行抗压强度试验，选择 3 种不同比重（单位：g/cm³）的木材：Ⅰ 型平均比重是 0.41，Ⅱ 型的平均比重是 0.50，Ⅲ 型的平均比重是 0.55。同时，选择 3 种不同的加荷速度（单位：kg/cm²）：A 是 600，B 是 2400，C 是 4200，测得的抗压强度见表 8-23。在 $\alpha = 0.05$ 的显著性水平下，试分析加荷速度和木材比重是否对木材的抗压强度有显著影响。

表 8-23　3 种比重的木材在 3 种不同加荷速度下测得的抗压强度　　（单位：kg/cm²）

| 加荷速度 | 比　重 | | |
|----------|--------|--------|--------|
| | Ⅰ | Ⅱ | Ⅲ |
| A | 3.72 | 5.22 | 5.28 |
| B | 3.9 | 5.24 | 5.74 |
| C | 4.2 | 5.08 | 5.54 |

13. 饮料厂用一台机器向一个固定容积的容器中注入某种糖浆（饮料的生产原料），但是总会有糖浆损失。为了研究影响糖浆损失数量的因素，某实验设计在不同的灌注速度和操作压强下，记录糖浆损失的量，见表 8-24。在 $\alpha = 0.05$ 的显著性水平下，探究灌注速度、操作压强以及它们之间交互作用是否对糖浆损失有显著影响。

表 8-24　在不同的灌注速度和操作压强下损失的糖浆　　　　（单位：cm³）

| 灌注速度（单位：rad/min） | 不同操作压强下损失的糖浆 | | |
| --- | --- | --- | --- |
| | 10Pa | 15Pa | 20Pa |
| 100 | 35 | 110 | 40 |
| | 25 | 75 | 50 |
| | 24 | 55 | 23 |
| 120 | 45 | 10 | 40 |
| | 60 | 30 | 30 |
| | 65 | 55 | 60 |
| 140 | 40 | 80 | 31 |
| | 15 | 54 | 36 |
| | 20 | 44 | 20 |

## 参考文献

[1] 安德森，斯威尼，威廉斯，等. 商务与经济统计：原书第 13 版 [M]. 张建华，王健，聂巧平，等译. 北京：机械工业出版社，2017.

[2] 林德，马歇尔，沃森. 商务与经济统计方法：原书第 15 版 [M]. 聂巧平，叶光，译. 北京：机械工业出版社，2015.

[3] 贾俊平. 统计学 [M]. 7 版. 北京：中国人民大学出版社，2018.

[4] 贾俊平. 统计学：基于 R [M]. 3 版. 北京：中国人民大学出版社，2019.

[5] 贾俊平. 统计学：基于 SPSS [M]. 2 版. 北京：中国人民大学出版社，2016.

[6] 贾俊平. 统计学：基于 Excel [M]. 北京：中国人民大学，2017.

[7] 本森. 麦克拉夫，辛西奇. 商务与经济统计学：原书第 12 版 [M]. 易丹辉，李扬，译. 北京：中国人民大学出版社，2015.

[8] 莱文. 赛贝特，斯蒂芬. 商务统计学：原书第 7 版 [M]. 岳海燕，胡宾海，等译. 北京：中国人民大学出版社，2017.

第 9 章数据-excel　　　第 9 章数据-spss

CHAPTER 9

# 第9章

## 一元线性回归

回归分析（regression analysis）是研究变量之间关系的一种统计分析方法。回归分析的主要目的是通过采集样本构建变量之间的关系模型，从而通过该模型预测或解释被影响变量的取值。依据所处理的变量个数，可分为一元回归和多元回归；依据变量之间的关系形态，可分为线性回归和非线性回归。本章主要讨论一元线性回归的基本原理和方法。

## 9.1　一元线性回归模型及其参数估计

在回归分析中，一般是将一个变量当作被影响变量，其他变量当作影响这一变量的因素，被影响或者被预测的变量称为**因变量**（dependent variable），影响或者预测因变量的其他变量称为**自变量**（independent variable）。一元线性回归（simple linear regression）是对一个数值型因变量和一个自变量构建线性回归方程。

### 9.1.1　一元线性回归模型

若两个变量之间具有线性关系，则该关系可用一元线性模型方程来表示

$$y = \beta_0 + \beta_1 x + \varepsilon \tag{9-1}$$

式中，$y$ 为因变量（被解释变量、被预测变量）；$x$ 为自变量（解释变量、预测变量）；$\beta_0$ 为截距；$\beta_1$ 为直线斜率；$\beta_0$ 和 $\beta_1$ 是模型的参数；$\varepsilon$ 为一个随机变量，称为误差项，表示除 $x$ 之外，其他因素或者无法观测的因素对 $y$ 的影响。保持 $\varepsilon$ 不变，$y$ 和 $x$ 呈线性函数关系。

为了便于利用随机样本数据对参数 $\beta_0$ 和 $\beta_1$ 进行估计及对变量之间的关系进行显著性检验，需要对误差项 $\varepsilon$ 进行以下假定

**（1）零均值**　给定 $x$ 的任何值，$\varepsilon$ 是一个期望值为零的随机变量，即 $E(\varepsilon \mid x) = 0$。

由于 $\beta_0$ 和 $\beta_1$ 均为常数，给定一个 $x$ 值，则 $y$ 的期望值为

$$E(y) = \beta_0 + \beta_1 x \tag{9-2}$$

该方程描述了 $y$ 的期望值 $E(y)$ 是如何随 $x$ 的变化而变化的。

**（2）正态性**　$\varepsilon$ 是一个服从正态分布的随机变量，即 $\varepsilon \sim N(0, \sigma^2)$，因此 $y$ 同样也是一个服从正态分布的随机变量。

**（3）方差齐性**　无论 $x$ 的值如何变化，$\varepsilon$ 的方差都是相同的，该方差用 $\sigma^2$ 表示，因此对于 $x$ 的任何值，$y$ 的方差也是相等的，均为 $\sigma^2$。

**（4）独立性** 不同的 $\varepsilon$ 是相互独立的，也就是对于任何一个给定的 $x$ 值，它所对应的 $\varepsilon$ 值和其他 $x$ 值所对应的 $\varepsilon$ 值是不相关的。这等同于对于任何一个给定的 $x$ 值，其所对应的 $y$ 和其他 $x$ 值所对应的 $y$ 值也是不相关的。

### 9.1.2 参数的最小二乘估计

为了得到 $x$ 和 $y$ 之间的关系，需要已知参数 $\beta_0$ 和 $\beta_1$ 的值，但是它们是关于总体的参数，这些参数常常是未知的，因此需要从总体数据中采集一定的样本，利用样本数据去估计它们。利用样本得到关于总体参数 $\beta_0$ 和 $\beta_1$ 的估计量分别用 $\hat{\beta}_0$ 和 $\hat{\beta}_1$ 来表示，由此得到了**估计的一元线性回归方程**如下

$$\hat{y} = \hat{\beta}_0 + \hat{\beta}_1 x \tag{9-3}$$

以上方程的图形就是估计的回归线，其中 $\hat{\beta}_0$ 表示 $y$ 轴上的截距，$\hat{\beta}_1$ 表示斜率。对于 $x$ 的一个给定值，$\hat{y}$ 是 $y$ 的期望 $E(y)$ 的一个点估计。

样本中任何一个观测都对应一个估计值。对于一个给定的样本点 $(x_i, y_i)$，其中 $y_i$ 表示 $y$ 的一个观测值，$y$ 的估计值可通过将 $x_i$ 代入式（9-3）求得，那么 $y$ 的第 $i$ 个观测值和估计值之间的离差为

$$y_i - \hat{y}_i = y_i - (\hat{\beta}_0 + \hat{\beta}_1 x_i) \tag{9-4}$$

假设从总体中取得了 $n$ 个观测值，分别为 $(x_1, y_1)$，$(x_2, y_2)$，…，$(x_n, y_n)$，如图 9-1 所示，对于平面中这 $n$ 个点，可以使用无数条曲线进行拟合，需要选择一条能更好地拟合这组数据的直线。显然，处于这些点中间位置的直线比较合理，因此选择使总的拟合误差或总的离差达到最小，作为最佳拟合曲线的确定标准。

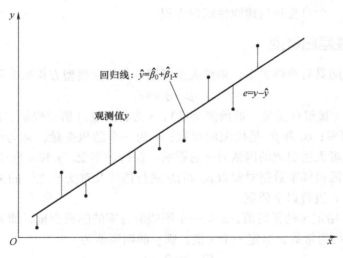

图 9-1 最小二乘法

使总的拟合误差达到最小有几条实现的途径：①总的残差和最小化，但是该方法可能会出现正负残差相互抵消的问题；②残差绝对值最小化，这个计算方式比较直观，但是绝对值不易计算参数值；③残差平方和最小化，这就是著名的最小二乘法（ordinary least square，OLS），基于最小二乘法，可以相对容易地推导参数的无偏性、一致性和其他重要的统计性

质，因此，它是回归模型参数估计的常用求解方法。

最小二乘法利用样本数据，使得 $y$ 的观测值和估计值之间的离差平方和最小化，进而求得参数 $\hat{\beta}_0$ 和 $\hat{\beta}_1$ 的值，用公式表示如下

$$J(\hat{\beta}_0,\hat{\beta}_1) = \min \sum_{i=1}^{n} (y_i - \hat{y}_i)^2 = \min \sum_{i=1}^{n} (y_i - \hat{\beta}_0 - \hat{\beta}_1 x_i)^2 \tag{9-5}$$

要使得 $J(\hat{\beta}_0, \hat{\beta}_1)$ 最小，方法就是该函数分别对 $\hat{\beta}_0$ 和 $\hat{\beta}_1$ 求偏导数，然后令偏导数等于 0，得到一个关于 $\hat{\beta}_0$ 和 $\hat{\beta}_1$ 的二元方程组，求解这个方程组即可得到 $\hat{\beta}_0$ 和 $\hat{\beta}_1$ 的值，具体如下：

$J(\hat{\beta}_0, \hat{\beta}_1)$ 对 $\hat{\beta}_0$ 求导，可得

$$\sum_{i=1}^{n} (y_i - \hat{\beta}_0 - \hat{\beta}_1 x_i) = 0 \tag{9-6}$$

$J(\hat{\beta}_0, \hat{\beta}_1)$ 对 $\hat{\beta}_1$ 求导，可得

$$\sum_{i=1}^{n} x_i (y_i - \hat{\beta}_0 - \hat{\beta}_1 x_i) = 0 \tag{9-7}$$

联立式（9-6）和式（9-7），求得 $\hat{\beta}_1$ 和 $\hat{\beta}_0$ 的值

$$\hat{\beta}_1 = \frac{\sum_{i=1}^{n} (x_i - \bar{x})(y_i - \bar{y})}{\sum_{i=1}^{n} (x_i - \bar{x})^2} \tag{9-8}$$

$$\hat{\beta}_0 = \bar{y} - \hat{\beta}_1 \bar{x} \tag{9-9}$$

需要注意的是，$\hat{\beta}_1$ 的另外一个计算公式是

$$\hat{\beta}_1 = \frac{\sum_{i=1}^{n} x_i y_i - \left( \sum_{i=1}^{n} x_i \sum_{i=1}^{n} y_i \right) \Big/ n}{\sum_{i=1}^{n} x_i^2 - \left( \sum_{i=1}^{n} x_i \right)^2 \Big/ n} \tag{9-10}$$

以上参数表达式中，$x_i$ 代表第 $i$ 次自变量的观测值，$y_i$ 代表第 $i$ 次因变量的观测值，$\bar{x}$ 表示样本中自变量的平均值，$\bar{y}$ 表示样本中因变量的平均值，$n$ 表示总的观测次数或样本量大小。

**例 9.1　估计的回归方程**

**问题**：某知名连锁餐饮企业在全国有很多连锁店，为研究它的营业收入和员工培训费用的关系，随机抽取 25 家连锁店，得到它们的营业收入和员工培训费用的数据，见表 9-1。求营业收入和员工培训费用的估计的回归方程。

**解答**：根据式（9-8）和式（9-9），计算出该连锁餐饮企业连锁店营业收入和员工培训费用的估计的回归方程的斜率和截距如下

$$\hat{\beta}_1 = \frac{\sum (x_i - \bar{x})(y_i - \bar{y})}{\sum (x_i - \bar{x})^2} = 8.654$$

$$\hat{\beta}_0 = \bar{y} - \hat{\beta}_1 \bar{x} = 172.999$$

表 9-1 25 家连锁店的营业收入和员工培训费用

| 序 号 | 营业收入（万元） | 员工培训费用（万元） |
|---|---|---|
| 1 | 213.400 | 11.700 |
| 2 | 248.000 | 15.300 |
| 3 | 513.400 | 22.900 |
| 4 | 390.800 | 26.400 |
| 5 | 598.000 | 33.600 |
| 6 | 312.400 | 34.300 |
| 7 | 480.200 | 39.400 |
| 8 | 601.600 | 45.500 |
| 9 | 821.800 | 55.400 |
| 10 | 504.800 | 60.800 |
| 11 | 870.600 | 66.200 |
| 12 | 603.100 | 70.100 |
| 13 | 872.300 | 74.900 |
| 14 | 970.500 | 78.600 |
| 15 | 643.200 | 85.300 |
| 16 | 974.100 | 90.400 |
| 17 | 1060.500 | 93.600 |
| 18 | 870.600 | 98.800 |
| 19 | 1180.500 | 102.500 |
| 20 | 1290.400 | 107.800 |
| 21 | 1380.100 | 119.900 |
| 22 | 1067.200 | 127.500 |
| 23 | 1472.400 | 137.900 |
| 24 | 1290.400 | 149.500 |
| 25 | 1590.900 | 158.000 |

因此，所估计的回归方程为

$$\hat{y} = \hat{\beta}_0 + \hat{\beta}_1 x = 172.999 + 8.654 x$$

回归直线和各观测点的关系如图 9-2 所示，由回归方程的系数 $\hat{\beta}_1 = 8.654$，可以得出结论，随着员工培训费用的增加，该连锁店的营业收入也增加。具体而言，员工培训费用每增加 1 万元，期望的营业收入将会增加 8.654 万元。

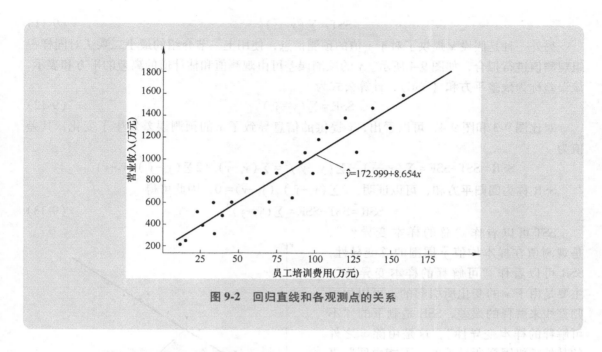

图 9-2 回归直线和各观测点的关系

## 9.2 一元线性回归模型的评估

### 9.2.1 判定系数

针对一组样本数据,使用最小二乘法所得到回归方程是自变量和因变量之间线性关系的一个近似表示。那么,所估计的回归方程是否对样本数据进行了很好的拟合呢?如果样本数据点大致都落在了回归直线上,则认为是比较好的拟合,如果样本数据离回归直线较远,则认为是比较差的拟合。如果能够计算出一个确定的数值,用来衡量回归直线对样本数据的拟合程度,那么将对数据的预测非常有帮助。这就是接下来要介绍的判定系数,它为估计的回归方程提供了一个拟合优度的度量标准。

因变量 $y$ 的取值不同,一方面是由于自变量 $x$ 的取值不同,另外一方面是由其他随机因素导致的,因此一种判断模型拟合好坏的方式就是测量 $x$ 的值对于预测 $y$ 值的贡献程度,即通过计算提供 $x$ 信息之后 $y$ 的预测误差减少了多少来衡量一个拟合模型的好坏。

首先假设 $x$ 对于 $y$ 值的预测没有一点贡献,即 $x$ 没有提供对于 $y$ 值的预测信息,那么 $y$ 的最优预测值就是样本均值 $\bar{y}$,也可以理解为使用样本均值 $\bar{y}$ 来对 $y$ 值进行预测,或者看作观测值在直线 $\bar{y}$ 周围聚集的程度,如图 9-3 所示。此时,预测方程为 $\hat{y}=\bar{y}$。$y$ 的预测误差可由观测值和平均值的离差的平方和表示,该误差称为**总平方和**(SST),计算公式为

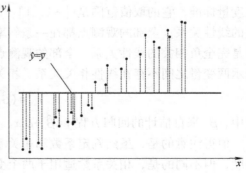

图 9-3 $x$ 对于 $y$ 值的预测没有提供信息

$$SST = \sum (y_i - \bar{y})^2 \tag{9-11}$$

另外一种是假设 $x$ 提供了对于 $y$ 值的预测信息，使用上一节介绍的最小二乘法对同样一组观测值进行拟合，如图 9-4 所示。$y$ 的预测误差可由观测值和估计值的离差的平方和表示，该误差称为**残差平方和**（SSE），计算公式为

$$SSE = \sum (y_i - \hat{y}_i)^2 \tag{9-12}$$

对比图 9-3 和图 9-4，可以看出，$x$ 提供的信息导致了 $y$ 的预测误差发生了变化，其差值为

$$SSR = SST - SSE = \sum (y_i - \bar{y})^2 - \sum (y_i - \hat{y}_i)^2 = \sum (\hat{y}_i - \bar{y})^2 + 2\sum (y_i - \hat{y}_i)(\hat{y}_i - \bar{y})$$

SSR 称为**回归平方和**，可以证明，$2\sum (y_i - \hat{y}_i)(\hat{y}_i - \bar{y}) = 0$，因此可得

$$SSR = SST - SSE = \sum (\hat{y}_i - \bar{y})^2 \tag{9-13}$$

SST 可以看作"总的样本变异性"，是观测值在样本均值 $\bar{y}$ 周围的总变异性，SSR 可以看作"可解释的样本变异性"，主要是由于 $x$ 的变化所引起的，可以用回归直线来解释的误差，SSE 是剩下的"不可解释的样本变异性"，这是由除 $x$ 之外的其他随机因素所导致的，不能由回归直线所解释的误差。

如果因变量的每一个值都在回归直线上，那么说明该回归模型拟合度非常好，此时，$SSE = 0$，$SSR = SST$，因此 $SSR/SST = 1$。如果因变量的每一个值都离回归直线很

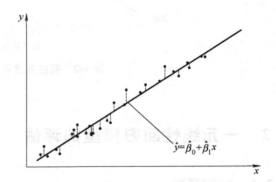

**图 9-4** $x$ 对于 $y$ 值的预测提供了信息

远，说明该回归模型拟合度非常差，此时，SSE 很大，当 $SSR = 0$ 时，$SSE = SST$，因此 $SSR/SST = 0$。可以看出，模型拟合的好坏可通过 $SSR/SST$ 的值表示，观测点离拟合直线越近，直线拟合效果越好，$SSR/SST$ 越大。$SSR/SST$ 的值的范围是 0 至 1，可以使用该值来评估回归方程的拟合优度，这个比值称为**判定系数**（coefficient of determination），用 $R^2$ 表示。

$$R^2 = \frac{SSR}{SST} = \frac{\sum (\hat{y}_i - \bar{y})^2}{\sum (y_i - \bar{y})^2} \tag{9-14}$$

判定系数的平方根为相关系数，它是关于自变量 $x$ 和因变量 $y$ 之间线性关系强度的描述性度量标准，它的取值范围是 $[-1, 1]$。若该数值等于 1，表示变量 $x$ 和 $y$ 之间是完全正相关的线性关系，全部的观测点都在一条斜率为正的直线上。若该值等于 $-1$，则表示 $x$ 和 $y$ 之间是完全负相关的线性关系，全部的观测点都在一条斜率为负的直线上。若该值等于 0，则表示两变量之间不存在线性相关关系。相关系数的计算公式为

$$r_{xy} = (\hat{\beta}_1 \text{ 的符号}) \sqrt{R^2} \tag{9-15}$$

式中，$\hat{\beta}_1$ 来自估计的回归方程 $\hat{y} = \hat{\beta}_0 + \hat{\beta}_1 x$。

值得注意的是，虽然判定系数和相关系数都能衡量自变量 $x$ 和因变量 $y$ 之间线性关系的强度，但不同的是，相关系数适用于两个变量之间存在线性相关关系的情况，而判定系数除了对以上情况适用外，还同样适用于两个变量之间存在非线性相关关系的情况，其适用范围

更为广泛。

> **例 9.2　判定系数的计算**
>
> **问题**：根据例 9.1 中表 9-1 中的数据，计算营业收入对员工培训费用的判定系数，并解释其实际意义。
>
> **解答**：将表 9-1 中的数据代入到 $SST = \sum (y_i - \bar{y})^2$，$SSE = \sum (y_i - \hat{y}_i)^2$ 和 $SSR = SST - SSE = \sum (\hat{y}_i - \bar{y})^2$ 中可得，总平方和 $SST = 3\ 696\ 337.782$，回归平方和 $SSR = 3\ 225\ 397.569$，残差平方和 $SSE = 470\ 940.213$。
>
> $$R^2 = \frac{SSR}{SST} = \frac{3\ 225\ 397.569}{3\ 696\ 337.782} = 0.873$$
>
> $R^2 = 0.873$ 表示营业收入的变异性有 87.3%可以由员工培训费用和营业收入之间的线性关系解释，因此该模型的拟合效果较好。

## 9.2.2　显著性检验

在前面一元回归方程求解中，使用了最小二乘法对未知参数进行估计，那么这条直线是否真正体现了自变量 $x$ 和因变量 $y$ 之间的线性关系，就需要对回归效果的好坏进行检验。回归分析中的显著性检验分为两个方面：第一是对回归方程总体的显著性关系的检验，其主要使用 $F$ 检验；第二是对各回归系数的显著性检验，其通常使用 $t$ 检验。对于仅有一个自变量的一元线性回归方程，$F$ 检验和 $t$ 检验是等价的，即 $F$ 检验如果验证回归方程总体具有显著性关系，也就表明变量之间存在显著性关系或回归系数 $\beta_1 \neq 0$；但是，如果回归方程有两个及以上的自变量，$F$ 检验仅能表明回归方程总体的显著性。

**1. 回归方程总体的显著性检验**（$F$ 检验）

一元线性回归的模型是 $y = \beta_0 + \beta_1 x + \varepsilon$，即自变量 $x$ 和因变量 $y$ 之间为线性关系，那么这样的假设是否合理呢？如果在该模型中 $\beta_1 = 0$，说明 $x$ 对 $y$ 没有线性影响，这时估计的回归方程 $\hat{y} = \hat{\beta}_0 + \hat{\beta}_1 x$ 就不能近似地表示两者之间的关系。因此在一元线性回归中，为了验证回归方程与因变量 $y$ 之间的关系是否显著，只需要验证假设 $H_0: \beta_1 = 0$ 是否成立即可。

验证假设是否成立需要构造检验统计量，$F$ 检验的统计量的分子和分母都是标准化之后的卡方分布，可以证明，SSR（回归平方和）服从自由度为 1 的卡方分布，而 SSE（残差平方和）服从自由度为 $n-2$ 的卡方分布。因此使用 SSR 和 SSE 进行统计量的构造。

用 SSR 除以其相应的自由度，得到 MSR，SSR 对应的自由度等于模型中自变量的个数 $k$，一元线性回归中自由度为 1。用 SSE 除以其相应的自由度，得到 MSE，SSE 对应的自由度等于 $n-k-1$，一元线性回归中自由度为 $n-2$。如果原假设 $H_0: \beta_1 = 0$ 成立，则 MSR/MSE 的抽样分布服从分子自由度为 1、分母自由度为 $n-2$ 的 $F$ 分布，即

$$\frac{SSR/1}{SSE/(n-2)} = \frac{MSR}{MSE} \sim F(1, n-2) \tag{9-16}$$

当原假设 $H_0: \beta_1 = 0$ 成立时，MSR/MSE 的值应和 1 比较接近，当原假设不成立时，MSR/MSE 的值显著大于 1。因此，MSR/MSE 的值越大，越容易导致原假设被拒绝。对于一

元线性回归，总体显著性检验步骤如下。

**（1）提出原假设和备择假设**

$$H_0: \beta_1 = 0$$
$$H_1: \beta_1 \neq 0$$

**（2）构造检验统计量**

$$F = \frac{SSR/1}{SSE/(n-2)} = \frac{MSR}{MSE} \tag{9-17}$$

**（3）做出统计决策** 根据临界值进行判断，找到临界值 $F_\alpha$，若 $F > F_\alpha$（$F_\alpha$ 为 $F$ 分布的上侧面积为 $\alpha$ 的值），则拒绝 $H_0$；否则，不能拒绝 $H_0$。

也可以根据 $p$ 值进行判断，若 $p < \alpha$ 则拒绝 $H_0$，否则不能拒绝 $H_0$。

例9.1中，根据式（9-11）、式（9-12）和式（9-13），可求得 SST = 3 696 337.782，SSE = 470 940.213，SSR = 3 225 397.569，SSE 对应的自由度为23，SSR 对应的自由度为1，根据式（9-17）可得，$F = 157.523$，当给定显著性水平 $\alpha = 0.05$ 时，$F_\alpha = 4.28$，由于 $F > F_\alpha$，因此拒绝 $H_0$，表示营业收入和员工培训费用之间的线性关系是显著的。

**2. 回归系数的显著性检验**（$t$ 检验）

为了判断一元回归模型中自变量和因变量之间是否存在线性关系，必须对回归系数进行检验，如果存在线性关系，那么 $\beta_1 \neq 0$，因此就可以利用样本数据构造统计量，对假设 $\beta_1 = 0$ 进行验证。如果该假设被拒绝，就证明自变量和因变量之间存在线性关系；如果该假设没有被拒绝，则没有充分的理由证明它们之间存在线性关系。

MSE 是 $\sigma^2$ 的一个无偏估计量，用 $s^2$ 表示，即

$$s^2 = MSE = \frac{SSE}{n-2} \tag{9-18}$$

那么，估计标准误差为

$$s = \sqrt{\frac{SSE}{n-2}} \tag{9-19}$$

由于回归系数 $\beta_1$ 的检验需要构造统计量，而这个统计量以 $\beta_1$ 的抽样分布为基础，因此需要了解 $\beta_1$ 的抽样分布情况。可以证明，$\beta_1$ 的抽样分布如下

期望值 
$$E(\hat{\beta}_1) = \beta_1 \tag{9-20}$$

标准差 
$$\sigma_{\hat{\beta}_1} = \frac{\sigma}{\sqrt{\sum(x_i - \bar{x})^2}} \tag{9-21}$$

分布为正态分布。

将 $\sigma$ 的估计值 $s$ 带入到标准差公式中，可得 $\hat{\beta}_1$ 估计的标准误差为

$$s_{\hat{\beta}_1} = \frac{s}{\sqrt{\sum(x_i - \bar{x})^2}} \tag{9-22}$$

构造检验统计量

$$t = \frac{\hat{\beta}_1 - \beta_1}{s_{\hat{\beta}_1}} \qquad (9\text{-}23)$$

可以证明，它是一个服从自由度为 $n-2$ 的 $t$ 分布。当原假设成立时，$\beta_1 = 0$，此时检验统计量为 $t = \frac{\hat{\beta}_1}{s_{\hat{\beta}_1}}$。对于一元线性回归，回归系数的显著性检验步骤如下。

**（1）提出原假设和备择假设**

$$H_0: \beta_1 = 0$$
$$H_1: \beta_1 \neq 0$$

**（2）构造检验统计量**

$$t = \frac{\hat{\beta}_1}{s_{\hat{\beta}_1}} \qquad (9\text{-}24)$$

**（3）做出统计决策**

给定显著性水平 $\alpha$，若 $t \geqslant t_{\alpha/2}$ 或 $t \leqslant -t_{\alpha/2}$，则拒绝 $H_0$，否则不能拒绝 $H_0$。

也可以根据 $p$ 值进行判断，若 $p < \alpha$ 则拒绝 $H_0$，否则不能拒绝 $H_0$。

---

**例 9.3 显著性检验**

**问题：** 根据例 9.1 中表 9-1 的数据，计算检验统计量，并判断营业收入与员工培训之间是否存在显著线性关系（$\alpha = 0.05$）。

**解答：** 提出原假设和备择假设。

$$H_0: \beta_1 = 0，即不存在线性关系$$
$$H_1: \beta_1 \neq 0，即存在线性关系$$

根据式（9-19）和式（9-22），可求得 $s_{\hat{\beta}_1} = 0.689$，由于 $\hat{\beta}_1 = 8.654$，根据式（9-24），可求得检验统计量 $t = 12.560$。

由于自由度为 23，当给定显著性水平 $\alpha = 0.05$ 时，$t_{\alpha/2} = 2.069$，$t \geqslant t_{\alpha/2}$，因此拒绝 $H_0$，表示营业收入和员工培训费用之间存在显著关系。也可以用 $p$ 值法检验，可以得到相同的结论。

---

## 9.2.3 回归模型解释的注意点

在对回归模型的显著性检验结果进行解释时，需要注意以下两个方面。

拒绝原假设 $H_0: \beta_1 = 0$，得出变量 $x$ 和 $y$ 之间存在显著性关系的结论，并不意味着变量 $x$ 和 $y$ 之间存在因果关系。想要证明两变量之间确实存在因果关系，除了证明统计上的显著性关系外，还需要专业的分析人员提供充分的理论依据并依据业务知识进行分析判断。

拒绝原假设 $H_0: \beta_1 = 0$，得出变量 $x$ 和 $y$ 之间存在显著性关系的结论，就可以利用所估计的回归方程，在变量 $x$ 的样本观测值范围以内对 $y$ 进行预测，如果超过了样本观测值范围，就需要特别注意，用这个线性回归方程可能无法有效解释 $y$ 的变异性，因而可能会得出错误的预测结果。

## 9.3 利用回归模型进行预测

回归模型的主要作用之一是对因变量进行预测。使用最小二乘法，通过样本数据，求得估计一元线性回归方程，再对该回归方程进行显著性检验和判定系数验证，如果结果都证明该回归方程是一个满意的方程，那么就可以使用该方程对因变量进行估计和预测了。

### 9.3.1 点估计

利用所估计的回归方程可对因变量的两类值进行点估计：第一类，给定变量 $x$ 的值，利用回归方程对变量 $y$ 的平均值 $E(y)$ 进行点估计；第二类，给定变量 $x$ 的值，利用回归方程对变量 $y$ 的个别值进行点估计，或者对单个试验的 $y$ 值进行点估计。两类预测都是利用回归方程求出因变量的值，因此对于相同的 $x$ 值，$y$ 的平均值的点估计和个别值的点估计是一样的。

### 9.3.2 平均值的置信区间

点估计作为一个单一的值，不能提供有关估计量精度的相关信息。因此，在点估计的基础上，可以建立一个区间估计。区间估计也分为两类，一类是 $y$ 的平均值的置信区间，它是当给定 $x$ 的一个特定值时，$y$ 的平均值的一个区间估计。另外一类是 $y$ 的个别值的预测区间，它是当给定 $x$ 的一个特定值时，$y$ 的个别值的一个区间估计。

给定 $x$ 的一个特定值 $x_p$，使用回归方程求得因变量 $y$ 平均值的一个点估计值 $\hat{y}_p$，$E(y_p)$ 为因变量 $y$ 的期望值，一般情况下，估计值 $\hat{y}_p$ 和 $E(y_p)$ 恰好相等的概率比较小，那么估计值 $\hat{y}_p$ 在多大程度上接近于真实的平均值 $E(y_p)$ 呢？为了进行这种推断，需要构造平均值的置信区间。

置信区间的构造需已知点估计 $\hat{y}_p$ 的值及其标准差，点估计可以通过估计的回归方程求得，$\hat{y}_p$ 的标准差可由以下公式求得

$$\sigma_{\hat{y}_p} = \sigma \sqrt{\frac{1}{n} + \frac{(x_p - \bar{x})^2}{\sum(x_i - \bar{x})^2}} \tag{9-25}$$

式中，$\sigma$ 是误差项 $\varepsilon$ 的标准差，它的真实值往往是未知的，因此使用估计标准误差 $s$ 来估计 $\sigma$，将其带入到 $\hat{y}_p$ 的标准差公式中，可得

$$s_{\hat{y}_p} = s \sqrt{\frac{1}{n} + \frac{(x_p - \bar{x})^2}{\sum(x_i - \bar{x})^2}} \tag{9-26}$$

因此，当 $x = x_p$ 时，$y_p$ 的均值 $E(y_p)$ 在 $1-\alpha$ 置信水平下的**置信区间**为

$$\hat{y}_p \pm t_{\alpha/2} s \sqrt{\frac{1}{n} + \frac{(x_p - \bar{x})^2}{\sum(x_i - \bar{x})^2}} \tag{9-27}$$

式中，$t_{\alpha/2}$ 是自由度为 $n-2$ 时，$t$ 分布中上侧面积为 $\alpha/2$ 的 $t$ 值。

### 9.3.3 个别值的预测区间

与平均值的区间估计类似，个别值的预测区间是给定一个 $x$ 值，$y$ 的个别值的一个区间

估计。同样，个别值的预测区间也需要已知点估计值和点估计值的误差，点估计值可由回归方程求出，而个别值的点估计误差和平均值的估计误差不同，个别值的点估计误差由两部分组成：①$y$ 的个别值关于平均值的方差；②利用 $y$ 的估计值对平均值进行估计的方差。

给定 $x$ 的一个特定值 $x_p$，使用回归方程求得因变量 $y$ 的个别值的一个点估计 $\hat{y}_p$，预测值 $\hat{y}_p$ 的预测误差的标准差为

$$\sigma_{\text{ind}} = \sigma \sqrt{1 + \frac{1}{n} + \frac{(x_p - \bar{x})^2}{\sum (x_i - \bar{x})^2}} \tag{9-28}$$

由于 $\sigma$ 的真实值往往是未知的，因此使用估计标准误差 $s$ 来估计 $\sigma$，将其代入到预测误差的标准差公式中，可得

$$s_{\text{ind}} = s \sqrt{1 + \frac{1}{n} + \frac{(x_p - \bar{x})^2}{\sum (x_i - \bar{x})^2}} \tag{9-29}$$

式中，$s_{\text{ind}}$ 表示 $\hat{y}_p$ 的标准差的估计。

因此，当 $x = x_p$ 时，个别值 $y_p$ 在 $1-\alpha$ 置信水平下的**预测区间**为

$$\hat{y}_p \pm t_{\alpha/2} s \sqrt{1 + \frac{1}{n} + \frac{(x_p - \bar{x})^2}{\sum (x_i - \bar{x})^2}} \tag{9-30}$$

式中，$1-\alpha$ 为置信水平，$t_{\alpha/2}$ 是自由度为 $n-2$ 时，$t$ 分布中上侧面积为 $\alpha/2$ 的 $t$ 值。

通过对比式（9-27）和式（9-30）可以看出，$y$ 的个别值的预测区间总是比相应的 $y$ 的平均值的置信区间要宽，这是因为个别值的误差是两个误差之和，包括估计的平均值的误差和基于平均值对个别值进行估计的误差。同时，从式（9-29）和式（9-30）中可以看出，当 $x_p = \bar{x}$ 时，两个区间都最窄，也都是最精确的，离该点越远的地方，估计越不精确。

通过式（9-27）和式（9-30）可以看出，随着样本数量 $n$ 的增大，两个区间的宽度也越来越窄，这说明增大样本容量，就会使得估计越精确，越接近真实值。

### 例 9.4　置信区间和预测区间

**问题**：根据例 9.1 中表 9-1 中的数据，建立一个置信水平为 95% 的平均年营业收入的置信区间和预测区间，并画出置信区间和预测区间图。

**解答**：根据式（9-27）和式（9-30）可以求出每个给定的员工培训费用水平下，年营业收入的置信区间和预测区间，运用统计软件也可直接得到，见表 9-2。

表 9-2　连锁店平均年营业收入的置信区间和预测区间　　　　（单位：万元）

| 序　号 | 预　测　值 | 置信下限 | 置信上限 | 预测下限 | 预测上限 |
|:---:|:---:|:---:|:---:|:---:|:---:|
| 1 | 274.245 | 164.783 | 383.706 | −41.356 | 589.846 |
| 2 | 305.398 | 200.218 | 410.577 | −8.744 | 619.534 |
| 3 | 371.165 | 274.752 | 467.578 | 59.848 | 682.481 |
| 4 | 401.452 | 308.928 | 493.976 | 91.318 | 711.586 |
| 5 | 463.757 | 378.871 | 548.644 | 155.816 | 771.699 |
| ⋮ | ⋮ | ⋮ | ⋮ | ⋮ | ⋮ |

（续）

| 序　号 | 预　测　值 | 置信下限 | 置信上限 | 预测下限 | 预测上限 |
|---|---|---|---|---|---|
| 20 | 1105.850 | 1031.488 | 1180.211 | 800.642 | 1411.058 |
| 21 | 1210.558 | 1124.647 | 1296.468 | 902.332 | 1518.783 |
| 22 | 1276.324 | 1182.262 | 1370.387 | 965.728 | 1586.921 |
| 23 | 1366.321 | 1260.320 | 1472.322 | 1051.903 | 1680.739 |
| 24 | 1466.702 | 1346.621 | 1586.784 | 1147.262 | 1786.142 |
| 25 | 1540.257 | 1409.492 | 1671.023 | 1216.649 | 1863.865 |

从表 9-2 中可以看出，对每个给定的自变量的值，预测区间下限都比置信区间下限的值小，而预测区间上限都比置信区间上限的值大，即预测区间的宽度比置信区间的宽度要宽。画出该例的预测区间和置信区间图，如图 9-5 所示，也可以看出两条虚线宽度之间的差别。

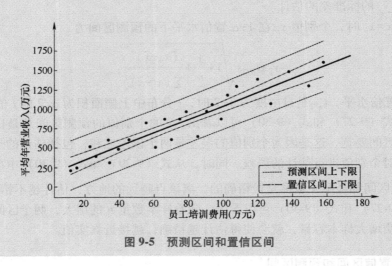

图 9-5　预测区间和置信区间

## 9.4　残差分析

在构建回归模型之前，总是假定随机误差项 $\varepsilon$ 服从均值为 0、方差为 $\sigma^2$ 的正态分布。同时，随机误差项之间也是相互独立的。但是，这些假设条件在实践中往往并不是恰好满足的，因此就需要验证这些假设究竟是否偏离实际太远。如果这些假设偏离实际太远，导致假设不成立的，那么利用回归分析所进行的预测也是不可靠的，因此，需要对随机误差项 $\varepsilon$ 的假定进行分析。

### 9.4.1　零均值

**第 $i$ 次观测的残差**是因变量的观测值 $y_i$ 与其对应的估计值 $\hat{y}_i$ 之差，即

$$e_i = y_i - \hat{y}_i \tag{9-31}$$

很多残差分析都是在对残差图进行分析的基础上实现的，比较常用的残差图有关于自变量 $x$ 的残差图、标准化残差图和正态概率图等。本节主要验证误差的均值为 0，使用的是关

于 $x$ 的残差图。在该残差图中，横轴表示自变量 $x$ 的值，纵轴表示对应的残差值 $e_i$，坐标轴上的每一个点都有对应的两个坐标值。

　　残差图的形状各异，每一种形态都传递出独特的残差信息，为了对残差图进行更好的解释，列举出两种常见形态的残差图，如图 9-6 所示。

　　在图 9-6a）中，残差呈二次曲线的形状，残差的范围可以分为三段，较小的 $x$ 对应的残差在 0 水平线之上，中等的 $x$ 对应的残差在 0 水平线之下，较大的 $x$ 对应的残差又在 0 水平线之上，这说明随机误差 $e_i$ 的均值在 $x$ 取值的三段范围内均不为 0。由此可说明该回归模型所对应的误差的均值为 0 的假设不成立，需要重新检查回归模型是否合理。

　　在图 9-6b）中，残差看起来比较随机地分布在 0 水平线附近，说明所构建的模型满足了随机误差 $e_i$ 的均值为 0 的假设，这是一个比较理想的残差图。

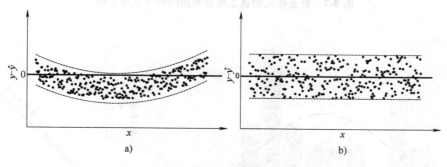

图 9-6　常见形态残差图

## 9.4.2　正态性

　　检验随机误差项 $\varepsilon$ 是否近似于正态分布，可通过标准化残差图判断。一个标准化的随机变量是由随机变量减去其均值，然后除以其标准差得到，由于残差的均值为 0，因此，每个残差除以其标准差就得到了**标准化残差**，其公式为[⊖]

$$z_{e_i} = \frac{e_i}{s} = \frac{y_i - \hat{y}_i}{s} \tag{9-32}$$

式中，$s = \sqrt{\dfrac{\sum (y_i - \hat{y}_i)^2}{n-2}} = \sqrt{\dfrac{SSE}{n-2}}$。

　　根据例 9-1 画出其标准化残差图，如图 9-7 所示。它提供了关于随机误差项 $\varepsilon$ 是否服从正态分布的一个直观认识，如果满足这一假定，那么标准化残差至少有 95% 都应该落在 $-2$ 到 $+2$ 之间的区域，从该例的图中可以看出，$\varepsilon$ 是近似服从于正态分布的。

　　除标准化残差图之外，标准化残差的直方图和正态概率也可以用于确定误差项 $\varepsilon$ 是否服从正态分布，例 9.1 的直方图和正态概率图如图 9-8 和图 9-9 所示。

---

⊖　注意，在 Excel 中，标准化残差的计算公式为 $z_{e_i} = \dfrac{y_i - \hat{y}_i}{s\sqrt{1 - \left(\dfrac{1}{n} + \dfrac{(x_i - \bar{x})^2}{\sum\limits_{j=1}^{n}(x_j - \bar{x})^2}\right)}}$，这实际上是学生化删除残差。

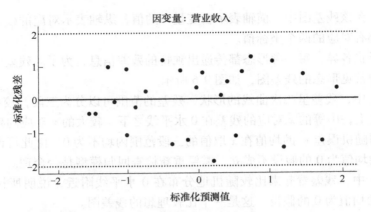

图 9-7　营业收入和员工培训费用的标准化残差图

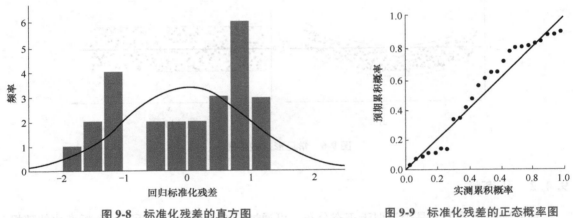

图 9-8　标准化残差的直方图　　　　　　图 9-9　标准化残差的正态概率图

从标准化残差直方图来看，中间稍低，左右两侧不完全对称，有一定瑕疵；从标准化残差的 P-D 图来看，虽然散点并没有全部靠近斜线，并不完美，但较多的点聚集在 45°直线附近。综合来看，残差正态性结果不是最好的，当然在现实分析当中，理想状态的正态性并不多见，接近或近似即可考虑接受。因此，可以得出误差项 $\varepsilon$ 服从正态分布的结论。如果想得到更严谨的分析结果，可使用第 8 章中提到的 K-S 检验法验证残差是否服从正态分布。

### 9.4.3　方差齐性

利用残差图，还可以帮助判断误差项的方差是否恒定，即方差齐性判断。$x$ 的残差图可能有多种形式，如图 9-10 所示。

从图 9-10a）和图 9-10b）中可以看出，虽然残差整体形状不同，但残差的取值范围都是随着自变量 $x$ 的增大而增大的，残差的方差并不是一个恒定的值。再看图 9-10c）中，残差范围呈梭子状，取值范围先随着 $x$ 的增大而增大，然后又随着 $x$ 的增大而减小，很显然残差的方差也不是恒定的值。如果 $\varepsilon$ 的方差相等的假设成立，而且回归模型也是合理的，那么残差图中的残差点应该随机地落在一条水平带之内，如图 9-10d）所示，这样就可以说明 $\varepsilon$ 具有同方差性。如果想得到更严谨的分析结果，可使用第 8 章中提到的 Levene 检验法验证残差是否满足方差齐性。

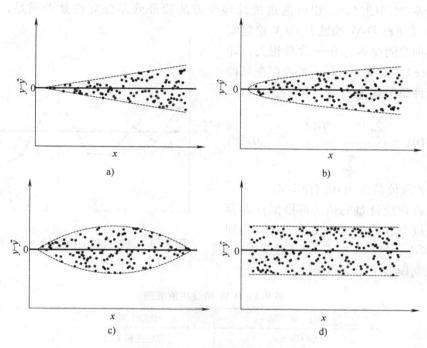

图 9-10 残差图与方差齐性

### 9.4.4 独立性

误差的独立性假设要求一系列误差变量之间是不相关的，但是这个假设不总是能被满足的，这种现象尤其在时间序列数据中表现得比较明显。为了验证在该类数据中的误差独立性假设是否被满足，可以绘制残差与时间的关系图来判定。如果残差-时间图呈现了某种规律，说明各个残差之间可能存在某种相关性，那么很有可能就不满足独立性要求。

例如，图 9-11 呈现出正负误差交替出现的规律，因此不满足误差独立性的假设。再例如，在图 9-12 呈现出误差值随着时间递减的规律，因此也不满足误差独立性的假设。如果误差之间相互独立，那么各误差点之间应该是不相关的，如图 9-13 所示。

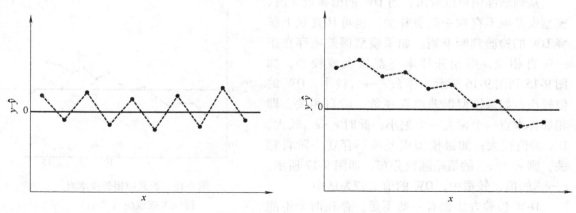

图 9-11 残差自相关检验图（正负误差交替）　　　图 9-12 残差自相关检验图（误差随时间递减）

除了残差-时间图之外，也可通过统计检验方法验证残差独立性是否满足，如 Durbin-Watson 检验（简称 **D-W 检验**）。D-W检验能够检测误差项之间是否存在一阶自相关，即时间点 $i$ 和 $i-1$ 的误差 $e_i$ 和 $e_{i-1}$ 是否存在某种关系，其统计量公式为

$$DW = \frac{\sum_{i=2}^{n}(e_i - e_{i-1})^2}{\sum_{i=1}^{n} e_i^2} \qquad (9\text{-}33)$$

式中，DW 的取值范围为 $0 \leqslant DW \leqslant 4$。

通过计算该统计量的值，再根据样本容量 $n$ 和自变量个数 $k$ 查询 D-W 分布表，得到临界值 $d_L$ 和 $d_U$，然后根据表 9-3（或图 9-14）的准则来判断误差项的自相关性。

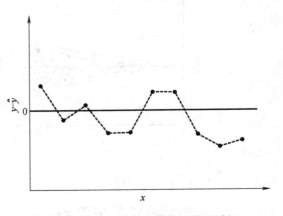

**图 9-13　残差自相关检验图**（误差随机）

表 9-3　D-W 检验决策准则

| 临　界　值 | 相关性判断 |
| --- | --- |
| $0 \leqslant DW \leqslant d_L$ | 存在正相关性 |
| $d_L < DW \leqslant d_U$ | 不能确定 |
| $d_U < DW < 4-d_U$ | 无自相关性 |
| $4-d_U \leqslant DW < 4-d_L$ | 不能确定 |
| $4-d_L \leqslant DW \leqslant 4$ | 存在负相关性 |

| 正自相关 | 不能确定 | 无自相关性 | 不能确定 | 负自相关 |
| --- | --- | --- | --- | --- |
| 0 $\quad\quad d_L$ | $\quad\quad d_U$ | 2 $\quad 4-d_U$ | $\quad 4-d_L$ | 4 |

**图 9-14　D-W 检验判断准则**

从判断准则可以看出，当 DW 的值接近 2 时，模型误差项不存在一阶自相关。也可从直观上解释 DW 的检验判断准则。如果模型误差项存在正一阶自相关，即相邻样本点都较大或较小，如图 9-15 和图 9-16 所示，那么 $e_i - e_{i-1}$ 较小，DW 的值较小；如果模型误差项存在负一阶自相关，即相邻样本点一个偏大一个偏小，此时 $e_i - e_{i-1}$ 较大，DW 的值较大；如果模型误差项不存在一阶自相关，则 $e_i$ 和 $e_{i-1}$ 的值呈随机分布，如图 9-17 所示，$e_i - e_{i-1}$ 的值比较适中，DW 的值也较为适中。

D-W 检验方法也有一些不足，存在两个不能

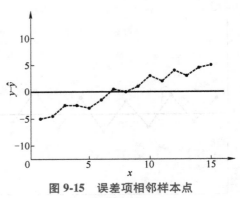

**图 9-15　误差项相邻样本点都较大或较小**（递增）

判断的区域，且只能检验误差项的一阶自相关，不能检验高阶序列相关。不过在实际问题中，一阶自相关是出现较多的一类，如果不存在一阶自相关，一般也就不存在高阶序列相关。

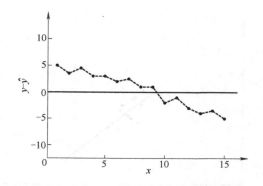 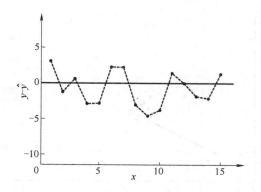

图 9-16　误差项相邻样本点都较大或较小（递减）　　图 9-17　误差项相邻样本点随机分布

### 9.4.5　异常值和有影响的观测值

**1. 异常值检测**

在建立回归方程时，可能会遇到一些异常值或有影响的观测值，这些值通常对回归方程的结果有很大影响。因此，如何识别这些值以及处理这些值尤为重要。

异常值是观测点中偏大或偏小的值，在数据集的散点图中，它与其他数据点所呈现的趋势不同，当出现这些值时，需要认真检查和处理。异常值可通过数据集的散点图进行识别，如图 9-18 所示，除了一个点外，散点图的其他数据点大致呈负线性关系，因此可以认为该观测值为一个异常值，检测人员需要核查该异常值是什么原因导致的。

除了散点图，标准化残差也可用于识别异常值。如果在散点图中，某个观测值和其他数据点的位置有很大差异，那么其所对应的标准化残差的绝对值也会很大。很多统计软件包都能自动识别具有大的标准化残差绝对值的观测点。

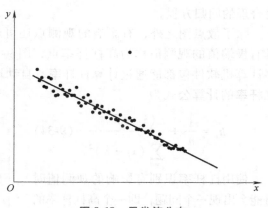

图 9-18　异常值分布

异常值的出现可能有以下几种原因：①错误的记录导致异常值：如果是这种情况，就需要仔细核查，修正这些数据；②来自非样本的数据：这种情况下，这些异常值需要被删除；③模型假定不合理导致异常值：如果是这种情况，需要考虑其他形式的模型；④随机因素导致异常值：如果是这样，这些异常值通常被认为是有效的，需要保留这些异常值。

**2. 有影响的观测值检测**

有影响的观测值是指对模型回归结果有重大影响的观测值。图 9-19 展示了在一元线性回归模型中存在一个有影响的观测值的回归直线，很显然，该回归直线的斜率为正。此时，如果我们将有影响的观测值删除，则回归直线如图 9-20 所示，直线斜率变为负值；但是，如果删除其他观测值，则对回归直线影响不太大。由此可见，该观测值的影响比其他观测值大很多。

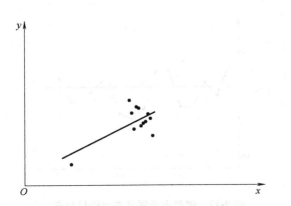

图 9-19 存在有影响的观测值的回归直线

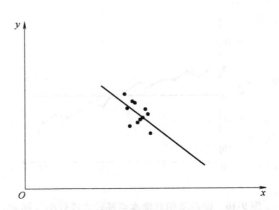

图 9-20 不存在有影响的观测值的回归直线

如图 9-19 和图 9-20 所示，有影响的观测值能从散点图中直接识别出来。值得注意的是，一个有影响的观测值可能是一个异常值（和其他点的 $y$ 值有很大偏离），或者和其他点的 $x$ 值有很大偏离，亦或是在 $x$ 轴和 $y$ 轴都有很大偏离，如图 9-19 所示。

当出现有影响的观测值时，因为其对回归方程有重大影响，因此必须仔细检查。首先核查是否在采集或记录中出现错误，如果没有，则证明该观测值是有效的，需要尝试去找一个更合理的回归方程。

除了散点图之外，有影响的观测点还可通过计算杠杆率（leverage）来识别，自变量具有极端值的观测值称为高杠杆率点，图 9-19 中的有影响的观测值就是高杠杆率点，许多计算机软件包都能通过计算杠杆率，自动地识别出高杠杆率的观测值。**第 $i$ 个观测点的杠杆率**的计算公式为

$$h_i = \frac{1}{n} + \frac{(x_i - \bar{x})^2}{\sum\limits_{j=1}^{n}(x_j - \bar{x})^2} \quad (9\text{-}34)$$

使用杠杆率识别有影响的观测值时可能会出现一个问题，即一个高杠杆率的点并非一个有影响的观测值，如图 9-21 所示，有影响的观测值是在大的残差和高杠杆率共同作用下产生的，如果仅仅利用杠杆率来识别有影响的观测值，可能出现错误的结论。

如果既考虑观测点残差的大小，又考虑杠杆率的影响，可以得出的结论就更有说服力。**库克距离测度**（Cook distance measure）就是这样一种度量观测点影响

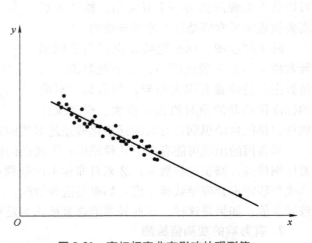

图 9-21 高杠杆率非有影响的观测值

的方法，它同时考虑了残差和杠杆率的影响，其计算公式为

$$D_i = \frac{(y_i - \hat{y}_i)^2}{(p+1)s^2}\left[\frac{h_i}{(1-h_i)^2}\right] \tag{9-35}$$

式中，$D_i$ 代表第 $i$ 个观测点的库克距离测度，$y_i - \hat{y}_i$ 代表第 $i$ 个观测点的残差，$p$ 代表自变量的个数，$s$ 代表估计的标准误差，$h_i$ 代表第 $i$ 个观测点的杠杆率。

如果一个观测点的残差和杠杆率都比较大，那么其库克测度距离也比较大，这个观测点就是一个有影响的点。一般而言，如果 $D_i > 1$，表明第 $i$ 个观测点是一个有影响的观测点，就需要对其进一步核查。

## 📇 SPSS、Excel 和 R 的操作步骤

**SPSS 操作步骤**

● **相关关系**

第 1 步：选择"分析"→"相关"→"双变量"，进入主对话框。

第 2 步：将变量选入"变量"，单击"确定"。

● **回归分析**

第 1 步：选择"分析"→"回归"→"线性"，进入主对话框。

第 2 步：将变量选入相应的"因变量"和"自变量"，单击"统计"进入统计对话框。

第 3 步：勾选"模型拟合"，单击"继续"返回主对话框。

第 4 步：单击"确定"。

● **估计预测与残差分析**

第 1 步：选择"分析"→"回归"→"线性"，进入主对话框。

第 2 步：将因变量选入"因变量"，自变量选入"自变量"，单击"统计"进入统计对话框。

第 3 步：勾选回归系数标签下的"估算值"和残差标签下的"德宾-沃森"，单击"继续"返回主对话框。

第 4 步：单击"保存"进入保存对话框，勾选预测值标签下的"未标准化"和"标准化"，预测区间标签下的"平均值"和"单值"并默认置信区间为 95%，勾选残差标签下的"标准化"，单击"继续"返回主对话框。

第 5 步：单击"图"进入图对话框，将'＊ZPRED'选入"Y:"，'＊ZRESID'选入"X:"，勾选标准化残差图标签下的［直方图］和［正态概率图］单击"继续"返回主对话框，单击"确定"。

**Excel 操作步骤**

● **相关关系**

第 1 步：选择"文件"→"选项"→"加载项"→"转到"→"分析工具库"，单击"确定"。

第 2 步：选择"数据"→"数据分析"→"相关系数"，单击"确定"，进入主对话框。

第 3 步：选择数据输入"输入区域"，勾选"标志位于第一行"，单击"确定"。

● **回归分析**

第 1 步：选择"数据"→"数据分析"→"回归"，单击"确定"进入主对话框。

第 2 步：在输入区域输入相应的 X 值和 Y 值，输出选项卡选择"输出区域"为某一单元格，单击"确定"。

● **估计预测与残差分析**

第 1 步：选择"数据"→"数据分析"→"回归"，单击"确定"进入主对话框。

第2步：在输入区域输入"星级饭店数量"为 X 值和"营业收入"为 Y 值，勾选"置信度"，默认 95%，勾选"残差""标准残差""残差图"及"正态概率图"，输出选项卡选择"输出区域"为某一单元格，单击"确定"。

**R 操作步骤**

**● 相关关系**

cor. test(x,y)

**● 回归分析**

fit = lm(y ~ x)

coef(fit)

summary(fit)

**● 估计预测与残差分析**

pre_value = predict(fit)#预测值

b = residuals(fit)#残差

zb = fit $ residuals/(sqrt(deviance(fit)/df. residual(fit)))#标准化残差

pre = data. frame(预测值 = pre_value,残差 = b,标准化残差 = zb)

con_int = predict(fit,interval = "confidence",level = 0. 95)

pre_int = predict(fit,interval = "prediction",level = 0. 95)

con_interval = data.frame(置信区间下界 = con_int[ ,2],置信区间上界 = con_int[ ,3],预测区间下界 = pre_int[ ,2],预测区间上界 = pre_int[ ,3])

plot(x,zb)#标准化残差图

# 案例分析：星级饭店营业收入预测

### 1. 案例背景

随着全面建成小康社会的逐步推进，旅游已经成为人们日常生活的重要部分，全国的旅游行业发展也日益蓬勃。统计数据显示，2018 年，文旅行业开启融合发展之路，促进了国内旅游市场的持续增长。统计数据显示，2018 年国内旅游人数达到 55. 39 亿人次，旅游业对 GDP 综合贡献为 9. 94 万亿元，占 GDP 总量的 11. 04%。为了研究并预测与旅游行业密切相关的星级饭店营业收入情况，提出更加合理的发展规划，本案例选取了 30 个旅游城市星级饭店的经营状况进行分析。

### 2. 数据及其说明

本案例关注的是 2018 年第四季度 30 个旅游城市星级饭店的统计数据，相关数据见表 9-4。通过回归分析研究星级饭店数量和营业收入的关系。

表 9-4  2018 年第四季度 30 个旅游城市的星级饭店数量和营业收入

| 城　市 | 数量（家） | 营业收入（亿元） |
|---|---|---|
| 天津 | 77 | 6. 48 |
| 石家庄 | 48 | 4. 86 |
| 太原 | 47 | 2. 79 |
| 呼和浩特 | 25 | 1. 80 |
| 沈阳 | 57 | 3. 64 |
| 哈尔滨 | 58 | 2. 44 |

（续）

| 城　市 | 数量（家） | 营业收入（亿元） |
|---|---|---|
| 南京 | 73 | 13.57 |
| 无锡 | 39 | 5.39 |
| 苏州 | 79 | 10.58 |
| 杭州 | 125 | 15.25 |
| 宁波 | 81 | 8.65 |
| 温州 | 60 | 5.80 |
| 合肥 | 50 | 4.40 |
| 福州 | 41 | 4.59 |
| 厦门 | 61 | 7.67 |
| 泉州 | 61 | 4.11 |
| 南昌 | 34 | 2.14 |
| 济南 | 51 | 5.09 |
| 武汉 | 57 | 5.63 |
| 张家界 | 23 | 0.90 |
| 广州 | 157 | 22.24 |
| 深圳 | 93 | 13.11 |
| 珠海 | 54 | 3.15 |
| 南宁 | 41 | 2.78 |
| 成都 | 87 | 8.54 |
| 昆明 | 50 | 2.87 |
| 拉萨 | 9 | 0.55 |
| 西安 | 79 | 6.83 |
| 兰州 | 26 | 1.44 |
| 乌鲁木齐 | 42 | 2.75 |

**3. 数据分析**

（1）绘制各城市星级饭店营业收入和数量的散点图，描述两个变量的相关关系。

**相关分析操作步骤如下**

**SPSS**

第 1 步：选择 "分析" → "相关" → "双变量"，进入主对话框。

第 2 步：将 "营业收入" 和 "数量" 选入 "变量"，单击 "确定"。

**Excel**

第 1 步：选择 "数据" → "数据分析" → "相关系数"，单击 "确定"，进入主对话框。

第 2 步：选择数据输入 "输入区域"，勾选 "标志位于第一行"，单击 "确定"。

\#数据导入

library(readxl)

table = read_excel("···/案例-9.xlsx")

cor.test(table $'数量（家）', table $'营业收入（亿元）')

\#绘制散点图

plot(table $'数量（家）', table $'营业收入（亿元）', xlab = '数量（家）', ylab = '营业收入（亿元）')

星级饭店的营业收入随饭店数量的增加而增加，两者具有线性相关关系，如图 9-22 所示。

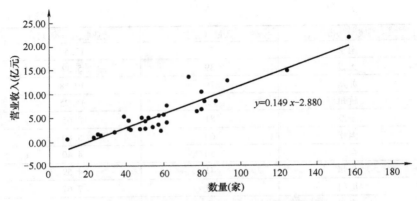

**图 9-22 星级饭店营业收入和数量的散点图**

（2）以各城市星级饭店营业收入为因变量、星级饭店数量为自变量，建立一元线性回归模型，分析得到的模型概要见表 9-5，方差分析表见表 9-6，模型的参数估计和检验见表 9-7。

**回归分析操作步骤如下。**

**SPSS**

第 1 步：选择 "分析"→"回归"→"线性"，进入主对话框。

第 2 步：将营业收入选入 "因变量"，数量选入 "自变量"，单击 "统计" 进入统计对话框。

第 3 步：勾选 "模型拟合"，单击 "继续" 返回主对话框。

第 4 步：单击 "确定"。

**Excel**

第 1 步：选择 "数据"→"数据分析"→"回归"，单击 "确定" 进入主对话框。

第 2 步：在输入区域输入 "数量" X 值和 "营业收入" Y 值，在输出选项卡选择 "输出区域" 为某一单元格，单击 "确定"。

**R**

fit=lm( table $'营业收入（亿元）' ~ table $'数量（家）')

coef( fit)

summary( fit)

**表 9-5 模型概要**

| 模　型 | $R$ | $R^2$ | 调整后的 $R^2$ | 估计标准差 |
|---|---|---|---|---|
| 1 | 0.925① | 0.856 | 0.851 | 1.871 |

① 预测变量：常量，数量。

**表 9-6 方差分析表①**

| 模　型 | | 平　方　和 | df | 均　　方 | $F$ | Sig. |
|---|---|---|---|---|---|---|
| 1 | 回归 | 584.574 | 1 | 584.574 | 167.050 | 0.000② |
| | 残差 | 97.983 | 28 | 3.499 | — | — |
| | 总计 | 682.557 | 29 | — | — | — |

① 因变量：营业收入（亿元）。

② 预测变量：常量，数量。

表 9-7 模型的参数估计和检验[①]

| 模 型 | | 非标准化系数 | | 标准化系数 | $t$ | Sig. |
|---|---|---|---|---|---|---|
| | | $\beta$ | 标准误差 | 统计量 | | |
| 1 | 常量 | −2.880 | 0.767 | — | −3.752 | 0.001 |
| | 数量 | 0.149 | 0.012 | 0.925 | 12.925 | 0.000 |

[①] 因变量：营业收入（亿元）。

根据表 9-5~表 9-7 的统计软件的回归分析结果，可知各地区星级饭店营业收入与星级饭店数量的估计方程为：$y = -2.880 + 0.149x$。其中 $R^2 = 0.856$，表示模型整体拟合程度好；$F = 167.050$，对应在 $\alpha = 0.05$ 时双侧检验值为 Sig = 0.000，表明模型整体通过了显著性检验。

（3）利用建立的一元回归模型进行进一步的预测和残差分析。统计软件输出的预测值和 95% 的置信区间见表 9-8 和表 9-9。

**估计预测和残差分析操作步骤如下。**

**SPSS**

第 1 步：选择"分析"→"回归"→"线性"，进入主对话框。

第 2 步：将营业收入选入"因变量"，数量选入"自变量"，单击"统计"进入统计对话框。

第 3 步：勾选回归系数标签下的"估算值"和残差标签下的"德宾-沃森"，单击"继续"返回主对话框。

第 4 步：单击"保存"进入保存对话框，勾选预测值标签下的"未标准化"和"标准化"，预测区间标签下的"平均值"和"单值"并默认置信区间为 95%，勾选残差标签下的"标准化"，单击"继续"返回主对话框。

第 5 步：单击"绘图"进入绘图对话框，将'∗ZPRED'选入"Y:"，'∗ZRESID'选入"X:"，勾选标准化残差图标签下的［直方图］和［正态概率图］，单击"继续"返回主对话框，单击"确定"。

**Excel**

第 1 步：选择"数据"→"数据分析"→"回归"，单击"确定"进入主对话框。

第 2 步：在输入区域输入"星级饭店数量"为 X 值和"营业收入"为 Y 值，勾选"置信度"，默认 95%，勾选"残差""标准残差""残差图"及"正态概率图"，输出选项卡选择"输出区域"为某一单元格，单击"确定"。

**R**

```
pre_value = predict(fit) #预测值

b = residuals(fit) #残差

zb = fit $ residuals / (sqrt(deviance(fit) / df.residual(fit))) #标准化残差

pre = data.frame(城市 = table $ 城市, 预测值 = pre_value, 残差 = b, 标准化残差 = zb)

con_int = predict(fit, interval = "confidence", level = 0.95)

pre_int = predict(fit, interval = "prediction", level = 0.95)

con_interval = data.frame(城市 = table $ 城市, 置信区间下界 = con_int[,2], 置信区间上界 = con_int[,3],
预测区间下界 = pre_int[,2], 预测区间上界 = pre_int[,3])

plot(table $ '营业收入(亿元)', zb, xlab = "营业收入(亿元)", ylab = "标准化残差") #标准化残差图
```

表 9-8 30 个旅游城市星级饭店营业收入的预测值

| 城 市 | 预 测 值 | 残 差 | 标准化残差 |
|---|---|---|---|
| 天津 | 8.615 | -2.135 | -1.161 |
| 石家庄 | 4.286 | 0.574 | 0.312 |
| 太原 | 4.136 | -1.346 | -0.732 |
| 呼和浩特 | 0.852 | 0.948 | 0.516 |
| 沈阳 | 5.629 | -1.989 | -1.082 |
| 哈尔滨 | 5.778 | -3.338 | -1.816 |
| 南京 | 8.018 | 5.552 | 3.021 |
| 无锡 | 2.942 | 2.448 | 1.332 |
| 苏州 | 8.913 | 1.667 | 0.907 |
| 杭州 | 15.780 | -0.530 | -0.288 |
| 宁波 | 9.212 | -0.562 | -0.306 |
| 温州 | 6.077 | -0.277 | -0.151 |
| 合肥 | 4.584 | -0.184 | -0.100 |
| 福州 | 3.241 | 1.349 | 0.734 |
| 厦门 | 6.226 | 1.448 | 0.788 |
| 泉州 | 6.226 | -2.118 | -1.152 |
| 南昌 | 2.196 | -0.057 | -0.031 |
| 济南 | 4.734 | 0.359 | 0.195 |
| 武汉 | 5.629 | 0.005 | 0.003 |
| 张家界 | 0.554 | 0.350 | 0.190 |
| 广州 | 20.557 | 1.688 | 0.918 |
| 深圳 | 11.003 | 2.107 | 1.146 |
| 珠海 | 5.181 | -2.033 | -1.106 |
| 南宁 | 3.241 | -0.459 | -0.250 |
| 成都 | 10.107 | -1.570 | -0.854 |
| 昆明 | 4.584 | -1.710 | -0.930 |
| 拉萨 | -1.536 | 2.091 | 1.138 |
| 西安 | 8.913 | -2.080 | -1.132 |
| 兰州 | 1.002 | 0.442 | 0.240 |
| 乌鲁木齐 | 3.390 | -0.638 | -0.347 |

表 9-9 30 个旅游城市星级饭店营业收入的 95% 的置信区间

| 城 市 | 置信区间下界 | 置信区间上界 | 预测区间下界 | 预测区间上界 |
|---|---|---|---|---|
| 天津 | 7.802 | 9.428 | 4.698 | 12.532 |
| 石家庄 | 3.535 | 5.036 | 0.381 | 8.190 |
| 太原 | 3.377 | 4.896 | 0.230 | 8.043 |
| 呼和浩特 | -0.223 | 1.927 | -3.127 | 4.832 |
| 沈阳 | 4.927 | 6.331 | 1.734 | 9.525 |

（续）

| 城　　市 | 置信区间下界 | 置信区间上界 | 预测区间下界 | 预测区间上界 |
|---|---|---|---|---|
| 哈尔滨 | 5.078 | 6.479 | 1.883 | 9.674 |
| 南京 | 7.249 | 8.787 | 4.109 | 11.926 |
| 无锡 | 2.091 | 3.793 | −0.983 | 6.868 |
| 苏州 | 8.075 | 9.751 | 4.991 | 12.836 |
| 杭州 | 14.080 | 17.480 | 11.588 | 19.972 |
| 宁波 | 8.347 | 10.077 | 5.284 | 13.140 |
| 温州 | 5.377 | 6.777 | 2.182 | 9.972 |
| 合肥 | 3.849 | 5.319 | 0.683 | 8.486 |
| 福州 | 2.416 | 4.066 | −0.679 | 7.160 |
| 厦门 | 5.526 | 6.927 | 2.331 | 10.122 |
| 泉州 | 5.526 | 6.927 | 2.331 | 10.122 |
| 南昌 | 1.272 | 3.120 | −1.746 | 6.137 |
| 济南 | 4.006 | 5.461 | 0.833 | 8.634 |
| 武汉 | 4.927 | 6.331 | 1.734 | 9.525 |
| 张家界 | −0.558 | 1.665 | −3.436 | 4.544 |
| 广州 | 18.146 | 22.967 | 16.030 | 25.084 |
| 深圳 | 9.946 | 12.060 | 7.028 | 14.978 |
| 珠海 | 4.470 | 5.893 | 1.284 | 9.079 |
| 南宁 | 2.416 | 4.066 | −0.679 | 7.160 |
| 成都 | 9.152 | 11.063 | 6.158 | 14.057 |
| 昆明 | 3.849 | 5.319 | 0.683 | 8.486 |
| 拉萨 | −2.921 | −0.152 | −5.610 | 2.538 |
| 西安 | 8.075 | 9.751 | 4.991 | 12.836 |
| 兰州 | −0.056 | 2.059 | −2.973 | 4.977 |
| 乌鲁木齐 | 2.577 | 4.203 | −0.527 | 7.307 |

因为本例所使用的数据为非时间序列数据，所以我们主要进行零均值、同方差和正态性检验。

从图 9-23 ~ 图 9-25 可以看出，误差项服从零均值、同方差和正态分布的假设。同时，根据图 9-23 推测异常值为第 7 组数据，即南京的经营数据。这是因为南京在改革开放后便引入了许多国际知名品牌的酒店，而且南京地理位

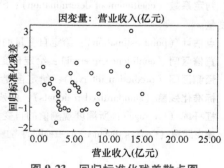

图 9-23 回归标准化残差散点图

置优越，加速了会展业的发展，吸引了大量的会展旅游者和商务工作者。因此，南京星级酒店的经营状况远强于其他城市。

### 4. 结论

本案例针对各城市星级饭店盈利情况进行了分析，并以此为例具体说明了一元线性回归分析的方法和应用。从上述分析结果可知，城市星级饭店的数量与营业收入有正向的相关关系，通过星级饭店的数量可以有效地对城市星级饭店的营业收入进行预测。根据这个结论，调查者可以对星级饭店发展情况进行分析研究。例如，如果知道两个城市的星级饭店数量相近，则可以推断两个城市星级饭店营业收入的差异不大。

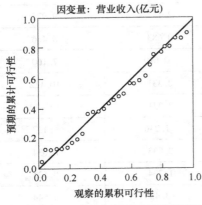

图 9-24　回归标准化残差的正态概率图

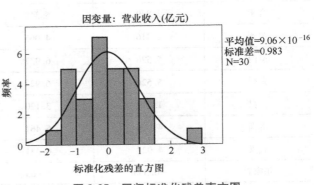

图 9-25　回归标准化残差直方图

## 术语表

**回归分析**（regression analysis）：研究变量之间关系的一种统计分析方法，一般是将一个变量当作被影响变量，其他变量当作影响这一变量的因素。

**因变量**（dependent variable）：被影响或者被预测的变量。

**自变量**（independent variable）：影响或者预测因变量的其他变量。

**一元线性回归**（simple linear regression）：对一个数值型因变量和一个自变量构建线性回归方程。

**总平方和**（SST）：观测值和平均值的离差的平方和。

**残差平方和**（SSE）：观测值和估计值的离差的平方和。

**回归平方和**（SSR）：主要是由于 $x$ 的变化所引起的，可以用回归直接来解释的误差。

**判定系数**（coefficient of determination）：SSR/SST 的比值，为估计的回归方程提供了一个拟合优度的度量。

**点估计**（point estimation）：给定自变量的值时，利用回归方程预测因变量的平均值或个别值。

**置信区间**（confidence interval）：给定自变量的值时，因变量的平均值的一个区间估计。

**预测区间**（prediction interval）：给定自变量的值，因变量的个别值的一个区间估计。

**标准化残差**（standardized residuals）：由残差除以其标准差得到。

**杠杆率**（leverage）：所测度观测值的自变量相对其他观测值的自变量的偏离程度。

**库克距离**（Cook's distance）：一种同时考虑了残差和杠杆率作用的度量观测点的影响的方法。

# 思 考 与 练 习

**思考题**

1. 一元回归分析有哪些基本的假设？
2. 参数的最小二乘估计的基本原理是什么？
3. 判定系数的含义是什么？有什么作用？
4. 置信区间和预测区间是什么？两者有什么区别？
5. 残差分析有什么作用？

**练习题**

6. 某一行业的生产费用和产量的回归方程为 $y=63.22+5.48x$，说明回归方程的含义。

7. 为了分析销售成本和销售收入的关系，某公司随机抽取了 10 个月的销售成本（万元）和销售收入（万元），数据见表 9-10。

**表 9-10　10 个月销售成本和销售收入**　　　　　　　（单位：万元）

| 销售成本 | 4 | 9 | 5 | 13 | 2 | 7 | 11 | 10 | 6 | 14 |
|---|---|---|---|---|---|---|---|---|---|---|
| 销售收入 | 17 | 28 | 19 | 36 | 16 | 26 | 33 | 31 | 21 | 39 |

（1）绘制散点图，根据散点图判断二者相关关系如何。

（2）以销售收入为因变量、销售成本为自变量建立回归模型，并解释回归系数。

8. 为了确定某一专业学生在期末考试前的复习准备时间（h）和考试成绩（分）是否有相关关系，随机抽取了 7 名学生，统计数据见表 9-11。

**表 9-11　7 名学生的复习准备时间与考试成绩**

| 准备时间（h） | 22 | 17 | 31 | 19 | 25 | 28 | 18 |
|---|---|---|---|---|---|---|---|
| 考试成绩（分） | 74 | 64 | 86 | 70 | 78 | 83 | 69 |

（1）以准备时间为自变量、考试成绩为因变量，求估计的回归方程，解释回归系数的意义。

（2）检验回归系数的显著性（$\alpha=0.05$）。

（3）假设某同学准备时间为 30h，估计该同学的考试成绩。

9. 某一物流公司为了研究运送距离（km）和运送时间（h）的关系，随机调查了 12 次运输货物的记录，得到数据见表 9-12。

**表 9-12　12 次运输货物记录**

| 运送距离（km） | 355 | 930 | 480 | 250 | 560 | 670 | 1120 | 825 | 420 | 790 | 625 | 875 |
|---|---|---|---|---|---|---|---|---|---|---|---|---|
| 运送时间（h） | 27 | 82 | 40 | 24 | 48 | 70 | 86 | 75 | 34 | 72 | 64 | 81 |

（1）以运送距离为自变量、运送时间为因变量，绘制散点图，说明两者之间关系。

（2）计算两者的线性相关系数，说明两者的关系强度。

（3）计算判定系数，并说明其意义。

10. 从某一行业抽取 12 家企业的产量（台）和生产成本（万元）数据进行分析，统计数据见表 9-13 和表 9-14。

**表 9-13　方差分析表**

|  | 平　方　和 | df | 均　　方 | F | Sig. |
|---|---|---|---|---|---|
| 回归 | — | — | — | — | 0.000 |
| 残差 | 273.733 | — | — | — | — |
| 总计 | 3050 | 11 | — | — | — |

表 9-14　参数估计表

|  | $\beta$ | 标 准 错 误 | $t$ | Sig. |
|---|---|---|---|---|
| 常量 | 117.837 | 3.987 | 29.554 | 0.000 |
| 产量（台） | 0.437 | 0.043 | 10.071 | 0.000 |

(1) 完成上面的方差分析表。

(2) 企业生产成本的变化有多少是由产量变化引起的？

(3) 生产成本与产量之间的相关系数是多少？

(4) 写出该回归分析的估计方程并解释回归系数的实际意义。

(5) 检验线性关系的显著性（$\alpha = 0.05$）。

## 参考文献

[1] 安德森，斯威尼，威廉斯，等. 商务与经济统计：原书第 13 版 [M]. 张建华，王健，聂巧平，等译. 北京：机械工业出版社，2017.

[2] 林德，马歇尔，沃森. 商务与经济统计方法：原书第 15 版 [M]. 聂巧平，叶光，译. 北京：机械工业出版社，2015.

[3] 麦克拉夫，本森，辛西奇. 商务与经济统计学：第 12 版 [M]. 易丹辉，李扬，译. 北京：中国人民大学出版社，2015.

[4] 贾俊平. 统计学 [M]. 7 版. 北京：中国人民大学出版社，2018.

[5] 贾俊平. 统计学：基于 SPSS [M]. 2 版. 北京：中国人民大学出版社，2016.

[6] 贾俊平. 统计学：基于 Excel [M]. 北京：中国人民大学出版社，2017.

[7] 贾俊平. 统计学：基于 R [M]. 3 版. 北京：中国人民大学出版社，2019.

[8] 伍德里奇. 计量经济学导论：现代观点 [M]. 中国人民大学出版社，2018.

[9] 王汉生. 应用商务统计分析 [M]. 北京：北京大学出版社，2008.

第 10 章数据-excel　　第 10 章数据-spss

**C**HAPTER 10

# 第 10 章

## 多元线性回归

在上一章中，我们用一元线性回归模型来分析因变量 $Y$ 和单一自变量 $X$ 之间的关系。但在实际应用中，我们很难使用一元线性回归模型来分析因果关系，主要原因在于它很难满足关键假设 $E(\varepsilon|x)=0$。多元线性回归模型对一个因变量与两个或两个以上的自变量进行回归，更适用于进行因果分析，因为在模型回归过程中控制了影响因变量的其他变量。多元线性回归模型也经常用于预测因变量的变化趋势，在商学、经济学和社会学中被广泛使用。

本章将讨论如何基于一个数值型因变量和多个自变量构建多元线性回归模型，估计回归模型的参数，对模型进行检验并基于模型进行预测或因果分析，最后以案例的形式给出该方法在实际应用中的操作步骤。

## 10.1 多元线性回归模型及其参数估计

### 10.1.1 多元线性回归模型

**多元线性回归模型**（multiple linear regression model）最简单的形式是只包含两个自变量的二元线性回归，可表示为

$$y=\beta_0+\beta_1x_1+\beta_2x_2+\varepsilon \qquad (10\text{-}1)$$

式中，$\beta_0$ 为截距；$\beta_1$ 衡量了在其他条件不变的情况下 $x_1$ 对 $y$ 的影响；$\beta_2$ 衡量了在其他条件不变的情况下 $x_2$ 对 $y$ 的影响。

> **定义 10.1**
>
> **多元线性回归模型**是指在回归分析中，有两个或者两个以上自变量的线性回归模型。

相较于一元线性回归模型，多元线性回归模型在实际生活中的应用更为广泛，下面我们将用教育回报的示例来进行说明，其对应的回归模型见式（10-1）。

在教育回报的示例中，$y$ 为工资，$x_1$ 为教育年限，$x_2$ 为工作经历，$\varepsilon$ 为其他影响工资但观察不到的变量，$\beta_1$ 衡量了在其他变量不变的情况下教育年限对工资的影响，该系数正是要关注的重点。与一元线性回归模型类似，我们需要对 $\varepsilon$ 与自变量的关系做出不相

关假定。如果运用一元线性回归模型对教育年限 $x_1$ 与工资水平 $y$ 进行分析，就要将工作经历 $x_2$ 放在误差项中，根据误差项与自变量无关的假定，默认 $x_2$ 工作经验与 $x_1$ 教育年限无关。但是这样的假定是不符合实际的，所以采用多元线性回归模型能更好地解决实际问题。

上述讨论中只含有两个自变量，而实际生活中我们会遇到含有多个自变量的多元线性回归模型。如上述影响工资水平的因素，除了教育年限与工作经历外，还包括：与公司相关的因素，如公司规模；与个人能力相关的因素，如接受新知识的能力；与工作岗位相关的因素，如加班时长；等等。这些因素都可能影响因变量，因此一般的多元线性回归模型可表示为

$$y = \beta_0 + \beta_1 x_1 + \beta_2 x_2 + \cdots + \beta_k x_k + \varepsilon \tag{10-2}$$

式中，$\beta_0$ 为截距；$\beta_1$ 衡量了在其他条件不变的情况下 $x_1$ 对 $y$ 的影响；$\beta_2$ 衡量了在其他条件不变的情况下 $x_2$ 对 $y$ 的影响，以此类推。

该方程包含 $k$ 个自变量和一个截距项，所以整个方程包含 $k+1$ 个未知量。其中 $\varepsilon$ 代表了影响因变量但是又无法观测的变量，称为误差项或者干扰项。

在多元线性回归中，对误差项和自变量的关系需做如下假定：

**(1) 零均值** 给定 $x$ 的任何值，$\varepsilon$ 是一个期望值为 0 的随机变量，即 $E(\varepsilon \mid x) = 0$。

**(2) 正态性** $\varepsilon$ 是一个服从正态分布的随机变量，即 $\varepsilon \sim N(0, \sigma^2)$，因此 $y$ 也是一个服从 $N(0, \sigma^2)$ 正态分布的随机变量。

**(3) 方差齐性** 无论 $x$ 的值如何变化，$\varepsilon$ 的方差都是相同的，该方差用 $\sigma^2$ 表示。因此对于 $x$ 的任何值，$y$ 的方差也是相等的，均为 $\sigma^2$。

**(4) 独立性** 不同的 $\varepsilon$ 是相互独立的，也就是对于任何一个给定的 $x$ 值，它所对应的 $\varepsilon$ 值和其他 $x$ 值所对应的 $\varepsilon$ 值不相关。所以，对于任何一个给定的 $x$ 值，其所对应的 $y$ 值和其他 $x$ 值所对应的 $y$ 值也不相关。

## 10.1.2 参数的最小二乘估计

与一元线性回归一致，多元线性回归模型的参数估计仍然采用普通最小二乘估计（OLS），以二元回归为例，其一般形式为

$$\hat{y} = \hat{\beta}_0 + \hat{\beta}_1 x_1 + \hat{\beta}_2 x_2 \tag{10-3}$$

式中，$\hat{y}$ 是 $y$ 的估计值；$\hat{\beta}_0$、$\hat{\beta}_1$ 和 $\hat{\beta}_2$ 分别是 $\beta_0$、$\beta_1$ 和 $\beta_2$ 的估计值。最小二乘估计的核心原理与一元线性回归参数估计一致，即最小化残差平方和

$$\min \sum_{i=1}^{n} (y_i - \hat{\beta}_0 - \hat{\beta}_1 x_1 - \hat{\beta}_2 x_2)^2 \tag{10-4}$$

在一般多元线性回归模型中，如含有 $k$ 个自变量，那么其总体估计方程为

$$\hat{y} = \hat{\beta}_0 + \hat{\beta}_1 x_1 + \hat{\beta}_2 x_2 + \cdots + \hat{\beta}_k x_k \tag{10-5}$$

最小二乘估计需要估计 $k+1$ 个参数（包含 $\hat{\beta}_0$），参数的估计方式仍然为最小化残差平方和

$$\min \sum_{i=1}^{n} (y_i - \hat{\beta}_0 - \hat{\beta}_1 x_1 - \hat{\beta}_2 x_2 - \cdots - \hat{\beta}_k x_k)^2 \tag{10-6}$$

由此可以得到求解 $\hat{\beta}_0, \hat{\beta}_1, \cdots, \hat{\beta}_k$ 的标准方程组。可以借助计算机来求解方程组。

在获得估计模型后，对于方程的解释尤为重要。以式（10-3）的二元线性回归模型为

例，其中 $\hat{\beta}_0$ 表示当自变量 $x_1$ 和 $x_2$ 均为 0 时 $y$ 的估值；$\hat{\beta}_1$ 和 $\hat{\beta}_2$ 称为偏回归系数，即在控制另一个自变量不变的情况下，目标自变量对因变量的作用。

对于含有多于两个自变量的多元线性回归模型，其解释机理与二元线性回归模型一致，这里不做详述。

## 10.2 多元线性回归模型的评估

### 10.2.1 多重判定系数

在多元线性回归模型中，同样可以定义总平方和 SST、回归平方和 SSR 和残差平方和 SSE。具体的形式分别为

$$SST = \sum_{i=1}^{n}(y_i - \overline{y})^2 \tag{10-7}$$

$$SSR = \sum_{i=1}^{n}(\hat{y}_i - \overline{y})^2 \tag{10-8}$$

$$SSE = \sum_{i=1}^{n}(y_i - \hat{y}_i)^2 \tag{10-9}$$

与一元线性回归模型一致，SST、SSR 和 SSE 满足

$$SST = SSR + SSE \tag{10-10}$$

上式可变形为

$$1 = \frac{SSR}{SST} + \frac{SSE}{SST} \tag{10-11}$$

基于以上公式，可以将**多重判定系数**（multiple coefficient of determination）定义为

$$1 - \frac{SSE}{SST} = \frac{SSR}{SST} = R^2 \tag{10-12}$$

> **定义 10.2**
>
> **多重判定系数 $R^2$** 是指回归平方和占总平方和的比例，反映因变量 $y$ 取值的变差中能被估计的多元回归方程所解释的比例，其值介于 0~1。

多重判定系数一个重要的特点是：在模型中增加任意一个自变量，都会使得误差变小，即 SSE 变小，$R^2$ 相应增大。由此可以看出，增加一个自变量且该自变量在统计上并不显著影响因变量，多重判定系数不会减小。所以，采用 $R^2$ 来判定模型的拟合效果是不恰当的。

由于多重判定系数会随着自变量的增加而逐渐趋近于 1，为了减弱这样的影响，统计学家提出用样本量 $n$ 和自变量个数 $k$ 去调整 $R^2$，即**修订的判定系数**，计算公式为

$$R_a^2 = 1 - (1 - R^2) \times \frac{n-1}{n-k-1} \tag{10-13}$$

从式（10-13）中可以看出，$R_a^2 < R^2$。

### 10.2.2 显著性检验

**定义 10.3**

总体显著性检验是指对线性回归模型的有效性进行检验主要是分析因变量和所有自变量之间的线性关系是否显著，又称为 **F 检验**。

总体显著性检验是通过比较回归均方 MSR 和残差均方 MSE，分析两者之间的差别是否具有显著性。若两者关系显著，则因变量和所有自变量之间的关系在总体上是显著的；若不显著，我们就没有足够的理由认为因变量和所有的自变量之间存在一个显著的关系。多元线性回归模型总体显著性检验的步骤如下。

（1）提出原假设和备择假设

$$H_0 : \beta_1 = \beta_2 = \cdots = \beta_k = 0$$
$$H_1 : \beta_1, \beta_2, \cdots, \beta_k \text{ 至少有一个不等于 } 0$$

（2）构造检验统计量 $F$

$$F = \frac{\dfrac{\text{SSR}}{k}}{\dfrac{\text{SSE}}{(n-k-1)}} = \frac{\dfrac{\sum\limits_{i=1}^{n}(\hat{y}_i - \overline{y})^2}{k}}{\dfrac{\sum\limits_{i=1}^{n}(y_i - \hat{y})^2}{(n-k-1)}} \sim F(k, n-k-1) \tag{10-14}$$

（3）做出统计决策　根据临界值进行判断，查看得到临界值 $F_\alpha(k, n-k-1)$，若 $F \geqslant F_\alpha$，则拒绝 $H_0$；否则，不能拒绝 $H_0$。也可以根据 $p$ 值进行判断，若 $p < \alpha$，则拒绝 $H_0$；否则，不能拒绝 $H_0$。

对例 10.1 中某运输公司的数据进行 $F$ 检验。检验的统计量为

$$F = \frac{\text{MSR}}{\text{MSE}} = \frac{2.439}{0.064} = 38.034$$

当分子的自由度为 2、分母的自由度为 7、给定显著性水平 $\alpha = 0.05$ 时，$F_\alpha = 4.74$。由于 $F > F_\alpha$，因此拒绝 $H_0$，认为行驶里程数和运送货物数与行驶时间之间存在一个显著关系。表 10-3 的输出结果显示 $p$ 值为 0.000，依据 $p$ 值可以得到同样的结论。

$F$ 检验是对整体模型进行的显著性检验，但要确定回归模型中的自变量对因变量影响的显著性，就需要对各个回归系数进行 $t$ 检验。由此可见，回归方程的显著性不同于回归系数的显著性，回归方程的检验是为了描述整个回归模型的显著性，而单个系数的检验是为了判断各个自变量对因变量的影响。多元线性回归模型单个系数显著性的 $t$ 检验的步骤如下。

（1）提出原假设和备择假设

$$H_0 : \beta_i = 0$$
$$H_1 : \beta_i \neq 0$$

（2）构造检验统计量 $t$

$$t = \frac{\hat{\beta}_i}{s_{\hat{\beta}_i}} \sim t(n-k-1) \tag{10-15}$$

（3）做出统计决策　根据临界值进行判断，查表得到临界值 $t_{\alpha/2}(n-k-1)$，若 $|t| \geqslant t_{\alpha/2}$，拒绝 $H_0$；否则，不能拒绝 $H_0$。也可以根据 $p$ 值进行判断，若 $p < \alpha$，则拒绝 $H_0$；否则，不能拒绝 $H_0$。

对例 10.1 某运输公司的数据进行 $t$ 检验。检验的统计量为

$$t_1 = \frac{\hat{\beta}_1}{s_{\hat{\beta}_1}} = \frac{0.062}{0.01} = 6.216$$

$$t_2 = \frac{\hat{\beta}_2}{s_{\hat{\beta}_2}} = \frac{0.897}{0.164} = 5.458$$

从 $t$ 分布表中得到，当自由度为 7、给定显著性水平 $\alpha = 0.05$ 时，$t_{\alpha/2} = 2.365$，所以 $t_1 > t_{\alpha/2}$，$t_2 > t_{\alpha/2}$，拒绝原假设 $H_0$，行驶里程数和运送货物数均显著影响行驶时间。表 10-4 的输出结果显示，$p_1 = 0.000$，$p_2 = 0.001$，依据 $p$ 值可以得到同样的结论。

**例 10.1　多元线性回归模型**

**问题**：某运输公司的主要业务是为它的周边地区运送货物。为了制定最佳的工作计划，公司管理者希望估计出公司货车每天的行驶时间。管理人员认为，货车行驶的里程数和运送货物的次数都会影响货车的行驶时间。经过统计，得到数据见表 10-1。

表 10-1　货车行驶里程、运送货物次数与行驶时间的数据

| 运 输 任 务 | 行驶里程（km） | 运送货物次数（次） | 行驶时间（h） |
|---|---|---|---|
| 1 | 50.0 | 2 | 4.65 |
| 2 | 45.0 | 1 | 3.05 |
| 3 | 32.5 | 2 | 3.00 |
| 4 | 37.5 | 2 | 3.90 |
| 5 | 40.0 | 1 | 3.10 |
| 6 | 50.0 | 1 | 3.25 |
| 7 | 25.0 | 1 | 2.10 |
| 8 | 45.0 | 2 | 4.00 |
| 9 | 50.0 | 2 | 4.45 |
| 10 | 35.0 | 2 | 3.25 |

**解答**：以货车的行驶里程 $x_1$ 和运送货物的次数 $x_2$ 为自变量，行驶时间 $y$ 作为因变量，统计软件的输出结果见表 10-2~表 10-4。估计的回归方程是

$$\hat{y} = -0.499 + 0.062x_1 + 0.897x_2$$

表 10-2　模型概要

| 模　　型 | $R$ | $R^2$ | 调整后 $R^2$ | 估计标准误差 |
|---|---|---|---|---|
| 1 | 0.957 | 0.916 | 0.892 | 0.253 22 |

**表 10-3　方差分析表**

| 模　型 | 平 方 和 | df | 均　方 | F | Sig. |
|---|---|---|---|---|---|
| 回归 | 4.877 | 2 | 2.439 | 38.034 | 0.000 |
| 残差 | 0.449 | 7 | 0.064 | — | — |
| 总计 | 5.326 | 9 | — | — | — |

**表 10-4　模型的参数估计和检验**

| 模　型 | 非标准化系数 | | 标准化系数 | t | Sig. | 共线性统计 | |
|---|---|---|---|---|---|---|---|
| | $\hat{\beta}$ | 标准误差 | | | | 容忍度 | VIF |
| 常量 | -0.499 | 0.470 | — | -1.063 | 0.323 | — | — |
| 行驶里程 | 0.062 | 0.010 | 0.686 | 6.216 | 0.000 | 0.990 | 1.010 |
| 运送货物次数 | 0.897 | 0.164 | 0.602 | 5.458 | 0.001 | 0.990 | 1.010 |

由输出结果可知，回归模型的 $F$ 检验的 $p$ 值为 0.000，在 $\alpha = 0.05$ 的显著性水平下，可以判断模型是显著的；自变量系数的 $p$ 值分别为 0.000 和 0.001，在 0.05 的显著性水平下，可以判断自变量回归系数都是显著的。回归系数可解释为：在控制其他变量不变的情况下，每增加一单位的行驶里程，行驶时间增加 0.062h；同理，在控制其他变量不变的情况下，每增加一单位运送货物次数，行驶时间增加 0.897h。

# 10.3　多重共线性

## 10.3.1　多重共线性及其所产生的问题

在多元回归模型中，大部分自变量在某种程度上是相关的。自变量之间出现的高度相关性则称为**多重共线性**（multicollinearity）。

**定义 10.4**

**多重共线性**是指模型中两个或者两个以上的自变量高度（但不完全）相关的现象。

多重共线性出现的原因有以下几种：

**（1）经济变量之间存在较为密切的关系**　由于经济变量之间通常是相互联系和相互制约的，因此在数量上存在相关性，如大豆产量与土地面积和施肥量均有关系，而土地面积与施肥量也存在关系，一般情况下，土地面积越大，所需施肥量越大。

**（2）经济变量之间存在相同的趋势**　在很多经济研究中，尤其在时间序列模型中，很多经济变量与时间有关，具有趋势性，如影响公司利润的投资与价格之间存在同时增长、同时减小的趋势。

**（3）模型中引入滞后变量**　在经济模型中，有时会引入 $t$ 期变量以及 $t-1$ 期变量，这往

往会产生多重共线性，如

$$利润 = f(当期投入, 前期投入)$$

从多重共线性的定义可以看出，多重共线性的情形并不违反基本假定，但它仍会产生不可忽略的影响。虽然当存在多重共线性时，依然可以使用最小二乘估计求得参数估计量，但是由于自变量之间存在共线性，导致难以分离出单个自变量对因变量的影响参数估计值不稳定，对样本变化敏感，因此很难通过 $t$ 检验判断出自变量与因变量之间是否线性相关。而且，因为回归系数的方差较大，样本回归系数很可能远离实际的总体参数，往往会导致违背常理的结果。例如，在经济意义上，自变量与因变量之间的作用是正向的，但是由于多重共线性的影响，其结果为负向。值得庆幸的是，多重共线性不会影响总体显著性检验或 $F$ 检验。

### 10.3.2　多重共线性的识别与处理

有多种方法可以识别出多重共线性的存在。以下是几种简单的识别方法：

**（1）对各自变量之间的相关系数进行显著性检验**　若存在一个或多个相关系数是显著的，则说明模型中所使用的自变量之间显著相关，因此可能存在多重共线性。

**（2）考察各回归系数的显著性**　若模型的 $F$ 检验显著，但几乎所有回归系数 $\beta_i$ 的 $t$ 检验都不显著，则模型中可能存在多重共线性。

**（3）分析回归系数的正负号**　如果回归系数的正负号与预期的相反，则表明模型中可能存在多重共线性。

**（4）计算模型的容忍度和方差扩大因子**　自变量 $x_i$ 的**容忍度**（tolerance）等于 $1-R_i^2$，$R_i^2$ 是以该自变量为因变量、其余 $k-1$ 个自变量为预测变量所得到的线性回归模型的判定系数。容忍度越小，说明 $x_i$ 与其他变量的信息重复性越大；反之，容忍度越大，说明 $x_i$ 的独立信息越多，可能成为重要的自变量。一般来说，当容忍度小于 0.1 时，便认为 $x_i$ 与其他变量的共线性超过了容许界限。

---

**定义 10.5**

　**容忍度**是测度自变量间多重共线性的统计量，取值范围在 0~1 之间。容忍度越接近于 0，多重共线性越强；越接近于 1，多重共线性越弱。

---

**方差扩大因子**（variance inflation factor）等于容忍度的倒数，即 $\mathrm{VIF} = \dfrac{1}{1-R_i^2}$，表示对应的偏回归系数的方差由于多重共线性而扩大的倍数。按照容忍度为 0.1 的常规界限，VIF 的界限应为 10（倍）。

---

**定义 10.6**

　**方差扩大因子**是自变量之间存在相关性时的方差与不存在相关性时的方差之比。方差扩大因子越大，多重共线性越严重。

---

当发现模型中存在多重共线性时，可依据回归分析的目的对回归模型进行调整。如果要在模型中保留所有自变量，则应避免根据 $t$ 统计量对单个参数进行检验，同时，对因变量值

的推断（估计或预测）应限定在自变量样本值的范围内。

# 10.4　一般线性模型

前面介绍了多元线性回归模型，现在介绍更为泛化、灵活多变的**一般线性模型**（general linear model，GLM），它使得我们能够根据实际情形选择更好的方程模型来描述自变量与因变量之间的关系。

> **定义 10.7**
>
> **一般线性模型**是描述一个因变量与多个自变量之间的线性关系的回归模型，对于含有 $n$ 个自变量的模型，其一般形式为
>
> $$y=\beta_0+\beta_1t_1+\beta_2t_2+\cdots+\beta_nt_n+u \tag{10-16}$$
>
> 式中，$\beta_0$ 称为截距参数；$\beta_1$，$\beta_2$，$\cdots$，$\beta_n$ 称为斜率参数；变量 $u$ 表示误差项或干扰项。

需要注意的是，变量 $t_1$，$t_2$，$\cdots$，$t_n$ 并不仅仅是单个变量本身，它可以是关于观测变量的函数。比如，对于一个观测总体，我们确定了需要观测的一个因变量 $y$ 和 $n$ 个自变量 $x_1$，$x_2$，$\cdots$，$x_n$，如果因变量 $y$ 与某些自变量 $x_i$ 之间是非线性函数关系，那么式（10-16）中的 $t_i$ 就可以写成关于 $x_i$ 的函数，即 $t_i=f_i(x_1,x_2,\cdots,x_n)$，$i=1,2,\cdots,n$。常见的函数形式有 $t_i=\ln(x_j)$，$t_i=x_j^2$，等等。

## 10.4.1　含单变量多项式的模型

含单变量多项式的模型是指变量 $t_i$ 只能取关于某个自变量 $x_i$ 的一阶或多阶函数，例如

$$y=\beta_0+\beta_1x_1+\beta_2x_2^3+\beta_3x_3^2+u \tag{10-17}$$

令 $t_1=x_1$，$t_2=x_2^3$，$t_3=x_3^2$，就化为一般线性模式

$$y=\beta_0+\beta_1t_1+\beta_2t_2+\beta_3t_3+u \tag{10-18}$$

在式（10-18）中，$t_1$ 只是关于自变量 $x_1$ 的一阶函数，而与其他自变量 $x_2$、$x_3$ 无关，$t_2$、$t_3$ 亦是关于某个自变量 $x_i$ 的一阶或多阶函数。

## 10.4.2　含交互项的模型

一般线性模型中也可以含有交互项，如

$$y=\beta_0+\beta_1x_1+\beta_2x_2+\beta_3x_1^2+\beta_4x_2^2+\beta_5x_1x_2+u \tag{10-19}$$

式中，$x_1x_2$ 是交互作用项。

在保持所有其他自变量不变的情况下，考虑自变量 $x_1$ 对因变量 $y$ 的偏效应

$$\frac{\Delta y}{\Delta x_1}=\beta_1+2\beta_3x_1+\beta_5x_2 \tag{10-20}$$

从式（10-20）可以看出，自变量 $x_1$ 对因变量 $y$ 的偏效应不仅受自身的影响，还受另一个自变量 $x_2$ 的影响。

### 例 10.2　交互作用

**问题：** 为加强国内青少年的体育锻炼活动，促进其拥有一个健康的身体和强健的体魄，各大高校纷纷开展了有奖竞跑的夏季"夜跑"活动，参加的学生可抽取丰厚大奖。现考虑某高校每晚参加夜跑活动的学生人数，经过调查发现，影响参加人数的主要因素有两个：天气温度、奖品价值。记录一个月（30 天）参加夜跑的人数，得到数据见表 10-5，试建立一般线性模型，并分析自变量之间是否存在交互作用。

表 10-5　某高校参加夜跑活动部分数据

| 当天温度/℃ | 奖品价值（元） | 参加人数（人） | 当天温度/℃ | 奖品价值（元） | 参加人数（人） |
| --- | --- | --- | --- | --- | --- |
| 15 | 200 | 80 | 15 | 500 | 112 |
| 17 | 200 | 91 | 16 | 500 | 118 |
| 19 | 200 | 120 | 18 | 500 | 182 |
| 20 | 200 | 121 | 21 | 500 | 208 |
| 22 | 200 | 142 | 21 | 500 | 210 |
| 23 | 200 | 144 | 22 | 500 | 215 |
| 23 | 200 | 145 | 24 | 500 | 239 |
| 24 | 200 | 149 | 24 | 500 | 248 |
| 25 | 200 | 152 | 25 | 500 | 250 |
| 26 | 200 | 156 | 25 | 500 | 253 |
| 28 | 200 | 165 | 29 | 500 | 275 |
| 30 | 200 | 172 | 30 | 500 | 286 |
| 33 | 200 | 186 | 32 | 500 | 293 |
| 34 | 200 | 185 | 35 | 500 | 281 |
| 36 | 200 | 188 | 37 | 500 | 272 |

**解答：** 设参加人数为因变量 $y$，当天温度和奖品价值分别为自变量 $x_1$、$x_2$。当 $x_2$ 分别取 200、500 时，考虑 $x_1$ 对 $y$ 的影响，根据表中数据得到图 10-1。

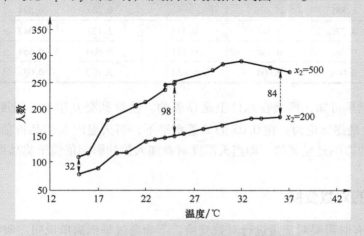

图 10-1　参加人数与温度、奖品价值关系图

从图 10-1 和表 10-5 中可以看出，奖品价值设为 500 元比奖品价值设为 200 元，能吸引更多的学生来参加夜跑活动。当温度在 15℃、25℃和 36℃左右时，奖品价值为 500 元比 200 元能分别多吸引 32、98 和 84 名学生。观测结果表明，不同奖品能够吸引的人数之差依赖于当天的温度，即当天温度和奖品价值之间有潜在的交互作用。建立模型如下

$$y = \beta_0 + \beta_1 x_1 + \beta_2 x_2 + \beta_3 x_1 x_2 + u$$

其中，$y$ 代表参加活动的人数，$x_1$ 代表当天温度，$x_2$ 代表奖品价值，由 $\beta_3 x_1 x_2$ 来反映温度和奖品价值之间的潜在交互影响。

再进行变量替换，以便分析建模。令 $t_1 = x_1$，$t_2 = x_2$，$t_3 = x_1 x_2$，得

$$y = \beta_0 + \beta_1 t_1 + \beta_2 t_2 + \beta_3 t_3 + u$$

将上述模型和表 10-5 数据输入统计软件，其输出结果见表 10-6 ~ 表 10-8，求得样本回归方程为

$$\hat{y} = 8.881 + 3.272 t_1 + 0.061 t_2 + 0.009 t_3$$

表 10-6　模型概要

| 模　型 | $R$ | $R^2$ | 调整后的 $R^2$ | 估计标准误差 |
| --- | --- | --- | --- | --- |
| 1 | 0.951 | 0.905 | 0.894 | 20.170 |

表 10-7　方差分析表

| 模　　型 | 平　方　和 | df | 均　　方 | $F$ | Sig. |
| --- | --- | --- | --- | --- | --- |
| 回归 | 100 646.252 | 3 | 33 548.751 | 82.464 | 0.000 |
| 残差 | 10 577.615 | 26 | 406.831 | — | — |
| 总计 | 111 223.867 | 29 | — | — | — |

表 10-8　模型的参数估计和检验

| 模　　型 | 非标准化系数 | | 标准化系数 | $t$ | Sig. | 共线性统计 | |
| --- | --- | --- | --- | --- | --- | --- | --- |
| | $\hat{\beta}$ | 标准误差 | | | | 容忍度 | VIF |
| 常量 | 8.881 | 39.635 | — | 0.224 | 0.824 | — | — |
| 当天温度 | 3.272 | 1.541 | 0.333 | 2.123 | 0.043 | 0.149 | 6.720 |
| 奖品价值 | 0.061 | 0.102 | 0.151 | 0.600 | 0.554 | 0.058 | 17.299 |
| 温度和价值 | 0.009 | 0.004 | 0.634 | 2.190 | 0.038 | 0.044 | 22.915 |

分析输出结果可知，模型在总体上是显著的。注意到交互项 $t_3$（温度和价值）的 $p$ 值为 0.038，故最终结论为：在 0.05 的显著水平下，当天温度和奖品价值之间的交互作用对参加人数的影响是显著的，即当天温度对参加人数的影响依赖于奖品价值。

### 10.4.3　变量的对数变换

在统计学中有时需要对变量进行对数变换，下面通过举例简单说明。假设以某一年所有劳动力为总体，考虑某个劳动人员的年薪与其接受教育的年数之间的关系。设劳动人员年薪

为因变量 $y$（万元），接受教育年数为自变量 $x$（年），建立的线性模型为

$$y = \beta_0 + \beta_1 x + u \tag{10-21}$$

$\beta_1$ 度量了在其他条件不变的情况下，多接受 1 年教育导致劳动人员年薪的变化量，即每多接受 1 年教育年薪增加 $\beta_1$ 万元。假设某工厂劳动人员 A 只接受了小学 6 年初等教育，劳动人员 B 接受了 12 年高等教育，若 A、B 在原来的基础上都增加 1 年的教育，那么利用上述线性模型来解释就是，随教育增加 1 年，A、B 的年薪也各增加 $\beta_1$ 万元。但从职场的角度来讲，A 增加了 1 年的初等教育，B 增加了 1 年的高等教育，B 增长的工资理应更多而不仅仅是 $\beta_1$ 万元。换句话说，我们更期望的是这样一种结果：每增加 1 年的教育，工资增长的比例是不变的，而不应是工资的增长额是不变的。在此之前我们需要明确变化量和变化比例的概念。若 A 接受 6 年教育的工资是 $y_0$ 万元（$y_0 \neq 0$），接受 7 年教育的工资是 $y_1$ 万元，那么其工资的变化量为

$$\Delta y = y_1 - y_0 \tag{10-22}$$

工资的变化比例为

$$\frac{\Delta y}{y_0} = \frac{y_1 - y_0}{y_0} \tag{10-23}$$

为了得到工资变化比例近似为常数的模型，对因变量 $y$ 取对数

$$\ln y = \beta_0 + \beta_1 x + u \tag{10-24}$$

$\ln(\cdot)$ 表示自然对数。当 $\Delta y$ 较小时，$\ln y$ 的变化近似等于 $\frac{\Delta y}{y_0}$，所以由式（10-23）可以得到，若接受教育程度的变化量为 $\Delta x$，则工资比例的近似变化为

$$\frac{\Delta y}{y_0} \approx \beta_1 \Delta x \tag{10-25}$$

当 $\Delta x$ 取单位变化量 1 时，工资比例的变化为一个常数。假设通过数据得到的样本回归方程为 $\ln y = 0.62 + 0.078x$，此时对方程的解释为：每多接受 1 年的教育，工资会增加约 7.8%。

对数变换不仅可以变换因变量，也可以变换自变量，例如模型 $\ln y = \beta_0 + \beta_1 \ln x + u$，就同时对 $x$、$y$ 做出了变换。当 $\Delta x$ 较小时，$\ln x$ 的变化近似等于 $\frac{\Delta x}{x_0}$。

至于何时取对数，怎么取对数，并没有标准答案，数据变换方法的使用需要一定的先验知识并结合具体的应用情景加以分析和选择。这里给出使用对数线性模型的经验法则：使用对数时，变量不能取 0 或者负值；对于钱、人数、产品数等大的正整数，通常可以取对数；以年度量的单位，通常以原有形式出现，如年龄、工作年限、教育年数等。

## 10.5　定性自变量

在回归模型中，除了需要考虑定量因素对因变量的影响外，一些定性因素对因变量的影响往往也不可以忽略。例如，研究影响二手车价格的因素时，里程表计数可以作为一个定量自变量，而销售商认为颜色也是影响二手车价格的一个因素，这时需要将二手车的颜色作为

一个定性自变量引入模型。

## 10.5.1 在模型中引入定性变量

定性变量通常能够以二元信息的形式呈现，如大学生是否拥有笔记本电脑、企业是否为员工提供退休金计划等。因此，通常用0-1变量来为模型引入相关的定性信息，可称之为虚拟变量（dummy variables）或者指示变量（indicator variable）。

若定性自变量只有两个水平，可以将其定义为一个虚拟变量，用1表示一个水平，0表示另一个水平。如将企业为员工提供退休金计划的情况定义为一个虚拟变量 $x_1$

$$x_1 = \begin{cases} 1, 企业为员工提供退休金计划, \\ 0, 企业不为员工提供退休金计划。 \end{cases}$$

对于具有 $k$ 个水平的定性自变量，需要定义 $k-1$ 个虚拟变量，每个虚拟变量的取值为1或0。例如，在研究某品牌计算机在各商店的销售数量时，管理人员认为商店所采用的付款方式也是影响销售数量的一个重要因素。因为现在一般有现金支付、刷卡支付、移动支付三种付款方式，所以需要定义 $3-1=2$ 个虚拟变量。每个虚拟变量被定义为如下形式，

$$x_1 = \begin{cases} 1, 现金支付, \\ 0, 其他方式; \end{cases} \quad x_2 = \begin{cases} 1, 刷卡支付, \\ 0, 其他方式。 \end{cases}$$

于是可以用 $x_1$ 和 $x_2$ 这两个虚拟变量表示三种付款方式，见表10-9。

表10-9 付款方式

| 付 款 方 式 | $x_1$ | $x_2$ |
| --- | --- | --- |
| 现金支付 | 1 | 0 |
| 刷卡支付 | 0 | 1 |
| 移动支付 | 0 | 0 |

## 10.5.2 含有定性变量的回归

在回归模型中引入定性变量有多种方式，各种方式对回归模型的影响不同。为了直观地阐释定性变量不同的引入方式对回归模型的影响，接下来以决定小时工资的基本模型 $y=\beta_0+\beta_1 x_1$ 分情况进行说明（$y$ 表示工资，$x_1$ 表示教育水平）。

**（1）引入定性变量** 将 $x_2$（性别）和 $x_3$（婚姻状况）引入基本模型，得到

$$y=\beta_0+\beta_1 x_1+\delta_1 x_2+\delta_2 x_3+u,$$

$$y=\begin{cases} \beta_0+\beta_1 x_1+u, & x_2=0,x_3=0（男性未婚）; \\ (\beta_0+\delta_2)+\beta_1 x_1+u, & x_2=0,x_3=1（男性已婚）; \\ (\beta_0+\delta_1)+\beta_1 x_1+u, & x_2=1,x_3=0（女性未婚）; \\ (\beta_0+\delta_1+\delta_2)+\beta_1 x_1+u, & x_2=1,x_3=1（女性已婚）。 \end{cases} \quad (10\text{-}26)$$

此时定性变量的不同取值改变的是模型的截距项，体现了性别和婚姻状况对小时工资的影响。

**（2）定性变量之间的交互作用** 将性别和婚姻状况的交互项 $x_2 x_3$ 引入模型，得到

$$y = \beta_0 + \beta_1 x_1 + \delta_1 x_2 + \delta_2 x_3 + \delta_3 x_2 x_3 + u,$$

$$y = \begin{cases} \beta_0 + \beta_1 x_1 + u, & x_2 = 0, x_3 = 0 (男性未婚); \\ (\beta_0 + \delta_2) + \beta_1 x_1 + u, & x_2 = 0, x_3 = 1, (男性已婚); \\ (\beta_0 + \delta_1) + \beta_1 x_1 + u, & x_2 = 1, x_3 = 0, (女性未婚); \\ (\beta_0 + \delta_1 + \delta_2 + \delta_3) + \beta_1 x_1 + u, & x_2 = 1, x_3 = 1 (女性已婚). \end{cases} \tag{10-27}$$

此时含有交互作用的定性变量的不同取值改变的也是模型的截距项,体现了性别和婚姻状况对小时工资的影响。

**(3) 定性变量与非定性变量的交互作用** 将教育水平和性别的交互项 $x_1 x_2$ 引入模型,得到

$$y = \beta_0 + \beta_1 x_1 + \delta_1 x_2 + \delta_2 x_1 x_2 + u,$$

$$y = \begin{cases} \beta_0 + \beta_1 x_1 + u, & x_2 = 0 (男性); \\ (\beta_0 + \delta_1) + (\beta_1 + \delta_2) x_1 + u, & x_2 = 1 (女性). \end{cases} \tag{10-28}$$

此时定性变量的不同取值不仅改变了模型的截距项,还改变了模型的斜率项,体现了男女在受教育回报上的差异。

---

**例 10.3　含有定性变量的回归**

**问题:** 中国进出口贸易总额数据(1950 年—1984 年)见表 10-10。试检验改革开放前后该时间序列的斜率是否发生变化。

表 10-10　中国进出口贸易总额数据(1950 年—1984 年)

| 年份 | 贸易总额 $y$ (百亿元) | 时间 $x_1$ | 开放前后 $x_2$ | 乘积 $x_1 x_2$ | 年份 | 贸易总额 $y$ (百亿元) | 时间 $x_1$ | 开放前后 $x_2$ | 乘积 $x_1 x_2$ |
|---|---|---|---|---|---|---|---|---|---|
| 1950 | 0.415 | 1 | 0 | 0 | 1968 | 1.085 | 19 | 0 | 0 |
| 1951 | 0.595 | 2 | 0 | 0 | 1969 | 1.069 | 20 | 0 | 0 |
| 1952 | 0.646 | 3 | 0 | 0 | 1970 | 1.129 | 21 | 0 | 0 |
| 1953 | 0.809 | 4 | 0 | 0 | 1971 | 1.209 | 22 | 0 | 0 |
| 1954 | 0.847 | 5 | 0 | 0 | 1972 | 1.469 | 23 | 0 | 0 |
| 1955 | 1.098 | 6 | 0 | 0 | 1973 | 2.205 | 24 | 0 | 0 |
| 1956 | 1.087 | 7 | 0 | 0 | 1974 | 2.923 | 25 | 0 | 0 |
| 1957 | 1.045 | 8 | 0 | 0 | 1975 | 2.904 | 26 | 0 | 0 |
| 1958 | 1.287 | 9 | 0 | 0 | 1976 | 2.641 | 27 | 0 | 0 |
| 1959 | 1.493 | 10 | 0 | 0 | 1977 | 2.725 | 28 | 0 | 0 |
| 1960 | 1.284 | 11 | 0 | 0 | 1978 | 3.55 | 29 | 1 | 29 |
| 1961 | 0.908 | 12 | 0 | 0 | 1979 | 4.546 | 30 | 1 | 30 |
| 1962 | 0.809 | 13 | 0 | 0 | 1980 | 5.638 | 31 | 1 | 31 |
| 1963 | 0.857 | 14 | 0 | 0 | 1981 | 7.353 | 32 | 1 | 32 |
| 1964 | 0.975 | 15 | 0 | 0 | 1982 | 7.713 | 33 | 1 | 33 |
| 1965 | 1.184 | 16 | 0 | 0 | 1983 | 8.601 | 34 | 1 | 34 |
| 1966 | 1.271 | 17 | 0 | 0 | 1984 | 12.01 | 35 | 1 | 35 |
| 1967 | 1.122 | 18 | 0 | 0 | | | | | |

**解答：** 由于年份数据值较大，因而首先将其处理为时间 $x_1$ 列。定义虚拟变量 $x_2$，$x_2 = \begin{cases} 0, & 1950\ \text{年}—1977\ \text{年} \\ 1, & 1978\ \text{年}—1984\ \text{年} \end{cases}$。以时间 $x_1$ 为自变量，进出口贸易总额 $y$ 为因变量，为了检验改革开放前后该时间序列的斜率是否发生变化，同时引入虚拟变量 $x_2$ 及其与时间的交互项 $x_1x_2$。

统计软件输出的结果见表 10-11 ~ 表 10-13。

**表 10-11 模型概要**

| 模 型 | $R$ | $R^2$ | 调整后的$R^2$ | 估计标准误差 |
|-------|-----|-------|-------------|------------|
| 1 | 0.983 | 0.967 | 0.964 | 0.509 |

**表 10-12 方差分析表**

| 模 型 | | 平 方 和 | df | 均 方 | $F$ | Sig. |
|-------|------|---------|-----|--------|-----|------|
| 1 | 回归 | 237.227 | 3 | 79.076 | 305.003 | 0.000 |
| | 残差 | 8.037 | 31 | 0.259 | — | — |
| | 总计 | 245.264 | 34 | — | — | — |

**表 10-13 模型的参数估计和检验**

| 模 型 | | 非标准化系数 | | $t$ | Sig. | 共线性统计量 | |
|-------|------|------------|---------|-----|------|-----------|-----|
| | | $\hat{\beta}$ | 标准误差 | | | 容忍度 | VIF |
| 1 | 常量 | 0.369 | 0.198 | 1.868 | 0.071 | — | — |
| | $x_1$ | 0.066 | 0.012 | 5.531 | 0.000 | 0.512 | 1.954 |
| | $x_2$ | −33.956 | 3.092 | −10.984 | 0.000 | 0.005 | 206.444 |
| | $x_1x_2$ | 1.204 | 0.097 | 12.421 | 0.000 | 0.005 | 208.954 |

各系数的估计值都通过检验，得到估计结果如下

$$y = 0.369 + 0.066x_1 - 33.956x_2 + 1.204x_1x_2,$$

$$y = \begin{cases} 0.369 + 0.066x_1, & x_2 = 0(1950\ \text{年}—1977\ \text{年}); \\ -33.587 + 1.270x_1, & x_2 = 1(1978\ \text{年}—1984\ \text{年})。 \end{cases}$$

由分析结果可知，斜率项和截距项都发生了变化，且 $p$ 值皆为 0.000。于是得出结论：改革开放前后该时间序列的斜率发生了变化。

## 10.6 变量选择与逐步回归

对一组数据进行多元回归分析时，首先需要建立多元回归模型，而面对大量的自变量，选择将哪些变量引入模型影响着整个模型建立的合理性。如何进行自变量的选择呢？除了可以依据对问题的理解和相关理论知识进行变量选择外，还可以通过对统计量进行显著性检验来辅助筛选自变量，方法主要有**向前选择**（forward selection）、**向后剔除**（backward elimination）和**逐步回归**（stepwise regression）三种。

## 10.6.1 向前选择

**向前选择法**从模型没有自变量开始，逐个选入自变量，具体操作步骤如下。

**第 1 步**：对因变量 $y$ 的 $k$ 个自变量分别建立一元线性回归模型，对这 $k$ 个模型分别计算 $F$ 统计量，选择使 $F$ 统计量最大且显著的自变量首先进入模型。注意，如果 $k$ 个一元回归模型统计结果均不显著，则所有自变量都不选入模型，因而无法建立线性回归模型。

**第 2 步**：将模型外的 $k-1$ 个自变量分别加入模型，此时共有 $k-1$ 个二元回归模型，基于残差平方和 SSE 在加入某一自变量后的减少量，计算 $F$ 统计量，计算公式为

$$F = \frac{\text{SSE}(加入前) - \text{SSE}(加入后)}{\text{SSE}(加入后) / 自由度}$$

选择使 $F$ 统计量最大且显著的自变量进入模型。若 $k-1$ 个自变量统计结果均不显著，则运算终止。

**第 3 步**：重复以上过程，直到自变量均无统计显著性。

## 10.6.2 向后剔除

**向后剔除法**与向前选择法相反，从自变量全部进入模型开始，逐个剔除自变量，具体操作如下。

**第 1 步**：将所有 $k$ 个自变量加入模型进行拟合并得到该模型的 SSE，然后建立 $k$ 个剔除一个自变量的回归模型，每个模型都含有 $k-1$ 个自变量。计算 $k$ 个模型的 SSE，选择使 $F$ 统计量最小且不显著的自变量从中剔除。$F$ 统计量的计算公式为

$$F = \frac{\text{SSE}(剔除后) - \text{SSE}(剔除前)}{\text{SSE}(剔除前) / 自由度}$$

**第 2 步**：建立 $k-1$ 个回归模型，每个模型中有 $k-2$ 个自变量，计算 $k-1$ 个模型的 SSE 值，选择使 $F$ 统计量最小且不显著的自变量进行剔除。

**第 3 步**：重复以上过程，直至剔除任何一个自变量时 $F$ 统计量均显著为止。

## 10.6.3 逐步回归

**逐步回归法**综合了向前选择和向后剔除两种方法，进行自变量的选择。前两步与向前选择相同，但是在加入一个自变量之后，要对之前所有自变量进行考察，确定是否需要剔除变量。如果在增加了一个自变量后，之前的某个自变量对模型的作用不再显著，则需要剔除变量。重复进行这个过程，不断增加变量和剔除变量，直到增加变量不会导致 SSE 显著减小为止。

**例 10.4 逐步回归**

**问题**：城镇居民的平均工资受多种因素的影响，如教育水平、直接投资、基础设施投资增长率、外资开放度、第三产业增量等。为分析平均工资的影响因素，选取 2016 年 31 个省市的国家统计数据（见表 10-14），以平均工资为因变量用逐步回归法建立回归方程。

表 10-14　31 个省市的国家统计数据

| 省市编号 | 平均工资（元） | 教育水平 | 直接投资（万元） | 基础设施投资增长率 | 外资开放度 | 第三产业增量 |
|---|---|---|---|---|---|---|
| 1 | 119 928 | 0.035 | 4276.295 | 0.077 | 1.184 | 0.802 |
| 2 | 86 305 | 0.042 | 3751.950 | 0.097 | 0.746 | 0.564 |
| 3 | 55 334 | 0.021 | 742.509 | 0.037 | 0.227 | 0.415 |
| 4 | 53 705 | 0.026 | 680.422 | 0.034 | 0.283 | 0.555 |
| 5 | 61 067 | 0.022 | 66.744 | 0.010 | 0.186 | 0.438 |
| 6 | 56 015 | 0.029 | 2574.163 | 0.038 | 0.762 | 0.516 |
| 7 | 56 098 | 0.030 | 620.243 | 0.027 | 0.261 | 0.425 |
| 8 | 52 435 | 0.025 | 72.332 | 0.013 | 0.275 | 0.540 |
| 9 | 119 935 | 0.027 | 19 014.309 | 0.079 | 2.818 | 0.698 |
| 10 | 71 574 | 0.028 | 21 651.135 | 0.027 | 0.723 | 0.500 |
| 11 | 73 326 | 0.023 | 5000.716 | 0.026 | 0.729 | 0.510 |
| 12 | 59 102 | 0.024 | 874.807 | 0.030 | 0.227 | 0.411 |
| 13 | 61 973 | 0.025 | 3917.769 | 0.026 | 0.984 | 0.429 |
| 14 | 56 136 | 0.028 | 773.124 | 0.024 | 0.374 | 0.420 |
| 15 | 62 539 | 0.025 | 5477.538 | 0.035 | 0.419 | 0.467 |
| 16 | 49 505 | 0.025 | 3288.671 | 0.034 | 0.199 | 0.418 |
| 17 | 59 831 | 0.031 | 707.071 | 0.022 | 0.275 | 0.439 |
| 18 | 58 241 | 0.023 | 416.940 | 0.022 | 0.212 | 0.464 |
| 19 | 72 326 | 0.022 | 31 237.708 | 0.023 | 1.480 | 0.520 |
| 20 | 57 878 | 0.021 | 646.928 | 0.022 | 0.245 | 0.396 |
| 21 | 61 663 | 0.026 | 479.935 | 0.030 | 0.656 | 0.543 |
| 22 | 65 545 | 0.030 | 2214.058 | 0.025 | 0.313 | 0.481 |
| 23 | 63 926 | 0.022 | 2074.239 | 0.010 | 0.315 | 0.472 |
| 24 | 66 279 | 0.019 | 20.196 | 0.019 | 0.128 | 0.447 |
| 25 | 60 450 | 0.017 | 32.377 | 0.009 | 0.276 | 0.467 |
| 26 | 103 232 | 0.013 | 0.006 | 0.001 | 0.205 | 0.527 |
| 27 | 59 637 | 0.037 | 1434.372 | 0.022 | 0.307 | 0.424 |
| 28 | 57 575 | 0.022 | 1.704 | 0.009 | 0.289 | 0.514 |
| 29 | 66 589 | 0.013 | 0.276 | 0.003 | 0.171 | 0.428 |
| 30 | 65 570 | 0.022 | 29.714 | 0.020 | 0.206 | 0.454 |
| 31 | 63 739 | 0.016 | 12.990 | 0.004 | 0.153 | 0.451 |

**解答：** 由统计软件输出的逐步回归结果见表 10-15～表 10-19。

表 10-15　变量的进入和移出

| 模　型 | 已输入变量 | 已除去变量 | 方　法 |
|---|---|---|---|
| 1 | 第三产业增量 | — | 步进（准则：进入的概率 $F \leqslant$ 0.050，删除的概率 $F \geqslant 0.100$） |

表 10-16　模型概要

| 模　型 | $R$ | $R^2$ | 调整后的 $R^2$ | 估计标准差 |
|---|---|---|---|---|
| 1 | 0.795 | 0.632 | 0.619 | 10 778.995 |

表 10-17　方差分析表

| 模　型 | | 平　方　和 | df | 均　值　差　值 | $F$ | Sig. |
|---|---|---|---|---|---|---|
| 1 | 回归 | 5 790 869 774.071 | 1 | 5 790 869 774.071 | 49.841 | 0.000 |
| | 残差 | 3 369 415 317.348 | 29 | 116 186 735.081 | — | — |
| | 总计 | 9 160 285 091.419 | 30 | — | — | — |

表 10-18　模型的参数估计和检验

| 模　型 | | 非标准化系数 | | 标准化系数 | $t$ | Sig. |
|---|---|---|---|---|---|---|
| | | $\hat{\beta}$ | 标准误差 | | | |
| 1 | 常量 | −12 372.869 | 11 410.429 | – | −1.084 | 0.287 |
| | 第三产业增量 | 162 636.322 | 23 036.894 | 0.795 | 7.060 | 0.000 |

表 10-19　模型移出变量

| 模　型 | | $\hat{\beta}$ | $t$ | Sig. | 偏　相　关 | 共线性统计 |
|---|---|---|---|---|---|---|
| | | | | | | 容忍度 |
| 1 | 教育水平 | −0.128 | −1.073 | 0.292 | −0.199 | 0.889 |
| | 直接投资 | 0.121 | 1.012 | 0.320 | 0.188 | 0.890 |
| | 基础设施 | 0.080 | 0.543 | 0.591 | 0.102 | 0.606 |
| | 外资开放度 | 0.262 | 1.789 | 0.084 | 0.320 | 0.551 |

根据以上的回归结果，该模型最终的估计方程为

$$\hat{y} = -12\,372.869 + 162\,636.322 x_5$$

　　需要注意的是，逐步回归法可以用来辅助筛选变量，但自变量的最终确定还需要基于对问题的理解和相关理论分析。

## 10.7　利用回归模型进行预测

　　建立了因变量 $y$ 与 $k$ 个自变量的多元回归模型之后，可以根据模型的回归方程预测平均值的置信区间和个别值的预测区间，预测步骤与一元回归类似，计算求解完全依赖计算机。

在此沿用例 10.4，对城镇居民的平均工资进行预测，统计软件的输出结果见表 10-20。

表 10-20　城镇居民平均工资预测

| 省市编号 | 平均工资（元） | 点估计值 | 置信下界 | 置信上界 | 预测下界 | 预测上界 |
|---|---|---|---|---|---|---|
| 1 | 119 928 | 118 113.78 | 102 790.02 | 133 437.54 | 91 265.64 | 144 961.92 |
| 2 | 86 305 | 79 412.76 | 74 066.93 | 84 758.59 | 56 728.34 | 102 097.18 |
| 3 | 55 334 | 55 179.39 | 49 941.67 | 60 417.10 | 32 520.20 | 77 838.57 |
| 4 | 53 705 | 77 811.31 | 72 765.48 | 82 857.14 | 55 195.71 | 100 426.91 |
| 5 | 61 067 | 58 834.68 | 54 220.20 | 63 449.15 | 36 311.39 | 81 357.96 |
| 6 | 56 015 | 71 459.01 | 67 295.45 | 75 622.57 | 49 023.77 | 93 894.26 |
| 7 | 56 098 | 56 672.62 | 51 707.30 | 61 637.93 | 34 074.84 | 79 270.39 |
| 8 | 52 435 | 75 518.94 | 70 855.55 | 80 182.33 | 52 985.58 | 98 052.29 |
| 9 | 119 935 | 101 113.82 | 90 471.35 | 111 756.29 | 76 633.89 | 125 593.76 |
| 10 | 71 574 | 68 939.95 | 64 941.37 | 72 938.53 | 46 534.74 | 91 345.17 |
| 11 | 73 326 | 70 548.86 | 66 459.14 | 74 638.58 | 48 127.20 | 92 970.52 |
| 12 | 59 102 | 54 382.62 | 48 990.99 | 59 774.26 | 31 87.37 | 77 077.88 |
| 13 | 61 973 | 57 365.10 | 52 518.19 | 62 212.00 | 34 793.05 | 79 937.15 |
| 14 | 56 136 | 55 893.51 | 50 788.82 | 60 998.19 | 33 264.70 | 78 522.31 |
| 15 | 62 539 | 63 540.65 | 59 455.24 | 67 626.05 | 41 119.77 | 85 961.52 |
| 16 | 49 505 | 55 579.18 | 50 416.55 | 60 741.82 | 32 937.24 | 78 221.13 |
| 17 | 59 831 | 59 082.07 | 54 503.99 | 63 660.16 | 36 566.22 | 81 597.93 |
| 18 | 58 241 | 63 049.12 | 58 926.32 | 67 171.91 | 40 621.40 | 85 476.83 |
| 19 | 72 326 | 72 210.74 | 67 974.78 | 76 446.71 | 49 761.95 | 94 659.54 |
| 20 | 57 878 | 51 972.47 | 46 084.55 | 57 860.39 | 29 154.22 | 74 790.72 |
| 21 | 61 663 | 75 858.90 | 71 142.74 | 80 575.06 | 53 314.56 | 98 403.24 |
| 22 | 65 545 | 65 902.93 | 61 930.36 | 69 875.50 | 43 502.34 | 88 303.52 |
| 23 | 63 926 | 64 446.72 | 60 417.94 | 68 475.50 | 42 036.10 | 86 857.34 |
| 24 | 66 279 | 60 281.54 | 55 867.64 | 64 695.43 | 37 798.49 | 82 764.58 |
| 25 | 60 450 | 63 544.84 | 59 459.73 | 67 629.94 | 41 124.02 | 85 965.65 |
| 26 | 103 232 | 73 289.43 | 68 932.61 | 77 646.24 | 50 817.51 | 95 761.34 |
| 27 | 59 637 | 56 497.69 | 51 501.64 | 61 493.75 | 33 893.15 | 79 102.24 |
| 28 | 57 575 | 71 231.91 | 67 088.22 | 75 375.60 | 48 800.34 | 93 663.47 |
| 29 | 66 589 | 57 254.08 | 52 388.56 | 62 119.60 | 34 678.03 | 79 830.14 |
| 30 | 65 570 | 61 464.54 | 57 191.03 | 65 738.06 | 39 008.63 | 83 920.45 |
| 31 | 63 739 | 61 004.85 | 56 679.47 | 65 330.23 | 38 539.02 | 83 470.69 |

　　点估计值表示给定自变量值的条件下对应的因变量的预测值，例如，第 31 组数据实际平均工资为 63 739，利用回归方程预测的平均工资为 61 004.85；置信下界和置信上界表示平均值的置信区间的下界和上界，预测下界和预测上界表示个别值的预测区间的下界和上界，例如，实际工资为 63 739 的省市，平均值 95% 的置信区间为 [56 679.47，65 330.23]，个别值 95% 的预测区间为 [38 539.02，83 470.69]。

## 10.8　利用回归模型进行因果分析

### 10.8.1　回归系数的进一步解释

本书 10.1.2 部分对回归系数简单地进行了解释，本节将进一步讨论多元回归系数的解释。前文式（10-5）中的截距项 $\hat{\beta}_0$ 往往不是我们的关注点，但是为了从 OLS 回归中得到 $y$ 的预测值，总是需要截距项的。

估计值 $\hat{\beta}_i(i \geqslant 1)$ 可以解释为**偏效应**（partial effect）。

> **定义 10.8**
>
> **偏效应**是指在其他自变量保持不变的条件下，某自变量（解释变量）对因变量（被解释变量）的效应。

在包含两个自变量的例 10.1 中，$\hat{\beta}_1 = 0.062$。它表示当每天运货次数保持不变时，运送货物行驶的里程每增加 1km，货车预期增加的行驶时间的估计值是 0.062h。同理，$\hat{\beta}_2 = 0.897$ 表示当运送货物行驶的里程数保持不变时，运送货物的次数每增加 1 次，货车预期增加的行驶时间的估计值是 0.897h。

因为在多元回归分析中，斜率参数的偏效应解释可能会导致混淆，所以我们要进行更深入的探讨。在例 10.1 中，行驶里程数的回归系数度量的是在保持运货次数不变的情况下，预期行驶时间的变化。这意味着，在对行驶里程数的系数做偏效应度量时，需要在相同送货次数的人群中抽样，并对送货次数和行驶时间进行简单的回归分析，观测不同的行程里程数对送货时间的影响。然而，在现实中，我们很少能够限制某些变量、使其保持不变。多元回归使我们在对自变量的值不施加限制的情况下，能有效地模拟施加限制时的情况，所得到的系数仍然可以做其他条件不变的解释。这使得我们能够在非实验的环境中，去做自然科学家在受控实验室中所能做的事情。

### 10.8.2　理论分析和控制变量的引入

在多元回归分析中，控制变量的引入特别重要，其引入与否会显著影响回归系数的大小和可解释性。例如，$y$ 对 $x_1$ 的一元回归可表示为 $\tilde{y} = \tilde{\beta}_0 + \tilde{\beta}_1 x_1$，$y$ 对 $x_1$ 的多元回归可表示为 $y = \beta_0 + \beta_1 x_1 + \beta_2 x_2$。简单回归系数 $\tilde{\beta}_1$ 通常并不等于多元回归系数 $\beta_1$，事实上，$\tilde{\beta}_1$ 和 $\beta_1$ 之间有如下简单关系，它使得我们可以将多元回归和一元回归进行有意思的比较。

$$\tilde{\beta}_1 = \beta_1 + \beta_2 \tilde{\delta}_1 \tag{10-29}$$

式中，$\tilde{\delta}_1$ 是 $x_2$ 对 $x_1$ 进行简单回归的斜率系数。

式（10-29）说明了 $\tilde{\beta}_1$ 与 $\beta_1$ 的不同之处，导致二者区别的是 $x_2$ 对 $y$ 的偏效应与 $x_2$ 对 $x_1$ 进行一元回归的系数之积。

$\tilde{\beta}_1$ 和 $\beta_1$ 在两种情况下会相等：样本中 $x_2$ 对 $y$ 的偏效应为 0，样本中 $x_2$ 与 $x_1$ 不相关，即 $\tilde{\delta}_1 = 0$。

现实中，一元回归和多元回归中的估计值几乎从来都不会相等。可以用上述公式解释为何两个估计值会存在差距。假设我们已经基于一元线性回归证明教育年限与工资水平之间正线性相关，尽管这似乎能推断增加教育年限（年）就可以增加工作的薪酬，但是这样的结论可能并不可靠。理论上有这种可能：工资水平受到智力水平的影响，而教育年限越长，通常意味着智力水平越高。在本例中，定义 $x_1$ 为教育年限、$x_2$ 为智力水平，则式（10-29）中的 $\beta_2$ 和 $\tilde{\delta}_1$ 均不为零，$\tilde{\beta}_1$ 反映的是教育年限以及智力水平中与教育年限相关部分对工资水平的综合影响。这就需要在回归方程中加入体现智力水平的变量，从而分析得到，在保持智力水平不变的条件下，教育年限对工资水平的影响。

相关关系不等于因果关系。初学者在解释回归分析结果的过程中可能会犯一个常见的错误：他们认为 $\beta_i$ 表示的是自变量的变化导致的因变量的变化。事实上，不能仅仅根据统计量来直接推断变量之间的因果关系。我们可以说回归系数衡量了 $y$ 的变化与 $x$ 的变化相关的数量，但是却不能据此推断一个变量 $x$ 的变化引起了另一个变量 $y$ 的变化。对因变量的变化原因的任何推断都必须经过合理的理论证明和对相关变量的控制。比如：统计检验证明，吸烟越多，患肺癌的概率就越大。但是这个分析不能证明吸烟会引起肺癌，而只能说明吸烟和肺癌之间的某种关系。

综上，我们发现，在有效控制所有对因变量 $y$ 和 $x_i$ 都有显著影响的自变量后所得到的 $\beta_i$ 具有较好的因果解释性。

### 📇 SPSS、Excel 和 R 的操作步骤

**SPSS 操作步骤**

第 1 步：双击打开 SPSS，之后打开需要的数据。

第 2 步：如果 Excel 文件行首包含变量名，默认选择"从第一行数据读取变量名"，如果 Excel 文件行首没有包含变量名，不必选择"从第一行数据读取变量名"，单击"确定"。

第 3 步：单击 SPSS 软件导航栏，依次单击"分析""回归""线性"。

第 4 步：选择分析的自变量如评分、评分标准差等，单击箭头，加入"自变量"方框中；选择票房，单击箭头，加入"因变量"方框中，单击"确定"。

**Excel 操作步骤**

第 1 步：选择"文件"，单击"选项"，单击"加载项"。

第 2 步：单击最下方的"转到"，选中"分析工具库"，单击"确定"。

第 3 步：单击 Excel 工具栏"数据"，单击"数据分析"。

第 4 步：选中"回归"，单击"确定"。

第 5 步：选择分析的自变量数据和因变量数据，单击"确定"。

**R 操作步骤**

第 1 步：读取数据。

```
library(readxl)
table = read_excel("…/数据表名.xlsx")
```

第 2 步：回归分析，test = lm(y ~ 1 + x)，其中 lm 为建立模型，1 表示常数项。

第 3 步：检验显著性结果，运行代码 summary(test)。

## 案例分析：中国电影票房分析

### 1. 案例背景

随着近几年我国电影业的飞速发展，市场上出现了很多爆款、黑马类的电影，如 2017 年 7 月 27 日上映，由吴京执导的动作类电影《战狼 2》，赢得了口碑、票房的双丰收，以 56.8 亿元的票房雄踞国产片电影榜首，并以 1.4 亿人次的成绩荣登单一市场观影人次冠军；又如 2019 年 9 月上映的《哪吒之魔童降世》，2018 年 9 月上映的《无双》以及追溯到 2015 年 7 月上映的《西游记之大圣归来》，无不一夜成名，质量口碑双双出彩。反观 2017 年 8 月上映的由王宝强执导的处女作《大闹天竺》，未播先火，主演都是票房号召力演员，但最终上映后的票房成绩却不理想，还有很多前期火热造势的电影最终都票房惨淡。似乎光靠广告、明星、导演就可以 "吸金" 的时代已不复存在，移动互联网的发展、社会化网络的普及（微信、微博）使得观众评价信息更快速地传播，其作用也日益彰显。为此，本案例将研究观众评价对电影票房的作用如何随移动互联网的发展而变化。

### 2. 数据及其说明

本案例以中国 2011 年—2017 年豆瓣上映的 1246 部电影为样本，运用多元线性回归模型，分析观众评价对电影票房的作用随移动互联网发展的变化趋势。模型包括电影票房、评分、移动网民数量、票价和明星影响力等变量，变量的定义与数据来源见表 10-21。

表 10-21　变量的定义与数据来源

| 变　　量 | 描述 | 数据来源 |
|---|---|---|
| 电影票房 | 电影的总票房 | 艺恩数据库 |
| 评分 | 电影的豆瓣评分 | 豆瓣网 |
| 移动网民数量 | 对应年份移动网民数量 | 中国互联网络信息中心 |
| 首映日票房 | 电影的首映日票房 | 艺恩数据库 |
| 首映日排座数 | 电影的首映日排座数 | 艺恩数据库 |
| 票价 | 电影的平均票价 | 艺恩数据库 |
| 电影时长 | 电影的播出时长 | 豆瓣网 |
| 明星影响力 | 虚拟变量，至少有一位明星在福布斯中国名人榜则为 1 | 福布斯中国名人榜 |
| 发行商 | 虚拟变量，属于中国十大发行商则为 1 | 艺恩数据库 |
| 假期 | 虚拟变量，电影在假期上映则为 1 | 豆瓣网 |
| 续集 | 虚拟变量，电影为续集则为 1 | 豆瓣网 |
| 国外电影 | 虚拟变量，电影为国外制片则为 1 | 豆瓣网 |
| 上映年份 | 电影在 $201x$ 年上映则年份为 $x$ | 豆瓣网 |

为了概括性地描述数据的特征，对本案例的连续变量进行了描述性统计，具体见表10-22。

> **对票房、评分等连续变量进行描述性分析**
>
> **SPSS**
>
> 第1步：选择"分析"→"描述统计"→"描述"。
>
> 第2步：在描述对话框左边的标量列表，选择要分析的变量，点击对话框之间的"箭头"，将变量加入"变量"框。
>
> 第3步：点击"选项"，在对话框列，勾选"平均值"，"标准差"，"最大值"和"最小值"，点击"确定"。
>
> **Excel**
>
> 第1步：选择需要分析的数据。
>
> 第2步：依次选择"数据""数据分析"和"描述统计"，出现属性设置框。
>
> 第3步：输入区域即为原始数据区域。如果数据有标志，则勾选"标志位于第一行"；如果数据没有标志项，则该复选框将被清除，Excel在输出表中生成适宜的数据标志。
>
> 第4步：勾选"汇总统计"，单击"确定"。
>
> **R**
>
> 第1步：读取数据。
>
> library(readxl)
>
> movie = read_excel("···/案例-10.xlsx")。
>
> 第2步：对连续型数据获取描述性统计量。
>
> summary(movie[ ,2:8])

**表10-22 连续变量的描述性统计**

| 变　　量 | 个数 | 最小值 | 最大值 | 均值 | 标准差 |
|---|---|---|---|---|---|
| 票价（元） | 1246 | 6.00 | 47.00 | 30.25 | 4.01 |
| 电影票房（万元） | 1246 | 1.10 | 567 877.40 | 9677.08 | 29 690.13 |
| 首映日票房（万元） | 1246 | 0.02 | 35 600.00 | 1080.76 | 2686.21 |
| 首映日排座数（个） | 1246 | 867 | 19 945 537 | 1 652 593.79 | 2 662 311.37 |
| 电影时长/min | 1246 | 73 | 153 | 97.95 | 11.98 |
| 评分 | 1246 | 2.10 | 9.10 | 4.58 | 1.48 |
| 移动网民数量（千万人） | 1246 | 3.56 | 7.53 | 5.72 | 1.26 |

由表10-22各变量的描述性统计可以发现，电影票房、首映日票房和首映日排座数的波动性较大。因此对以上变量进行取对数处理（ln），这不仅可以使数据变得平滑，同时易消除异方差的问题。

**3. 数据分析**

使用本章所学的内容，对2011年—2017年1246部有豆瓣评分的上映电影进行多元线性回归分析，主要实现两个目的：

1）对数据中的因变量"电影票房"与自变量"评分""移动网民数量""首映日票房"和"首映日排座数"等进行回归分析，刻画观众评价等因素对电影票房的影响。

2) 在多元线性回归方程中加入观众评价与移动网民数量、首映日票房、首映日排座数的交互项，分析网民数量、首映日票房、首映日排座数对观众评价的票房影响力的调节作用。

接下来，我们使用 SPSS 来分析上述问题。表 10-23 ~ 表 10-25 为电影票房与其影响因素的回归分析结果。

---

**社会化网络增强对观众评分和电影票房的调节作用回归步骤**

**SPSS**

第 1 步：双击打开 SPSS，之后单击"文件"下面的文件夹图标，文件夹类型选择"Excel"，之后打开需要的 Excel 文件。

第 2 步：如果 Excel 行首包含变量名，默认选择"从第一行数据读取变量名"，如果 Excel 行首没有包含变量名，不必选择"从第一行数据读取变量名"，单击"确定"。

第 3 步：单击 SPSS 软件导航栏，依次单击"分析""回归""线性"。

第 4 步：选择分析的自变量，如票价、评分等，单击箭头，加入"自变量"方框中；选择票房，单击箭头，加入"因变量"方框中，单击"确定"。

**Excel**

第 1 步：单击 Excel 工具栏"数据"，单击"数据分析"。

第 2 步：选中"回归"，单击"确定"。

第 3 步：选择分析的自变量数据和因变量数据，单击"确定"。

**R**

第 1 步：回归分析。

test = lm('ln(票房)'~1+'ln(首映日票房)'+'ln(首映日排座)'+评分+移动网民数量+'评分 * 移动网民数量'+'评分 * 首映日票房'+'评分 * 首映日排座'+上映年份+票价+电影时长+续集+发行商+明星影响力+假期+国外电影, data = movie) #其中 lm 为建立模型，1 表示常数项。

第 2 步：检验显著性结果。

summary(test)

---

**表 10-23　模型概要**

| 模　型 | $R$ | $R^2$ | 调整后的$R^2$ | 估计标准误差 |
|---|---|---|---|---|
| 1 | 0.967[①] | 0.935 | 0.934 | 0.642 |

① 预测变量：常量、票价、首映日票房、首映日排座、评分、移动网民数量、评分×移动网民数量、评分×首映日票房、评分×首映日排座、电影时长、续集、发行商、国外电影、明星影响力、假期和上映年份。

**表 10-24　方差分析表[①]**

| 模　型 | | 平　方　和 | 自　由　度 | 均　　方 | $F$ | Sig. |
|---|---|---|---|---|---|---|
| 1 | 回归 | 7298.866 | 15 | 486.591 | 1180.970 | 0.000[②] |
| | 残差 | 506.793 | 1230 | 0.412 | | |
| | 总计 | 7805.659 | 1245 | | | |

① 因变量：电影票房。

② 预测变量：常量、票价、首映日票房、首映日排座、评分、移动网民数量、评分×移动网民数量、评分×首映日票房、评分×首映日排座、电影时长、续集、发行商、国外电影、明星影响力、假期和上映年份。

表 10-25 模型的参数估计和检验[1]

| 模型变量 | 非标准化系数 | | 标准化系数 | $t$ | Sig. | 共线性统计 | |
|---|---|---|---|---|---|---|---|
| | $\hat{\beta}$ | 标准误差 | | | | 容忍度 | VIF |
| 常量 | 4.809 | 1.667 | — | 2.884 | 0.004 | — | — |
| 票价 | 0.008 | 0.006 | 0.013 | 1.472 | 0.141 | 0.646 | 1.547 |
| 首映日票房 | 0.692 | 0.080 | 0.672 | 8.609 | 0.000 | 0.009 | 115.591 |
| 首映日排座 | 0.098 | 0.117 | 0.066 | 0.839 | 0.402 | 0.009 | 116.756 |
| 评分 | 0.507 | 0.250 | 0.300 | 2.029 | 0.043 | 0.002 | 414.085 |
| 移动网民数量 | −1.138 | 0.391 | −0.573 | −2.910 | 0.004 | 0.001 | 734.999 |
| 评分×移动网民数量 | 0.020 | 0.011 | 0.078 | 1.863 | 0.063 | 0.030 | 33.036 |
| 评分×首映日票房 | 0.078 | 0.018 | 0.501 | 4.370 | 0.000 | 0.004 | 249.223 |
| 评分×首映日排座 | −0.065 | 0.026 | −0.617 | −2.490 | 0.013 | 0.001 | 1162.939 |
| 电影时长 | 0.000 | 0.002 | 0.001 | 0.155 | 0.877 | 0.588 | 1.702 |
| 续集 | 0.243 | 0.086 | 0.021 | 2.829 | 0.005 | 0.934 | 1.071 |
| 发行商 | −0.048 | 0.042 | −0.009 | −1.144 | 0.253 | 0.840 | 1.190 |
| 国外电影 | 0.134 | 0.128 | 0.009 | 1.046 | 0.296 | 0.736 | 1.358 |
| 上映年份 | 0.644 | 0.258 | 0.487 | 2.498 | 0.013 | 0.001 | 719.822 |
| 假期 | 0.178 | 0.038 | 0.035 | 4.690 | 0.000 | 0.922 | 1.084 |
| 明星影响力 | 0.164 | 0.054 | 0.028 | 3.048 | 0.002 | 0.634 | 1.578 |

[1] 因变量：电影票房。

**4. 结论**

从表 10-25 的回归分析结果可以得出以下结论。

1）电影的首映日票房、评分、续集、上映年份、假期和明星影响力都会显著正向影响电影的票房。即在保持其他变量不变的情况下，电影的首映日票房越多，电影的票房也会越高；评分越高，电影票房越高；续集电影相对比非续集电影的票房会更高；电影票房随着年份的增加而提高；有更强影响力的明星参与电影，会比没有强影响力明星参与的电影获得更高的票房；而假期上映也会比非假期上映有更高的票房。

2）移动网民数量对电影票房有显著的负向影响。即在保持其他变量不变的情况下，移动网民的数量越多，电影票房越少。这是因为随着移动网民的增多，更多观众会选择互联网进行观影。

3）观众评分对电影票房的正向显著作用受到移动网民数量的正向调节。即在保持其他变量不变的情况下，移动网民数量越多，评分的正向作用越强。这是因为移动网民数越多越容易获得评分信息，同时在我国这样的关系型社会中，所获得的信息具有更高的真实性、可靠性。

4）观众评分对电影票房的正向显著作用受到首映日票房的正向调节。即在保持其他变量不变的情况下，首映日票房越高，评分对票房的正向作用越强。这是因为首映日票房高的电影，观众关注度也高，更愿意通过评论信息做出观影决策。

5）观众评分对电影票房的正向显著作用受到首映日排座数的负向调节。即在保持其他变量不变的情况下，首映日排座数越多，评分的正向作用越弱。在首映日票房保持不变的情况下，首映日排座数越高，观众关注度越低，所以观众评分对电影票房的影响越小。

## 术语表

**多元线性回归模型**（multiple linear regression model）：在回归分析中，有两个或者两个以上自变量的线性回归模型。

**多重判定系数**（multiple coefficient of determination）：回归平方和占总平方和的比例，反映因变量 y 取值的变差中，能被估计的多元回归方程所解释的比例，其值介于 $0 \sim 1$。

**总体显著性检验**（significance test）：对线性回归模型的有效性进行检验主要是分析因变量和所有自变量之间的线性关系是否显著，又称为 $F$ 检验。

**多重共线性**（multicollinearity）：模型中两个或者两个以上的解释变量高度（但不完全）相关的现象。

**容忍度**（tolerance）：测度自变量间多重共线性的统计量，取值范围在 $0 \sim 1$ 之间，越接近于 0，多重共线性越强；越接近于 1，多重共线性越弱。

**方差扩大因子**（variance inflation factor，VIF）：自变量之间存在相关性时的方差与不存在相关性时的方差之比。方差扩大因子越大，多重共线性越严重。

**一般线性模型**（general linear model，GLM）：描述一个因变量与多个自变量之间的线性关系的回归模型。

**向前选择**（forward selection）：建立多元回归分析模型时选择变量的一种方法，它从模型没有自变量开始，逐个选入自变量进行拟合。

**向后剔除**（backward elimination）：建立多元回归分析模型时选择变量的一种方法，它从自变量全部进入模型开始，逐个剔除自变量进行拟合。

**逐步回归**（stepwise regression）：建立多元回归分析模型时选择变量的一种方法，它综合了向前选择和向后剔除两种方法进行自变量的选择。

**偏效应**（partial effect）：在其他自变量保持不变的条件下，某自变量（解释变量）对因变量（被解释变量）的效应。

## 思 考 与 练 习

### 思考题

1. 多重判定系数和修正的多重判定系数有什么作用？

2. 如何进行回归系数的显著性检验？

3. 模型中虚拟变量是什么？为什么要引入虚拟变量？

4. 多重共线性会导致什么后果？如何检测并处理？

5. 解释向前回归、向后剔除和逐步回归的异同点。

6. 多元线性回归预测和因果分析有什么不同？

### 练习题

7. 为了分析薪酬与受教育年限、工作年限之间的关系，某调查机构调查了 15 名员工的情况，数据见表 10-26。

**表 10-26 员工薪酬、受教育年限和工作年限**

| 员 工 编 号 | 薪酬（元） | 受教育年限（年） | 工作年限（年） |
| --- | --- | --- | --- |
| 1 | 5500 | 12 | 2 |
| 2 | 4850 | 9 | 6 |
| 3 | 7000 | 12 | 10 |

（续）

| 员 工 编 号 | 薪酬（元） | 受教育年限（年） | 工作年限（年） |
|---|---|---|---|
| 4 | 6850 | 16 | 3 |
| 5 | 3500 | 9 | 2 |
| 6 | 9000 | 16 | 2 |
| 7 | 5400 | 12 | 5 |
| 8 | 4950 | 12 | 4 |
| 9 | 8250 | 16 | 2 |
| 10 | 6700 | 12 | 6 |
| 11 | 7950 | 16 | 3 |
| 12 | 4350 | 9 | 4 |
| 13 | 6300 | 12 | 9 |
| 14 | 5900 | 12 | 8 |
| 15 | 8500 | 16 | 3 |

（1）建立回归模型，得出估计方程并解释回归系数的含义。

（2）根据估计方程说明 $R^2$ 的含义。

8. 某公司对新上线的产品通过计算机端和手机端两种渠道进行推广，为调查产品销售收入与两种推广渠道的关系，选取了 7 个月的收入和渠道推广费用数据见表 10-27。

**表 10-27 产品销售收入与推广费用** （单位：万元）

| 收入 $y$ | 计算机端推广费用 $x_1$ | 手机端推广费用 $x_2$ |
|---|---|---|
| 95 | 5.0 | 1.5 |
| 90 | 2.0 | 2.0 |
| 96 | 4.5 | 1.5 |
| 92 | 2.5 | 2.5 |
| 94 | 3.0 | 3.0 |
| 95 | 3.5 | 3.0 |
| 93 | 3.0 | 2.5 |

（1）确定估计方程。

（2）给出产品销售收入的预测值及 95% 置信区间和预测区间。

9. 某地区为了研究农作物产量与降水量和温度的关系，随机选取 7 组数据（见表 10-28）进行分析。

**表 10-28 农作物产量与降水量和温度**

| 产量 $y$/kg | 降水量 $x_1$/mL | 温度 $x_2$/℃ |
|---|---|---|
| 2350 | 20 | 5 |
| 3400 | 35 | 7 |
| 4750 | 50 | 9 |
| 6150 | 85 | 11 |
| 6800 | 100 | 13 |
| 7500 | 115 | 16 |
| 8150 | 120 | 17 |

（1）建立二元线性回归方程，对回归模型的有效性和回归系数进行检验（$\alpha = 0.05$）。

（2）判断是否存在多重共线性。

10. 某房地产行业为对新开发地区房产进行合理估价，选取了 10 栋房产的评估数据（见表 10-29），依此建立模型，进行价格预测。

表 10-29　房地产面积与售价

| 房产编号 | 售价 $y$（元/m³） | 地产 $x_1$ | 房产 $x_2$ | 面积 $x_3$/m³ |
|---|---|---|---|---|
| 1 | 4350 | 800 | 2089 | 12 730 |
| 2 | 4800 | 900 | 2955 | 17 250 |
| 3 | 5250 | 380 | 3594 | 10 760 |
| 4 | 5700 | 400 | 2176 | 13 430 |
| 5 | 6300 | 1000 | 3958 | 12 650 |
| 6 | 6650 | 580 | 4465 | 18 820 |
| 7 | 7200 | 610 | 5127 | 18 770 |
| 8 | 7650 | 770 | 5395 | 18 530 |
| 9 | 8150 | 1030 | 5539 | 19 500 |
| 10 | 8400 | 2270 | 4889 | 18 150 |

（1）进行逐步回归，确定估计方程。

（2）给出预测值及 95%置信区间和预测区间。

11. 男女的薪资差异一直存在着争议，某调查机构为了研究性别与薪资的关系，随机调查了 12 名员工，相关数据见表 10-30。进行回归并对回归结果进行分析。

表 10-30　12 名员工的性别与薪资数据

| 月薪 $y$（元） | 工作年限 $x_1$（年） | 性别 $x_2$（1=男性，0=女） |
|---|---|---|
| 5584 | 3.2 | 1 |
| 6690 | 3.9 | 1 |
| 4578 | 2.7 | 0 |
| 7955 | 4.7 | 1 |
| 7346 | 4.5 | 0 |
| 5868 | 3.4 | 1 |
| 5772 | 3.3 | 0 |
| 4550 | 2.8 | 0 |
| 4873 | 2.7 | 1 |
| 6745 | 3.8 | 0 |
| 3950 | 2.3 | 1 |
| 3348 | 2.4 | 0 |

# 参考文献

[1] 安德森，斯威尼，威廉斯，等. 商务与经济统计：原书第 13 版 [M]. 张建华，王健，聂巧平，等译. 北京：机械工业出版社，2017.

［2］贾俊平. 统计学 ［M］. 7 版. 北京：中国人民大学出版社，2018.

［3］贾俊平. 统计学：基于 SPSS ［M］. 2 版. 北京：中国人民大学出版社，2016.

［4］张恒喜，郭基联，朱家元，等. 小样本多元数据分析方法及应用 ［M］. 西安：西北工业大学出版社，2002.

［5］余锦华，杨维权. 多元统计分析与应用 ［M］. 广州：中山大学出版社，2006.

［6］WOOLRIDGE. Introductory Econometrics：A Modern Approach ［M］. 5th ed. Michigan：State Western College，2009.

［7］凯勒. 统计学在经济和管理中的应用：第 10 版 ［M］. 夏利宇，译. 北京：中国人民大学出版社，2019.

CHAPTER 11

# 第 **11** 章

## 逻 辑 回 归

　　虽然多元线性回归在商学、经济学和社会学中有着广泛的应用，但是该方法在应用时有一定的条件限制，要求因变量 $Y$ 为数值变量，而生活中遇见的 $Y$ 变量也可能是类别变量。其中，有一类特殊的类别变量，如失业、迁移、违约、死亡等，其遵循二值取值原则，要么"是"或"发生"，要么"否"或"未发生"。统计上我们将这样的变量称作二分类变量（binary variable），并将其编码为 1 和 0，所以社会科学研究者也通常将二分类变量称作 0-1 变量。

　　当研究问题的因变量为二分类变量时，普通的线性回归方法将不再适用。本章将讨论如何对该类变量构建回归模型，估计回归模型的参数，对参数进行检验并给出对结果的解释，最后以案例的形式给出该方法在实际应用中的操作步骤。

## 11.1　逻辑回归模型

　　当因变量为二分类变量，并作为事件发生与不发生两种情况来理解时，回归模型就是在分析当自变量变化时，事件发生的概率 $p(y_i=1)$ 是如何变化的。此时，我们仍然可以运用多元线性回归的思想构建模型。然而如果对 $p(y_i=1)$ 建立一般的多元线性回归模型，会导致模型与事实不符。比如，因变量估计值的值域为（$-\infty$，$+\infty$），而事件发生的概率介于 0 到 1 之间。此外，线性概率模型假设因变量 $Y$ 取值为 0 或 1 的概率与自变量所有的可能值线性相关，而实际情况是，对 $Y$ 的概率预测在接近 0 或 1 时，自变量的边际影响会越来越小。例如，运用多元线性回归模型研究生育子女的数量对母亲是否参加工作的影响中，母亲生育子女的数量从 0 个增加到 1 个时，可以预估母亲参加工作的概率会有一定程度的下降，如果这位母亲生育子女的数量从 3 个增加到 4 个时，线性概率模型估计的概率下降，程度等于 0 个增加到 1 个时的概率下降程度，而实际情况往往是每增加一个子女的边际影响会具有越来越小的边际影响。

　　由于事件发生的概率 $p(y_i=1)$ 只能分布在 0 到 1 之间，此时就需要设定一个概率转换模型，使得随着自变量的变化，这一概率的估计值总是在 0 到 1 之间变化。最常用的转换函数是逻辑函数（logistic function）。

**定义 11.1**

**逻辑函数**原型为

$$\frac{1}{1+\exp\left[-(a+bx)\right]} \tag{11-1}$$

**逻辑回归方程**为

$$E(y)=\frac{1}{1+\exp\left[-(\beta_0+\beta_1 x_1+\beta_2 x_2+\cdots+\beta_k x_k)\right]} \tag{11-2}$$

经过逻辑回归方程的转换，在自变量 $x_1$，$x_2$，$x_3$，$\cdots$，$x_k$ 的一组特定值已知的条件下，定义 11.1 中的 $E(y)$ 的值给出了 $y=1$ 的概率。由于 $E(y)$ 被解释为概率，所以通常将逻辑回归方程写成如下形式。

**定义 11.2**

**逻辑回归方程的概率解释**

$$E(y)=P(y=1 \mid x_1,x_2,x_3,\cdots,x_k) \tag{11-3}$$

为了更好地理解逻辑回归方程的特征，假定模型仅包括一个自变量 $x$，并且模型的参数 $\beta_0=-5$，$\beta_1=2$。对应这些参数，例 11.1 描述了在 $x$ 取值为 0 到 5 的区间内的逻辑回归方程的特征。

**例 11.1 逻辑回归方程的特征**

$$P=E(y)=\frac{1}{1+\exp\left[-(\beta_0+\beta_1 x_1+\beta_2 x_2+\cdots+\beta_k x_k)\right]}=\frac{1}{1+\exp\left[-(-5+2x)\right]}$$

如图 11-1 所示，随着自变量 $x$ 的变化，因变量 $Y$ 的期望值在 0~1 之间变化。而且，$x$ 的边际影响（如 $x$ 取值在 4~5 之间时）并非像线性概率模型所预测的那样——斜率保持不变，而是边际影响逐渐减弱。因此，该模型能够更好地对事件发生的概率进行预测和解释。

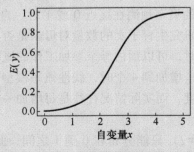

**图 11-1 逻辑回归方程**

## 11.2 估计逻辑回归模型

进行逻辑回归方程的检验，需要首先了解回归方程参数估计的原则和方法。逻辑回归方程的参数求解采用极大似然估计法。极大似然估计法（maximum likelihood estimate，MLE）是一种在总体分布密度函数和样本信息的基础上，求解模型中未知参数估计值的方法。它基于总体的分布密度函数构造一个包含未知参数的似然函数，并求解在似然函数值最大时的未知参数的估计值。在该原则下得到的模型所产生的样本数据的分布与总体分布相近的可能性最大。

> **定义 11.3**
>
> **似然函数**
>
> 设因变量 $Y=1$ 的概率为 $\theta$，$Y=0$ 的概率为 $1-\theta$，$Y$ 服从伯努利（Bernoulli）分布，也即 $P(Y;\theta)=\theta^Y(1-\theta)^{(1-Y)}$，那么，对于容量为 $n$ 的随机独立样本 $Y=(y_1, y_2, \cdots, y_n)$，似然函数为
>
> $$L(Y;\theta)=\prod_{j=1}^{n} \Pr(Y_j;\theta_j)=\prod_{j=1}^{n}\left[\theta_j^{Y_j}(1-\theta_j)^{1-Y_j}\right] \tag{11-4}$$
>
> 其中，$\theta_j=1/\{1+\exp[-(\beta_0+\beta_1 x_{j1}+\beta_2 x_{j2}+\cdots+\beta_k x_{jk})]\}$，$j=1,2,\cdots,n$

因此，似然函数的函数值实际也是一种概率值，反映了拟合模型能够拟合样本数据的可能性，所以似然函数值在 0~1 之间。在回归分析中，为方便数学上的处理，通常将似然函数值取自然对数，得到对数似然函数（函数值最大为 0）。追求似然函数最大值的过程就是追求对数似然函数值最大值的过程。对数似然函数值越大，意味着模型较好地拟合样本数据的可能性也越大，所得模型的拟合优度越高。

## 11.3 显著性检验

### 11.3.1 整体模型的检验和评价

整体模型检验的基本思路是，如果方程中的诸多解释变量有显著意义，那么必然会使回归方程对样本的拟合得到显著提高。可采用对数似然比测度拟合程度是否有所提高。似然比检验的原理是，比较未引入任何解释变量条件下的似然函数最大值与引入解释变量后的似然函数最大值。假设解释变量均未引入回归方程前的似然函数值为 $L_0$，解释变量引入回归方程后的似然函数值为 $L_f$，则似然比为 $L_0/L_f$。如果似然比与 1 无显著差异，则说明当前模型中的解释变量全体对 $E(y)$（概率）的线性解释无显著贡献。依照统计推断的思想，是否存在差异应基于显著性检验，此时需要了解似然比的分布。虽然似然比的分布是未知的，但它的函数 $-\ln(L_0/L_f)^2$ 近似服从 $\chi^2$ 分布，通常称为似然比卡方，也可表示为

$$-\ln\left(\frac{L_0}{L_f}\right)^2=-2\ln\left(\frac{L_0}{L_f}\right)=-2\ln(L_0)+2\ln(L_f) \tag{11-5}$$

SPSS 将自动计算似然比卡方的统计量和对应的 $p$ 值。如果 $p$ 值小于给定的显著性水平 $\alpha$，则拒绝原假设，认为目前方程中的所有回归系数不同时为 0。

在检验完整体模型的拟合度之后，还需要对模型判别的效果进行全面的评价。与多元回归类似，整体模型检验的显著性高并不一定意味着模型判别的效果就好。对整体模型的评价可以使用分类表（classfication table）。分类表（见表 11-1）是一种直观的评价模型优劣的方法，它通过矩阵表格的形式展现预测值与实际观测值的吻合程度。

**表 11-1  分类表**

| | | 预 测 值 | | |
|---|---|---|---|---|
| | | 0 | 1 | 正确百分比 |
| 观测值 | 0 | $f_{11}$ | $f_{12}$ | $\dfrac{f_{11}}{f_{11}+f_{12}}$ |
| | 1 | $f_{21}$ | $f_{22}$ | $\dfrac{f_{22}}{f_{21}+f_{22}}$ |
| | — | 总体百分比（准确率） | — | $\dfrac{f_{11}+f_{22}}{f_{11}+f_{12}+f_{21}+f_{22}}$ |

但是，该方法也有一定的局限性：因为研究者通过对预测值的设定总是能实现至少 50% 的正确率，因此，总体模型的评价往往需要提供多个指标。这些指标中用的较多的是伪判定系数（Pseudo-$R^2$）。

线性回归模型中的判定系数 $R^2$，可以表示在因变量的变化中能够由自变量所解释的比例，通常用来评价线性回归模型的拟合情况。然而，由于估计方法的不同，逻辑回归中并没有对应的统计指标。为此，统计学上提出了许多伪判定系数作为近似的度量，取值越大表示模型的解释能力越强。具体使用哪一种伪判定系数用来评价整体模型往往取决于研究人员的个人偏好。SPSS 软件默认输出两种以创建者命名的伪判定系数

$$\text{Cox \& Snell } R^2 = 1 - \left(\frac{L_0}{L_f}\right)^{2/n} \tag{11-6}$$

式中，$L_0$ 和 $L_f$ 分别表示未引入解释变量和引入解释变量后截距模型和完全模型所对应的似然值；$n$ 为样本量。

但是，Cox & Snell $R^2$ 的上限不确定，即当模型能够完美地预测解释变量时，该指标的值也无法取到 1（100%），因而很难对 Cox & Snell $R^2$ 的计算结果进行解释。为此，Nagelkerke 对 Cox & Snell 的公式进行了修正，提出了新的伪判定系数

$$\text{Nagelkerke } R^2 = \frac{1 - \left(\frac{L_0}{L_f}\right)^{2/n}}{1 - L_0^{2/n}} \tag{11-7}$$

由于伪判定性系数有很多不同的定义，在逻辑回归结果的输出报告中需要明确报告使用的伪判定系数是哪一种。需要注意的是，伪判定系数也存在明显的缺点，即大部分的伪判定系数没有办法对除 0 和 1 以外的其他值做出直观的解释。

## 11.3.2  回归系数的显著性检验

对于模型中某个自变量参数估计值的统计检验，我们可以采用 Wald 统计量。其原假设

$H_0$：$\beta_i = 0$。$S_{\beta_i}$ 是回归系数的标准误。Wald 检验统计量服从自由度为 1 的 $\chi^2$ 分布。

> **定义 11.4**
>
> **Wald 统计量**的数学定义为
> $$\text{Wald}_i = (\beta_i / S_{\beta_i})^2 \tag{11-8}$$

很多统计学软件将自动计算各解释变量的 $\text{Wald}_i$ 统计量和对应的 $p$ 值。如果概率 $p$ 值小于给定的显著性水平 $\alpha$，则拒绝原假设，认为这个解释变量的回归系数与零有显著差异。

应当注意，当自变量存在多重共线性问题时，会导致 $S_{\beta_i}$ 偏大、参数估记值不稳定，因而很难通过 Wald 检验判断自变量对因变量的影响是否显著。由于逻辑回归建模的很多软件包，如 SPSS、Excel 和 R 并不直接提供共线性问题的检验，所以如果用户想检验共线性问题，可以就给定的自变量做一个线性回归模型，从而计算共线性诊断指标。

## 11.4 逻辑回归系数的意义

### 11.4.1 平均值偏效应和平均偏效应

建立逻辑回归方程后，常常需要估计 $x_i$ 对响应概率 $P(y=1 \mid X)$ 的影响。若 $x_i$ 是（大致）连续的，则对 $x_i$ 的较小变化，有

$$\Delta \hat{P}(y=1 \mid X) \approx \frac{\hat{\beta}_i \Delta x_i}{1 + \exp[-(\hat{\beta}_0 + \hat{\beta}_1 x_1 + \hat{\beta}_2 x_2 + \cdots + \hat{\beta}_k x_k)]} \tag{11-9}$$

所以，对 $\Delta x_i = 1$，估计成功的概率变化为

$$\Delta \hat{P}(y=1 \mid X) \approx \frac{\hat{\beta}_i}{1 + \exp[-(\hat{\beta}_0 + \hat{\beta}_1 x_1 + \hat{\beta}_2 x_2 + \cdots + \hat{\beta}_k x_k)]} \tag{11-10}$$

由于逻辑回归的偏效应不仅与 $\beta_i$ 有关，还与比例因子 $(1 + \exp[-(\hat{\beta}_0 + \hat{\beta}_1 x_1 + \hat{\beta}_2 x_2 + \cdots + \hat{\beta}_k x_k)])^{-1}$ 有关，而比例因子的大小受 $X$（即所有解释变量）具体取值的影响，所以我们对该估计方程中的偏效应难以概括。一种可能的方法是将 $X$ 有意义的值，如均值、中位数、最小值或最大值代入，看比例因子如何变化，但是这一过程很烦琐，而且即便解释变量个数有限，也会得到过多的信息。

为了快速了解偏效应的大小，考虑要是比例因子是个常数，那么将自变量的系数乘以一个常数用来解释自变量对因变量的影响就方便多了。统计学上为此构建了**平均值偏效应**（partial effect at the average，PEA）。

> **定义 11.5**
>
> **平均值偏效应**的计算方法是将每个解释变量的样本均值代入回归方程而得到常数比例因子，并将该常数比例因子乘以对应的 $x_i$ 的系数 $\hat{\beta}_i$ 即得到平均个人偏效应。数学表达式为
> $$\text{PEA} = \frac{\hat{\beta}_i}{1 + \exp[-(\hat{\beta}_0 + \hat{\beta}_1 \bar{x}_1 + \hat{\beta}_2 \bar{x}_2 + \cdots + \hat{\beta}_k \bar{x}_k)]} \tag{11-11}$$

利用平均值偏效应来刻画解释变量的偏效应，至少有两个潜在的问题：①若某些解释变量是离散的，则这个解释变量的样本均值没有意义；②如果一个连续变量以非线性函数形式出现，那么我们就不清楚到底要代入非线性函数值的平均值还是将变量的平均值代入非线性函数，如用 $\overline{\ln(x_i)}$ 还是用 $\ln(\overline{x_i})$。平均值偏效应通常按照第一种进行计算，一般的计量经济软件也默认前者。

另一种计算偏效应的方法称作**平均偏效应**（average partial effect，APE），有时也称为**平均边际效应**（average marginal effect，AME）。

---

**定义 11.6**

**平均偏效应**的计算方法是将样本中所有个体的偏效应取平均而得到常数比例因子，对一个连续解释变量 $x_i$，并将该常数比例因子乘以对应的 $x_i$ 的系数 $\hat{\beta}_i$ 得到平均偏效应。数学表达式为

$$\text{APE} = \left[ n^{-1} \sum_{j=1}^{n} \frac{1}{1 + \exp\left[ -(\hat{\beta}_0 + \hat{\beta}_1 x_{j1} + \hat{\beta}_2 x_{j2} + \cdots + \hat{\beta}_k x_{jk}) \right]} \right] \hat{\beta}_i \qquad (11\text{-}12)$$

---

由于平均值偏效应中使用了变量平均值的非线性函数，而平均偏效应中使用的是非线性函数的平均，因此两种方法计算得到的偏效应值往往不同。

---

**例 11.2  平均值偏效应和平均偏效应**

**问题：**某商业银行在推广一种金融产品前，发现该风险等级金融产品的购买倾向受顾客年龄的影响，为了验证这一现象，该银行在其顾客群中发放了调查问卷以取得数据。在构造的模型中，顾客是否愿意购买该产品为因变量，顾客的年龄为自变量。逻辑回归结果显示，回归模型参数估计值分别为 $\hat{\beta}_0 = -2.415$，$\hat{\beta}_1$（年龄）$= 0.017$。

**解答：**

**（1）平均值偏效应。**根据定义 11.5，将年龄的样本均值 $\overline{x}_1 = 40.00$ 代入公式可得，年龄对购买概率影响的平均值偏效应为

$$\text{PEA} = \frac{0.017}{1 + \exp\left[ -(-2.415 + 0.017 \times 40.00) \right]} = 0.002\,55$$

**（2）平均偏效应。**根据定义 11.6，将样本中所有个体的自变量取值代入公式可得，年龄对购买概率影响的平均偏效应为

$$\text{APE} = \left[ n^{-1} \sum_{j=1}^{n} \frac{1}{1 + \exp\left[ -(-2.415 + 0.017 x_{j1}) \right]} \right] \hat{\beta}_1 = 0.002\,57$$

从结果可以看到，由于逻辑回归模型中，自变量与购买概率之间的关系是非线性的，因此年龄对购买概率影响的平均值偏效应和平均偏效应存在差异。年龄变量对顾客购买倾向的影响的平均值偏效应，可以理解为当年龄变量取值在样本均值附近时，顾客购买该产品的概率增加了 0.255%，而平均偏效应可以理解为在自变量值域范围内，年龄每增长一个单位，顾客购买该产品的概率平均增加 0.257%。

### 11.4.2 发生比与比值比

此外，由于 $p(y=1)$ 发生的概率与 $p(y=0)$ 发生的概率存在一定的联系，可以通过定义事件发生概率和事件不发生概率的比率对逻辑回归方程做出解释。

**定义 11.7**

**发生比**（Odds）是指事件发生的概率与事件不会发生的概率的比值。

$$\text{Odds} = \frac{P(y=1 \mid x_1, x_2, x_3, \cdots, x_k)}{P(y=0 \mid x_1, x_2, x_3, \cdots, x_k)} = \exp(\beta_0 + \beta_1 x_1 + \beta_2 x_2 + \cdots + \beta_k x_k) \tag{11-13}$$

同样，我们可以通过发生比来定义比值比。有些教材中也将比值比称作优势比或事件发生比率。

**定义 11.8**

**比值比**（Odds ratio）是指在其他条件不变的情况下，自变量每变化一个单位，事件的发生比的变化率。

$$\text{Odds ratio} = \frac{\text{Odds}_1}{\text{Odds}_0} = \exp(\beta_i) \tag{11-14}$$

比值比是当给定的一组自变量中，一个自变量增加一个单位时 $y=1$ 的发生比（$\text{Odds}_1$），除以该组自变量的值都没有变化时 $y=1$ 的发生比（$\text{Odds}_0$）。比值比度量了当一组自变量中只有一个自变量增加一个单位时对发生比的影响。

**例 11.3 发生比与比值比**

**问题**：假设我们的研究发现，顾客是否拥有优惠券受到该顾客是否拥有信用卡的影响。逻辑回归模型表明，在控制了消费支出（单位：万元）的影响后，回归模型的参数估计值分别为 $\hat{\beta}_0$（常数项）$= -2.146$，$\hat{\beta}_1$（消费支出）$= 0.342$，$\hat{\beta}_2$（使用信用卡）$= 1.099$，也即估计的逻辑回归方程为

$$\hat{y} = \frac{1}{1 + \exp[-(-2.146 + 0.342 x_1 + 1.099 x_2)]}$$

此时，我们想要知道对于去年消费支出为 2 万元的顾客，是否拥有信用卡对其使用优惠券倾向的影响。

**解答**：研究是否拥有信用卡对顾客使用优惠券倾向的影响，在逻辑回归模型中体现为当解释变量 $x_2$ 取值从 0 变成 1 时，对使用优惠券事件发生概率的影响。根据定义 11.7，计算两类顾客使用优惠券事件的发生比分别为

$$\text{Odds}_1 = \frac{P(y=1 \mid x_1=2, x_2=1)}{P(y=0 \mid x_1=2, x_2=1)} = \exp(\beta_0 + 2\beta_1 + \beta_2)$$

$$Odds_0 = \frac{P(y=1 \mid x_1=2, x_2=0)}{P(y=0 \mid x_1=2, x_2=0)} = \exp(\beta_0 + 2\beta_1)$$

**两类顾客使用优惠券事件的比值比为**

$$Odds \ ratio = \frac{Odds_1}{Odds_0} = \exp(\beta_2) = 3.00$$

于是，我们可以做出判断：去年消费支出为 2 万元且拥有信用卡的顾客的使用优惠券事件的发生比，是去年消费支出为 2 万元但没有信用卡的顾客使用优惠券事件的发生比的 3 倍。

## SPSS、Excel 和 R 的操作步骤

**SPSS 一般操作**

- **将原始数据的 xlsx 文件导入 SPSS**

单击 "文件"→"打开"→"数据"，选择原始数据的位置，单击 "打开"，可以看到数据表在 SPSS 上显示。

- **进行二分类逻辑回归的基本设置**

第 1 步：单击 "分析"→"回归"→"二元 Logistic"。

第 2 步：出现复选框后，将一个被解释变量选择进 "因变量" 框，把一个或多个解释变量选择进 "协变量" 框。

第 3 步：在 "方法" 框后选择解释变量筛选的方法。

输入——表示所选解释变量全部强行进入方程。

向前：有条件——表示向前逐步筛选策略，变量进入方程的依据是比分检验（Score Test）统计量（该统计量服从卡方分布，其检验结果与似然比卡方一致），剔除出方程的依据是条件参数估计原则下的似然率卡方（条件参数估计原则是依据计算并分别剔除各解释变量后模型对数似然比卡方的变化量，首先将使变化量变化最小的解释变量剔除出方程）。

向前：LR——表示向前筛选策略，变量进入方程的依据是比分检验统计量，剔除出方程的依据是极大似然估计原则下的似然比卡方。

向前：瓦尔德——表示向前筛选策略，变量进入或剔除出方程的依据是 Wald 统计量。

向后：有条件——表示向后筛选策略，变量剔除出方程的依据是条件参数估计原则下的似然比卡方。

向后：LR——表示向后筛选策略，变量剔除出方程的依据是最大似然估计原则下的似然比卡方。

向后：瓦尔德——表示向后筛选策略，变量剔除出方程的依据是 Wald 统计量。

第 4 步：将一个变量作为条件变量选择到 "选择变量" 框中，并单击 "规则" 按钮给定一个判断条件。只有条件变量值满足给定条件的样本数据才参与回归分析。

第 5 步：如果解释变量为非定距的定性变量，可单击 "分类"，并指定生成虚拟变量，在 "分类协变量" 框中选择某个特定的类为参照类。

- **设定所需结果的输出**

第 1 步：单击 "选项" 并进行设置。

在 "统计量和图" 一栏，"分类图" 选项表示绘制被解释变量实际值与预测分类值的关系图；"霍斯默-莱梅肖拟合优度" 表示输出 Hosmer-Lemeshow 拟合优度指标；"个案残差列表" 表示输出各样本数据的非标准化残差、标准化残差等指标；"exp(B) 的置信区间" 表示输出置信度默认为 95% 的置信区间。

在"显示"一栏,"在每个步骤"表示输出模型建立过程中的每一步结果;"在最后一个步骤"表示只输出最终结果。

在"步进概率"一栏,"进入"表示回归系数 Score 检验的概率 $p$ 值小于 0.05(默认)时,相应变量可以进入回归方程;"除去"表示回归系数 Score 检验的概率 $p$ 值大于 0.10(默认)时,相应变量应剔除出回归方程;"分类分界值"用于设置概率分界值,预测概率值大于 0.5 时认为被解释变量的分类预测值为 1,小于 0.5 时认为分类预测值为 0,可以根据实际问题中对预测精度的要求修改该参数;"最大迭代次数"表示极大似然估计的最大迭代次数,大于 20(默认)时迭代结束。

第 2 步:单击"保存"并进行设置。

在"预测值"一栏,"概率"表示保存被解释变量取 1 的预测概率值;"组成员"表示保存分类预测值。

在"残差"一栏选择"未标准化""标准化"等残差。

在"影响"一栏选择"库克距离""杠杆值"等。

**Excel 一般操作**

● **将 PHStat Excel 加载到 Excel 中**

单击"文件"→"选项"→"加载项"→"转到"→"浏览"选择对应的 PHStat 中 Excel 加载宏。

● **导入数据并进行 Logistic 回归分析**

第 1 步:将"logistic 回归 . xlsx"文件打开。

第 2 步:在工具栏选择 PHStat,然后依次进行如下操作"regression"→"logistic regression"。

第 3 步:在出现的标题栏中分别选择 $Y$ 变量和 $X$ 变量的范围,并对输出结果进行标题的设定,最后单击"OK"。

**R 一般操作**

● **将原始数据的 xlsx 文件导入 R**

library(xlsx)# 加载读取 excel 文件的包

example = read_excel("…/文件名 . xlsx")

db_test=as. data. frame("table")# 将数据保存为数据框的形式

db_test[！complete. cases(db_test),]# 检查数据中是否有缺失值

● **逻辑回归模型可由 R 中 glm 函数进行估计**

$M_0 = glm(y \sim 1, family = binomial(link = logit), data = db\_test)$

$M_1 = glm(y \sim x_1 + x_2 + \cdots + x_k, family = binomial(link = logit))$# $M_0$ 为初始模型,$M_1$ 为全模型

anova($M_0$, $M_1$)# 进行整体模型似然比的比较

summary($M_1$)# 结果输出

# 案例分析:消费者特征对产品购买行为的影响

### 1. 案例背景

在消费市场中,不同特征的消费群体对特定品质商品的购买倾向是不同的。精准营销就是力求将产品营销给匹配的消费群体,以提高营销活动的效率。某商品销售团队在长期推销该产品的过程中发现,消费者是否购买该产品受到消费者人口结构特征(比如性别、年龄)以及收入水平的影响。为了在未来的销售活动中能有针对性地开展营销活动,经与销售主管商议,该销售团队对到达商铺的顾客进行随机问卷调查,记录了被抽取对象的性别、年龄及

家庭年收入，并对顾客最终是否购买该产品做了详细的记录。对数据进行初步整理以后，团队成员计划通过运用逻辑回归的方法来分析消费者人口特征及收入水平对其是否购买该产品的影响。

**2. 数据及其说明**

剔除无效样本后，有效样本有431份，对数据进行编码后得到了样本数据集。数据项包括：编码（ID）、是否购买（purchase）、年龄（age）、性别（gender）、收入水平（income）。是否购买作为被解释变量（二分类变量），其余各变量作为解释变量，且其中性别和收入水平为类别变量，收入水平按照样本家庭收入分布的分位数设定阈值，将家庭收入划定为低收入、中等收入和高收入三个水平，年龄为数值型变量，如表11-2和表11-3所示。

表 11-2　变量说明

| 变 量 名 | 变 量 含 义 | 变 量 类 型 | 说　明 |
|---|---|---|---|
| ID | 观测值的编码 | 类别变量 | 样本序号（1~431） |
| purchase | 是否购买某个产品 | 二分类变量 | 1=购买，0=不购买 |
| age | 消费者的年龄 | 数值变量 | 单位：岁 |
| gender | 性别 | 二分类变量 | 1=男，2=女 |
| income | 消费者的收入水平 | 三分类变量 | 1=低收入，2=中收入，3=高收入 |

表 11-3　部分数据的展示

| ID | purchase | age | gender | income |
|---|---|---|---|---|
| 1 | 0 | 41 | 2 | 1 |
| 2 | 0 | 47 | 2 | 1 |
| 3 | 1 | 41 | 2 | 1 |
| 4 | 1 | 39 | 2 | 1 |
| 5 | 0 | 32 | 2 | 1 |
| ⋮ | ⋮ | ⋮ | ⋮ | ⋮ |
| 427 | 1 | 43 | 1 | 3 |
| 428 | 0 | 31 | 1 | 3 |
| 429 | 1 | 32 | 1 | 3 |
| 430 | 0 | 34 | 1 | 3 |
| 431 | 0 | 34 | 1 | 3 |

**3. 数据分析**

接下来，我们依次用 SPSS、Excel 和 R 语言来分析消费者人口结构特征（如年龄、性别）和收入水平等对消费者是否购买该产品的影响。数据输出主要以 SPSS 为例。

**SPSS 操作步骤**

**1. 将原始数据的 xlsx 文件导入 SPSS**

单击"文件"→"打开"→"数据",选择原始数据的位置,单击"打开"。

**2. 进行二分类逻辑回归的基本设置**

第 1 步:单击"分析"→"回归"→"二元 Logistic"。

第 2 步:出现复选框后,将一个被解释变量"purchase"选择进"因变量"框,把一个或多个解释变量"age""gender""income"选择进"协变量"框。

第 3 步:在"方法"框后选择解释变量的筛选测量。在这一步,我们选择"输入"表示所选解释变量全部强行进入方程。

第 4 步:因为不需要对协变量进行限制,所以"选择变量"框可以留空。如果要进行变量的限制,则选择一个变量作为条件变量到"选择变量"框中,并单击"规则"按钮给定一个判断条件。只有条件变量值满足给定条件的样本数据才参与回归分析。

第 5 步:如果解释变量为非定距的定性变量,可单击"分类",并指定生成虚拟变量,选择某个特定的类为参照类。在本例的样本中,"gender""income"为虚拟变量,因此在"分类"选项框中进行设定,将"gender"和"income"选入"分类协变量"框,在"分类协变量"框中选中"gende"和"income"变量,将参考类别选项选择为"第一个"(把"gender"取值为 1 的男性和"income"取值为 1 的低收入群体设置为参考类别),单击"变化量",然后单击"继续"。

第 6 步:单击"保存"和"选项",分别勾选想要输出的统计结果,如单击"选项",在"统计量和图"一栏下选择"exp(B)的 CI",输出置信度默认为 95% 的 exp(B)的置信区间。最后选择"继续"→"确定"。

**Excel 操作步骤**

**1. 将 PHStat Excel 加载到 Excel 中**

单击"文件"→"选项"→"加载项"→"转到"→"浏览"选择对应的 PHStat 中 Excel 加载宏。

**2. 导入数据并进行 Logistic 回归分析**

第 1 步:将"消费行为 Logistic 回归 .xlsx"文件打开。

第 2 步:在工具栏选择"PHStat",然后依次进行如下操作:"regression"→"logistic regression"。

第 3 步:在出现的标题栏中分别选择 $Y$ 变量和 $X$ 变量的范围,在本例中选择"purchase""age"并对输出结果进行标题的设定,由于在 Excel 中对分类变量需要重新进行编码,此处仅介绍对连续变量的操作,故只输入"age"进行回归,最后单击"OK"。

**R 操作步骤**

```
# 将原始数据 xlsx 文件导入 R
library(xlsx)
example = read_excel("…/案例-11. xlsx")
db_test = as. data. frame("table")  # 将数据保存为数据框的形式
db_test[! complete. cases(db_test),]  # 检查数据中是否有缺失值
library(nnet)
dummy_income = class. ind(db_test $income)  # 设定收入虚拟变量
colnames(dummy_income) = c("l_income","m_income","h_income")
dummy_income = as. data. frame(dummy_income)
```

```
reg_data = cbind( db_test , dummy_income )
dummy_gender = class. ind( db_test $gender) # 设定性别虚拟变量
colnames( dummy_gender) = c("male","female")
dummy_gender = as. data. frame( dummy_gender)
reg_data = cbind( reg_data , dummy_gender)
# 逻辑回归模型可由 R 中 glm 函数进行估计
M0 = glm( purchase ~ 1 , family = binomial( link = logit) , data = reg_data)
M1 = glm( purchase ~ age+female+m_income+h_income , family = binomial( link = logit) , data = reg_data) # M0
为初始模型, M1 为全模型
anova( M0 , M1 ) # 进行整体模型似然比的比较
summary( M1 ) # 结果输出
```

表 11-4 为类别变量"性别"(1=男, 2=女)与"收入"(1=低收入, 2=中收入, 3=高收入)的编码表。表 11-5 为整体模型拟合度的似然比检验, 模型的似然比卡方检验的 $p$ 值为 0.001, 在 $\alpha = 0.01$ 显著性水平上拒绝原假设, 即可以认定模型各自变量的回归系数不同时为 0。表 11-6 为模型整体评价指标表, 模型的 Cox & Snell $R^2$ 和 Nagelkerke $R^2$ 分别为 0.042、0.057, 表明该模型的总体解释力较弱。表 11-7 为判错矩阵表, 反映了模型预测值与实际观测值的吻合程度, 从表中可以看到模型判别的准确率为 61.9%。表 11-8 为模型的回归系数表, 从 SPSS 输出的参数回归结果发现, 该类产品的销售显著地受到性别的影响($\beta = 0.511, p = 0.015$)。女性消费群体购买该产品的比值是男性消费群体的 1.67 倍($e^{0.511} = 1.67$)。年龄对该产品的购买影响不明显($\beta = 0.025, p = 0.16$)。从消费者的收入水平来看, 中等收入水平顾客与低收入水平顾客对该产品的购买倾向没有显著差异($\beta = 0.101, p = 0.703$), 而相比于低收入群体, 高收入群体更倾向购买该产品($\beta = 0.787, p = 0.02$), 高收入群体购买该产品的比值是低收入群体的 2.197 倍($e^{0.787} = 2.197$)。

表 11-4　定性变量编码

| | | 次　数 | 参数编码 | |
| --- | --- | --- | --- | --- |
| | | | 1 | 2 |
| income | 1 | 132 | 0.000 | 0.000 |
| | 2 | 144 | 1.000 | 0.000 |
| | 3 | 155 | 0.000 | 1.000 |
| gender | 1 | 240 | 0.000 | — |
| | 2 | 191 | 1.000 | — |

表 11-5　整体模型拟合度的似然比检验

| | | $\chi^2$ | df | Sig. |
| --- | --- | --- | --- | --- |
| 步骤 1 | 步骤 | 18.441 | 4 | 0.001 |
| | 块 | 18.441 | 4 | 0.001 |
| | 模型 | 18.441 | 4 | 0.001 |

表 11-6 模型整体评价指标

| 步 骤 | $\chi^2$ | Cox & Snell $R^2$ | Nagelkerke $R^2$ |
|---|---|---|---|
| 1 | 552.208① | 0.042 | 0.057 |

① 因为参数估计的更改范围小于 0.001，所以估计在迭代次数 4 处终止。

表 11-7 分类表

| | | | 已 预 测 | | |
|---|---|---|---|---|---|
| | 已 观 测 | | 是否购买 | | 正确百分比 |
| | | | 不购买 | 购买 | |
| 步骤 0 | 是否购买 | 不购买 | 236 | 33 | 87.7 |
| | | 购买 | 131 | 31 | 19.1 |
| | 总体百分比 | | | | 61.9 |

注：模型中包括常量，切割值为 0.500。

表 11-8 模型的回归系数

| | | B | S. E. | Wald | df | Sig. | exp(B) | 95%exp(B)C. I. | |
|---|---|---|---|---|---|---|---|---|---|
| | | | | | | | | 下限 | 上限 |
| 步骤 1① | age | 0.025 | 0.018 | 1.974 | 1 | 0.160 | 1.026 | 0.990 | 1.062 |
| | gender(1) | 0.511 | 0.209 | 5.954 | 1 | 0.015 | 1.667 | 1.106 | 2.513 |
| | income | — | — | 12.305 | 2 | 0.002 | — | — | — |
| | income(1) | 0.101 | 0.263 | 0.146 | 1 | 0.703 | 1.106 | 0.660 | 1.853 |
| | income(2) | 0.787 | 0.253 | 9.676 | 1 | 0.002 | 2.196 | 1.338 | 3.606 |
| | 常数 | -2.112 | 0.754 | 7.843 | 1 | 0.005 | 0.121 | | |

① 在步骤 1 中输入的变量：age, gender, income。

### 4. 结论

通过运用逻辑回归分析的方法发现，消费者是否购买该产品显著地受到性别和收入水平的影响。其中，女性消费者比男性消费者更倾向于购买该产品。此外，该产品更适合于高收入群体，因为高收入群体购买该产品的发生比显著大于低收入群体，而中、低收入群体间购买该产品的发生比没有显著差异。因此，该产品的销售人员应该更关注于女性和高收入的消费者。但是，值得注意的是，该模型中 Nagelkerke $R^2$ 只有 0.057，解释力较低，也就是说，消费者是否购买该产品可能还受到其他因素的影响。未来的研究可以尝试加入其他因素，如是否有针对该产品的促销活动等，以便能够更好地解释和预测消费者购买该产品的行为。

## 术语表

逻辑回归方程：

$$E(y) = \frac{1}{1+\exp\left[-(\beta_0+\beta_1 x_1+\beta_2 x_2+\cdots+\beta_k x_k)\right]}$$

平均个人偏效应（partial effect at the average，PEA）：将每个解释变量的样本均值代入回归方程而得到常数比例因子，并将该常数比例因子乘以对应的 $x_i$ 的系数 $\hat{\beta}_i$ 即得到平均个人偏效应。数学表达式为

$$PEA = \frac{\hat{\beta}_i}{1+\exp\left[-(\hat{\beta}_0+\hat{\beta}_1\bar{x}_1+\hat{\beta}_2\bar{x}_2+\cdots+\hat{\beta}_k\bar{x}_k)\right]}$$

平均偏效应（average partial effect，APE）：将样本中所有个体的偏效应取平均而得到的常数比例因子，并将该常数比例因子乘以对应的 $x_i$ 的系数 $\hat{\beta}_i$ 即得到平均偏效应。数学表达式为

$$APE = \left[n^{-1}\sum_{j=1}^{n}\frac{1}{1+\exp\left[-(\hat{\beta}_0+\hat{\beta}_1 x_{j1}+\hat{\beta}_2 x_{j2}+\cdots+\hat{\beta}_k x_{jk})\right]}\right]\hat{\beta}_i$$

发生比（Odds）：

$$Odds = \frac{P(y=1\mid x_1,x_2,x_3,\cdots,x_k)}{P(y=0\mid x_1,x_2,x_3,\cdots,x_k)} = \exp(\beta_0+\beta_1 x_1+\beta_2 x_2+\cdots+\beta_k x_k)$$

比值比（Odds ratio）：

$$Odds\ ratio = \frac{Odds_1}{Odds_0} = \exp(\beta_i)$$

# 思 考 与 练 习

**思考题**

1. 逻辑回归的适用条件是什么？
2. 逻辑回归的基本原理是什么？
3. 估计逻辑回归模型的方法是什么？
4. 如何对逻辑回归模型进行共线性诊断？
5. 阐述逻辑回归系数、事件发生比、比值比的含义。

**练习题**

6. 一个提倡男女平等的团体认为：在教育背景和工作年限相同的条件下，女性在招工中被录用的可能性比男性小。为了证实这一主张，该团体研究了某公司在招工时对性别问题的态度，利用所搜集的数据构建了逻辑回归模型，其中：$y=1$ 表示被录用；$y=0$ 表示未被录用；$x_1=$ 受高等教育的年数（分为 4、6 和 8）；$x_2=$ 工作年限；$x_3=1$ 表示申请人为男性，$x_3=0$ 表示申请人为女性。请给出逻辑回归模型，检验模型的合理性，给出你的分析说明及结论。

7. 某房地产开发商对以往的房屋销售数据进行研究后发现，消费者是否购买房屋不仅受到房屋价格的影响，还可能受到房屋面积、卧室的数量、卫生间的大小等因素的影响。为了研究这些因素的变化具体会对消费者是否购买房屋产生多大的影响，以期对未来房屋的设计提供指导，该房地产开发商组织团队对消费者购买不同户型房屋的意愿进行了调查。在给定了价格（Price）、房屋面积（Size）、卧室的数量（Beds）以及卫生间的大小（Baths）后，消费者是否愿意购买房屋用二分类变量进行了记录，1＝愿意，0＝不愿意。请给出逻辑回归模型，检验模型的合理性，并给出分析结论。

# 参考文献

[1] 郭志刚. 社会统计分析方法 [M]. 北京：中国人民大学出版社，2015.

［2］谢宇. 回归分析［M］. 北京：社会科学文献出版社，2013.

［3］王汉生. 应用商务统计分析［M］. 北京：北京大学出版社，2008.

［4］伍德里奇. 计量经济学导论［M］. 张成思，李红，张步昙，译. 北京：中国人民大学出版社，2015.

［5］安德森，斯威尼，威廉斯，等. 商务与经济统计：原书第 13 版［M］. 张建华，王健，聂巧平，等译. 北京：机械工业出版社，2017.

［6］布鲁雅. LOGIT 与 PROBIT：次序模型和多类别模型［M］. 张卓妮，译. 格致出版社，2018.

CHAPTER 12

# 第12章

## 时间序列预测

诸如此类的数据是很难提前预知的，因此，它们被视为随机变量。现实生活中，人们经常会关心未来发生的事情，比如：农民会根据农副产品的预计价格来确定自己的种植策略，消费者会关心下个月的汽车销售价格会不会下降，企业会关心自己下一年的销售额能够达到多少，政府会关心下一年的 GDP 是否能够增加。由于未来数据的取值受随机因素的影响，因此被视为随机变量。要对未来的结果做出预测，就要根据以往一段时间的经验数据，来分析随机变量的变化形式，进而建立适当的模型进行预测。

本章将介绍时间序列的构成因素、预测方法，最后以案例的形式给出该方法在实际应用中的操作步骤。

## 12.1　时间序列的构成因素

**时间序列**（time series）是按照一定的时间区间进行索引的随机变量序列。根据观察阶段的不同，时间序列的间隔时间可以是一小时、一天、一月、一季度、一年，或者任何其他规定的时间间隔形式。为了便于表述，本章中所观察的时间用 $t$ 表示，观测值用 $Y$ 表示，$Y_t(t=1,2,\cdots,n)$ 为时间 $t$ 的观测值。

时间序列可以分为平稳时间序列和非平稳时间序列两大类。**平稳时间序列**（stationary time series）是指只包含随机波动的时间序列。这类序列中的各个观察值基本上在某个固定的水平上随机波动，如图 12-1 所示。**非平稳时间序列**（non-stationary time series）是指除了随机波动外，还包含趋势、季节变动或周期波动中一种或多种成分的时间序列。因此，非平稳时间序列又可以分为有趋势的序列、有趋势和季节变动的序列、几种成分混合而成的复合型序列。

> **定义 12.1**
>
> **趋势**（trend）是指在一个较长时间段内，时间序列呈现出的持续向上或者持续向下的稳定变动。

趋势通常是长期因素影响的结果，如人口的增加、国民消费水平的上升等。时间序列中的趋势可以是线性变化的，也可以是非线性变化的。图 12-2a 就是一种线性趋势的时间序列，图 12-2b

则是一种指数增长趋势的时间序列，图 12-2c 则是一种二阶曲线趋势的时间序列。

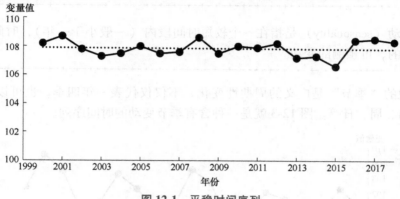

图 12-1　平稳时间序列

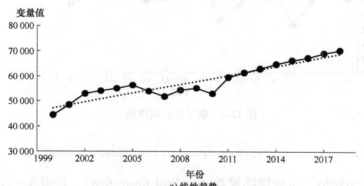

a) 线性趋势

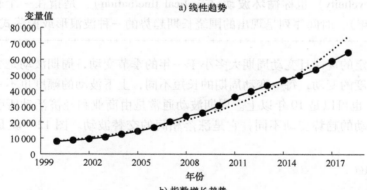

b) 指数增长趋势

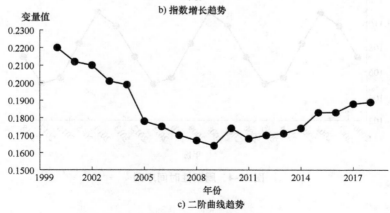

c) 二阶曲线趋势

图 12-2　趋势时间序列

**季节变动**（seasonality）是指在一个较短时间段内（一般小于一年），时间序列呈现出的重复性的、可预测的变动。

这里所说的"季节"是广义的周期性变化，不仅仅代表一年四季，也可以是小于一年的季、月、旬、周、日等。图12-3就是一种含有季节变动的时间序列。

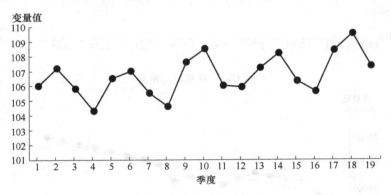

**图 12-3　季节性时间序列**

**周期波动**（cyclicity）也称**循环波动**（cyclical fluctuation），是指在一个较长时间段内（一般大于一年），时间序列呈现出的围绕长期趋势的一种波浪形或振荡式变动。

相较于有着固定的规律且变动周期大多小于一年的季节变动，周期波动是变动周期超过一年的、非固定长度的变动，每一变动周期的长短不同，上下波动的幅度也不一致，波动周期可以是 1~5 年，也可以是 10 年以上。周期波动通常是由商业和经济活动所引起的，与朝着单一方向持续运动的趋势变动不同，它是涨落相间的交替波动。图12-4就是一种含有周期波动的时间序列。

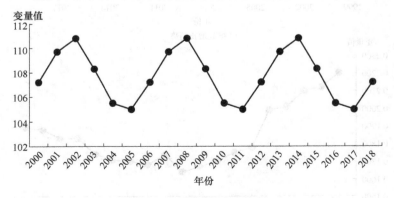

**图 12-4　周期性时间序列**

**随机波动**（randomness）也称**不规则波动**（irregular variations），是指除趋势、季节变动和周期波动以外，时间序列所呈现出的由临时性或偶然性因素引起的变动。

地震、洪灾、军事冲突、政治动乱等对社会经济所造成的影响，都会导致时间序列的随机性波动。随机性波动是不以人的意志为转移的，是无法控制的。图 12-5 就是一种随机性的时间序列。

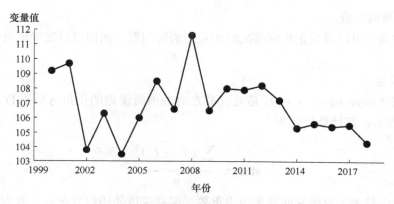

**图 12-5 随机性时间序列**

时间序列分析需要把趋势（$T$）、季节变动（$S$）、周期波动（$C$）和随机波动（$R$）这几种成分从时间序列中有目的地分离出来，并将它们的关系用一定的数学关系式进行表达，然后进行分析，即建立时间序列的分解模型。按照四种成分对时间序列影响方式的不同，时间序列的分解可采用加法模型或乘法模型。

其中，加法分解模型的形式为

$$Y_t = T_t + S_t + C_t + R_t$$

加法分解模型适合季节变动和周期波动不依赖于时间序列水平的情形。12.5.1 节中包含季节和趋势影响的回归模型是一个加法分解模型。然而，如果季节影响随着销售量的增加逐渐变大，则应该采用乘法模型。

乘法分解模型的形式为

$$Y_t = T_t \times S_t \times C_t \times R_t$$

在乘法分解模型中，趋势用被预测项目的单位来度量，但季节变动和周期波动按相对量来度量，数值大于 1 表明预测值在趋势之上，而数值小于 1 表明预测值在趋势之下。12.5.2 节中时间序列分解预测采用的是乘法分解模型。

## 12.2 预测方法的评估

时间序列的预测方法有很多，我们要明确时间序列所包含的成分，即时间序列数据的变化模式，而且预测方法的选择还取决于数据量的多少，此外还要考虑预测期的长短等。

评估预测方法好坏的方法就是找出预测值与实际值的差距，即预测误差。最优的预测方法是使预测误差最小的方法。最常见的预测误差的计算方法是平均绝对误差和均方误差。选择哪种方法取决于预测者的目标、对方法的熟悉程度等。

**1. 平均绝对误差**

**平均绝对误差**（mean absolute deviation）是将预测误差取绝对值后计算的平均误差，用 MAD 表示，其计算公式为

$$\text{MAD} = \frac{\sum_{t=1}^{n} |Y_t - F_t|}{n} \tag{12-1}$$

式中，$n$ 为预测的个数。

平均绝对误差可以避免正负误差之间相互抵消的问题，因而可以准确地反映实际预测误差的大小。

**2. 均方误差**

**均方误差**（mean square error）是通过平方消去预测误差的正负号后进行计算的平均误差，用 MSE 表示，其计算公式为

$$\text{MSE} = \frac{\sum_{t=1}^{n} (Y_t - F_t)^2}{n} \tag{12-2}$$

如果避免误差太大对研究问题来说很重要，那就应该使用均方误差，因为它相对于平均绝对误差而言增加了相对较大误差的计算权重，反之则使用平均绝对误差。此外，均方误差具有良好的数学性质，有利于快速求得使其最小化的模型参数。

## 12.3 平稳时间序列的预测

**平稳时间序列**不含趋势、季节变动和周期波动的序列，只包含随机波动。图 12-1 所示的序列就是一个平稳时间序列，各个观察值围绕一个固定的值上下随机波动，无任何趋势。本节主要介绍适合平稳时间序列的移动平均法、加权移动平均法和指数平滑法，这些方法主要通过对时间序列进行平滑处理以消除随机波动，故又称为平滑法。

### 12.3.1 简单移动平均法

**简单移动平均法**（simple moving average）是把最近 $d$ 期数据的算数平均值 $\overline{Y}_t$ 作为 $t+1$ 期的预测值的一种预测方法。设移动间隔为 $d(1<d<t)$，则第 $t+1$ 期的预测值为

$$F_{t+1} = \overline{Y}_t = \frac{Y_{t-d+1} + Y_{t-d+2} + \cdots + Y_t}{d} \tag{12-3}$$

使用简单移动平均法进行预测能消除数据的随机波动对预测结果的影响，因而适合预测较为平稳的时间序列。当时间序列存在趋势时，此方法的预测精确性会大幅度下降。此外，简单移动平均法对每个实际观测值赋予相同的权重，忽略了一个重要的事实：在大多数情况下，远期和近期观测值对未来值的影响是不一样的。接下来介绍的加权移动平均法能有效地解决这一问题。

### 12.3.2　加权移动平均法

**加权移动平均法**（weighted moving average）是基于简单移动平均法的一种改进预测方法，它对每个实际观测值赋予不同的权重，然后计算观测值的加权平均数作为预测值。在实际操作中，一般对近期的观测值赋予较大的权数，对远期的观测值赋予较小的权数，但权数之和必须等于 1。此外，也可以根据预测误差（一般用 MSE 衡量）最小原则，来寻找最优的权重组合，以更好地预测时间序列。若 $w_i(i=1, 2, \cdots, t)$ 为各期的权重，则第 $t+1$ 期的预测值为

$$F_{t+1}=\omega_1 Y_1+\omega_2 Y_2+\omega_3 Y_3+\cdots+\omega_{t-1}Y_{t-1}+\omega_t Y_t \tag{12-4}$$

式中，$Y_i(i=1, 2, \cdots, t)$ 为各期的实际观测值。

### 12.3.3　指数平滑法

**指数平滑法**（exponential smoothing）是把 $t$ 期实际观测值和 $t$ 期预测值的加权平均数作为 $t+1$ 期预测值的预测方法。它也是用过去实际观测值的加权平均数作为预测值，是加权移动平均法的一种特例，且随着时间离现在时期的距离越远，实际观测值的权重越小。

若用 $Y_t$ 表示 $t$ 期的实际观测值，$F_t$ 表示 $t$ 期的预测值，则 $t+1$ 的预测值为

$$F_{t+1}=\alpha Y_t+(1-\alpha)F_t \tag{12-5}$$

式中，$\alpha$ 为平滑系数（$0<\alpha<1$）。

式（12-5）表明，$t$ 期实际观测值的权重为 $\alpha$，$t$ 期预测值的权重为 $1-\alpha$。在实际计算中，通常设 1 期的预测值 $F_1$ 等于 1 期的实际观测值 $Y_1$，因此，2 期的预测值为

$$F_2=\alpha Y_1+(1-\alpha)F_1=\alpha Y_1+(1-\alpha)Y_1=Y_1$$

3 期的预测值为

$$F_3=\alpha Y_2+(1-\alpha)F_2=\alpha Y_2+(1-\alpha)Y_1$$

4 期的预测值为

$$F_4=\alpha Y_3+(1-\alpha)F_3=\alpha Y_3+(1-\alpha)[\alpha Y_2+(1-\alpha)Y_1]$$
$$=\alpha Y_3+\alpha(1-\alpha)Y_2+(1-\alpha)^2 Y_1$$

由此类推，任何预测值 $F_{t+1}$ 是过去所有实际观测值的加权平均值。尽管如此，由式（12-5）可知，一旦给定了平滑系数 $\alpha$，只需要两项信息（$t$ 期的预测值和 $t$ 期的实际观测值）便可以预测 $t+1$ 的数值。

使用指数平滑法进行预测时，关键问题是要确定一个合适的平滑系数 $\alpha$。$\alpha$ 越大，意味着给 $t$ 期实际观测值赋予的权重越大，给 $t$ 期预测值赋予的权重越小，因此，模型对时间序列的变化越敏感，反应越及时。一般来说，当时间序列较平稳时，选用较小的 $\alpha$；当时间序列的随机波动较大时，选用较大的 $\alpha$。在实际应用中，也可以根据预测精度的大小来寻找最合适的平滑系数，以更好地预测时间序列。

**例 12.1**　平稳时间序列的预测

**问题**：根据表 12-1 的数据，分别用简单移动平均法、加权移动平均法和指数平滑法预测 2016 年中国的电力出口量。

表 12-1 2010 年—2015 年我国的电力出口量

| 年 份 | 电力出口量（亿 kW·h） |
|---|---|
| 2010 | 191 |
| 2011 | 193 |
| 2012 | 177 |
| 2013 | 187 |
| 2014 | 182 |
| 2015 | 187 |

**解答：**

（1）简单移动平均法（移动间隔＝4）。根据式（12-3）得

$$F_{2016} = \overline{Y}_{2015} = \frac{Y_{2012}+Y_{2013}+Y_{2014}+Y_{2015}}{4} = \frac{177+187+182+187}{4} = 183.250$$

因此，2016 年中国的电力出口量为 183.250 亿 kW·h。

（2）加权移动平均法

$$\left(\omega_1 = \frac{1}{48}, \omega_2 = \frac{3}{48}, \omega_3 = \frac{6}{48}, \omega_4 = \frac{10}{48}, \omega_5 = \frac{12}{48}, \omega_6 = \frac{16}{48}\right)$$

根据式（12-4）得

$$F_{2016} = \frac{1}{48}Y_{2010} + \frac{3}{48}Y_{2011} + \frac{6}{48}Y_{2012} + \frac{10}{48}Y_{2013} + \frac{12}{48}Y_{2014} + \frac{16}{48}Y_{2015}$$

$$= \frac{1}{48}\times191 + \frac{3}{48}\times193 + \frac{6}{48}\times177 + \frac{10}{48}\times187 + \frac{12}{48}\times182 + \frac{16}{48}\times187$$

$$= 184.958$$

因此，2016 年中国的电力出口量为 184.958 亿 kW·h。

（3）指数平滑法（$\alpha = 0.3$）。根据式（12-5）得

2011 年的预测值为

$$F_{2011} = 0.3Y_{2010} + 0.7F_{2010} = 0.3Y_{2010} + 0.7Y_{2010} = Y_{2010} = 191.000$$

2012 年的预测值为

$$F_{2012} = 0.3Y_{2011} + 0.7F_{2011} = 0.3\times193 + 0.7\times191 = 191.600$$

2013 年的预测值为

$$F_{2013} = 0.3Y_{2012} + 0.7F_{2012} = 0.3\times177 + 0.7\times191.600 = 187.220$$

2014 年的预测值为

$$F_{2014} = 0.3Y_{2013} + 0.7F_{2013} = 0.3\times187 + 0.7\times187.220 = 187.154$$

2015 年的预测值为

$$F_{2015} = 0.3Y_{2014} + 0.7F_{2014} = 0.3\times182 + 0.7\times187.154 = 185.608$$

2016 年的预测值为

$$F_{2016} = 0.3Y_{2015} + 0.7F_{2015} = 0.3\times187 + 0.7\times185.608 = 186.026$$

因此，2016 年中国的电力出口量为 186.026 亿 kW·h。

## 12.4　趋势型序列的预测

当时间序列存在明显趋势时，前面介绍的平滑法的预测效果会较差，因此，本节介绍两种适合用于有趋势的时间序列的预测方法——线性趋势回归预测方法和非线性趋势回归预测方法。

### 12.4.1　线性趋势回归

**线性趋势**（linear trend）是指时间序列呈现出稳定上升或下降的线性变化规律。例如，图 12-2a 中的时间序列就呈现明显的向上线性趋势。**线性趋势回归**（linear trend regression）是指当时间序列含有线性趋势时，用一元线性回归模型进行预测，即将时间当作自变量，实际观测值当作因变量。若用 $\hat{Y}_t$ 表示 $Y_t$ 的预测值，$t$ 表示时间变量，线性趋势方程可表示为

$$\hat{Y}_t = b_0 + b_1 t \tag{12-6}$$

式中，$b_0$ 是趋势线在 $Y$ 轴上的截距，$b_1$ 是趋势线的斜率，表示当 $t$ 变化一个单位时，实际观测值的平均改变量。

线性趋势方程中的待定参数 $b_0$ 和 $b_1$ 根据最小二乘法求得，具体公式为

$$b_1 = \frac{\sum_{t=1}^{n}(t-\bar{t})(Y_t-\bar{Y})}{\sum_{t=1}^{n}(t-\bar{t})^2} = \frac{n\sum tY - \sum t\sum Y}{n\sum t^2 - (\sum t)^2} \tag{12-7}$$

$$b_0 = \bar{Y} - b_1\bar{t} \tag{12-8}$$

通过此趋势方程可以计算出各期的预测值，也可以进行外推预测。趋势预测的效果可用一元线性回归方程的判定系数、估计标准差、模型显著性等指标来评价（具体计算方式已在第 9 章中做了详细介绍，此处不再赘述）。

**例 12.2　线性趋势回归**

**问题**：根据表 12-2 中的蔬菜产量数据，用线性趋势回归预测 2019 年的蔬菜产量，并将实际值和预测值绘制成图形进行比较。

表 12-2　2000 年—2018 年蔬菜产量时间序列

| 年　份 | 时 间 序 列 | 蔬菜产量/万 t |
|---|---|---|
| 2000 | 1 | 44 467.94 |
| 2001 | 2 | 48 422.36 |
| 2002 | 3 | 52 860.56 |
| 2003 | 4 | 54 032.32 |
| 2004 | 5 | 55 064.66 |
| 2005 | 6 | 56 451.49 |

（续）

| 年　份 | 时 间 序 列 | 蔬菜产量/万 t |
|---|---|---|
| 2006 | 7 | 53 953.05 |
| 2007 | 8 | 51 767.67 |
| 2008 | 9 | 54 457.96 |
| 2009 | 10 | 55 300.30 |
| 2010 | 11 | 53 030.86 |
| 2011 | 12 | 59 766.63 |
| 2012 | 13 | 61 624.46 |
| 2013 | 14 | 63 197.98 |
| 2014 | 15 | 64 948.65 |
| 2015 | 16 | 66 425.10 |
| 2016 | 17 | 67 434.16 |
| 2017 | 18 | 69 192.68 |
| 2018 | 19 | 70 346.72 |

**解答：** 根据最小二乘法求得的线性趋势方程为

$$\hat{Y}_t = 45\ 943.899 + 1209.534t$$

预测的估计标准差为 $s_e = 2690.996$。

将 $t = 20$（对应 2019 年）代入上式，得

$$\hat{Y}_{20} = 45\ 943.899 + 1209.534 \times 20 = 70\ 134.579$$

所以，2019 年的蔬菜产量的预测值为 70 134.579 万 t。

蔬菜产量的实际值和预测值的变化趋势如图 12-6 所示。

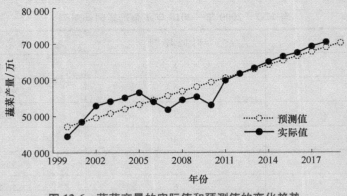

**图 12-6　蔬菜产量的实际值和预测值的变化趋势**

## 12.4.2 非线性趋势回归

当时间序列不是以固定的常数（即斜率）上升或下降时，此时间序列具有**非线性趋势**（non-linear trend）。**非线性趋势回归**（non-linear trend regression）是指当时间序列具有非线性趋势时，根据非线性趋势的类别，选择适当的趋势曲线进行拟合并预测。常用的趋势曲线有指数曲线和多阶曲线。

**1. 指数曲线**

当时间序列的实际观测值按指数规律变化时，需要用**指数曲线**（exponential curve）方程对时间序列进行预测。图 12-2b 中的时间序列就是呈指数形式增长的。指数曲线的趋势方程为

$$\hat{Y}_t = b_0 b_1^t \tag{12-9}$$

式中，$b_0$ 和 $b_1$ 为待定参数。

$b_0$ 和 $b_1$ 可用最小二乘法求得（先将上式两端取对数，化成线性形式，求出 $\ln b_0$ 和 $\ln b_1$ 后，再取其反对数，最后得到 $b_0$ 和 $b_1$）。

**例 12.3 指数曲线**

**问题**：根据表 12-3 中的人均 GDP 数据，用指数曲线方程预测 2019 年的人均 GDP，并将实际值和预测值绘制成图形进行比较。

表 12-3 2000 年—2018 年人均 GDP 时间序列

| 年 份 | 时 间 序 列 | 人均 GDP（元） |
|---|---|---|
| 2000 | 1 | 7942 |
| 2001 | 2 | 8717 |
| 2002 | 3 | 9506 |
| 2003 | 4 | 10 666 |
| 2004 | 5 | 12 487 |
| 2005 | 6 | 14 368 |
| 2006 | 7 | 16 738 |
| 2007 | 8 | 20 494 |
| 2008 | 9 | 24 100 |
| 2009 | 10 | 26 180 |
| 2010 | 11 | 30 808 |
| 2011 | 12 | 36 302 |
| 2012 | 13 | 39 874 |
| 2013 | 14 | 43 684 |
| 2014 | 15 | 47 005 |
| 2015 | 16 | 50 028 |
| 2016 | 17 | 53 680 |
| 2017 | 18 | 59 201 |
| 2018 | 19 | 64 644 |

**解答：**对式（12-9）两端取对数

$$\ln \hat{Y}_t = \ln b_0 + t \ln b_1$$

根据最小二乘法可得

$$\ln \hat{Y}_t = 8.869 + 0.124t$$

所以，指数曲线的趋势方程为

$$\hat{Y}_t = 7108.169 \times 1.132^t$$

将 $t=20$（对应 2019 年）代入上式

$$\hat{Y}_{20} = 7108.169 \times 1.132^{20} = 84\,856.728$$

所以，2019 年的人均 GDP 的预测值为 84 856.728 元。

人均 GDP 的实际值和预测值的变化趋势如图 12-7 所示。

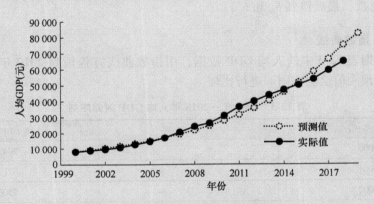

图 12-7 人均 GDP 的实际值和预测值的变化趋势

### 2. 多阶曲线

如果时间序列的实际观测值变化比较复杂，如在一段时间内下降，在另一段时间内却上升（见图 12-2c），或者更为复杂（存在多个拐点），此时，需要通过拟合多阶曲线来刻画这种复杂的非线性趋势。当只存在 1 个拐点时，可以拟合二阶曲线；当存在 2 个拐点时，需要拟合三阶曲线；当存在 $k-1$ 个拐点时，需要拟合 $k$ 阶曲线，一般形式为

$$\hat{Y}_t = b_0 + b_1 t + b_2 t^2 + b_3 t^3 + \cdots + b_k t^k \tag{12-10}$$

式中，$b_0$，$b_1$，$b_2$，$\cdots$，$b_k$ 为待定参数。

$b_0$，$b_1$，$b_2$，$\cdots$，$b_k$ 可用多元回归分析中的最小二乘法求得。

### 例 12.4 多阶曲线

**问题：**根据表 12-4 中石油占能源消费总量的比重的数据，用合适的多阶曲线方程预测 2019 年的石油占能源消费总量的比重，并将实际值和预测值绘制成图形进行比较。

表 12-4　2000 年—2018 年石油占能源消费总量的比重时间序列

| 年　　份 | 时 间 序 列 | 石油占能源消费总量的比重 |
|---|---|---|
| 2000 | 1 | 0.2200 |
| 2001 | 2 | 0.2120 |
| 2002 | 3 | 0.2100 |
| 2003 | 4 | 0.2010 |
| 2004 | 5 | 0.1990 |
| 2005 | 6 | 0.1780 |
| 2006 | 7 | 0.1750 |
| 2007 | 8 | 0.1700 |
| 2008 | 9 | 0.1670 |
| 2009 | 10 | 0.1640 |
| 2010 | 11 | 0.1740 |
| 2011 | 12 | 0.1680 |
| 2012 | 13 | 0.1700 |
| 2013 | 14 | 0.1710 |
| 2014 | 15 | 0.1740 |
| 2015 | 16 | 0.1830 |
| 2016 | 17 | 0.1831 |
| 2017 | 18 | 0.1880 |
| 2018 | 19 | 0.1890 |

**解答：** 从表 12-4 可以看出，石油占能源消费总量的比重先下降，再上升，存在一个明显的拐点，因此用二阶曲线方程预测较为合适。

由式（12-10）可得二阶曲线方程为

$$\hat{Y}_t = b_0 + b_1 t + b_2 t^2$$

将 $t^2$ 看作整体，由最小二乘法可得

$$\hat{Y}_t = 0.2346 - 0.0111t + 0.0005t^2$$

将 $t=20$（对应 2019 年）代入上式，得

$$\hat{Y}_{20} = 0.2346 - 0.0111 \times 20 + 0.0005 \times 20^2 = 0.2126$$

所以，用二阶曲线预测 2019 年的石油占能源消费总量的比重为 0.2126。

石油占能源消费总量的比重的实际值和预测值的变化趋势如图 12-8 所示。

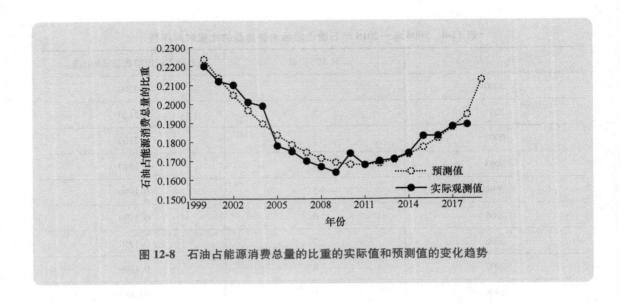

图 12-8 石油占能源消费总量的比重的实际值和预测值的变化趋势

## 12.5 趋势与季节混合型序列的预测

### 12.5.1 引入虚拟变量的多元回归预测

当时间序列同时存在趋势和季节变动时，时间序列既在某一段时间内递增或递减，同时各年内的相同季节中也存在类似的波动。图 12-3 就是一种含有季节变动的时间序列。为了对这种类型的时间序列进行预测，可以根据多元线性回归的思想，将时间和表示季节性的虚拟变量当作自变量，实际观测值当作因变量。若用 $\hat{Y}_t$ 表示 $Y_t$ 的预测值，$t$ 表示时间变量，$D_i$ 表示季节性虚拟变量，趋势方程可表示为

$$\hat{Y}_t = b_0 + b_1 t + \sum_{i=1}^{n} \beta_i D_i \tag{12-11}$$

式中，$b_0$，$b_1$，$\beta_i (i=1, 2, \cdots, n)$ 为待定参数。

$b_0$，$b_1$，$\beta_i (i=1, 2, \cdots, n)$ 可根据多元线性回归分析中的最小二乘法求得。此外，$n$ 为虚拟变量的个数，对应表示 $n+1$ 个不同的季节。比如，时间序列在 12 个月中呈现重复的变动趋势，为了表示此时间序列的季节性，需要将其中一个月份设为基准月份，然后引入 11 个表示月份的虚拟变量。

通过此趋势方程可以计算出特定时间和特定季节的预测值，也可以以一定的预测区间（常用置信水平为 95% 的预测区间）进行外推预测。趋势方程的预测效果可用多元回归方程的判定系数、估计标准差、模型显著性等指标进行衡量。

> **例 12.5 引入虚拟变量的多元回归预测**
>
> **问题：** 根据表 12-5 中的数据，预测布丁酒店 2017 年 1 月的客房出租率，并将实际值和预测值绘制成图形进行比较。

表 12-5　2015 年—2016 年布丁酒店各月的客房出租率

| 年　份 | 月　份 | 时 间 序 列 | 客房出租率（%） |
|---|---|---|---|
| 2015 | 1 | 1 | 59 |
| 2015 | 2 | 2 | 63 |
| 2015 | 3 | 3 | 68 |
| 2015 | 4 | 4 | 70 |
| 2015 | 5 | 5 | 63 |
| 2015 | 6 | 6 | 59 |
| 2015 | 7 | 7 | 68 |
| 2015 | 8 | 8 | 64 |
| 2015 | 9 | 9 | 62 |
| 2015 | 10 | 10 | 73 |
| 2015 | 11 | 11 | 62 |
| 2015 | 12 | 12 | 47 |
| 2016 | 1 | 13 | 64 |
| 2016 | 2 | 14 | 69 |
| 2016 | 3 | 15 | 73 |
| 2016 | 4 | 16 | 67 |
| 2016 | 5 | 17 | 68 |
| 2016 | 6 | 18 | 71 |
| 2016 | 7 | 19 | 67 |
| 2016 | 8 | 20 | 71 |
| 2016 | 9 | 21 | 65 |
| 2016 | 10 | 22 | 72 |
| 2016 | 11 | 23 | 63 |
| 2016 | 12 | 24 | 47 |

**解答：**将 12 月设为基准月份，引入 11 个月份虚拟变量，则多元回归预测方程为

$$\hat{Y}_t = b_0 + b_1 t + \beta_1 D_1 + \beta_2 D_2 + \beta_3 D_3 + \beta_4 D_4 + \beta_5 D_5 + \beta_6 D_6 + \beta_7 D_7 + \beta_8 D_8 +$$
$$\beta_9 D_9 + \beta_{10} D_{10} + \beta_{11} D_{11}$$

由最小二乘法可得

$$Y_t = 42.125 + 0.271t + 17.479D_1 + 21.708D_2 + 25.938D_3 + 23.667D_4 + 20.396D_5 +$$
$$19.625D_6 + 21.854D_7 + 21.583D_8 + 17.313D_9 + 26.042D_{10} + 15.771D_{11}$$

代入 $t = 25$（对应 2007 年 1 月），得

$$\hat{Y}_{25} = 42.125 + 0.271 \times 25 + 17.479 \times 1 + 21.708 \times 0 + 25.938 \times 0 + 23.667 \times 0 +$$
$$20.396 \times 0 + 19.625 \times 0 + 21.854 \times 0 + 21.583 \times 0 + 17.313 \times 0 + 26.042 \times 0 +$$
$$15.771 \times 0 = 66.379$$

所以，2017 年 1 月布丁酒店的预测客房出租率为 66.379%。

客房出租率的实际值和预测值的变化趋势如图 12-9 所示。

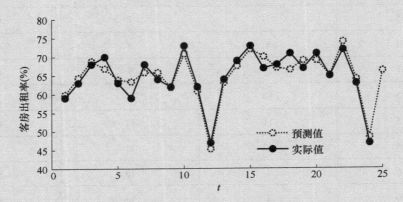

**图 12-9　客房出租率的实际值和预测值的变化趋势**

## 12. 5. 2　时间序列分解预测

**时间序列分解**（time series decomposition）是指当时间序列同时含有趋势、季节变动和随机成分，即时间序列是三个因素的函数 $Y_t = f(T_t, S_t, I_t)$ 时，需要对时间序列进行分解预测，即先将时间序列的各个因素依次分解出来，然后进行预测。常用的时间序列分解模型有加法模型和乘法模型。

本节采用乘法模型进行时间序列分解预测。首先找出季节成分并将其分离出去，然后建立预测模型进行预测，通常预测步骤如下。

**第 1 步**：确定并分离季节成分。以季节指数来表示时间序列中的季节成分，将季节成分从时间序列中分离出去，即用序列中的每个实际观测值除以对应的季节指数，以消除季节成分。

季节指数的计算方法有很多种，如简单平均法和移动平均趋势剔除法，前一种方法不考虑长期趋势的影响，后一种方法考虑了长期趋势的影响。这里只介绍基于移动平均趋势剔除法的季节成分的确定和分离，其基本步骤是：

1）计算移动平均值，并进行中心化处理，即对移动平均的结果再进行一次 2 项移动平均，得出中心化移动平均值。

2）计算季节指数，即将时间序列的每个实际观测值除以对应的中心化移动平均值，再计算各比值的季度/月份平均值，得到季节指数。有许多不同的计算季节指数的方法，如 spss 以各比值的中位数作为季节指数。

3）调整季节指数，若上一步得出的季节指数的平均值不等于 1，则需要将每个季节指数除以季节指数的平均值以进行调整，最后得出标准季节指数。

4）计算得到消除季节成分后的时间序列，即用序列中的每个实际观测值除以对应的季节指数，以获得消除季节影响后的时间序列。

**第 2 步**：建立预测模型并进行预测。根据消除季节成分后的时间序列的特征（线性趋势或非线性趋势），建立对应的预测模型（一元线性回归模型、指数模型或多阶模型等），并进行预测。

**第 3 步**：计算最后的预测值。用上一步得到的预测值乘以第 1 步中的标准季节指数，即得到最终的预测值。

**例 12.6　时间序列分解预测**

**问题**：根据表 12-6 中的数据，用时间序列分解法预测 2016 年各季度的商品销售量。

表 12-6　2012 年—2015 年各季度的商品销售量

| 年　份 | 季　度 | 时 间 序 列 | 商品销售量（万件） |
|---|---|---|---|
| 2012 | 1 | 1 | 15 |
| 2012 | 2 | 2 | 19 |
| 2012 | 3 | 3 | 7 |
| 2012 | 4 | 4 | 10 |
| 2013 | 1 | 5 | 16 |
| 2013 | 2 | 6 | 20 |
| 2013 | 3 | 7 | 8 |
| 2013 | 4 | 8 | 11 |
| 2014 | 1 | 9 | 16 |
| 2014 | 2 | 10 | 22 |
| 2014 | 3 | 11 | 9 |
| 2014 | 4 | 12 | 12 |
| 2015 | 1 | 13 | 19 |
| 2015 | 2 | 14 | 25 |
| 2015 | 3 | 15 | 15 |
| 2015 | 4 | 16 | 18 |

**解答**：该商品销售量时间序列数据具有明显的季节变动，因此分 3 步解答。

第 1 步：确定并分离季节成分。

（1）计算移动平均值 该时间序列数据具有明显的季节变动，故采取4项移动平均法。首先计算第一个移动平均值

$$第一个移动平均值 = \frac{15+19+7+10}{4} = 12.750$$

第一个移动平均值对应于2.5季度，以此类推其他，得到结果见表12-7的第4列。其次进行中心化处理，即对先前的移动平均值再进行一次2项移动平均。

$$第一个中心化移动平均值 = \frac{12.75+13.00}{2} = 12.875$$

第一个中心化移动平均值对应于3季度，以此类推其他，得到结果见表12-7第5列。

（2）计算季节指数 首先计算季节比率，即将时间序列的每个实际观测值除以对应的中心化移动平均值。

$$第一个季节比率 = \frac{7}{12.875} = 0.544$$

以此类推，得到的结果见表12-7第6列。

其次计算各比值的季度/月份平均值，即为季节指数。

$$第三季度的季节指数 = \frac{0.544+0.582+0.595}{3} = 0.574$$

以此类推，得到的结果见表12-7第7列。

（3）调整季节指数 因先前计算的季节指数的平均值不等于1，故需进行调整，即将每个季节指数除以总平均值以进行调整，最后得出标准季节指数

$$第三季度的标准季节指数 = \frac{0.574}{(0.574+0.768+1.142+1.441)/4} = 0.585$$

以此类推，得到的结果见表12-7第8列。

（4）计算消除季节成分后的商品销售量 为消除季节成分，我们用序列中的每个实际观测值除以对应的季节指数，以获得消除季节影响后的商品销售量。

$$2012年第一季度消除季节影响的商品销售量 = \frac{15}{1.164} = 12.887$$

以此类推其他，得到结果见表12-7第9列。

表 12-7 消除季节影响的商品销售量的时间序列值

| 年份 | 季度 | 商品销售量 | 移动平均值 | 中心化移动平均值 | 季节比率 | 季节指数 | 标准季节指数 | 消除季节成分后的销售量 |
|------|------|------------|------------|------------------|----------|----------|--------------|------------------------|
| 2012 | 1 | 15 | | | | | | 12.887 |
| 2012 | 2 | 19 | | | | | | 12.934 |
| | | | 12.750 | | | | | |
| 2012 | 3 | 7 | | 12.875 | 0.544 | 0.574 | 0.585 | 11.976 |
| | | | 13.000 | | | | | |
| 2012 | 4 | 10 | | 13.125 | 0.762 | 0.768 | 0.783 | 12.771 |

（续）

| 年份 | 季度 | 商品销售量 | 移动平均值 | 中心化移动平均值 | 季节比率 | 季节指数 | 标准季节指数 | 消除季节成分后的销售量 |
|---|---|---|---|---|---|---|---|---|
| | | | 13.250 | | | | | |
| 2013 | 1 | 16 | | 13.375 | 1.196 | 1.142 | 1.164 | 13.746 |
| | | | 13.500 | | | | | |
| 2013 | 2 | 20 | | 13.625 | 1.468 | 1.441 | 1.469 | 13.615 |
| | | | 13.750 | | | | | |
| 2013 | 3 | 8 | | 13.750 | 0.582 | | | 13.675 |
| | | | 13.750 | | | | | |
| 2013 | 4 | 11 | | 14.000 | 0.786 | | | 14.049 |
| | | | 14.250 | | | | | |
| 2014 | 1 | 16 | | 14.375 | 1.113 | | | 13.746 |
| | | | 14.500 | | | | | |
| 2014 | 2 | 22 | | 14.625 | 1.504 | | | 14.976 |
| | | | 14.750 | | | | | |
| 2014 | 3 | 9 | | 15.125 | 0.595 | | | 15.385 |
| | | | 15.500 | | | | | |
| 2014 | 4 | 12 | | 15.875 | 0.756 | | | 15.326 |
| | | | 16.250 | | | | | |
| 2015 | 1 | 19 | | 17.000 | 1.118 | | | 16.323 |
| | | | 17.750 | | | | | |
| 2015 | 2 | 25 | | 18.500 | 1.351 | | | 17.018 |
| | | | 19.250 | | | | | |
| 2015 | 3 | 15 | | | | | | 25.641 |
| 2015 | 4 | 18 | | | | | | 22.989 |

第 2 步：建立预测模型。

消除季节成分后的商品销售量时间序列呈现线性趋势，因此建立一元线性回归模型，模型如下

$$\widehat{Y}_t = 10.093 + 0.629t$$

将 2016 年各季度对应的 $t$ 值代入模型中，得

2016 年第一季度的预测值 = 10.093 + 0.629 × 17 = 20.786

2016 年第二季度的预测值 = 10.093 + 0.629 × 18 = 21.415

2016 年第三季度的预测值 = 10.093 + 0.629 × 19 = 22.044

2016 年第四季度的预测值 = 10.093 + 0.629 × 20 = 22.673

第3步：计算最终预测值。

用上一步得到的预测值乘以相应的标准季节指数，即为最终的预测值

2016年第一季度的最终预测值 = 20.786×1.164 = 24.195

2016年第二季度的最终预测值 = 21.415×1.469 = 31.459

2016年第三季度的最终预测值 = 22.044×0.585 = 12.896

2016年第四季度的最终预测值 = 22.673×0.783 = 17.753

## SPSS、Excel 和 R 的操作步骤

**SPSS 操作步骤**

● 简单移动平均法

第1步：选择"转换"→"创建时间序列"。

第2步：将需要移动平均的变量拖至右侧框内，"函数"选择"前移动平均"，然后在"跨度"中输入相应的期数值，点击"确定"。

● 指数平滑法⊖

第1步：选择"分析"→"时间序列预测"→"创建传统模型"。

第2步：将需要指数平滑的变量拖至右侧"因变量"框内，"方法"选择"指数平滑"，点击"条件"，进入设置界面，在"非季节性中"选择"简单"（或根据时间序列的特性进行选择），点击"继续"，返回时间序列建模器界面，点击"图"，进入设置界面，在"用于比较模型的图"中选择"平稳R方""R方"，在"单个模型的图"中选择"实测值""预测值"等，点击"确定"，返回时间序列建模器界面，点击"选项"，设置日期，点击"确定"，返回时间序列建模器界面，点击"确定"。

● 线性回归

第1步：选择"分析"→"回归"→"线性"。

第2步：将因变量拖至右侧的"因变量"框中，将自变量拖至右侧的"自变量"框中，点击"统计"，进入设置界面，选择"估算值""模型拟合"等，点击"继续"，返回线性回归界面，点击"图"，进入设置界面，在"标准化残差图"中选择"直方图""正态概率图"，点击"继续"，返回线性回归界面，点击"保存"，进入设置界面，在"预测值"中选择"未标准化"，在"残差"中选择"标准化"等，点击"继续"，返回线性回归界面，点击"确定"。

● 多阶曲线方程

第1步：选择"分析"→"回归"→"曲线估算"。

第2步：将因变量拖至右侧的"因变量"框中，将自变量拖至右侧的"因变量"框中，在"模型"中选择"二次""三次"，点击"确定"。

**Excel 操作步骤**

● 简单移动平均法

第1步：选中数据→选择"数据"→"数据分析"→"移动平均"。

第2步：将需要移动平均的数据拖至"输入区域"，在"间隔"中输入相应的期数值，单击"确定"。

● 指数平滑法

第1步：选中数据→选择"数据"→"数据分析"→"指数平滑"。

第2步：将需要指数平滑的数据拖至"输入区域"，在"阻尼系数"中输入相应的阻尼系数值（$1-\alpha$），单击"确定"。

---

⊖ SPSS 中的指数平滑法不需要自行设置平滑系数，软件会自动求解最优的平滑系数。

- 线性回归

第 1 步：选中数据→选择"数据"→"数据分析"→"回归"。

第 2 步：将因变量数据拖至"Y 值输入区域"，将自变量数据拖至"X 值输入区域"，选中"置信度"并设置为 95%，根据需要"残差"选择"残差""残差图"等，单击"确定"。

**R 操作步骤**

- 简单移动平均法

$example = SMA(exampletimeseries, n = 5)$

- 指数平滑法

$exampleforecast = HoltWinters(exampletimeseries, alpha = 0.3, beta = FALSE, gamma = FALSE)$

（如不注明平滑系数 $\alpha$ 的值，R 语言会自动计算一个最优的平滑系数值）

- 线性回归

$x < 1 : 100$

$fit = lm(exampletimeseries \sim x)$

$fit$

## 案例分析：地区用电量预测

**1. 案例背景**

准确地分析和预测电力需求，既是有力保障国家或地区社会经济系统平稳运行的关键，也是保证电力工业良性发展的需要。本案例利用某地区用电量的时间序列数据，对用电量数据进行初步分析，并根据用电量时间序列的特点，选择合适的预测方程预测未来的用电量。根据本案例的初步结论，地区电力局可以制定相应的措施，以满足居民和工业用电的需求。

**2. 数据及其说明**

本案例收集了 2015 年—2018 年某地区每月的用电量数据（单位：$10^6 kW \cdot h$）。部分数据展示见表 12-8。

表 12-8　部分数据展示

| 月　　份 | 2015 年 | 2016 年 | 2017 年 | 2018 年 |
|---|---|---|---|---|
| 1 | 170 | 181 | 195 | 210 |
| 2 | 181 | 206 | 211 | 225 |
| 3 | 206 | 214 | 229 | 245 |
| 4 | 235 | 245 | 280 | 298 |
| 5 | 242 | 265 | 290 | 308 |
| ⋮ | ⋮ | ⋮ | ⋮ | ⋮ |
| 12 | 195 | 220 | 250 | 280 |

**3. 数据分析**

使用本章学习过的知识，对用电量时间序列进行分析并预测。

（1）首先对数据进行初步的分析，绘制时间序列图并观测用电量时间序列的变化模式。

由图 12-10 可以看出，地区总用电量在 2015 年—2018 年间大致呈上升趋势，且每年各月的变动趋势一致，从 1 月开始逐步上升，7 月达到用电高峰，之后便逐渐下降。此外，用电量存在随机波动。因此，该时间序列同时包含趋势、季节变动和随机波动三种成分，属于复合型时间序列，需要用时间序列分解法进行预测，即先消除时间序列中的季节成分，再根据消除了季节成分的时间序列的特性建立相应的预测方程，并进行预测。

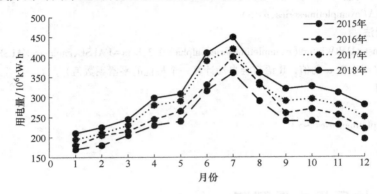

图 12-10　用电量时间序列

下面分别用 Excel、SPSS 和 R 语言三种应用软件实现时间序列分解法的操作过程。

**SPSS 时间序列分解法的操作过程**

第 1 步：加载案例数据。单击"文件"→"打开"→"数据"，选择本章案例数据"案例-12. sav"点击打开。

第 2 步：定义日期。单击"数据"→"定义日期和时间"，在"个案是"中选择"年，月"，在"第一个个案是"中设置"2015 年 1 月"，然后单击"确定"，生成"YEAR_"，"MONTH_"，"DATE_"。

第 3 步：确定并分离季节成分。单击"分析"→"时间序列预测"→"季节性分解"，在"变量"中选择"用电量"，在"模型类型"中选择"乘法"，在"移动平均值权重"中选择"端点按 0.5 加权"（如果周期数是奇数，则选择"所有点相等"），然后单击"确定"，生成随机误差（ERR_1）、季节性调整序列（SAS_1）、季节因子（SAF_1）、趋势和循环成分（STC_1）。

第 4 步：建立预测模型并进行预测。季节性调整序列呈现线性上升趋势，因此建立一元线性回归模型进行预测。单击"分析"→"回归"→"线性"，在"因变量"中选择"SAS_1"，在"自变量"中选择"时间"，单击"保存"，在"预测值"中选择"未标准化"，然后单击"继续"→"确定"。输出回归结果及相关统计量，并生成回归预测值（PRE_1）。

第 5 步：计算出最后的预测值。最终预测值等于回归预测值（PRE_1）乘以相应的季节指数（SAF_1）。

其中，SPSS 以各比值的中位数作为季节指数，因而其输出的标准季节指数与书中结果存在细微差异。

**Excel 时间序列分解法的操作过程**

第 1 步：加载案例数据。打开"案例-12. xlsx"。

第 2 步：计算季节指数并分离季节成分。在用电量右侧新建 8 列，分别表示 12 项移动平均值、中心化移动平均值、季节比率、季节指数、标准季节指数、消除季节成分后的序列、回归预测值、最终预测值。其中：

1）移动平均值的计算操作。单击"数据"→"数据分析"→"移动平均"，在输入区域、间隔、输出区域分别填入相应的数据，如要计算 12 项移动平均数，则分别输入" $D \$2;\$D \$49$ "" $12$ "" $E \$2;\$E \$49$ "，中心化移动平均值（即对 12 项移动平均值求 2 项移动平均值）的计算操作类似。为方便后续计算，将中心化移动平均值与相应的时间对应，即第一个中心化移动平均值对应 2015 年 7 月，以此类推。

2）季节比率等于各项实际观测值除以相应的中心化移动平均值，如 2015 年 7 月的季节比率的计算公式为"=D8/F8"，其他的类似处理。

3）季节指数等于季节比率的月份平均值，如 7 月的季节指数的计算公式为"=(G8+G20+G32)/3"，其他的类似处理。

4）若上步计算得出的季节指数的平均值不等于 1，则需进行调整，即调整后的标准季节指数等于季节指数除以它们的总平均值，如 7 月的标准季节指数的计算公式为"=H8/AVERAGE( \$H \$8:\$H \$19)"，其他的类似处理。

5）消除季节成分后的序列等于各项实际观测值除以标准季节指数，如 2015 年 1 月消除季节成分后的序列的计算公式为"=D2/I14"，其他的类似处理。

第 3 步：建立预测模型并进行预测。消除季节成分后的时间序列平稳上升，即包含线性趋势。因此，建立一元线性回归预测方程。具体操作为：单击"数据"→"数据分析"→"回归"，在"Y 值输入区域"填入"\$J \$2:\$J \$49"，"X 值输入区域"填入"\$C \$2:\$C \$49"，"置信度"填入"95"，"残差"中选择"残差"和"残差图"，"输出选项"选择"新工作簿"，最后单击"确定"。

第 4 步：计算出最后的预测值。最终预测值等于回归预测值乘以相应的季节指数，如 2019 年 1 月的最终预测值的计算公式为"=K2\*I14"。

**R 语言时间序列分解法的操作过程**

第 1 步：加载案例数据并生成时间序列。

library（readxl）

example = read-excel（"../案例-12. csv"）

example = ts（example, frequency = 12, start = c（2015, 1））

第 2 步：确定并分离季节成分。

1）计算季节指数

salecompose = decompose（example, type = "multiplicative"）

names（salecompose）

show（salecompose）

2）分离季节成分

>seasonaladjust = example/salescompose \$seasonal

第 3 步：建立一元线性回归预测模型并进行预测。

x = 1:48

fit = lm（seasonaladjust ~ x）

fit

第 4 步：计算出最后的预测值。

predata = predict（fit, data. frame（x = 1：60））* rep（salecompose \$seasonal[ 1：12],5）

predata = ts（predata, start = 2015, frequency = 12）; predata

按照上述的步骤，根据 EXCEL 计算得出的标准季节指数分别为 0.707，0.769，0.822，0.971，1.011，1.311，1.484，1.196，0.984，0.996，0.940，0.809。为了消除季节性的影响，我们将用电量的实际值除以相应的标准季节指数。消除季节影响的用电量时间序列值如图 12-11 所示。

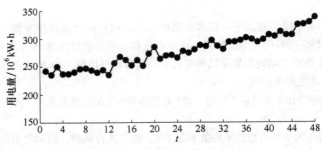

**图 12-11 消除季节成分后的时间序列**

（2）如图 12-11 所示，消除季节成分后的时间序列平稳上升，即包含线性趋势，所以用一元线性回归方程进行预测，由最小二乘法得

$$\hat{Y}_t = 228.225 + 1.971t$$

为了预测 2019 年每月的用电量，分别将 $t = 49$，50，51，…，60 代入上述模型，得到回归预测值，并将回归预测值乘以相应的标准季节指数，得到最终的预测值。

因此，2019 年每月用电量的最终预测值分别为：229.756、251.254、270.176、320.978、336.251、438.584、499.541、405.126、334.991、341.253、323.968、280.47 $10^6 \mathrm{kW \cdot h}$。

图 12-12 给出了用电量的实际观测值和最终预测值，可以看出预测效果比较好。

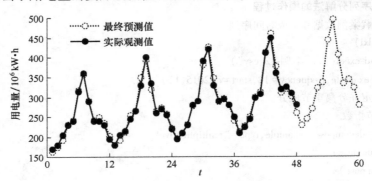

**图 12-12 用电量的实际观测值和最终预测值**

**4. 结论**

本案例以某地区 2015 年—2018 年的用电量数据，系统演示了时间序列预测的具体过程。从上述分析结果可知，地区用电量大致呈线性上升的趋势，且具有明显的季节变动，每年从 1 月开始用电量会逐步上升，7 月份的用电量会达到顶峰，之后便逐渐下降。基于一元线性回归的预测模型，我们可以预测 2019 年各月的地区总用电量（单位：$10^6 \mathrm{kW \cdot h}$）分别为：229.756、251.254、270.176、320.978、336.251、438.584、499.541、405.126、334.991、341.253、323.968、280.47。

## 术语表

**时间序列**（time series）：按照一定的时间区间进行索引的随机变量序列。
**平稳时间序列**（stationary time series）：只包含随机波动的时间序列。

非平稳时间序列（non-stationary time series）：除随机波动外，还包含趋势、季节变动或周期波动中一种或多种成分的序列。

趋势（trend）：在一个较长时间段内，时间序列呈现出的持续向上或者持续向下的稳定变动。

季节变动（seasonality）：在一个较短时间段内（一般小于一年），时间序列呈现出的重复性的、可预测的变动。

周期波动（cyclicity）：在一个较长时间段内（一般大于一年），时间序列呈现出的围绕长期趋势的一种波浪形或振荡式变动。

随机波动（randomness）：除趋势、季节变动和周期波动以外，时间序列所呈现出的由临时性或偶然性因素引起的变动。

简单移动平均法（simple moving average）：把最近 $d$ 期数据的算数平均值 $\overline{Y}_t$ 作为 $t+1$ 期的预测值的一种预测方法。

加权移动平均法（weighted moving average）：基于简单移动平均法的一种改进预测方法，它对每个实际观测值赋予不同的权重，然后计算观测值的加权平均数作为预测值。

指数平滑法（exponential smoothing）：把 $t$ 期的实际观测值和 $t$ 期的预测值的加权平均数作为 $t+1$ 期预测值的预测方法。

线性趋势回归（linear trend regression）：当时间序列含有线性趋势时，用一元线性回归模型进行预测，即将时间当作自变量，将实际观测值当作因变量。

非线性趋势回归（non-linear trend regression）：当时间序列具有非线性趋势时，根据非线性趋势的类别，选择适当的趋势曲线进行拟合并预测。

时间序列分解（time series decomposition）：当时间序列同时含有趋势、季节变动和随机成分时，需要对时间序列进行分解预测，即先将时间序列的各个因素依次分解出来，然后进行预测。

思 考 与 练 习

**思考题**

1. 简述时间序列的构成要素。
2. 简述各种预测方法的异同及优缺点。
3. 简述平稳时间序列和非平稳时间序列的含义。
4. 简述线性趋势回归的含义。
5. 简述指数平滑法的含义。
6. 简述时间序列分解预测法的步骤。
7. 简述季节指数计算的基本步骤。

**练习题**

8. 时间序列数据见表 12-9。

表 12-9　时间序列（一）

| 年份 | 2013 | 2014 | 2015 | 2016 | 2017 | 2018 | 2019 | 2020 | 2021 | 2022 |
|------|------|------|------|------|------|------|------|------|------|------|
| 数值 | 170 | 181 | 195 | 210 | 221 | 228 | 230 | 259 | 296 | 335 |

（1）计算时间序列 3 年的移动平均预测值，并预测 2023 年的数值。

（2）计算时间序列的加权移动平均预测值，并预测 2023 年的数值（权重自行定义，需满足两个条件 ①远期权重小于近期权重；②权重和等于 1）。

（3）计算时间序列的指数平滑预测值（$\alpha = 0.4$），并预测 2023 年的数值。

9. 时间序列数据见表 12-10。

表 12-10　时间序列（二）

| $t$ | 1 | 2 | 3 | 4 | 5 | 6 | 7 | 8 | 9 | 10 | 11 | 12 |
|---|---|---|---|---|---|---|---|---|---|---|---|---|
| 数值 | 17 | 20 | 25 | 38 | 43 | 50 | 60 | 71 | 83 | 99 | 112 | 127 |

（1）绘制时间序列图，数据呈现何种类型的模式？

（2）建立这个时间序列的线性趋势方程。

（3）$t = 13$ 的预测值是多少？

10. 某市 2013 年—2022 年的 SUV 汽车销售量见表 12-11。

表 12-11　SUV 汽车销售量

| 年　　份 | 时 间 序 列 | SUV 汽车销售量（万辆） |
|---|---|---|
| 2013 | 1 | 21.6 |
| 2014 | 2 | 23.0 |
| 2015 | 3 | 23.8 |
| 2016 | 4 | 24.4 |
| 2017 | 5 | 25.8 |
| 2018 | 6 | 26.9 |
| 2019 | 7 | 28.9 |
| 2020 | 8 | 29.7 |
| 2021 | 9 | 28.5 |
| 2022 | 10 | 26.8 |

（1）绘制时间序列图，数据呈现何种类型的模式？

（2）用合适的多阶曲线方程预测 2023 年的 SUV 汽车销售量。

11. 随着全球变暖，某品牌空调在长沙市的销量逐渐增加，但是空调的生产成本和库存成本较高，因此管理人员想预测来年的空调销量，以便制定科学的生产决策。2018 年—2022 年空调销量数据见表 12-12。

表 12-12　空调销量数据

| 年　　份 | 季　　度 | 时 间 序 列 | 空调销量（万台） |
|---|---|---|---|
| 2018 | 1 | 1 | 48 |
| | 2 | 2 | 65 |
| | 3 | 3 | 100 |
| | 4 | 4 | 32 |

（续）

| 年　份 | 季　度 | 时 间 序 列 | 空调销量（万台） |
|---|---|---|---|
| 2019 | 1 | 5 | 53 |
| | 2 | 6 | 76 |
| | 3 | 7 | 112 |
| | 4 | 8 | 35 |
| 2020 | 1 | 9 | 57 |
| | 2 | 10 | 85 |
| | 3 | 11 | 123 |
| | 4 | 12 | 38 |
| 2021 | 1 | 13 | 60 |
| | 2 | 14 | 90 |
| | 3 | 15 | 140 |
| | 4 | 16 | 42 |
| 2022 | 1 | 17 | 68 |
| | 2 | 18 | 99 |
| | 3 | 19 | 155 |
| | 4 | 20 | 46 |

（1）绘制时间序列图，数据呈现何种类型的模式？

（2）分别用虚拟变量回归法和时间序列分解法预测 2023 年各季度的空调销量。

## 参考文献

［1］安德森，斯威尼，威廉斯，等. 商务与经济统计：原书第 13 版［M］. 张建华，王健，聂巧平，等译. 北京：机械工业出版社，2017.

［2］林德，马歇尔，沃森. 商务与经济统计方法：原书第 15 版［M］. 聂巧平，叶光，译. 北京：机械工业出版社，2015.

［3］贾俊平. 统计学［M］. 7 版. 北京：中国人民大学出版社，2018.

［4］贾俊平. 统计学：基于 R［M］. 3 版. 北京：中国人民大学出版社，2019.

［5］贾俊平. 统计学：基于 Excel［M］. 北京：中国人民大学出版社，2017.

［6］贾俊平. 统计学：基于 SPSS［M］. 2 版. 北京：中国人民大学出版社，2016.

［7］陈斌，高彦梅. Excel 在统计分析中的应用［M］. 北京：清华大学出版社，2013.

［8］宇传华. SPSS 与统计分析［M］. 北京：电子工业出版社，2007.

［9］郑国忠，郑连元. 商务统计学［M］. 北京：清华大学出版社，2019.

［10］凯勒. 统计学在经济和管理中的应用：第 10 版［M］. 夏利宇，韩松涛，李君，等译. 北京：中国人民大学出版社，2019.

# CHAPTER 13

# 第13章

## 非参数检验

前面几章（除第 7 章外）介绍的统计方法通常称为参数检验，且这些检验一般假定总体服从正态分布或总体分布已知。此外，绝大多数的参数检验要求所分析的数据是数值型的。相较于参数检验，**非参数检验**（nonparametric test）是不依赖总体分布的统计检验方法，适用于总体分布未知或无法对总体分布做出假设的情况，且对数据类型的要求也比较宽松。

## 13.1　符号检验

> **定义 13.1**
>
> 　　**符号检验**（sign test）是用于检验两个相关样本的观测值之差的正负号频次是否存在显著差异的一种非参数检验方法。该方法对总体分布没有要求，既能使用顺序数据，也能使用数值数据。

本节主要介绍符号检验的两个应用：总体中位数的假设检验和匹配样本的假设检验。

### 13.1.1　总体中位数的假设检验

符号检验提供了检验总体中位数假设的非参数方法。第 6 章对总体均值进行假设检验时要求总体服从正态分布。若总体分布未知或难以假定，则可以利用符号检验对总体中位数进行假设检验。中位数作为总体中心趋势的度量，可将总体分成两部分：其中 50% 的值大于中位数，另外 50% 的值小于中位数。

为了进行符号检验，从总体中随机抽取样本 $(x_1, x_2, \cdots, x_n)$。令总体中位数的实际值为 $M_T$，假设值为 $M_0$。将抽取的随机样本中大于中位数的值标记为加号；小于中位数的值标记为减号；如果一个值等于中位数，则在进一步分析中将其删除。用 $p$ 表示加号的概率。若中位数实际值和假定值相等的假设成立，那么样本数据中每个观测值大于或小于假定值的概率都是 0.5。显然，该试验是一次伯努利试验，那么 $n$ 次观测的结果就服从 $p = 0.5$ 的二项分布。具体检验步骤如下。

（1）提出原假设和备择假设　首先，提出关于中位数实际值与假定值的假设

$$双侧检验 H_0:\ M_T = M_0;\ H_1:\ M_T \neq M_0$$

$$左侧检验 H_0:\ M_T \geqslant M_0;\ H_1:\ M_T < M_0$$

$$右侧检验 H_0:\ M_T \leqslant M_0;\ H_1:\ M_T > M_0$$

然后，可以将其转化为关于二项分布概率 $p$ 的假设

$$双侧检验 H_0:\ p = 0.5;\ H_1:\ p \neq 0.5$$

$$左侧检验 H_0:\ p \geqslant 0.5;\ H_1:\ p < 0.5$$

$$右侧检验 H_0:\ p \leqslant 0.5;\ H_1:\ p > 0.5$$

（2）构造检验统计量　总体中位数符号检验所定义的统计量是 $S^+$ 和 $S^-$，其中，$S^+$ 表示样本数据 $x_i$ 与 $M_0$ 差值为正的个数；$S^-$ 表示样本数据 $x_i$ 与 $M_0$ 差值为负的个数；如果一个值等于中位数，则在进一步的分析中将其删除。令满足上述条件的符号总个数为 $n$，即 $n = S^+ + S^-$，则有 $S^+ \sim B(n,\ 0.5)$。

（3）做出统计决策　若 $p < \alpha$，则拒绝原假设，表示中位数的实际值与假定值有显著差异，否则不拒绝原假设，表示中位数的实际值与假定值无显著差异。

### 例 13.1　总体中位数的符号检验

**问题：**某地产商想要确认城市平均楼盘价格的中位数与媒体公布的 7600 元/m² 是否有显著差异，故对某城市 16 个预出售的楼盘均价进行调研，结果见表 13-1。试检验该城市平均楼盘价格的中位数与媒体公布的 7600 元/m² 是否有显著差异（$\alpha = 0.05$）。

表 13-1　某城市 16 个预出售的楼盘均价　　　　　　　　（单位：元/m²）

| 7200 | 7300 | 7600 | 7700 | 8700 | 9000 | 7000 | 7100 |
|------|------|------|------|------|------|------|------|
| 6800 | 8000 | 8300 | 7600 | 8200 | 8900 | 7800 | 7900 |

**解答：**设该城市楼盘平均价格的实际中位数为 $M_T$，假定的中位数为 $M_0 = 7600$ 元/m²，依题意提出如下假设：

$$H_0:\ M_T = 7600$$

$$H_1:\ M_T \neq 7600$$

SPSS 输出的检验结果见表 13-2。

表 13-2　楼盘均价的中位数符号检验（二项检验）

| | | 类别 | 个　　数 | 实测比例 | 检验比例 | 精确显著性水平（双尾） |
|---|---|---|---|---|---|---|
| 楼盘价格 | 组 1 | ≤7600 | 7 | 0.44 | 0.50 | 0.804 |
| | 组 2 | >7600 | 9 | 0.56 | | |
| | 总计 | | 16 | 1.00 | | |

从表 13-2 可知，均价小于等于中位数的楼盘有 7 个，大于中位数的楼盘有 9 个。SPSS 给出的精确双尾显著性水平为 $p = 0.804 > \alpha = 0.05$，所以不拒绝原假设，没有证据表明该城市楼盘均价的实际中位数与 7600 元/m² 有显著差异。

## 13.1.2 匹配样本的假设检验

匹配样本的假设检验，是对同一研究对象进行两种不同处理后观测值的差值进行检验，或者是对同一研究对象处理前后观测值的差值进行检验。符号检验既能分析顺序数据，也能分析数值数据。我们以数值数据为例，说明匹配样本的符号检验步骤。设 $X$、$Y$ 是匹配的两个连续总体，具有相同的分布形状和方差。注意，以上假设是为了保证对原假设的拒绝是由总体位置的不同引起的，而不是由总体分布的形状或方差的不同引起的。为了进行匹配样本的符号检验，从这两个总体中分别随机抽取两个独立的随机样本 $(x_1, x_2, \cdots, x_n)$ 和 $(y_1, y_2, \cdots, y_n)$，组成数据对 $(x_1, y_1)$, $(x_2, y_2)$, $\cdots$, $(x_n, y_n)$，每个数对的差值记为 $\Delta_i = x_i - y_i$。若 $X$、$Y$ 的总体分布的位置相同，那么 $x_i > y_i$ 的概率与 $x_i < y_i$ 的概率相等，即 $p(\Delta_i < 0) = p(\Delta_i > 0)$。进一步地，用 $M_\Delta$ 表示差值 $\Delta_i$ 的中位数，那么 $M_\Delta$ 应该为 0。具体的检验步骤如下。

（1）提出原假设和备择假设　首先，提出关于数据对差值的假设

$$双侧检验 H_0: M_\Delta = 0; \quad H_1: M_\Delta \neq 0$$
$$左侧检验 H_0: M_\Delta \geq 0; \quad H_1: M_\Delta < 0$$
$$右侧检验 H_0: M_\Delta \leq 0; \quad H_1: M_\Delta > 0$$

然后，可以将其转化为关于二项分布概率 $p$ 的假设

$$双侧检验 H_0: p = 0.5; \quad H_1: p \neq 0.5$$
$$左侧检验 H_0: p \geq 0.5; \quad H_1: p < 0.5$$
$$右侧检验 H_0: p \leq 0.5; \quad H_1: p > 0.5$$

（2）构造检验统计量　如果得到的差值大于 0，则记为正号；差值小于 0，则记为负号。不妨设记为正号的样本数为 $N^+$，记为负号的样本数为 $N^-$，出现差值为 0 时，删除该样本对，样本对的容量数 $n$ 也相应减少。如果正号的个数和负号的个数大致相当，则可以认为两匹配样本数据分布的位置差异较小；若正号的个数和负数的个数相差较多，则可以认为两匹配样本数据的位置差异较大。显然 $N^+$ 和 $N^-$ 两个统计量的抽样分布服从二项分布。

（3）做出统计决策　若 $p < \alpha$，则拒绝原假设，表示两个总体位置有显著差异，否则不拒绝原假设，表示两个总体位置没有显著差异。

### 例 13.2　匹配样本的符号检验

问题：为了研究放松方法（如听音乐）对于入睡时长的影响，随机选择了 11 名志愿者，分别记录他们未进行放松前的入睡时长及放松后的入睡时长，数据见表 13-3。检验该放松方法对入睡时长是否有显著影响（$\alpha = 0.05$）。

表 13-3　放松前后的入睡时长　（单位：min）

| 编　号 | 1 | 2 | 3 | 4 | 5 | 6 | 7 | 8 | 9 | 10 | 11 |
|---|---|---|---|---|---|---|---|---|---|---|---|
| 放 松 前 | 23 | 15 | 17 | 18 | 19 | 30 | 22 | 14 | 13 | 28 | 21 |
| 放 松 后 | 18 | 10 | 17 | 14 | 15 | 24 | 20 | 18 | 7 | 22 | 18 |

解答：这里有两个匹配总体。为了检验放松对入睡时长的影响是否显著，提出原假设和备择假设。

$H_0$：$M_\Delta = 0$（两个总体分布相同）；$H_1$：$M_\Delta \neq 0$（两个总体分布不同）

SPSS 输出的结果见表 13-4 和表 13-5。

表 13-4　频率

| 放松前的入睡时长-放松后的入睡时长 | 个　数 |
|---|---|
| 负差分[①] | 1 |
| 正差分[②] | 9 |
| 结[③] | 1 |
| 总计 | 11 |

[①] 放松前的入睡时长<放松后的入睡时长。
[②] 放松前的入睡时长>放松后的入睡时长。
[③] 放松前的入睡时长=放松后的入睡时长。

表 13-5　检验统计[①]

| 统计量 | 放松前的入睡时长-放松后的入睡时长 |
|---|---|
| 精确显著性水平（双尾） | 0.021[②] |

[①] 符号检验。
[②] 使用了二项分布。

从表 13-4 可知，有 9 个志愿者放松前的入睡时长大于放松后的入睡时长，有 1 个志愿者放松后的入睡时长大于放松前的入睡时长，有 1 个志愿者的入睡时长在放松前后没有变化，有效样本容量为 10。表 13-5 给出的精确双尾显著性水平为 $p = 0.021 < \alpha = 0.05$，所以拒绝原假设，认为放松对入睡时长有显著影响。

## 13.2　威尔科克森符号秩检验

13.1 节匹配样本的符号检验只考虑了样本差值的符号信息，而未考虑差值大小。本节将介绍一种同时考虑符号信息和样本差值大小的非参数检验方法。

> **定义 13.2**
>
> **秩**（rank）是指一组数据按照从小到大顺序排列以后，每个观测值所在的位置。

> **定义 13.3**
>
> **威尔科克森符号秩检验**（Wilcoxon signed ranks test）是用于检验两个匹配总体的位置（中位数）是否存在显著差异的一种非参数检验方法。该检验使用数值数据，需假定匹配观测值之差服从对称分布。

设 $X$、$Y$ 是匹配的两个连续总体，具有相同的分布形状和方差。那么，如果两个分布满足位置相同的假设，则匹配观测值之差，必然服从对称分布。为了进行威尔科克森符号秩检验，从两个总体中分别随机抽取两个独立的样本 $(x_1, x_2, \cdots, x_n)$ 和 $(y_1, y_2, \cdots, y_n)$，组成数据对 $(x_1, y_1)$，$(x_2, y_2)$，$\cdots$，$(x_n, y_n)$。若 $X$、$Y$ 总体分布的位置相同，那么 $x_i > y_i$ 的概率与 $x_i < y_i$ 的概率相等，即 $p(\Delta_i < 0) = p(\Delta_i > 0)$。进一步地，用 $M_\Delta$ 表示差值 $\Delta_i$ 的中位数，那么 $M_\Delta$ 应该为 0。具体的检验步骤如下。

（1）提出原假设和备择假设

$$双侧检验H_0 : M_\Delta = 0；H_1 : M_\Delta \neq 0$$

$$左侧检验H_0 : M_\Delta \geq 0；H_1 : M_\Delta < 0$$

$$右侧检验H_0 : M_\Delta \leq 0；H_1 : M_\Delta > 0$$

（2）构造检验统计量　令每个数据对的差值为 $\Delta_i = x_i - y_i$，并将 $\Delta_i$ 取绝对值，$|\Delta_i| = |x_i - y_i|$；然后将 $|\Delta_i|$ 从小到大排序，并找出它们的秩。最小的 $|\Delta_i|$ 秩为 1，最大的 $|\Delta_i|$ 秩为 $n$。出现差值为 0 时，删除该样本对，样本对的容量数 $n$ 也相应减少。如果有相同的 $|\Delta_i|$，则取各点秩的平均值。对于正的 $\Delta_i$ 的秩和负的 $\Delta_i$ 的秩分别加总得到正的秩的总和 $W^+$ 和负的秩的总和 $W^-$。威尔科克森符号秩检验所定义的统计量是 $W^+$ 和 $W^-$ 中的较小者，即 $W = \min(W^+, W^-)$。如果正秩的总和与负秩的总和大致相当，则可以认为两匹配样本数据分布差距较小；如果正秩的总和与负秩的总和相差较多，则可以认为两匹配样本数据分布差距较大。

（3）做出统计决策　若 $p$ 值 $< \alpha$，则拒绝原假设，表示两个总体位置有显著差异。其中，在小样本情况下，检验统计量 $W$ 服从威尔科克森符号秩分布。在大样本情况下（$n \geq 10$），统计量 $W$ 近似服从正态分布，检验统计量为

$$z = \frac{W - \dfrac{n(n+1)}{4}}{\sqrt{\dfrac{n(n+1)(2n+1)}{24}}} \tag{13-1}$$

### 例 13.3　威尔科克森符号秩检验

**问题**：根据例 13.2 的数据，检验该放松方法对入睡时长是否有显著影响（$\alpha = 0.05$）。

**解答**：依题意给出原假设和备择假设。

$$H_0 : M_\Delta = 0（两个总体相同）；H_1 : M_\Delta \neq 0（两个总体不同）$$

SPSS 输出的结果见表 13-6 和表 13-7。

表 13-6　关于入睡时长的威尔科克森符号秩和检验

| 放松前的入睡时长-放松后的入睡时长 | 个　　数 | 等级平均值 | 等 级 之 和 |
|---|---|---|---|
| 负秩[1] | 1 | 4.00 | 4.00 |
| 正秩[2] | 9 | 5.67 | 51.00 |
| 结[3] | 1 | | |
| 总计 | 11 | | |

[1] 放松前的入睡时长 < 放松后的入睡时长。

[2] 放松前的入睡时长 > 放松后的入睡时长。

[3] 放松前的入睡时长 = 放松后的入睡时长。

表 13-7　检验统计[①]

| 统　计　量 | 放松前的入睡时长-放松后的入睡时长 |
| --- | --- |
| $z$ | $-2.409$[②] |
| 渐近显著性（双尾） | 0.016 |

① 威尔科克森符号秩检验。
② 基于负秩。

从表 13-6 可知，有 9 个志愿者放松前的入睡时长大于放松后的入睡时长，有 1 个志愿者放松后的入睡时长大于放松前的入睡时长，有 1 个志愿者的入睡时长在放松前后没有变化，有效样本容量为 10。从表 13-7 可知，$z = -2.409$，SPSS 给出的双尾显著性水平为 $p = 0.016 < \alpha = 0.05$，所以拒绝原假设，认为放松对入睡时长有显著影响。

## 13.3　曼-惠特尼检验

第 6 章对两个独立样本进行两个总体均值之差的假设检验时，要求所分析的数据是数值型的，且假定两个总体都服从正态分布。曼-惠特尼检验则不要求两个样本总体服从正态分布，并且该检验既可以使用顺序数据，也可以使用数值数据。

**定义 13.4**

**曼-惠特尼检验**（Mann-Whitney test），是用于检验两个独立总体间是否存在显著差异的一种非参数检验方法，该方法既能使用顺序数据，也能使用数值数据。

如果检验 $X$、$Y$ 两个总体的位置是否相同，则需要假定 $X$、$Y$ 具有相同的分布形状和方差（如果仅检验两个分布是否相同，则不需要此假定）。为了进行曼-惠特尼检验，从两个总体中分别抽取两个独立的随机样本 $(x_1, x_2, \cdots, x_m)$ 和 $(y_1, y_2, \cdots, y_n)$。我们考察总体 $X$ 的中位数 $M_X$ 和总体 $Y$ 的中位数 $M_Y$ 是否相等。如果两个总体相同，那么混合后的 $m$ 个 $x$ 和 $n$ 个 $y$ 的数据可以看成是来自相同总体的一个随机样本，样本容量为 $N = m + n$。将该新样本从小到大排列，获得数据在总体数据上的位置，称为秩。如果数据在总体数据上的位置相同（或数据大小相同），称为结。若大部分 $x$ 大于 $y$，或大部分 $y$ 大于 $x$，则不能证明这 $N$ 个数据是来自同一个总体，因此两总体不相同。具体的检验步骤如下。

（1）提出原假设和备择假设

双侧检验 $H_0: M_X = M_Y$；$H_1: M_X \neq M_Y$（也可以设 $H_0$ 为两个总体相同）

左侧检验 $H_0: M_X \geqslant M_Y$；$H_1: M_X < M_Y$

右侧检验 $H_0: M_X \leqslant M_Y$；$H_1: M_X > M_Y$

（2）构造检验统计量　混合两组数据之后得到 $N = m + n$ 个数据。令 $N$ 个数据从小到大排列，得到每个数据的秩，其中最小数据的秩为 1，第二个最小数据的秩为 2，以此类推，最大数据的秩为 $N$。若两个数据相等，取其秩的平均数。设样本 $(x_1, x_2, \cdots, x_m)$ 的秩和为 $W_X$，样本 $(y_1, y_2, \cdots, y_n)$ 的秩和为 $W_Y$。若 $m < n$，检验统计量 $W = W_Y$；若 $m > n$，检验统计量

$W=W_X$；若 $m=n$，检验统计量 $W$ 为混合两组数据后第一个变量值所在样本组的 $W$ 值。曼-惠特尼 U 统计量定义为

$$U = W - \frac{k(k+1)}{2} \qquad (13\text{-}2)$$

式中，$k$ 为 $W$ 对应样本组的样本数据个数。

小样本情况下，$U$ 统计量服从曼-惠特尼分布。大样本情况下（$m \geqslant 7$，$n \geqslant 7$），$U$ 统计量近似服从正态分布，检验统计量为

$$z = \frac{U - \dfrac{mn}{2}}{\sqrt{\dfrac{mn(m+n+1)}{12}}} \qquad (13\text{-}3)$$

（3）做出统计决策 若 $p$ 值 $<\alpha$，拒绝原假设，表示两个总体位置有显著差异。

### 例 13.4 曼-惠特尼检验

**问题**：市盈率指的是某公司股票当前价格除以 12 个月的每股收益。表 13-8 列出了北京的 10 家公司和上海的 12 家公司的市盈率。检验北京公司和上海公司的市盈率之间是否存在显著差异（$\alpha = 0.05$）？

表 13-8 北京和上海公司市盈率

| 北京公司 | 1 | 2 | 3 | 4 | 5 | 6 | 7 | 8 | 9 | 10 | |
|---|---|---|---|---|---|---|---|---|---|---|---|
| 市盈率 | 152 | 21 | 18 | 24 | 31 | 213 | 64 | 58 | 33 | 67 | |
| 上海公司 | A | B | C | D | E | F | G | H | I | J | K | L |
| 市盈率 | 29 | 9 | 324 | 45 | 125 | 17 | 21 | 14 | 122 | 39 | 14 | 19 |

**解答**：将北京公司看作一个整体，上海公司看作另一个整体，为了检验北京公司和上海公司的市盈率是否存在显著差异，提出原假设和备择假设。

$$H_0 : M_X = M_Y$$
$$H_1 : M_X \neq M_Y$$

首先将两组数据混合在一起，得到 $10 + 12 = 22$ 个数据。将 22 个数据从小到大排列，得到它们的秩。然后计算统计量，并根据 $p$ 值做决策。

SPSS 输出的结果见表 13-9 和表 13-10。

表 13-9 关于公司市盈率的曼-惠特尼检验

| | 城 市 | 个 数 | 秩平均值 | 秩 的 总 和 |
|---|---|---|---|---|
| 市盈率 | 1 | 10 | 13.35 | 133.50 |
| | 2 | 12 | 9.96 | 119.50 |
| | 总计 | 22 | | |

表 13-10　检验统计[①]

| 统　计　量 | 市　盈　率 |
|---|---|
| Mann-Whitney $U$ | 41.500 |
| Wilcoxon $W$ | 119.500 |
| $z$ | −1.221 |
| 渐近显著性（双尾） | 0.222 |
| 精确显著性［2×（单尾显著性）］ | 0.228[②] |

① 分组变量：城市
② 未修正结。

表 13-9 中给出的秩和 $W_X = 133.50$，$W_Y = 119.50$。表 13-10 中给出的统计量 $U = 41.500$，$z = -1.221$，SPSS 给出的精确双尾显著性水平为 $p = 0.228 > \alpha = 0.05$，所以不能拒绝原假设，北京公司和上海公司的市盈率没有显著差异。

## 13.4　克鲁斯卡尔-沃利斯检验

本节将非参数检验方法扩展到三个或三个以上总体的情形。

**定义 13.5**

克鲁斯卡尔-沃利斯检验（Kruskal-Wallis test，简称 KW 检验）是用于检验多个独立总体间是否存在显著差异的一种非参数检验方法，该方法既能使用顺序数据，也能使用数值数据。

为了进行 KW 检验，需要从 $k$ 个总体中分别抽取独立的随机样本，每个样本的容量分别为 $n_i(i=1,2,\cdots,k)$。如果检验各个总体的位置是否相同，则需要假定 $k$ 个总体具有相同的分布形状和方差（如果仅检验多个分布是否相同，则不需要此假定）。将所有样本混合在一起，按照从小到大的顺序排列合并成一个单一样本，样本容量 $n_T = n_1 + n_2 + \cdots + n_k$。找出每个观测值的秩，计算第 $i$ 个样本的秩的总和 $R_i$。KW 检验的具体步骤如下。

（1）提出原假设和备择假设

$H_0$：所有总体的位置相同（也可以设 $H_0$ 为所有总体分布相同）

$H_1$：所有总体的位置不全相同

（2）构造检验统计量　混合编秩，分组求秩和 $R_i$。计算检验统计量 $H$

$$H = \left[\frac{12}{n_T(n_T + 1)} \sum_{i=1}^{k} \frac{R_i^2}{n_i}\right] - 3(n_T + 1) \tag{13-4}$$

式中，$k$ 表示总体的个数；$n_i$ 表示第 $i$ 个样本中观测值的个数；$n_T = \sum_{i=1}^{k} n_i$ 表示所有样本的观测值总数。

（3）做出统计决策　当 $k$ 个样本总体的每个样本容量都大于或等于 5 时，理论上 $H$ 近似服从自由度为 $k-1$ 的 $\chi^2$ 分布。若 $p < \alpha$，拒绝原假设，说明 $k$ 个总体的位置存在差异。

### 例 13.5 克鲁斯卡尔-沃利斯检验

**问题：** 某公司从三所不同的大学招聘销售经理。最近该公司试图确定毕业于这三所大学的销售经理的业绩评分是否存在差异。A 大学毕业的 7 名销售经理、B 大学毕业的 6 名销售经理、C 大学毕业的 7 名销售经理的三个独立样本的业绩分数见表 13-11。试评价三所大学销售经理的总体业绩是否存在显著差异（$\alpha = 0.05$）。

表 13-11 某公司 20 名销售经理的业绩评分

| A 大 学 | B 大 学 | C 大 学 |
|---|---|---|
| 25 | 60 | 50 |
| 70 | 20 | 70 |
| 60 | 30 | 60 |
| 85 | 15 | 80 |
| 95 | 40 | 90 |
| 90 | 35 | 70 |
| 80 | | 75 |

**解答：** 首先提出原假设和备择假设。

$H_0$：三个销售经理总体的业绩相同

$H_1$：三个销售经理总体的业绩不全相同

SPSS 输出的结果见表 13-12 和表 13-13。

表 13-12 关于公司业绩评分的 KW 秩

| | 大　学 | 个　数 | 秩 平 均 值 |
|---|---|---|---|
| 业绩评分 | 1.00 | 7 | 13.57 |
| | 2.00 | 6 | 4.50 |
| | 3.00 | 7 | 12.57 |
| | 总计 | 20 | |

表 13-13 检验统计[1][2]

| 统 计 量 | 业绩评分 |
|---|---|
| 克鲁斯卡尔-沃利斯 $H$（$K$） | 8.984 |
| 自由度 | 2 |
| 渐近显著性 | 0.011 |

① 克鲁斯卡尔-沃利斯检验

② 分组变量：大学

表 13-13 中检验统计量 $H = 8.984$。由于每个样本至少包含了 6 个样本值，理论上 $H$ 近似服从 $\chi^2$ 分布。SPSS 给出的显著性水平为 $p = 0.011 < 0.05$。所以拒绝原假设，即毕业于三所大学的销售经理的业绩评分存在显著差异。

## 13.5　斯皮尔曼秩相关检验

相关系数的检验可以用来判断两变量之间是否存在线性关系，该检验要求变量服从二元正态分布。在变量不能满足服从正态分布的要求时，就要用非参数的方法来衡量和检验变量间是否存在线性关系。

> **定义 13.6**
>
> **斯皮尔曼秩相关系数**（Spearman's rank correlation coefficient）又称等级相关系数，是用于度量两个顺序变量之间相关程度的一个统计量。

计算斯皮尔曼秩相关系数时，首先要对数据进行排序，然后计算秩的皮尔逊相关系数。假设在 $n$ 个样本观测值中有两组变量 $X$、$Y$，分别按从大到小的顺序排列后其中第 $i$ 项分别为 $x_i$、$y_i$。$x_i$、$y_i$ 的秩（数据所在位置）分别记作 $x'_i$、$y'_i$，则斯皮尔曼秩相关系数的计算公式为

$$r_s = 1 - \frac{6\sum_{i=1}^{n}(x'_i - y'_i)^2}{n(n^2-1)} \tag{13-5}$$

斯皮尔曼秩相关系数的取值范围为 $[-1, 1]$。当其越接近 1 时，两组变量之间有越强的正相关关系；当其越接近 -1 时，两组变量之间有越强的负相关关系；当其等于 0 时，意味着两组变量之间没有相关关系。

通过非参数检验确定两个变量间是否存在秩相关关系，利用样本秩相关系数 $r_s$ 来推断总体秩相关系数 $\rho_s$，具体的检验步骤如下。

（1）提出原假设和备择假设

$$双侧检验 H_0: \rho_s = 0; \quad H_1: \rho_s \neq 0$$
$$左侧检验 H_0: \rho_s \geqslant 0; \quad H_1: \rho_s < 0$$
$$右侧检验 H_0: \rho_s \leqslant 0; \quad H_1: \rho_s > 0$$

（2）构造检验统计量　在大样本情况（$n>10$），$r_s$ 近似服从正态分布。

$$z = \frac{r_s}{\sqrt{\dfrac{1}{n-1}}} \tag{13-6}$$

（3）做出统计决策　若 $p<\alpha$，拒绝原假设，说明两个变量间存在显著的秩相关关系。具体的应用详见本章案例分析。

### SPSS、Excel 和 R 的操作步骤

> **SPSS 操作步骤**
>
> ● 总体中位数假设检验
>
> 单击"分析"→"非参数检验"→"旧对话框"→"二项检验"，在"检验变量列表"处选择待检验变量，在"定义二分法"中勾选"分割点（C）"并输入已知中位数，单击确定。

- **匹配样本假设检验**

单击"分析"→"非参数检验"→"旧对话框"→"2个相关样本"，在"检验对（T）"处选择待检验变量，在"检验类型"中勾选"符号（S）"，单击确定。

- **威尔科克森符号秩检验**

单击"分析"→"非参数检验"→"旧对话框"→"2个相关样本"，在"检验对（T）"处选择待检验变量，在"检验类型"中勾选"威尔科克森"，单击确定。

- **曼-惠特尼检验**

单击"分析"→"非参数检验"→"旧对话框"→"2个独立样本"，在"检验变量列表"处选择待检验变量，在"分组变量"中选择分组，在"检验类型"勾选"曼-惠特尼U"，单击确定。

- **克鲁斯卡尔-沃利斯检验**

单击"分析"→"非参数检验"→"旧对话框"→"K个独立样本"，在"检验变量列表"处选择待检验变量，在"分组变量"中选择分组，在"检验类型"勾选"克鲁斯卡尔-沃利斯H（K）"，单击确定。

- **斯皮尔曼秩相关系数**

单击"分析"→"相关"→"双变量"，在"变量"处选择待分析变量，在"相关系数"中勾选"斯皮尔曼"，在"显著性检验"中勾选"双尾"，选择"标记显著性相关性"。

**Excel 操作步骤**

- **总体中位数假设检验**

第1步：在单元格内输入"=COUNTIF（,">assum_X"）"，得到数组 X 中大于假定中位数 assum_X 的样本个数 m。

第2步：单击某一单元格，选择"公式"→"插入函数"，从"选择类别"窗口选择"统计"，从"选择函数"窗口中选择"BINOM.DIST"。在"Number_s"中输入 m，表示数组 X 中大于假定中位数的样本个数；在"Trials"中输入数组 X 的总个数，表示试验次数；在"Probability_s"中输入 0.5，在"Cumulative"中输入 0，单击"确定"即可得到结果。

第3步：查二项分布检验表，得到满足显著性水平的临界值，并与上述结果进行比较。

- **匹配样本假设检验**

第1步：输入两组数据 X、Y，单击某一单元格输入"=A1－B1"，得到数组 X 与数组 Y 的差值。

第2步：在单元格内输入"=COUNTIF（,">0"）"，得到两数组差值大于 0 的样本个数 m。

第3步：单击某一单元格，选择"公式"→"插入函数"，从"选择类别"窗口选择"统计"，从"选择函数"窗口中选择"BINOM.DIST"。在"Number_s"中输入 m，表示两数组差值大于 0 的样本个数；在"Trials"中输入数组 X 的总个数，表示试验次数；在"Probability_s"中输入 0.5，在"Cumulative"中输入 0，单击"确定"即可得到结果。

第4步：查二项分布检验表，得到满足显著性水平的临界值，并与上述结果进行比较。

- **威尔科克森符号秩检验**

第1步：输入两组数据 X、Y，单击某一单元格输入"=A1－B1"，选中该单元格，单击"$f_x$"选择"ABS"。选中绝对值数据，输入"=RANK（,）"，获得秩次列，将秩次标上原差值符号，完成秩次的编辑。

第2步：单击某一单元格，选择"公式"→"插入函数"，从"选择类别"窗口选择"常用"，从"选择函数"窗口中选择"SUMIF"，在"Range"中输入秩次数据所在的变量区域，在"Criteria"中输入">0"，单击"确定"即求得正秩次和，在"Criteria"中输入"<0"，单击"确定"即求得负秩次和。

第3步：小样本下，根据样本对数量查威尔科克森符号秩检验表，得到满足显著性水平的临界值，并与 $\min(W^+, W^-)$ 进行比较；大样本下，查正态分布表，得到 p 值，并与显著性水平进行比较。

- **曼-惠特尼检验**

第 1 步：将两组数据 X、Y 混合后（按列混合），输入并选中数据，输入 "=RANK(,)"，获得秩次列，相同数值计算平均秩次。

第 2 步：单击某一单元格，选择 "公式"→"插入函数"，从 "选择类别" 窗口选择 "常用"，从 "选择函数" 窗口中选择 "SUM"，选中数组 X 对应的秩次数据所在变量区域。单击 "确定" 输出 $W_X$；同理，计算出 $W_Y$。

第 3 步：小样本下，查曼-惠特尼检验表，得到满足显著性水平的临界值，并与对应的秩和进行比较；大样本下，查正态分布表，得到 $p$ 值，并与显著性水平进行比较。

- **克鲁斯卡尔-沃利斯检验**

第 1 步：将 $k$ 组数据 $X_1$，$X_2$，…，$X_k$ 混合后（按列混合），输入并选中数据，输入 "=RANK(,)"，获得秩次列，相同数值计算平均秩次。

第 2 步：单击某一单元格，选择 "公式"→"插入函数"，从 "选择类别" 窗口选择 "常用"，从 "选择函数" 窗口中选择 "SUM"，选中数组 $X_1$ 对应的秩次数据所在变量区域，单击 "确定" 输出 $W_1$。同理，计算出其他数组对应的秩和 $W_2$，…，$W_k$。

第 3 步：根据上述结果，计算克鲁斯卡尔-沃利斯检验的统计量 $H$，查 $\chi^2$ 分布表，得到满足显著性水平的临界值，并与统计量 $H$ 进行比较。

- **斯皮尔曼秩相关系数**

在单元格内输入 "=CORREL(秩次集合 1,秩次集合 2)"。

**R 操作步骤**

- **总体中位数假设检验**

x=表名称 $ 观测值名称

binom. test(sum(X>assum_X), length(X), p=0.5, alternative=c("two. sided","less","greater"))，其中 assum_X 是针对数组 X 假设的中位数。

- **匹配样本假设检验**

X=表名称 $ 观测值 1 名称

Y=表名称 $ 观测值 2 名称

binom. test(sum(X<Y), length(X), p=0.5, alternative=c("two. sided","less","greater"))

- **威尔科克森符号秩检验**

X=表名称 $ 观测值 1 名称

Y=表名称 $ 观测值 2 名称

wilcox. test(X,Y, alternative=c("two. sided","less","greater"), paired=TRUE)

- **曼-惠特尼检验**

X=（表名称 $ 观测值 1 名称）

Y=（表名称 $ 观测值 2 名称）

wilcox. test(X,Y, alternative=c("two. sided","less","greater"), paired=FALSE)

- **克鲁斯卡尔-沃利斯检验**

kruskal. test(formula, data)

#formula 为函数表达式，一般为 response~group，response 为 y，group 为分组变量

#data 为数据集

- **斯皮尔曼秩相关系数**

X=rank(表名称 $ 观测值 1 名称)

$$Y = rank(表名称 \$ 观测值2名称)$$
$$cor(X, Y, method = 'spearman')$$

## 案例分析：世界一流大学建设高校 A 类高校排行榜

### 1. 案例背景

改革开放以来，我国先后推出了"全国重点高等学校""211工程""985工程"和"双一流"等四大国家高教发展战略工程。2017年9月21日，教育部、财政部、国家发展改革委联合发布《关于公布世界一流大学和一流学科建设高校及建设学科名单的通知》，正式确认公布世界一流大学和一流学科建设高校及建设学科名单。据统计，全国共140所高校的465个学科跻身国家"双一流"名单，将一流大学建设高校分为世界一流大学和世界一流学科建设高校两个层次，其中，世界一流大学建设高校42所，是创建中国特色、世界一流大学的中坚力量，它们又被分为A类和B类两个层次；世界一流学科建设高校98所，是创建中国特色、世界一流学科的后备力量。对高校进行排名，一方面可以帮助学生和用人单位进行对比选择，另一方面也是衡量高校办学水平的重要指标。

本案例选取世界一流大学建设高校A类高校35所（不含国防科学技术大学），采用2018年—2019年软科中国最好大学排名和艾瑞深中国校友会排名对上述35所高校的排名和得分情况进行总结，并研究这些高校在不同排行榜的秩是否有显著差异。表13-14展示了案例中使用的部分数据。

### 2. 数据及其说明

表13-14　2018年—2019年世界一流大学建设高校A类高校排名数据展示（节选）

| 大 学 名 称 | 软 科 排 名 | 校友会排名 |
|---|---|---|
| 北京大学 | 2 | 1 |
| 北京航空航天大学 | 11 | 24 |
| 北京理工大学 | 16 | 27 |
| 北京师范大学 | 22 | 16 |
| 大连理工大学 | 26 | 29 |
| 电子科技大学 | 27 | 33 |
| 东南大学 | 17 | 23 |
| 复旦大学 | 5 | 3 |
| 哈尔滨工业大学 | 10 | 18 |
| 华东师范大学 | 30 | 26 |
| 华南理工大学 | 20 | 28 |
| 华中科技大学 | 7 | 11 |
| 吉林大学 | 25 | 10 |
| 兰州大学 | 33 | 32 |
| 南京大学 | 8 | 7 |

本案例收集了 35 所"双一流"A 类高校（不含国防科学技术大学）在 2018 年—2019 年软科中国最好大学排名[⊖]和艾瑞深中国校友会排名[⊖]两个排行榜中的排名数据。主要包括以下变量：

- 大学名称，案例所涉及的 35 所"双一流"A 类高校名称。
- 排名，高校在对应排行榜中排名的秩。

**3. 数据分析**

设总秩相关系数为 $\rho_s$。提出原假设和备择假设

$$H_0：\rho_s = 0；H_1：\rho_s \neq 0$$

将原始数据导入统计软件，并使用斯皮尔曼秩相关系数对两个排行榜得分进行相关性分析。

---

**SPSS 操作步骤**

第 1 步：单击"文件"→"打开"→"数据"，选择原始数据的位置，单击"打开"。可以看到数据表在 SPSS 上显示。

第 2 步：单击"分析"→"相关"→"双变量"，选择"软科排名""校友会排名"为变量，勾选"斯皮尔曼""双尾""标注显著性相关性"后单击"确定"。

**Excel 操作步骤**

第 1 步：打开"案例-13. xlsx"。

第 2 步：选取任一空白单元格，输入"= CORREL( R2：B36, C2：C36)"即可得到斯皮尔曼秩相关系数。

**R 操作步骤**

library( readxl)

table = read_excel( "···\案例-13. xlsx",1, encoding = "UTF-8")

cor( table $ 软科排名,table $ 校友会排名,method = c("spearman"))

---

以 SPSS 输出的结果（见表 13-15）为例进行分析。

**表 13-15　斯皮尔曼秩相关性**

| 相　　关 | | | 软科排名 | 校友会排名 |
|---|---|---|---|---|
| 皮斯尔曼 Rho | 软科排名 | 相关系数 | 1.000 | 0.769[①] |
| | | 显著性（双尾） | — | 0.000 |
| | | N | 35 | 35 |
| | 校友会排名 | 相关系数 | 0.769[①] | 1.000 |
| | | 显著性（双尾） | 0.000 | — |
| | | N | 35 | 35 |

① 相关性在 0.01 级别显著（双尾）。

**4. 结论**

通过分析本案例 SPSS 的输出结果发现，由于软科排名和校友会排名采用不同的指标和

---

权重，使高校在不同排行榜中的排名情况有一定差异，但是高校排名在两个排行榜中有较强的相关性。

## 术语表

**非参数检验**（nonparametric test）：不依赖总体分布的统计检验方法。

**符号检验**（sign test）：检验两个相关样本的观测值之差的正负号频次是否存在显著差异的一种非参数检验方法。

**秩**（rank）：一组数据按照从小到大顺序排列以后，每个观测值所在的位置。

**威尔科克森符号秩检验**（Wilcoxon signed ranks test）：检验两个匹配总体的位置（中位数）是否存在显著差异的一种非参数检验方法。

**曼-惠特尼检验**（Mann-Whitney test）：检验两个独立总体间是否存在显著差异的一种非参数检验方法。

**克鲁斯卡尔-沃利斯检验**（Kruskal-Wallis test）：检验多个独立总体间是否存在显著差异的一种非参数检验方法。

**斯皮尔曼秩相关系数**（Spearman's rank correlation coefficient）：又称等级相关系数，度量两个顺序变量之间相关程度的一个统计量。

### 思 考 与 练 习

**思考题**

1. 非参数检验与参数检验有什么不同？
2. 威尔科克森符号秩检验与普通的符号检验有什么不同？
3. 曼-惠特尼检验和克鲁斯卡尔-沃利斯检验的应用条件有什么不同？

**练习题**

4. 某制造企业对装配区进行重新设计，安装了新的照明系统和操作台。生产主管想知道这种改变是否提高了工人的生产率。现统计了 10 名工人在改装硬件实施前后一天的产量。样本信息见表 13-16。试采用威尔科克森符号秩检验分析改装设计是否提高了工人的产量（$\alpha=0.05$）。

表 13-16　10 名工人在改装硬件实施前后一天的产量　　　　（单位：件）

| 编号 | 1 | 2 | 3 | 4 | 5 | 6 | 7 | 8 | 9 | 10 |
|------|-----|-----|-----|-----|-----|-----|-----|-----|-----|-----|
| 改装前 | 20 | 10 | 17 | 24 | 23 | 21 | 25 | 15 | 10 | 16 |
| 改装后 | 19 | 22 | 20 | 30 | 26 | 23 | 22 | 25 | 28 | 16 |

5. 对两种燃料添加剂进行检验以确定它们对汽油行驶里程的影响。对于添加剂 1，检验了 7 辆汽车；对于添加剂 2，检验了 10 辆汽车。汽车使用两种添加剂所得到的每升汽油行驶的公里数，见表 13-17。试检验不同添加剂下，每升汽油行驶的公里数是否有显著差异（$\alpha=0.05$）。

表 13-17　汽车使用两种添加剂所得到的每升汽油行驶公里数　（单位：km/L）

| 编号 | 1 | 2 | 3 | 4 | 5 | 6 | 7 | 8 | 9 | 10 |
|------|-----|-----|-----|-----|-----|-----|-----|-----|-----|-----|
| 添加剂 1 | 23 | 15 | 17 | 18 | 19 | 30 | 22 | 14 | 13 | 28 |
| 添加剂 2 | 18 | 10 | 13 | 14 | 15 | 24 | 20 | 10 | 9 | 22 |

6. M 超市销售三个品牌的巧克力,想要了解这三个品牌在消费者的心目中是否一样,邀请了 15 位消费者对这三个品牌进行评分,评分见表 13-18。试分析这三个品牌的巧克力之间的评分是否存在显著差异($\alpha$=0.05)。

表 13-18　消费者对三个巧克力品牌的评分

| 巧克力品牌 | | |
| --- | --- | --- |
| A | B | C |
| 50 | 80 | 60 |
| 62 | 95 | 45 |
| 75 | 98 | 30 |
| 48 | 87 | 57 |
| 65 | 90 | 58 |

## 参考文献

[1] 安德森,斯威尼,威廉斯,等. 商务与经济统计:原书第 13 版 [M]. 张建华,王健,聂巧平,等译. 北京:机械工业出版社,2017.

[2] 林德,马歇尔,沃森. 商务与经济统计方法:原书第 15 版 [M]. 聂巧平,叶光,译. 北京:机械工业出版社,2015.

[3] 凯勒. 统计学在经济和管理中的应用:第 10 版 [M]. 夏利宇,韩松涛,李君,等译. 北京:中国人民大学出版社,2019.

[4] 贾俊平. 统计学:基于 SPSS [M]. 2 版. 北京:中国人民大学出版社,2016.

[5] 贾俊平. 统计学:基于 R [M]. 3 版. 北京:中国人民大学出版社,2019.

C HAPTER

附表 1　标准正态分布概率表，参照附图 1

| z | 0.00 | 0.01 | 0.02 | 0.03 | 0.04 | 0.05 | 0.06 | 0.07 | 0.08 | 0.09 |
|---|------|------|------|------|------|------|------|------|------|------|
| 0.0 | 0.500 | 0.504 | 0.508 | 0.512 | 0.516 | 0.520 | 0.524 | 0.528 | 0.532 | 0.536 |
| 0.1 | 0.540 | 0.544 | 0.548 | 0.552 | 0.556 | 0.560 | 0.564 | 0.567 | 0.571 | 0.575 |
| 0.2 | 0.579 | 0.583 | 0.587 | 0.591 | 0.595 | 0.599 | 0.603 | 0.606 | 0.610 | 0.614 |
| 0.3 | 0.618 | 0.622 | 0.626 | 0.629 | 0.633 | 0.637 | 0.641 | 0.644 | 0.648 | 0.652 |
| 0.4 | 0.655 | 0.659 | 0.663 | 0.666 | 0.670 | 0.674 | 0.677 | 0.681 | 0.684 | 0.688 |
| 0.5 | 0.691 | 0.695 | 0.698 | 0.702 | 0.705 | 0.709 | 0.712 | 0.716 | 0.719 | 0.722 |
| 0.6 | 0.726 | 0.729 | 0.732 | 0.736 | 0.739 | 0.742 | 0.745 | 0.749 | 0.752 | 0.755 |
| 0.7 | 0.758 | 0.761 | 0.764 | 0.767 | 0.770 | 0.773 | 0.776 | 0.779 | 0.782 | 0.785 |
| 0.8 | 0.788 | 0.791 | 0.794 | 0.797 | 0.800 | 0.802 | 0.805 | 0.808 | 0.811 | 0.813 |
| 0.9 | 0.816 | 0.819 | 0.821 | 0.824 | 0.826 | 0.829 | 0.831 | 0.834 | 0.836 | 0.839 |
| 1.0 | 0.841 | 0.844 | 0.846 | 0.848 | 0.851 | 0.853 | 0.855 | 0.858 | 0.860 | 0.862 |
| 1.1 | 0.864 | 0.867 | 0.869 | 0.871 | 0.873 | 0.875 | 0.877 | 0.879 | 0.881 | 0.883 |
| 1.2 | 0.885 | 0.887 | 0.889 | 0.891 | 0.893 | 0.894 | 0.896 | 0.898 | 0.900 | 0.901 |
| 1.3 | 0.903 | 0.905 | 0.907 | 0.908 | 0.910 | 0.911 | 0.913 | 0.915 | 0.916 | 0.918 |
| 1.4 | 0.919 | 0.921 | 0.922 | 0.924 | 0.925 | 0.926 | 0.928 | 0.929 | 0.931 | 0.932 |
| 1.5 | 0.933 | 0.934 | 0.936 | 0.937 | 0.938 | 0.939 | 0.941 | 0.942 | 0.943 | 0.944 |
| 1.6 | 0.945 | 0.946 | 0.947 | 0.948 | 0.949 | 0.951 | 0.952 | 0.953 | 0.954 | 0.954 |
| 1.7 | 0.955 | 0.956 | 0.957 | 0.958 | 0.959 | 0.960 | 0.961 | 0.962 | 0.962 | 0.963 |
| 1.8 | 0.964 | 0.965 | 0.966 | 0.966 | 0.967 | 0.968 | 0.969 | 0.969 | 0.970 | 0.971 |
| 1.9 | 0.971 | 0.972 | 0.973 | 0.973 | 0.974 | 0.974 | 0.975 | 0.976 | 0.976 | 0.977 |
| 2.0 | 0.977 | 0.978 | 0.978 | 0.979 | 0.979 | 0.980 | 0.980 | 0.981 | 0.981 | 0.982 |
| 2.1 | 0.982 | 0.983 | 0.983 | 0.983 | 0.984 | 0.984 | 0.985 | 0.985 | 0.985 | 0.986 |
| 2.2 | 0.986 | 0.986 | 0.987 | 0.987 | 0.987 | 0.988 | 0.988 | 0.988 | 0.989 | 0.989 |
| 2.3 | 0.989 | 0.990 | 0.990 | 0.990 | 0.990 | 0.991 | 0.991 | 0.991 | 0.991 | 0.992 |
| 2.4 | 0.992 | 0.992 | 0.992 | 0.992 | 0.993 | 0.993 | 0.993 | 0.993 | 0.993 | 0.994 |
| 2.5 | 0.994 | 0.994 | 0.994 | 0.994 | 0.994 | 0.995 | 0.995 | 0.995 | 0.995 | 0.995 |
| 2.6 | 0.995 | 0.995 | 0.996 | 0.996 | 0.996 | 0.996 | 0.996 | 0.996 | 0.996 | 0.996 |
| 2.7 | 0.997 | 0.997 | 0.997 | 0.997 | 0.997 | 0.997 | 0.997 | 0.997 | 0.997 | 0.997 |
| 2.8 | 0.997 | 0.998 | 0.998 | 0.998 | 0.998 | 0.998 | 0.998 | 0.998 | 0.998 | 0.998 |
| 2.9 | 0.998 | 0.998 | 0.998 | 0.998 | 0.998 | 0.998 | 0.998 | 0.999 | 0.999 | 0.999 |
| 3.0 | 0.999 | 0.999 | 0.999 | 0.999 | 0.999 | 0.999 | 0.999 | 0.999 | 0.999 | 0.999 |
| 3.1 | 0.999 | 0.999 | 0.999 | 0.999 | 0.999 | 0.999 | 0.999 | 0.999 | 0.999 | 0.999 |
| 3.2 | 0.999 | 0.999 | 0.999 | 0.999 | 0.999 | 0.999 | 0.999 | 0.999 | 0.999 | 0.999 |
| 3.3 | 1.000 | 1.000 | 1.000 | 1.000 | 1.000 | 1.000 | 1.000 | 1.000 | 1.000 | 1.000 |
| 3.4 | 1.000 | 1.000 | 1.000 | 1.000 | 1.000 | 1.000 | 1.000 | 1.000 | 1.000 | 1.000 |
| 3.5 | 1.000 | 1.000 | 1.000 | 1.000 | 1.000 | 1.000 | 1.000 | 1.000 | 1.000 | 1.000 |
| 3.6 | 1.000 | 1.000 | 1.000 | 1.000 | 1.000 | 1.000 | 1.000 | 1.000 | 1.000 | 1.000 |
| 3.7 | 1.000 | 1.000 | 1.000 | 1.000 | 1.000 | 1.000 | 1.000 | 1.000 | 1.000 | 1.000 |
| 3.8 | 1.000 | 1.000 | 1.000 | 1.000 | 1.000 | 1.000 | 1.000 | 1.000 | 1.000 | 1.000 |
| 3.9 | 1.000 | 1.000 | 1.000 | 1.000 | 1.000 | 1.000 | 1.000 | 1.000 | 1.000 | 1.000 |

附表 2　$t$ 分布临界值表，参照附图 2

| 自由度 | $t_{0.25}$ | $t_{0.1}$ | $t_{0.05}$ | $t_{0.025}$ | $t_{0.01}$ | $t_{0.005}$ |
|---|---|---|---|---|---|---|
| 1 | 1.000 | 3.078 | 6.314 | 12.706 | 31.821 | 63.657 |
| 2 | 0.816 | 1.886 | 2.920 | 4.303 | 6.965 | 9.925 |
| 3 | 0.765 | 1.638 | 2.353 | 3.182 | 4.541 | 5.841 |
| 4 | 0.741 | 1.533 | 2.132 | 2.776 | 3.747 | 4.604 |
| 5 | 0.727 | 1.476 | 2.015 | 2.571 | 3.365 | 4.032 |
| 6 | 0.718 | 1.440 | 1.943 | 2.447 | 3.143 | 3.707 |
| 7 | 0.711 | 1.415 | 1.895 | 2.365 | 2.998 | 3.499 |
| 8 | 0.706 | 1.397 | 1.860 | 2.306 | 2.896 | 3.355 |
| 9 | 0.703 | 1.383 | 1.833 | 2.262 | 2.821 | 3.250 |
| 10 | 0.700 | 1.372 | 1.812 | 2.228 | 2.764 | 3.169 |
| 11 | 0.697 | 1.363 | 1.796 | 2.201 | 2.718 | 3.106 |
| 12 | 0.695 | 1.356 | 1.782 | 2.179 | 2.681 | 3.055 |
| 13 | 0.694 | 1.350 | 1.771 | 2.160 | 2.650 | 3.012 |
| 14 | 0.692 | 1.345 | 1.761 | 2.145 | 2.624 | 2.977 |
| 15 | 0.691 | 1.341 | 1.753 | 2.131 | 2.602 | 2.947 |
| 16 | 0.690 | 1.337 | 1.746 | 2.120 | 2.583 | 2.921 |
| 17 | 0.689 | 1.333 | 1.740 | 2.110 | 2.567 | 2.898 |
| 18 | 0.688 | 1.330 | 1.734 | 2.101 | 2.552 | 2.878 |
| 19 | 0.688 | 1.328 | 1.729 | 2.093 | 2.539 | 2.861 |
| 20 | 0.687 | 1.325 | 1.725 | 2.086 | 2.528 | 2.845 |
| 21 | 0.686 | 1.323 | 1.721 | 2.080 | 2.518 | 2.831 |
| 22 | 0.686 | 1.321 | 1.717 | 2.074 | 2.508 | 2.819 |
| 23 | 0.685 | 1.319 | 1.714 | 2.069 | 2.500 | 2.807 |
| 24 | 0.685 | 1.318 | 1.711 | 2.064 | 2.492 | 2.797 |
| 25 | 0.684 | 1.316 | 1.708 | 2.060 | 2.485 | 2.787 |
| 26 | 0.684 | 1.315 | 1.706 | 2.056 | 2.479 | 2.779 |
| 27 | 0.684 | 1.314 | 1.703 | 2.052 | 2.473 | 2.771 |
| 28 | 0.683 | 1.313 | 1.701 | 2.048 | 2.467 | 2.763 |
| 29 | 0.683 | 1.311 | 1.699 | 2.045 | 2.462 | 2.756 |
| 30 | 0.683 | 1.310 | 1.697 | 2.042 | 2.457 | 2.750 |
| 31 | 0.682 | 1.309 | 1.696 | 2.040 | 2.453 | 2.744 |
| 32 | 0.682 | 1.309 | 1.694 | 2.037 | 2.449 | 2.738 |
| 33 | 0.682 | 1.308 | 1.692 | 2.035 | 2.445 | 2.733 |
| 34 | 0.682 | 1.307 | 1.691 | 2.032 | 2.441 | 2.728 |
| 35 | 0.682 | 1.306 | 1.690 | 2.030 | 2.438 | 2.724 |
| 36 | 0.681 | 1.306 | 1.688 | 2.028 | 2.434 | 2.719 |
| 37 | 0.681 | 1.305 | 1.687 | 2.026 | 2.431 | 2.715 |
| 38 | 0.681 | 1.304 | 1.686 | 2.024 | 2.429 | 2.712 |
| 39 | 0.681 | 1.304 | 1.685 | 2.023 | 2.426 | 2.708 |
| 40 | 0.681 | 1.303 | 1.684 | 2.021 | 2.423 | 2.704 |
| 41 | 0.681 | 1.303 | 1.683 | 2.020 | 2.421 | 2.701 |
| 42 | 0.680 | 1.302 | 1.682 | 2.018 | 2.418 | 2.698 |
| 43 | 0.680 | 1.302 | 1.681 | 2.017 | 2.416 | 2.695 |
| 44 | 0.680 | 1.301 | 1.680 | 2.015 | 2.414 | 2.692 |
| 45 | 0.680 | 1.301 | 1.679 | 2.014 | 2.412 | 2.690 |
| 46 | 0.680 | 1.300 | 1.679 | 2.013 | 2.410 | 2.687 |
| 47 | 0.680 | 1.300 | 1.678 | 2.012 | 2.408 | 2.685 |
| 48 | 0.680 | 1.299 | 1.677 | 2.011 | 2.407 | 2.682 |
| 49 | 0.680 | 1.299 | 1.677 | 2.010 | 2.405 | 2.680 |
| 50 | 0.679 | 1.299 | 1.676 | 2.009 | 2.403 | 2.678 |

附表3 $\chi^2$ 分布临界值表，参照附图3

| 自由度 | $\chi^2_{0.005}$ | $\chi^2_{0.01}$ | $\chi^2_{0.025}$ | $\chi^2_{0.05}$ | $\chi^2_{0.1}$ | $\chi^2_{0.9}$ | $\chi^2_{0.95}$ | $\chi^2_{0.975}$ | $\chi^2_{0.99}$ | $\chi^2_{0.995}$ |
|---|---|---|---|---|---|---|---|---|---|---|
| 1 | 7.879 | 6.635 | 5.024 | 3.841 | 2.706 | 0.016 | 0.004 | 0.001 | 0.000 | 0.000 |
| 2 | 10.597 | 9.210 | 7.378 | 5.991 | 4.605 | 0.211 | 0.103 | 0.051 | 0.020 | 0.010 |
| 3 | 12.838 | 11.345 | 9.348 | 7.815 | 6.251 | 0.584 | 0.352 | 0.216 | 0.115 | 0.072 |
| 4 | 14.860 | 13.277 | 11.143 | 9.488 | 7.779 | 1.064 | 0.711 | 0.484 | 0.297 | 0.207 |
| 5 | 16.750 | 15.086 | 12.833 | 11.070 | 9.236 | 1.610 | 1.145 | 0.831 | 0.554 | 0.412 |
| 6 | 18.548 | 16.812 | 14.449 | 12.592 | 10.645 | 2.204 | 1.635 | 1.237 | 0.872 | 0.676 |
| 7 | 20.278 | 18.475 | 16.013 | 14.067 | 12.017 | 2.833 | 2.167 | 1.690 | 1.239 | 0.989 |
| 8 | 21.955 | 20.090 | 17.535 | 15.507 | 13.362 | 3.490 | 2.733 | 2.180 | 1.646 | 1.344 |
| 9 | 23.589 | 21.666 | 19.023 | 16.919 | 14.684 | 4.168 | 3.325 | 2.700 | 2.088 | 1.735 |
| 10 | 25.188 | 23.209 | 20.483 | 18.307 | 15.987 | 4.865 | 3.940 | 3.247 | 2.558 | 2.156 |
| 11 | 26.757 | 24.725 | 21.920 | 19.675 | 17.275 | 5.578 | 4.575 | 3.816 | 3.053 | 2.603 |
| 12 | 28.300 | 26.217 | 23.337 | 21.026 | 18.549 | 6.304 | 5.226 | 4.404 | 3.571 | 3.074 |
| 13 | 29.819 | 27.688 | 24.736 | 22.362 | 19.812 | 7.042 | 5.892 | 5.009 | 4.107 | 3.565 |
| 14 | 31.319 | 29.141 | 26.119 | 23.685 | 21.064 | 7.790 | 6.571 | 5.629 | 4.660 | 4.075 |
| 15 | 32.801 | 30.578 | 27.488 | 24.996 | 22.307 | 8.547 | 7.261 | 6.262 | 5.229 | 4.601 |
| 16 | 34.267 | 32.000 | 28.845 | 26.296 | 23.542 | 9.312 | 7.962 | 6.908 | 5.812 | 5.142 |
| 17 | 35.718 | 33.409 | 30.191 | 27.587 | 24.769 | 10.085 | 8.672 | 7.564 | 6.408 | 5.697 |
| 18 | 37.156 | 34.805 | 31.526 | 28.869 | 25.989 | 10.865 | 9.390 | 8.231 | 7.015 | 6.265 |
| 19 | 38.582 | 36.191 | 32.852 | 30.144 | 27.204 | 11.651 | 10.117 | 8.907 | 7.633 | 6.844 |
| 20 | 39.997 | 37.566 | 34.170 | 31.410 | 28.412 | 12.443 | 10.851 | 9.591 | 8.260 | 7.434 |
| 21 | 41.401 | 38.932 | 35.479 | 32.671 | 29.615 | 13.240 | 11.591 | 10.283 | 8.897 | 8.034 |
| 22 | 42.796 | 40.289 | 36.781 | 33.924 | 30.813 | 14.041 | 12.338 | 10.982 | 9.542 | 8.643 |
| 23 | 44.181 | 41.638 | 38.076 | 35.172 | 32.007 | 14.848 | 13.091 | 11.689 | 10.196 | 9.260 |
| 24 | 45.559 | 42.980 | 39.364 | 36.415 | 33.196 | 15.659 | 13.848 | 12.401 | 10.856 | 9.886 |
| 25 | 46.928 | 44.314 | 40.646 | 37.652 | 34.382 | 16.473 | 14.611 | 13.120 | 11.524 | 10.520 |
| 26 | 48.290 | 45.642 | 41.923 | 38.885 | 35.563 | 17.292 | 15.379 | 13.844 | 12.198 | 11.160 |
| 27 | 49.645 | 46.963 | 43.195 | 40.113 | 36.741 | 18.114 | 16.151 | 14.573 | 12.879 | 11.808 |
| 28 | 50.993 | 48.278 | 44.461 | 41.337 | 37.916 | 18.939 | 16.928 | 15.308 | 13.565 | 12.461 |
| 29 | 52.336 | 49.588 | 45.722 | 42.557 | 39.087 | 19.768 | 17.708 | 16.047 | 14.256 | 13.121 |
| 30 | 53.672 | 50.892 | 46.979 | 43.773 | 40.256 | 20.599 | 18.493 | 16.791 | 14.953 | 13.787 |
| 35 | 60.275 | 57.342 | 53.203 | 49.802 | 46.059 | 24.797 | 22.465 | 20.569 | 18.509 | 17.192 |
| 40 | 66.766 | 63.691 | 59.342 | 55.758 | 51.805 | 29.051 | 26.509 | 24.433 | 22.164 | 20.707 |
| 45 | 73.166 | 69.957 | 65.410 | 61.656 | 57.505 | 33.350 | 30.612 | 28.366 | 25.901 | 24.311 |
| 50 | 79.490 | 76.154 | 71.420 | 67.505 | 63.167 | 37.689 | 34.764 | 32.357 | 29.707 | 27.991 |
| 55 | 85.749 | 82.292 | 77.380 | 73.311 | 68.796 | 42.060 | 38.958 | 36.398 | 33.570 | 31.735 |
| 60 | 91.952 | 88.379 | 83.298 | 79.082 | 74.397 | 46.459 | 43.188 | 40.482 | 37.485 | 35.534 |
| 70 | 104.215 | 100.425 | 95.023 | 90.531 | 85.527 | 55.329 | 51.739 | 48.758 | 45.442 | 43.275 |
| 80 | 116.321 | 112.329 | 106.629 | 101.879 | 96.578 | 64.278 | 60.391 | 57.153 | 53.540 | 51.172 |
| 90 | 128.299 | 124.116 | 118.136 | 113.145 | 107.565 | 73.291 | 69.126 | 65.647 | 61.754 | 59.196 |
| 100 | 140.169 | 135.807 | 129.561 | 124.342 | 118.498 | 82.358 | 77.929 | 74.222 | 70.065 | 67.328 |
| 110 | 151.948 | 147.414 | 140.917 | 135.480 | 129.385 | 91.471 | 86.792 | 82.867 | 78.458 | 75.550 |
| 120 | 163.648 | 158.950 | 152.211 | 146.567 | 140.233 | 100.624 | 95.705 | 91.573 | 86.923 | 83.852 |
| 130 | 175.278 | 170.423 | 163.453 | 157.610 | 151.045 | 109.811 | 104.662 | 100.331 | 95.451 | 92.222 |
| 140 | 186.847 | 181.840 | 174.648 | 168.613 | 161.827 | 119.029 | 113.659 | 109.137 | 104.034 | 100.655 |
| 150 | 198.360 | 193.208 | 185.800 | 179.581 | 172.581 | 128.275 | 122.692 | 117.985 | 112.668 | 109.142 |
| 160 | 209.824 | 204.530 | 196.915 | 190.516 | 183.311 | 137.546 | 131.756 | 126.870 | 121.346 | 117.679 |
| 170 | 221.242 | 215.812 | 207.995 | 201.423 | 194.017 | 146.839 | 140.849 | 135.790 | 130.064 | 126.261 |
| 180 | 232.620 | 227.056 | 219.044 | 212.304 | 204.704 | 156.153 | 149.969 | 144.741 | 138.820 | 134.884 |
| 190 | 243.959 | 238.266 | 230.064 | 223.160 | 215.371 | 165.485 | 159.113 | 153.721 | 147.610 | 143.545 |
| 200 | 255.264 | 249.445 | 241.058 | 233.994 | 226.021 | 174.835 | 168.279 | 162.728 | 156.432 | 152.241 |

附表 4 **F** 分布临界值表（$\alpha = 0.1$），参照附图 4

| $n_2$ | 分子自由度 $n_1$ | | | | | | | | | | | | | | | |
|---|---|---|---|---|---|---|---|---|---|---|---|---|---|---|---|---|
| | 1 | 2 | 3 | 4 | 5 | 6 | 7 | 8 | 9 | 10 | 15 | 20 | 30 | 40 | 60 | 120 |
| 1 | 39.863 | 49.500 | 53.593 | 55.833 | 57.240 | 58.204 | 58.906 | 59.439 | 59.858 | 60.195 | 61.220 | 61.740 | 62.265 | 62.529 | 62.794 | 63.061 |
| 2 | 8.526 | 9.000 | 9.162 | 9.243 | 9.293 | 9.326 | 9.349 | 9.367 | 9.381 | 9.392 | 9.425 | 9.441 | 9.458 | 9.466 | 9.475 | 9.483 |
| 3 | 5.538 | 5.462 | 5.391 | 5.343 | 5.309 | 5.285 | 5.266 | 5.252 | 5.240 | 5.230 | 5.200 | 5.184 | 5.168 | 5.160 | 5.151 | 5.143 |
| 4 | 4.545 | 4.325 | 4.191 | 4.107 | 4.051 | 4.010 | 3.979 | 3.955 | 3.936 | 3.920 | 3.870 | 3.844 | 3.817 | 3.804 | 3.790 | 3.775 |
| 5 | 4.060 | 3.780 | 3.619 | 3.520 | 3.453 | 3.405 | 3.368 | 3.339 | 3.316 | 3.297 | 3.238 | 3.207 | 3.174 | 3.157 | 3.140 | 3.123 |
| 6 | 3.776 | 3.463 | 3.289 | 3.181 | 3.108 | 3.055 | 3.014 | 2.983 | 2.958 | 2.937 | 2.871 | 2.836 | 2.800 | 2.781 | 2.762 | 2.742 |
| 7 | 3.589 | 3.257 | 3.074 | 2.961 | 2.883 | 2.827 | 2.785 | 2.752 | 2.725 | 2.703 | 2.632 | 2.595 | 2.555 | 2.535 | 2.514 | 2.493 |
| 8 | 3.458 | 3.113 | 2.924 | 2.806 | 2.726 | 2.668 | 2.624 | 2.589 | 2.561 | 2.538 | 2.464 | 2.425 | 2.383 | 2.361 | 2.339 | 2.316 |
| 9 | 3.360 | 3.006 | 2.813 | 2.693 | 2.611 | 2.551 | 2.505 | 2.469 | 2.440 | 2.416 | 2.340 | 2.298 | 2.255 | 2.232 | 2.208 | 2.184 |
| 10 | 3.285 | 2.924 | 2.728 | 2.605 | 2.522 | 2.461 | 2.414 | 2.377 | 2.347 | 2.323 | 2.244 | 2.201 | 2.155 | 2.132 | 2.107 | 2.082 |
| 11 | 3.225 | 2.860 | 2.660 | 2.536 | 2.451 | 2.389 | 2.342 | 2.304 | 2.274 | 2.248 | 2.167 | 2.123 | 2.076 | 2.052 | 2.026 | 2.000 |
| 12 | 3.177 | 2.807 | 2.606 | 2.480 | 2.394 | 2.331 | 2.283 | 2.245 | 2.214 | 2.188 | 2.105 | 2.060 | 2.011 | 1.986 | 1.960 | 1.932 |
| 13 | 3.136 | 2.763 | 2.560 | 2.434 | 2.347 | 2.283 | 2.234 | 2.195 | 2.164 | 2.138 | 2.053 | 2.007 | 1.958 | 1.931 | 1.904 | 1.876 |
| 14 | 3.102 | 2.726 | 2.522 | 2.395 | 2.307 | 2.243 | 2.193 | 2.154 | 2.122 | 2.095 | 2.010 | 1.962 | 1.912 | 1.885 | 1.857 | 1.828 |
| 15 | 3.073 | 2.695 | 2.490 | 2.361 | 2.273 | 2.208 | 2.158 | 2.119 | 2.086 | 2.059 | 1.972 | 1.924 | 1.873 | 1.845 | 1.817 | 1.787 |
| 16 | 3.048 | 2.668 | 2.462 | 2.333 | 2.244 | 2.178 | 2.128 | 2.088 | 2.055 | 2.028 | 1.940 | 1.891 | 1.839 | 1.811 | 1.782 | 1.751 |
| 17 | 3.026 | 2.645 | 2.437 | 2.308 | 2.218 | 2.152 | 2.102 | 2.061 | 2.028 | 2.001 | 1.912 | 1.862 | 1.809 | 1.781 | 1.751 | 1.719 |
| 18 | 3.007 | 2.624 | 2.416 | 2.286 | 2.196 | 2.130 | 2.079 | 2.038 | 2.005 | 1.977 | 1.887 | 1.837 | 1.783 | 1.754 | 1.723 | 1.691 |
| 19 | 2.990 | 2.606 | 2.397 | 2.266 | 2.176 | 2.109 | 2.058 | 2.017 | 1.984 | 1.956 | 1.865 | 1.814 | 1.759 | 1.730 | 1.699 | 1.666 |
| 20 | 2.975 | 2.589 | 2.380 | 2.249 | 2.158 | 2.091 | 2.040 | 1.999 | 1.965 | 1.937 | 1.845 | 1.794 | 1.738 | 1.708 | 1.677 | 1.643 |
| 21 | 2.961 | 2.575 | 2.365 | 2.233 | 2.142 | 2.075 | 2.023 | 1.982 | 1.948 | 1.920 | 1.827 | 1.776 | 1.719 | 1.689 | 1.657 | 1.623 |
| 22 | 2.949 | 2.561 | 2.351 | 2.219 | 2.128 | 2.060 | 2.008 | 1.967 | 1.933 | 1.904 | 1.811 | 1.759 | 1.702 | 1.671 | 1.639 | 1.604 |
| 23 | 2.937 | 2.549 | 2.339 | 2.207 | 2.115 | 2.047 | 1.995 | 1.953 | 1.919 | 1.890 | 1.796 | 1.744 | 1.686 | 1.655 | 1.622 | 1.587 |
| 24 | 2.927 | 2.538 | 2.327 | 2.195 | 2.103 | 2.035 | 1.983 | 1.941 | 1.906 | 1.877 | 1.783 | 1.730 | 1.672 | 1.641 | 1.607 | 1.571 |
| 25 | 2.918 | 2.528 | 2.317 | 2.184 | 2.092 | 2.024 | 1.971 | 1.929 | 1.895 | 1.866 | 1.771 | 1.718 | 1.659 | 1.627 | 1.593 | 1.557 |
| 26 | 2.909 | 2.519 | 2.307 | 2.174 | 2.082 | 2.014 | 1.961 | 1.919 | 1.884 | 1.855 | 1.760 | 1.706 | 1.647 | 1.615 | 1.581 | 1.544 |
| 27 | 2.901 | 2.511 | 2.299 | 2.165 | 2.073 | 2.005 | 1.952 | 1.909 | 1.874 | 1.845 | 1.749 | 1.695 | 1.636 | 1.603 | 1.569 | 1.531 |
| 28 | 2.894 | 2.503 | 2.291 | 2.157 | 2.064 | 1.996 | 1.943 | 1.900 | 1.865 | 1.836 | 1.740 | 1.685 | 1.625 | 1.592 | 1.558 | 1.520 |
| 29 | 2.887 | 2.495 | 2.283 | 2.149 | 2.057 | 1.988 | 1.935 | 1.892 | 1.857 | 1.827 | 1.731 | 1.676 | 1.616 | 1.583 | 1.547 | 1.509 |
| 30 | 2.881 | 2.489 | 2.276 | 2.142 | 2.049 | 1.980 | 1.927 | 1.884 | 1.849 | 1.819 | 1.722 | 1.667 | 1.606 | 1.573 | 1.538 | 1.499 |
| 40 | 2.835 | 2.440 | 2.226 | 2.091 | 1.997 | 1.927 | 1.873 | 1.829 | 1.793 | 1.763 | 1.662 | 1.605 | 1.541 | 1.506 | 1.467 | 1.425 |
| 60 | 2.791 | 2.393 | 2.177 | 2.041 | 1.946 | 1.875 | 1.819 | 1.775 | 1.738 | 1.707 | 1.603 | 1.543 | 1.476 | 1.437 | 1.395 | 1.348 |
| 120 | 2.748 | 2.347 | 2.130 | 1.992 | 1.896 | 1.824 | 1.767 | 1.722 | 1.684 | 1.652 | 1.545 | 1.482 | 1.409 | 1.368 | 1.320 | 1.265 |

附表5 F分布临界值表（$\alpha = 0.05$），参照附图4

| $n_2$ | 分子自由度 $n_1$ | | | | | | | | | | | | | | | |
|---|---|---|---|---|---|---|---|---|---|---|---|---|---|---|---|---|
| | 1 | 2 | 3 | 4 | 5 | 6 | 7 | 8 | 9 | 10 | 15 | 20 | 30 | 40 | 60 | 120 |
| 1 | 161.448 | 199.500 | 215.707 | 224.583 | 230.162 | 233.986 | 236.768 | 238.883 | 240.543 | 241.882 | 245.950 | 248.013 | 250.095 | 251.143 | 252.196 | 253.253 |
| 2 | 18.513 | 19.000 | 19.164 | 19.247 | 19.296 | 19.330 | 19.353 | 19.371 | 19.385 | 19.396 | 19.429 | 19.446 | 19.462 | 19.471 | 19.479 | 19.487 |
| 3 | 10.128 | 9.552 | 9.277 | 9.117 | 9.013 | 8.941 | 8.887 | 8.845 | 8.812 | 8.786 | 8.703 | 8.660 | 8.617 | 8.594 | 8.572 | 8.549 |
| 4 | 7.709 | 6.944 | 6.591 | 6.388 | 6.256 | 6.163 | 6.094 | 6.041 | 5.999 | 5.964 | 5.858 | 5.803 | 5.746 | 5.717 | 5.688 | 5.658 |
| 5 | 6.608 | 5.786 | 5.409 | 5.192 | 5.050 | 4.950 | 4.876 | 4.818 | 4.772 | 4.735 | 4.619 | 4.558 | 4.496 | 4.464 | 4.431 | 4.398 |
| 6 | 5.987 | 5.143 | 4.757 | 4.534 | 4.387 | 4.284 | 4.207 | 4.147 | 4.099 | 4.060 | 3.938 | 3.874 | 3.808 | 3.774 | 3.740 | 3.705 |
| 7 | 5.591 | 4.737 | 4.347 | 4.120 | 3.972 | 3.866 | 3.787 | 3.726 | 3.677 | 3.637 | 3.511 | 3.445 | 3.376 | 3.340 | 3.304 | 3.267 |
| 8 | 5.318 | 4.459 | 4.066 | 3.838 | 3.687 | 3.581 | 3.500 | 3.438 | 3.388 | 3.347 | 3.218 | 3.150 | 3.079 | 3.043 | 3.005 | 2.967 |
| 9 | 5.117 | 4.256 | 3.863 | 3.633 | 3.482 | 3.374 | 3.293 | 3.230 | 3.179 | 3.137 | 3.006 | 2.936 | 2.864 | 2.826 | 2.787 | 2.748 |
| 10 | 4.965 | 4.103 | 3.708 | 3.478 | 3.326 | 3.217 | 3.135 | 3.072 | 3.020 | 2.978 | 2.845 | 2.774 | 2.700 | 2.661 | 2.621 | 2.580 |
| 11 | 4.844 | 3.982 | 3.587 | 3.357 | 3.204 | 3.095 | 3.012 | 2.948 | 2.896 | 2.854 | 2.719 | 2.646 | 2.570 | 2.531 | 2.490 | 2.448 |
| 12 | 4.747 | 3.885 | 3.490 | 3.259 | 3.106 | 2.996 | 2.913 | 2.849 | 2.796 | 2.753 | 2.617 | 2.544 | 2.466 | 2.426 | 2.384 | 2.341 |
| 13 | 4.667 | 3.806 | 3.411 | 3.179 | 3.025 | 2.915 | 2.832 | 2.767 | 2.714 | 2.671 | 2.533 | 2.459 | 2.380 | 2.339 | 2.297 | 2.252 |
| 14 | 4.600 | 3.739 | 3.344 | 3.112 | 2.958 | 2.848 | 2.764 | 2.699 | 2.646 | 2.602 | 2.463 | 2.388 | 2.308 | 2.266 | 2.223 | 2.178 |
| 15 | 4.543 | 3.682 | 3.287 | 3.056 | 2.901 | 2.790 | 2.707 | 2.641 | 2.588 | 2.544 | 2.403 | 2.328 | 2.247 | 2.204 | 2.160 | 2.114 |
| 16 | 4.494 | 3.634 | 3.239 | 3.007 | 2.852 | 2.741 | 2.657 | 2.591 | 2.538 | 2.494 | 2.352 | 2.276 | 2.194 | 2.151 | 2.106 | 2.059 |
| 17 | 4.451 | 3.592 | 3.197 | 2.965 | 2.810 | 2.699 | 2.614 | 2.548 | 2.494 | 2.450 | 2.308 | 2.230 | 2.148 | 2.104 | 2.058 | 2.011 |
| 18 | 4.414 | 3.555 | 3.160 | 2.928 | 2.773 | 2.661 | 2.577 | 2.510 | 2.456 | 2.412 | 2.269 | 2.191 | 2.107 | 2.063 | 2.017 | 1.968 |
| 19 | 4.381 | 3.522 | 3.127 | 2.895 | 2.740 | 2.628 | 2.544 | 2.477 | 2.423 | 2.378 | 2.234 | 2.155 | 2.071 | 2.026 | 1.980 | 1.930 |
| 20 | 4.351 | 3.493 | 3.098 | 2.866 | 2.711 | 2.599 | 2.514 | 2.447 | 2.393 | 2.348 | 2.203 | 2.124 | 2.039 | 1.994 | 1.946 | 1.896 |
| 21 | 4.325 | 3.467 | 3.072 | 2.840 | 2.685 | 2.573 | 2.488 | 2.420 | 2.366 | 2.321 | 2.176 | 2.096 | 2.010 | 1.965 | 1.916 | 1.866 |
| 22 | 4.301 | 3.443 | 3.049 | 2.817 | 2.661 | 2.549 | 2.464 | 2.397 | 2.342 | 2.297 | 2.151 | 2.071 | 1.984 | 1.938 | 1.889 | 1.838 |
| 23 | 4.279 | 3.422 | 3.028 | 2.796 | 2.640 | 2.528 | 2.442 | 2.375 | 2.320 | 2.275 | 2.128 | 2.048 | 1.961 | 1.914 | 1.865 | 1.813 |
| 24 | 4.260 | 3.403 | 3.009 | 2.776 | 2.621 | 2.508 | 2.423 | 2.355 | 2.300 | 2.255 | 2.108 | 2.027 | 1.939 | 1.892 | 1.842 | 1.790 |
| 25 | 4.242 | 3.385 | 2.991 | 2.759 | 2.603 | 2.490 | 2.405 | 2.337 | 2.282 | 2.236 | 2.089 | 2.007 | 1.919 | 1.872 | 1.822 | 1.768 |
| 26 | 4.225 | 3.369 | 2.975 | 2.743 | 2.587 | 2.474 | 2.388 | 2.321 | 2.265 | 2.220 | 2.072 | 1.990 | 1.901 | 1.853 | 1.803 | 1.749 |
| 27 | 4.210 | 3.354 | 2.960 | 2.728 | 2.572 | 2.459 | 2.373 | 2.305 | 2.250 | 2.204 | 2.056 | 1.974 | 1.884 | 1.836 | 1.785 | 1.731 |
| 28 | 4.196 | 3.340 | 2.947 | 2.714 | 2.558 | 2.445 | 2.359 | 2.291 | 2.236 | 2.190 | 2.041 | 1.959 | 1.869 | 1.820 | 1.769 | 1.714 |
| 29 | 4.183 | 3.328 | 2.934 | 2.701 | 2.545 | 2.432 | 2.346 | 2.278 | 2.223 | 2.177 | 2.027 | 1.945 | 1.854 | 1.806 | 1.754 | 1.698 |
| 30 | 4.171 | 3.316 | 2.922 | 2.690 | 2.534 | 2.421 | 2.334 | 2.266 | 2.211 | 2.165 | 2.015 | 1.932 | 1.841 | 1.792 | 1.740 | 1.683 |
| 40 | 4.085 | 3.232 | 2.839 | 2.606 | 2.449 | 2.336 | 2.249 | 2.180 | 2.124 | 2.077 | 1.924 | 1.839 | 1.744 | 1.693 | 1.637 | 1.577 |
| 60 | 4.001 | 3.150 | 2.758 | 2.525 | 2.368 | 2.254 | 2.167 | 2.097 | 2.040 | 1.993 | 1.836 | 1.748 | 1.649 | 1.594 | 1.534 | 1.467 |
| 120 | 3.920 | 3.072 | 2.680 | 2.447 | 2.290 | 2.175 | 2.087 | 2.016 | 1.959 | 1.910 | 1.750 | 1.659 | 1.554 | 1.495 | 1.429 | 1.352 |

附表6 F分布临界值表（$\alpha = 0.025$），参照附图4

| $n_2$ | 分子自由度 $n_1$ | | | | | | | | | | | | | | | |
|---|---|---|---|---|---|---|---|---|---|---|---|---|---|---|---|---|
| | 1 | 2 | 3 | 4 | 5 | 6 | 7 | 8 | 9 | 10 | 15 | 20 | 30 | 40 | 60 | 120 |
| 1 | 647.789 | 799.500 | 864.163 | 899.583 | 921.848 | 937.111 | 948.217 | 956.656 | 963.285 | 968.627 | 984.867 | 993.103 | 1001.414 | 1005.598 | 1009.800 | 1014.020 |
| 2 | 38.506 | 39.000 | 39.165 | 39.248 | 39.298 | 39.331 | 39.355 | 39.373 | 39.387 | 39.398 | 39.431 | 39.448 | 39.465 | 39.473 | 39.481 | 39.490 |
| 3 | 17.443 | 16.044 | 15.439 | 15.101 | 14.885 | 14.735 | 14.624 | 14.540 | 14.473 | 14.419 | 14.253 | 14.167 | 14.081 | 14.037 | 13.992 | 13.947 |
| 4 | 12.218 | 10.649 | 9.979 | 9.605 | 9.364 | 9.197 | 9.074 | 8.980 | 8.905 | 8.844 | 8.657 | 8.560 | 8.461 | 8.411 | 8.360 | 8.309 |
| 5 | 10.007 | 8.434 | 7.764 | 7.388 | 7.146 | 6.978 | 6.853 | 6.757 | 6.681 | 6.619 | 6.428 | 6.329 | 6.227 | 6.175 | 6.123 | 6.069 |
| 6 | 8.813 | 7.260 | 6.599 | 6.227 | 5.988 | 5.820 | 5.695 | 5.600 | 5.523 | 5.461 | 5.269 | 5.168 | 5.065 | 5.012 | 4.959 | 4.904 |
| 7 | 8.073 | 6.542 | 5.890 | 5.523 | 5.285 | 5.119 | 4.995 | 4.899 | 4.823 | 4.761 | 4.568 | 4.467 | 4.362 | 4.309 | 4.254 | 4.199 |
| 8 | 7.571 | 6.059 | 5.416 | 5.053 | 4.817 | 4.652 | 4.529 | 4.433 | 4.357 | 4.295 | 4.101 | 3.999 | 3.894 | 3.840 | 3.784 | 3.728 |
| 9 | 7.209 | 5.715 | 5.078 | 4.718 | 4.484 | 4.320 | 4.197 | 4.102 | 4.026 | 3.964 | 3.769 | 3.667 | 3.560 | 3.505 | 3.449 | 3.392 |
| 10 | 6.937 | 5.456 | 4.826 | 4.468 | 4.236 | 4.072 | 3.950 | 3.855 | 3.779 | 3.717 | 3.522 | 3.419 | 3.311 | 3.255 | 3.198 | 3.140 |
| 11 | 6.724 | 5.256 | 4.630 | 4.275 | 4.044 | 3.881 | 3.759 | 3.664 | 3.588 | 3.526 | 3.330 | 3.226 | 3.118 | 3.061 | 3.004 | 2.944 |
| 12 | 6.554 | 5.096 | 4.474 | 4.121 | 3.891 | 3.728 | 3.607 | 3.512 | 3.436 | 3.374 | 3.177 | 3.073 | 2.963 | 2.906 | 2.848 | 2.787 |
| 13 | 6.414 | 4.965 | 4.347 | 3.996 | 3.767 | 3.604 | 3.483 | 3.388 | 3.312 | 3.250 | 3.053 | 2.948 | 2.837 | 2.780 | 2.720 | 2.659 |
| 14 | 6.298 | 4.857 | 4.242 | 3.892 | 3.663 | 3.501 | 3.380 | 3.285 | 3.209 | 3.147 | 2.949 | 2.844 | 2.732 | 2.674 | 2.614 | 2.552 |
| 15 | 6.200 | 4.765 | 4.153 | 3.804 | 3.576 | 3.415 | 3.293 | 3.199 | 3.123 | 3.060 | 2.862 | 2.756 | 2.644 | 2.585 | 2.524 | 2.461 |
| 16 | 6.115 | 4.687 | 4.077 | 3.729 | 3.502 | 3.341 | 3.219 | 3.125 | 3.049 | 2.986 | 2.788 | 2.681 | 2.568 | 2.509 | 2.447 | 2.383 |
| 17 | 6.042 | 4.619 | 4.011 | 3.665 | 3.438 | 3.277 | 3.156 | 3.061 | 2.985 | 2.922 | 2.723 | 2.616 | 2.502 | 2.442 | 2.380 | 2.315 |
| 18 | 5.978 | 4.560 | 3.954 | 3.608 | 3.382 | 3.221 | 3.100 | 3.005 | 2.929 | 2.866 | 2.667 | 2.559 | 2.445 | 2.384 | 2.321 | 2.256 |
| 19 | 5.922 | 4.508 | 3.903 | 3.559 | 3.333 | 3.172 | 3.051 | 2.956 | 2.880 | 2.817 | 2.617 | 2.509 | 2.394 | 2.333 | 2.270 | 2.203 |
| 20 | 5.871 | 4.461 | 3.859 | 3.515 | 3.289 | 3.128 | 3.007 | 2.913 | 2.837 | 2.774 | 2.573 | 2.464 | 2.349 | 2.287 | 2.223 | 2.156 |
| 21 | 5.827 | 4.420 | 3.819 | 3.475 | 3.250 | 3.090 | 2.969 | 2.874 | 2.798 | 2.735 | 2.534 | 2.425 | 2.308 | 2.246 | 2.182 | 2.114 |
| 22 | 5.786 | 4.383 | 3.783 | 3.440 | 3.215 | 3.055 | 2.934 | 2.839 | 2.763 | 2.700 | 2.498 | 2.389 | 2.272 | 2.210 | 2.145 | 2.076 |
| 23 | 5.750 | 4.349 | 3.750 | 3.408 | 3.183 | 3.023 | 2.902 | 2.808 | 2.731 | 2.668 | 2.466 | 2.357 | 2.239 | 2.176 | 2.111 | 2.041 |
| 24 | 5.717 | 4.319 | 3.721 | 3.379 | 3.155 | 2.995 | 2.874 | 2.779 | 2.703 | 2.640 | 2.437 | 2.327 | 2.209 | 2.146 | 2.080 | 2.010 |
| 25 | 5.686 | 4.291 | 3.694 | 3.353 | 3.129 | 2.969 | 2.848 | 2.753 | 2.677 | 2.613 | 2.411 | 2.300 | 2.182 | 2.118 | 2.052 | 1.981 |
| 26 | 5.659 | 4.265 | 3.670 | 3.329 | 3.105 | 2.945 | 2.824 | 2.729 | 2.653 | 2.590 | 2.387 | 2.276 | 2.157 | 2.093 | 2.026 | 1.954 |
| 27 | 5.633 | 4.242 | 3.647 | 3.307 | 3.083 | 2.923 | 2.802 | 2.707 | 2.631 | 2.568 | 2.364 | 2.253 | 2.133 | 2.069 | 2.002 | 1.930 |
| 28 | 5.610 | 4.221 | 3.626 | 3.286 | 3.063 | 2.903 | 2.782 | 2.687 | 2.611 | 2.547 | 2.344 | 2.232 | 2.112 | 2.048 | 1.980 | 1.907 |
| 29 | 5.588 | 4.201 | 3.607 | 3.267 | 3.044 | 2.884 | 2.763 | 2.669 | 2.592 | 2.529 | 2.325 | 2.213 | 2.092 | 2.028 | 1.959 | 1.886 |
| 30 | 5.568 | 4.182 | 3.589 | 3.250 | 3.026 | 2.867 | 2.746 | 2.651 | 2.575 | 2.511 | 2.307 | 2.195 | 2.074 | 2.009 | 1.940 | 1.866 |
| 40 | 5.424 | 4.051 | 3.463 | 3.126 | 2.904 | 2.744 | 2.624 | 2.529 | 2.452 | 2.388 | 2.182 | 2.068 | 1.943 | 1.875 | 1.803 | 1.724 |
| 60 | 5.286 | 3.925 | 3.343 | 3.008 | 2.786 | 2.627 | 2.507 | 2.412 | 2.334 | 2.270 | 2.061 | 1.944 | 1.815 | 1.744 | 1.667 | 1.581 |
| 120 | 5.152 | 3.805 | 3.227 | 2.894 | 2.674 | 2.515 | 2.395 | 2.299 | 2.222 | 2.157 | 1.945 | 1.825 | 1.690 | 1.614 | 1.530 | 1.433 |

附表 7　F 分布临界值表（$\alpha=0.01$），参照附图 4

| $n_2$ | 分子自由度 $n_1$ | | | | | | | | | | | | | | | |
|---|---|---|---|---|---|---|---|---|---|---|---|---|---|---|---|---|
| | 1 | 2 | 3 | 4 | 5 | 6 | 7 | 8 | 9 | 10 | 15 | 20 | 30 | 40 | 60 | 120 |
| 1 | 4052.181 | 4999.500 | 5403.352 | 5624.583 | 5763.650 | 5858.986 | 5928.356 | 5981.070 | 6022.473 | 6055.847 | 6157.285 | 6208.730 | 6260.649 | 6286.782 | 6313.030 | 6339.391 |
| 2 | 98.503 | 99.000 | 99.166 | 99.249 | 99.299 | 99.333 | 99.356 | 99.374 | 99.388 | 99.399 | 99.433 | 99.449 | 99.466 | 99.474 | 99.482 | 99.491 |
| 3 | 34.116 | 30.817 | 29.457 | 28.710 | 28.237 | 27.911 | 27.672 | 27.489 | 27.345 | 27.229 | 26.872 | 26.690 | 26.505 | 26.411 | 26.316 | 26.221 |
| 4 | 21.198 | 18.000 | 16.694 | 15.977 | 15.522 | 15.207 | 14.976 | 14.799 | 14.659 | 14.546 | 14.198 | 14.020 | 13.838 | 13.745 | 13.652 | 13.558 |
| 5 | 16.258 | 13.274 | 12.060 | 11.392 | 10.967 | 10.672 | 10.456 | 10.289 | 10.158 | 10.051 | 9.722 | 9.553 | 9.379 | 9.291 | 9.202 | 9.112 |
| 6 | 13.745 | 10.925 | 9.780 | 9.148 | 8.746 | 8.466 | 8.260 | 8.102 | 7.976 | 7.874 | 7.559 | 7.396 | 7.229 | 7.143 | 7.057 | 6.969 |
| 7 | 12.246 | 9.547 | 8.451 | 7.847 | 7.460 | 7.191 | 6.993 | 6.840 | 6.719 | 6.620 | 6.314 | 6.155 | 5.992 | 5.908 | 5.824 | 5.737 |
| 8 | 11.259 | 8.649 | 7.591 | 7.006 | 6.632 | 6.371 | 6.178 | 6.029 | 5.911 | 5.814 | 5.515 | 5.359 | 5.198 | 5.116 | 5.032 | 4.946 |
| 9 | 10.561 | 8.022 | 6.992 | 6.422 | 6.057 | 5.802 | 5.613 | 5.467 | 5.351 | 5.257 | 4.962 | 4.808 | 4.649 | 4.567 | 4.483 | 4.398 |
| 10 | 10.044 | 7.559 | 6.552 | 5.994 | 5.636 | 5.386 | 5.200 | 5.057 | 4.942 | 4.849 | 4.558 | 4.405 | 4.247 | 4.165 | 4.082 | 3.996 |
| 11 | 9.646 | 7.206 | 6.217 | 5.668 | 5.316 | 5.069 | 4.886 | 4.744 | 4.632 | 4.539 | 4.251 | 4.099 | 3.941 | 3.860 | 3.776 | 3.690 |
| 12 | 9.330 | 6.927 | 5.953 | 5.412 | 5.064 | 4.821 | 4.640 | 4.499 | 4.388 | 4.296 | 4.010 | 3.858 | 3.701 | 3.619 | 3.535 | 3.449 |
| 13 | 9.074 | 6.701 | 5.739 | 5.205 | 4.862 | 4.620 | 4.441 | 4.302 | 4.191 | 4.100 | 3.815 | 3.665 | 3.507 | 3.425 | 3.341 | 3.255 |
| 14 | 8.862 | 6.515 | 5.564 | 5.035 | 4.695 | 4.456 | 4.278 | 4.140 | 4.030 | 3.939 | 3.656 | 3.505 | 3.348 | 3.266 | 3.181 | 3.094 |
| 15 | 8.683 | 6.359 | 5.417 | 4.893 | 4.556 | 4.318 | 4.142 | 4.004 | 3.895 | 3.805 | 3.522 | 3.372 | 3.214 | 3.132 | 3.047 | 2.959 |
| 16 | 8.531 | 6.226 | 5.292 | 4.773 | 4.437 | 4.202 | 4.026 | 3.890 | 3.780 | 3.691 | 3.409 | 3.259 | 3.101 | 3.018 | 2.933 | 2.845 |
| 17 | 8.400 | 6.112 | 5.185 | 4.669 | 4.336 | 4.102 | 3.927 | 3.791 | 3.682 | 3.593 | 3.312 | 3.162 | 3.003 | 2.920 | 2.835 | 2.746 |
| 18 | 8.285 | 6.013 | 5.092 | 4.579 | 4.248 | 4.015 | 3.841 | 3.705 | 3.597 | 3.508 | 3.227 | 3.077 | 2.919 | 2.835 | 2.749 | 2.660 |
| 19 | 8.185 | 5.926 | 5.010 | 4.500 | 4.171 | 3.939 | 3.765 | 3.631 | 3.523 | 3.434 | 3.153 | 3.003 | 2.844 | 2.761 | 2.674 | 2.584 |
| 20 | 8.096 | 5.849 | 4.938 | 4.431 | 4.103 | 3.871 | 3.699 | 3.564 | 3.457 | 3.368 | 3.088 | 2.938 | 2.778 | 2.695 | 2.608 | 2.517 |
| 21 | 8.017 | 5.780 | 4.874 | 4.369 | 4.042 | 3.812 | 3.640 | 3.506 | 3.398 | 3.310 | 3.030 | 2.880 | 2.720 | 2.636 | 2.548 | 2.457 |
| 22 | 7.945 | 5.719 | 4.817 | 4.313 | 3.988 | 3.758 | 3.587 | 3.453 | 3.346 | 3.258 | 2.978 | 2.827 | 2.667 | 2.583 | 2.495 | 2.403 |
| 23 | 7.881 | 5.664 | 4.765 | 4.264 | 3.939 | 3.710 | 3.539 | 3.406 | 3.299 | 3.211 | 2.931 | 2.781 | 2.620 | 2.535 | 2.447 | 2.354 |
| 24 | 7.823 | 5.614 | 4.718 | 4.218 | 3.895 | 3.667 | 3.496 | 3.363 | 3.256 | 3.168 | 2.889 | 2.738 | 2.577 | 2.492 | 2.403 | 2.310 |
| 25 | 7.770 | 5.568 | 4.675 | 4.177 | 3.855 | 3.627 | 3.457 | 3.324 | 3.217 | 3.129 | 2.850 | 2.699 | 2.538 | 2.453 | 2.364 | 2.270 |
| 26 | 7.721 | 5.526 | 4.637 | 4.140 | 3.818 | 3.591 | 3.421 | 3.288 | 3.182 | 3.094 | 2.815 | 2.664 | 2.503 | 2.417 | 2.327 | 2.233 |
| 27 | 7.677 | 5.488 | 4.601 | 4.106 | 3.785 | 3.558 | 3.388 | 3.256 | 3.149 | 3.062 | 2.783 | 2.632 | 2.470 | 2.384 | 2.294 | 2.198 |
| 28 | 7.636 | 5.453 | 4.568 | 4.074 | 3.754 | 3.528 | 3.358 | 3.226 | 3.120 | 3.032 | 2.753 | 2.602 | 2.440 | 2.354 | 2.263 | 2.167 |
| 29 | 7.598 | 5.420 | 4.538 | 4.045 | 3.725 | 3.499 | 3.330 | 3.198 | 3.092 | 3.005 | 2.726 | 2.574 | 2.412 | 2.325 | 2.234 | 2.138 |
| 30 | 7.562 | 5.390 | 4.510 | 4.018 | 3.699 | 3.473 | 3.304 | 3.173 | 3.067 | 2.979 | 2.700 | 2.549 | 2.386 | 2.299 | 2.208 | 2.111 |
| 40 | 7.314 | 5.179 | 4.313 | 3.828 | 3.514 | 3.291 | 3.124 | 2.993 | 2.888 | 2.801 | 2.522 | 2.369 | 2.203 | 2.114 | 2.019 | 1.917 |
| 60 | 7.077 | 4.977 | 4.126 | 3.649 | 3.339 | 3.119 | 2.953 | 2.823 | 2.718 | 2.632 | 2.352 | 2.198 | 2.028 | 1.936 | 1.836 | 1.726 |
| 120 | 6.851 | 4.787 | 3.949 | 3.480 | 3.174 | 2.956 | 2.792 | 2.663 | 2.559 | 2.472 | 2.192 | 2.035 | 1.860 | 1.763 | 1.656 | 1.533 |

附表 1 是根据临界值 $z$ 计算的相应标准正态分布概率 $p(x \leqslant z)$，如附图 1 所示。该表可利用 Excel 提供的统计函数 "NORM. S. DIST$(z, \text{TRUE})$" 生成。

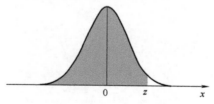

附图 1　标准正态分布

附表 2 是根据 $t$ 分布的右尾概率 $\alpha$ 计算的相应临界值。即不同自由度下，$p(t \geqslant t_\alpha) = \alpha$ 所对应的 $t_\alpha$ 值，如附图 2 所示。该表可利用 Excel 提供的统计函数 "T. INV$(\alpha, \text{自由度})$" 生成。

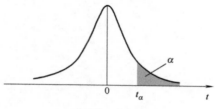

附图 2　$t$ 分布

附表 3 是根据 $\chi^2$ 分布的右尾概率 $\alpha$ 计算的相应临界值。即不同自由度下，$p(\chi^2 \geqslant \chi_\alpha^2) = \alpha$ 所对应的 $\chi_\alpha^2$ 值，如附图 3 所示。该表可利用 Excel 提供的统计函数 "CHISQ. INV. RT$(\alpha, \text{自由度})$" 生成。

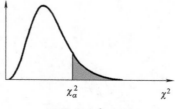

附图 3　$\chi^2$ 分布

附表 4~附表 7 是根据 $F$ 分布的右尾概率 $\alpha$ 计算的相应临界值。即不同自由度下，$p(F \geqslant F_\alpha) = \alpha$ 所对应的 $F_\alpha$ 值，如附图 4 所示。该表可利用 Excel 提供的统计函数 "F. INV. RT$(\alpha, \text{自由度 } n_1, \text{自由度 } n_2)$" 生成。

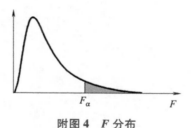

附图 4　$F$ 分布